JN241010

宇宙の観測 III
――高エネルギー天文学

井上 一・小山勝二・高橋忠幸・水本好彦［編］

日本評論社

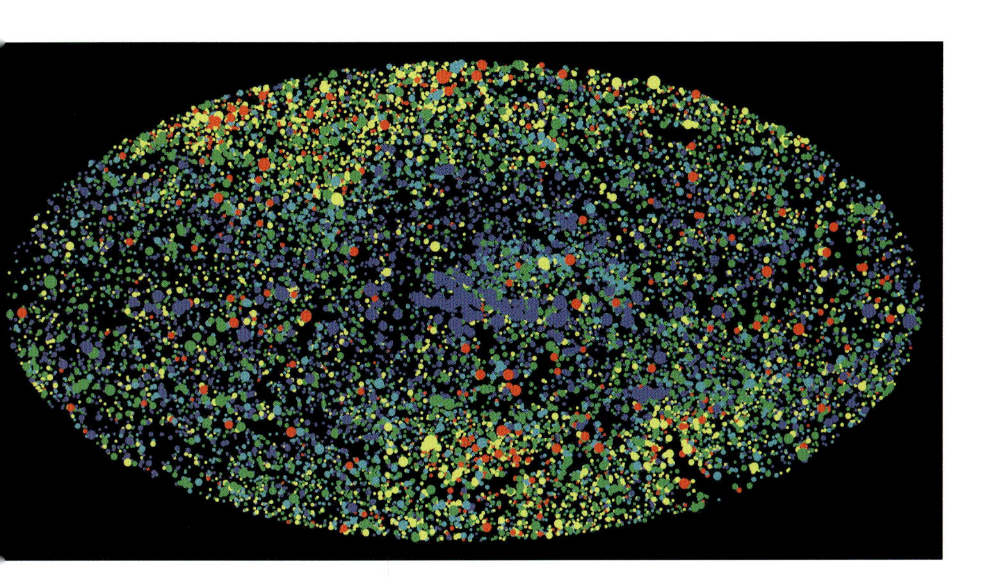

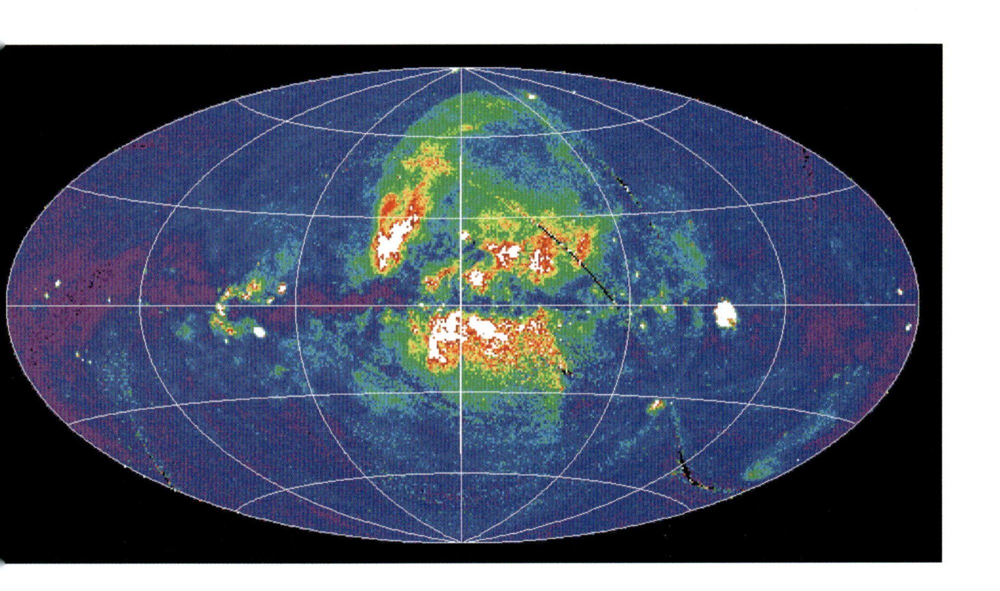

口絵1　ローサット衛星による全天X線マップ.
約1万9千個のX線点源分布（上）と空間的に広がった超軟X線放射（下）
（p.19, http://www.mpe.mpg.de/971847/RH_all_sky_survey）

口絵2（上）　すざく衛星に搭載されたX線望遠鏡（p.64，名古屋大学・ISAS/JAXA提供）
口絵3（下）　組み立て試験中のすざく衛星（JAXA提供）

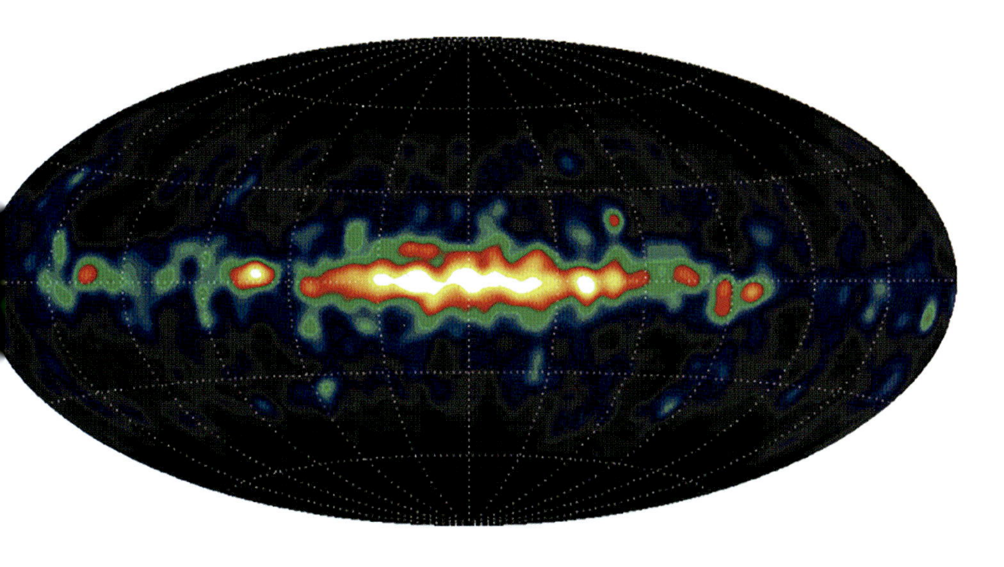

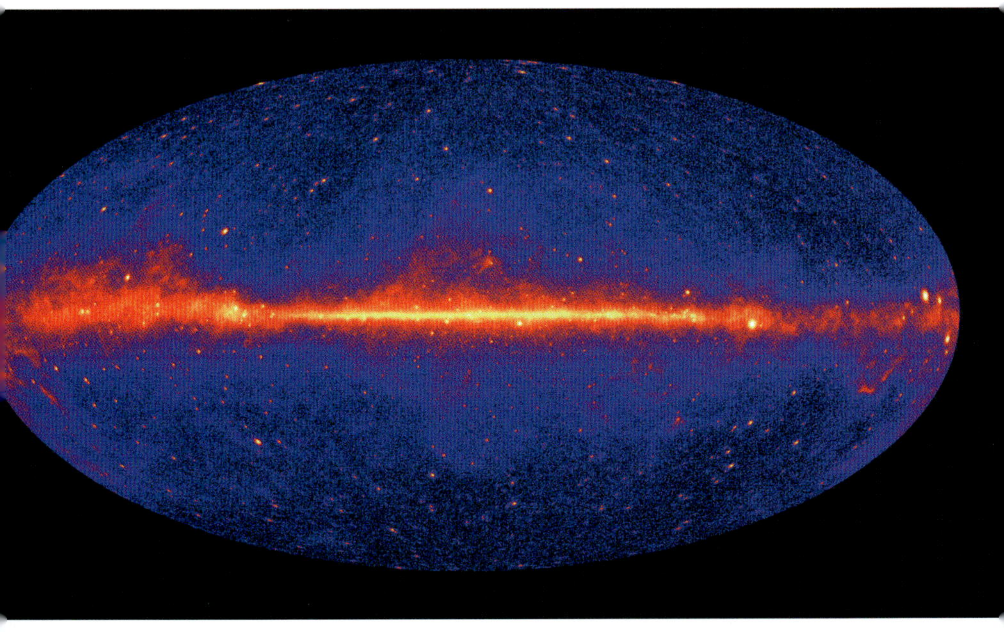

口絵4　コンプトンガンマ線観測衛星のCOMPTEL検出器によるMeVガンマ線（上）と，フェルミ衛星LAT検出器によるGeVガンマ線（下）の全天マップ（p.70，NASA提供）

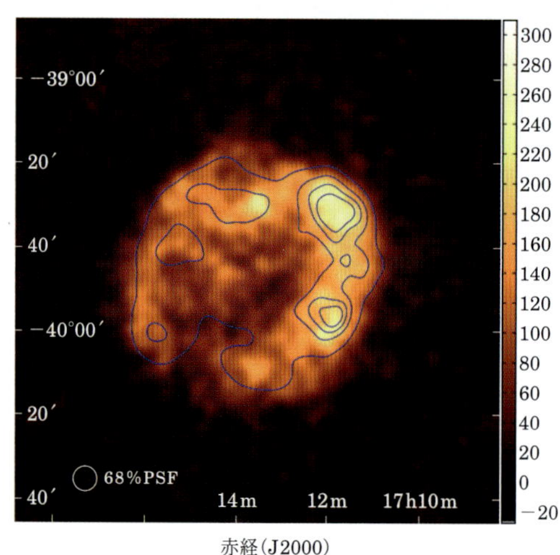

口絵5(上) 建設されたチェレンコフテレスコープアレイ(CTA)大口径望遠鏡1号機(2.5.4節, 東京大学宇宙線研究所提供)

口絵6(左) 超新星残骸RXJ1713.7−3946のH.E.S.S.によるTeVガンマ線SNR画像(p.125, Abdalla *et al*. 2018, *Astron. Astrophys*., 612, A6)

口絵7(下) CALET検出器の断面図(p.160, JAXA提供)

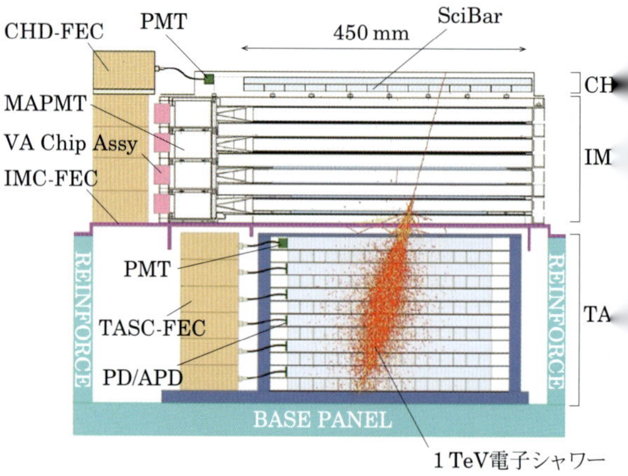

口絵8　テレスコープアレイの地表検出器(左)とテレスコープアレイの大気蛍光望遠鏡ステーション(右)(p.210)

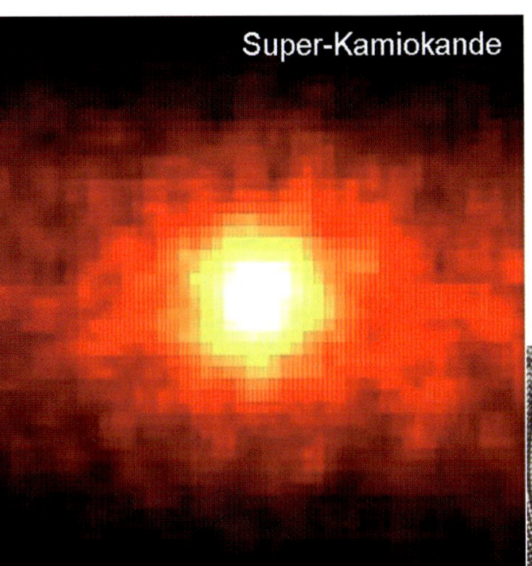

口絵9　スーパーカミオカンデで観測された太陽ニュートリノをもちいて描いた太陽のイメージ．実際の視直径は，この図の中心部の白い部分よりはるかに小さい(4章，スーパーカミオカンデ実験グループ提供)

口絵10　建設時の5万トン水チェレンコフ検出器，スーパーカミオカンデ(4章，東京大学宇宙線研究所神岡宇宙素粒子研究施設提供)．1995年暮れ頃．水槽の直径は約39 m，高さは約42 mである．目次の背景画像は，スーパーカミオカンデ測定器概念図(p.236)

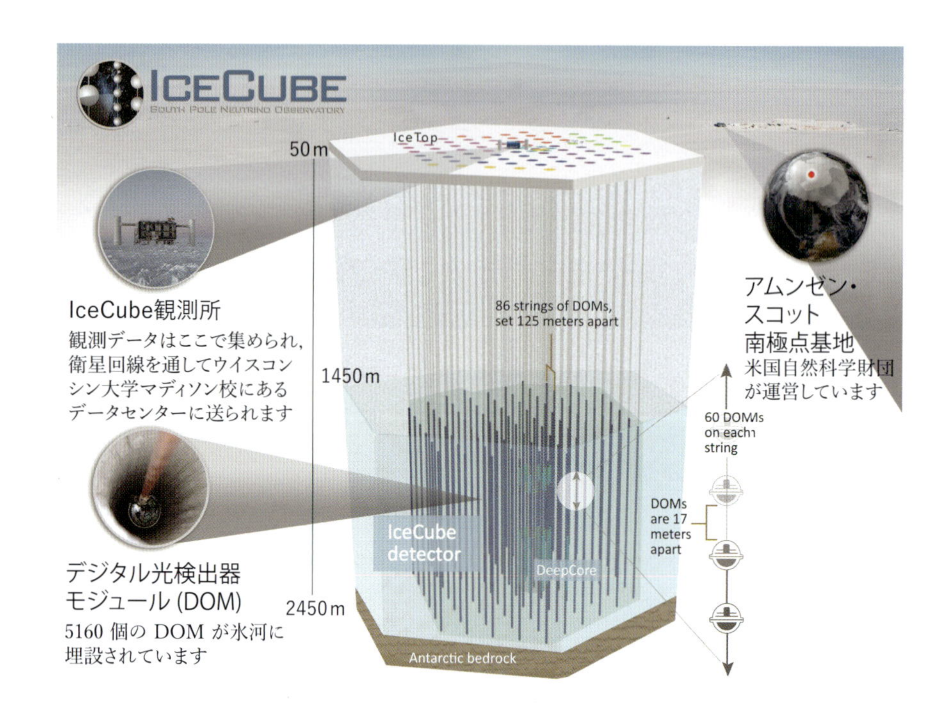

口絵 11（上）　IceCube実験施設の全景説明図（p.260，NSF（米国自然科学財団）提供）
口絵 12（下）　KAGRAの地下トンネルと真空ダクト（p.307，東京大学宇宙線研究所提供）

シリーズ第2版刊行によせて

本シリーズの第1巻が刊行されて10年が経過しましたが，この間も天文学のめざましい発展は続きました．2015年9月14日に，アメリカの重力波望遠鏡LIGOによってブラックホール同士の合体から発せられた重力波が検出されました．これによって人類は，電磁波とニュートリノなどの粒子に加えて，宇宙を観測する第三の手段を獲得しました．太陽系外惑星の探査も進み，今や太陽以外の恒星の周りを回る3500個を越す惑星が知られています．生物の住む惑星はもとより究極の夢である高等文明の探査さえ人類の視野に入ろうとしています．観測された最遠方の銀河の距離は134億光年へと伸びました．宇宙の年齢は138億年ですから，この銀河はビッグバンからわずか4億年後の宇宙にあるのです．また，身近な太陽系の探査でも，冥王星の表面に見られる複数の若い地形や土星の衛星エンケラドス表面からの水の噴き出しなど，驚きの発見が相次いでいます．

さまざまな最先端の観測装置の建設も盛んでした．チリのアタカマ高原にある日本（東アジア），アメリカ，ヨーロッパの三極が運用する電波干渉計アルマ（ALMA）と，銀河系の星全体の1%にあたる10億個の星の位置を精密に測るヨーロッパのGaia衛星が観測を始めています．今後に向けても，我が国の重力波望遠鏡KAGRA，口径30 mの望遠鏡TMT，長波長帯の電波干渉計SKA，ハッブル宇宙望遠鏡の後継機JWSTなどの建設が始まっています．

このような天文学の発展を反映させるべく，日本天文学会の事業として，本シリーズの第2版化を行うことになりました．第1巻から始めて適切な巻から順次全17巻を2版化して行く予定です．「新版シリーズ現代の天文学」が多くの方々に宇宙への夢を育む座右の教科書として使っていただければ幸いです．

2017年1月

日本天文学会第2版化WG　岡村定矩・茂山俊和

シリーズ刊行によせて

近年めざましい勢いで発展している天文学は，多くの人々の関心を集めています．これは，観測技術の進歩によって，人類の見ることができる宇宙が大きく広がったためです．宇宙の果てに向かう努力は，ついに129億光年彼方の銀河にまでたどり着きました．この銀河は，ビッグバンからわずか8億年後の姿を見せています．2006年8月に，冥王星を惑星とは異なる天体に分類する「惑星の定義」が国際天文学連合で採択されたのも，太陽系の外縁部の様子が次第に明らかになったことによるものです．

このような時期に，日本天文学会の創立100周年記念出版事業として，天文学のすべての分野を網羅する教科書「シリーズ現代の天文学」を刊行できることは大きな喜びです．

このシリーズでは，第一線の研究者が，天文学の基礎を解説するとともに，みずからの体験を含めた最新の研究成果を語ります．できれば意欲のある高校生にも読んでいただきたいと考え，平易な文章で記述することを心がけました．特にシリーズの導入となる第1巻は，天文学を，宇宙−地球−人間という観点から俯瞰して，世界の成り立ちとその中での人類の位置づけを明らかにすることを目指しています．本編である第2−第17巻では，宇宙から太陽まで多岐にわたる天文学の研究対象，研究に必要な基礎知識，天体現象のシミュレーションの基礎と応用，およびさまざまな波長での観測技術が解説されています．

このシリーズは，「天文学の教科書を出してほしい」という趣旨で，篤志家から日本天文学会に寄せられたご寄付によって可能となりました．このご厚意に深く感謝申し上げるとともに，多くの方々がこのシリーズにより，生き生きとした天文学の「現在」にふれ，宇宙への夢を育んでいただくことを願っています．

2006年11月

編集委員長　岡 村 定 矩

はじめに

人類は長い間，可視光と呼ばれる，電磁波の種類としては非常に限られた領域でのみ宇宙を眺めてきた．可視光のみが人間の目に感知できたからである．1930年代からは，無線通信技術の進歩によって，宇宙を眺める電波の窓が開かれ，電波銀河・水素 21 cm 波・OH メーザー線・パルサー・3 K 宇宙背景放射等の発見が続々と行われ，電波天文学は光学天文学に匹敵する一大分野に発展した．

さらに，1950 年代ころからは気球・ロケット・人工衛星などの技術の発達によって，人類が宇宙を眺めることのできる電磁波の領域は格段にひろがった．宇宙からやってくる各種電磁波の多くは地球を包む厚い大気に散乱・吸収され，地表に届く電磁波は，可視光・一部の波長の赤外線・電波に限られていたからである．なかでも，X 線観測のはじまりは，ブラックホール周辺での高エネルギー現象や宇宙のさまざまな場所での超高温ガスの存在など，それまで知られていなかった宇宙の新しい姿を次々と明らかにし，X 線天文学は，光学・赤外と電波天文学に並ぶ一大分野へと成長している．そして，高エネルギー電磁波の観測技術は，ガンマ線領域でも発展し，ガンマ線天文学もめざましい発展をとげている．

宇宙からは，さまざまな種類の粒子も到来している．これらのうち，高エネルギーの陽子等が地上の大気と相互作用して起こす「空気シャワー」を利用した宇宙線の研究は一世紀近い歴史を持ち，地上での加速器で実現できる粒子エネルギーを 10 桁近くも上回るような超高エネルギーの粒子が捉えられている．弱い相互作用しかもたないニュートリノについても，太陽ニュートリノや，超新星 1987A からのニュートリノが捉えられ，ニュートリノ天文学が誕生した．さらには，重力波の地上望遠鏡が建設され，幸運に恵まれれば，明日にでも天体からの重力波が検出されてもおかしくない状態にある．

本書は，天体からの X 線，ガンマ線，宇宙線，ニュートリノ，重力波の各観測・検出方法について記述する．以下，それらの歴史と現状を簡単にまとめる．

宇宙からの高エネルギー電磁波の観測

1948 年米国が，ドイツから捕獲した V–2 ロケットを打ち上げ，太陽 X 線を写真にとった．人類が大気圏外に出て天体からの X 線を観測した最初である．こうして始まった太陽 X 線観測につづき，X 線でさらに遠方の宇宙を眺める可能性が検討され始めた．その検討の否定的な結果にかかわらず，「自然はしばしば人間の想像力をこえる」との信念のもとで行われた 1962 年のロケット実験により，宇宙からの強い X 線が発見された．このとき検出された X 線の多くは，太陽以外の定常 X 線源としては一番明るい，さそり座 X–1（Sco X–1）と呼ばれる天体からのものであることがその後の観測でわかったが，この歴史的なロケット実験でたまたま全天で一番明るいさそり座 X–1 が観測視野にあったことは X 線天文学にとって非常に幸運だった．

宇宙からのガンマ線を検出する試みも，X 線とほぼ同じ時期に始められた．しかし，天体からのガンマ線が確実に捉えられたのは，米国の OSO–3 衛星による 1967 年のことであった．X 線よりも検出が難しいためである．同じ理由で，その後しばらくは，X 線天文学のような急激な発展はなかったが，1990 年代に入ると，大型で高性能なガンマ線天文衛星が軌道に投入され，また，大気チェレンコフ望遠鏡が開発され，地上からの超高エネルギーガンマ線の観測が行われるようになり，ガンマ線天文学はめざましい発展をとげている．なかでも，「ガンマ線バースト」と呼ばれる現象は早い時期から発見されながら，その起源が長い間謎であったが，1990 年代後半以降の種々の観測により，超新星爆発の巨大なものとの解釈が主流となった．宇宙に初代の星が出現したころの様子を探る上でも貴重な手がかりを与えるものとして注目を集めている．

宇宙からの粒子観測

非常にエネルギーの高いガンマ線は，大気の原子核と衝突して生じる「空気シャワー」という現象を利用して検出が行われるが，空気シャワー現象は，むしろ，宇宙から到来する高エネルギーの陽子などの粒子によって生じる現象として研究されてきた．それらの高エネルギー粒子は宇宙線と呼ばれ，その発見は 1912 年にさかのぼる．一世紀近い宇宙線研究の前半は，素粒子物理の諸現象を観察する場として使われたが，地上加速器の発達により，後半における研究の主流は，宇宙から来る 1 次宇宙線の起源や宇宙線を用いた宇宙物理の研究に移っている．現在，地上に大規模に検出器群を設置して，最高エネルギーの宇宙線による空気シャワーを捉えようとする試みや，その宇宙線の到来方向を捉えようとする試み，また，気球等の飛翔体に各種検出器を搭載して，宇宙線に含まれる重粒子や反粒子を捉えようとする試みが行われている．

空気シャワーは，主に強い相互作用・電磁相互作用を通じて起きる現象と言えるが，宇宙から到来する粒子にはニュートリノもある．ニュートリノと物質とは弱い力でしか相互作用を起こさないために，その相互作用の断面積はきわめて小さい．そのため，ふつうの宇宙線が起こす圧倒的に多い現象の中から，ニュートリノが起こしたわずかな現象を探す必要がある．そのための特別な工夫の下に，1960 年代から太陽ニュートリノの検出が試みられ，現在では，ニュートリノ振動の検出にまで発展している．天体からのニュートリノ検出についても，1987 年，日本の神岡鉱山に設置された装置により，大マゼラン雲におきた超新星爆発に伴うニュートリノが検出されたことは記憶に新しい．

宇宙から到来する粒子には，ダークマターも含まれていることも忘れてはならない．ダークマターは，物質との相互作用が非常に小さいなんらかの粒子であると考えられるが，相互作用がまったくないとは考えられない．そのため，地上の装置によって宇宙から到来するダークマターを捕らえようとする試みが，いくつもの研究グループで行われている．しかしながら，まだまとめられる段階には至っていないので，本書では，ここに言及するに留める．

宇宙からの重力波検出

ダークマターとならんで，人類が検出できていない宇宙の重要な情報源が重力波である．重力波の存在は，アインシュタイン自身により一般相対性理論の発表（1915 年）の直後に指摘され，1979 年には，連星パルサーの周期変化から重力波の存在が間接的に証明された．重力波の直接検出の試みは，1950 年代から始められ，近年は日本も含めて地上の重力波検出装置が稼働中である．宇宙空間に重力波望遠鏡を設置する計画も進められている．

宇宙は，汲めどつきない未知の物理の宝庫である．それには，新しい観測手段の導入によってはじめて触れることができる．本巻はそのような人類が新たに手にした観測手段に読者をいざなうものである．これら観測装置によって得られた科学的成果については本シリーズ第 8 巻『ブラックホールと高エネルギー現象』も参照されたい．これらの書物が，「新しい世代の研究者による新しい未知の宇宙への挑戦」を呼び起こす一助となることを願ってやまない．

2008 年 8 月

井 上　一

［第 2 版にあたって］

初版発刊以来の約 10 年に，本書関連で，以下のような出来事・進展があった．

宇宙ステーション搭載の日本の全天 X 線監視装置 MAXI（2008 年打上げ）や，米国の GeV ガンマ線観測衛星フェルミ（2008 年），硬 X 線撮像観測衛星 NuSTAR（2012 年），日本の X 線天文衛星「ひとみ」(2016 年）等が軌道に投入され，X 線・ガンマ線天体の観測的研究が進展した．MAGIC-II と HESS-II による地上チェレンコフ観測，HAWC 実験による地上シャワー観測で，TeV ガンマ線観測に大きな進展が見られた．宇宙線分野では，テレスコープアレイ実験とオージェ実験により，宇宙線最高エネルギーの観測が進展し，宇宙ステーションに日本の宇宙線電子観測装置 CALET が搭載された（2015 年）．ニュートリノ振動の測定実験に 2015 年ノーベル物理学賞が与えられ，本書執筆者である梶田隆章氏が受賞者の一人となった．IceCube 実験により，高エネルギー宇宙ニュートリノが検出され，2017 年 9 月にはその発生天体の候補が同定された．2015 年には，連星ブラックホール合体に伴う重力波が初めて直接検出され，今や，同種の重力波検出は 10 件を超えた．2017 年には，連星中性子星合体に伴う重力波が初検出され，対応天体の同定も行われた．全電磁波観測，宇宙線・宇宙ニュートリノ観測，重力波観測を統合する「マルチメッセンジャー天文学」の新しい時代が始まった．第 2 版には，これらの成果が反映されている．

このように，この 10 年はたいへん実り多いものだった．次の 10 年に，どんな新しい展開がみられるか，実に楽しみである．

2019 年 7 月

井 上　一

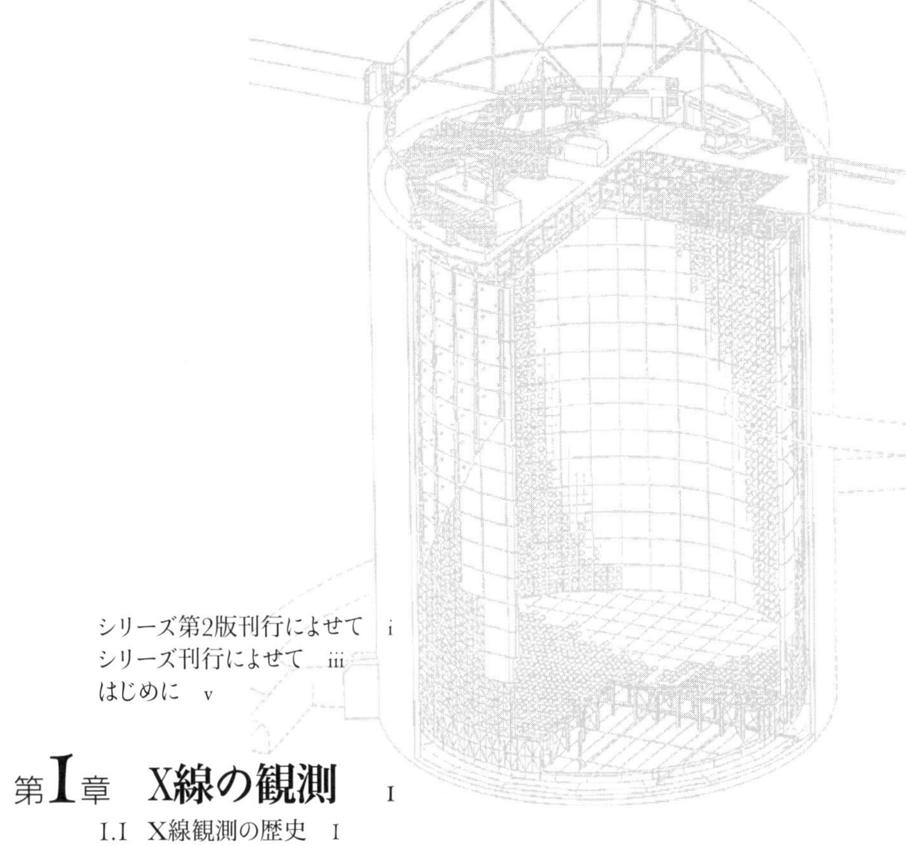

MAS
Modern Astronomy Series
2
Nd.ed.

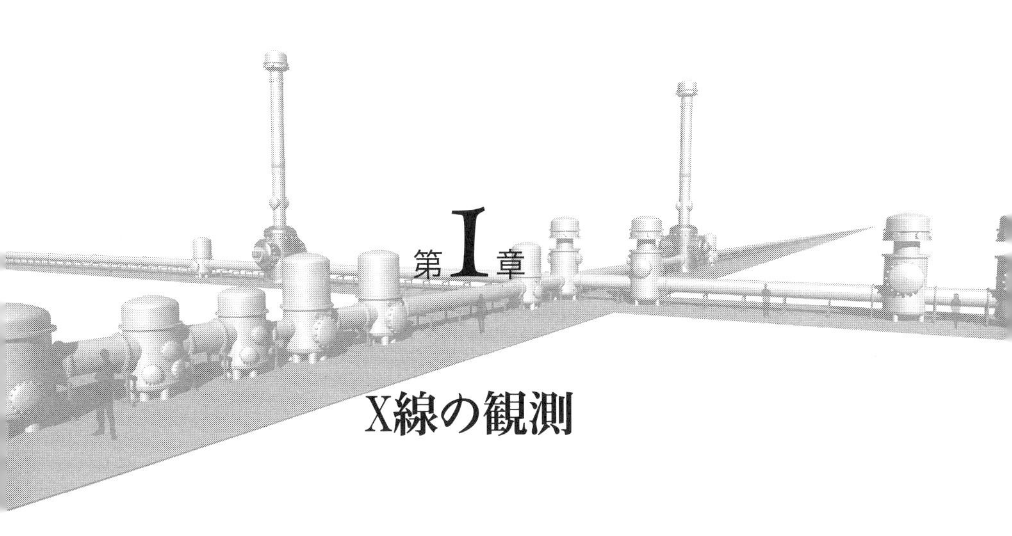

第I章 X線の観測

1.1 X 線観測の歴史

1.1.1 X 線天文学の誕生

電波，赤外線，可視光，紫外線，X 線およびガンマ線すべてを総称して電磁波という．それは，電場と磁場が進行方向に直交する横波であり，光速（真空中）で伝播する．波長が $\sim 10^{-11} - 10^{-8}$ m ほどの電磁波を X 線といい，さらに短い電磁波をガンマ線（γ 線）とよぶ（図 1.1（2 ページ））．X 線の特徴の一つは高い物質透過力である．おなじみのレントゲン撮影では，その特徴を利用して人体の内部を撮影する．ところが，X 線は地球の大気を透過することができない．“人の体は透過するのに”と，不思議に思われるかも知れないが，大気は X 線にとっては人体の 100 倍も厚いのである．図 1.1 に，大気の外からやってきた電磁波がどこまで透過できるかを波長の関数として示した．電波，赤外線の一部，それに可視光以外の電磁波は地表まで到達できない．X 線などの地表に届かない電磁波による宇宙観測には，ロケット（大気の外に出る道具）の登場が必要であった．ただし，波長の短い X 線やガンマ線であれば，気球で高度 30 km 程度の上層に出ることで観測は一応可能である．

観測ロケットや人工衛星など，大気の外に観測装置を運ぶ道具を手にし，地表には届かない宇宙（太陽系外）からの X 線を計測しようと考え，実行したのは

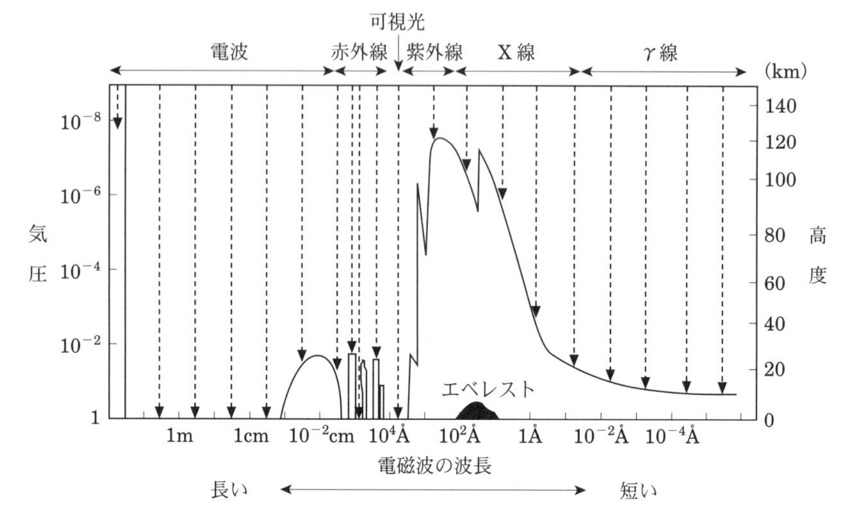

図 1.1　大気圏外から入射した電磁波が到達できる高度．横軸の単位 1 Å は 10^{-10} m である（小田稔『宇宙線』，物理学選書，裳華房）．

米国マサチューセッツ工科大学のロッシ（B. Rossi）に指導されたジャッコーニ（R. Giacconi）ら AS&E（American Science & Engineering）社の研究者たちであった[*1]．観測ロケットの側面にガイガーカウンター（1.2.1 節）と機械的なコリメーター（1.4.1 節）を搭載し飛行中のロケットの自転によって，天空の領域を走査するという単純な検出方法であった．たった約 10 分間の観測にもかかわらず，大方の予想をはるかに超える強度の X 線が検出された（図 1.2）．太陽系外の X 線天体の初めての発見である（1962 年）．

こうして始まった X 線天文学は，今日では天文学・宇宙物理学の重要な一分野に成長した．その後の約 40 年の観測によって，宇宙の多くの天体が X 線を出していること，1 ミリ秒以下の短い時間で不規則に X 線強度が変動する天体があること，1 千万度や 1 億度の超高温ガスの存在や，電子を光の速度近くまで加速するような超高エネルギー現象が宇宙のさまざまなところにあること，などがわかってきた．そこには，ブラックホールや銀河団など巨大な重力が関与し，巨

[*1] 太陽からの X 線は，ハーバード・フリードマン（H. Freedman）らのロケット実験により 1950 年頃から観測されていた．

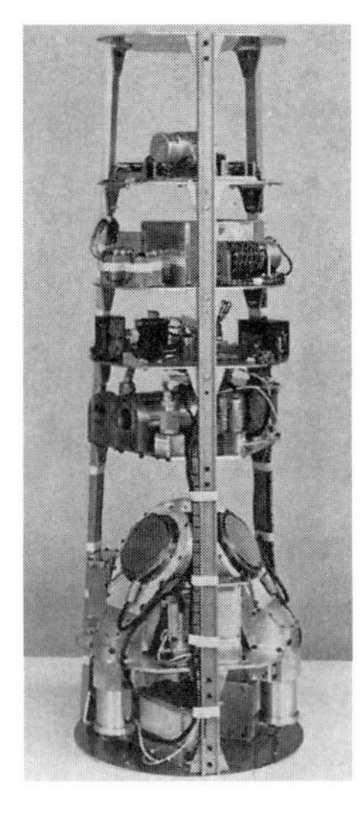

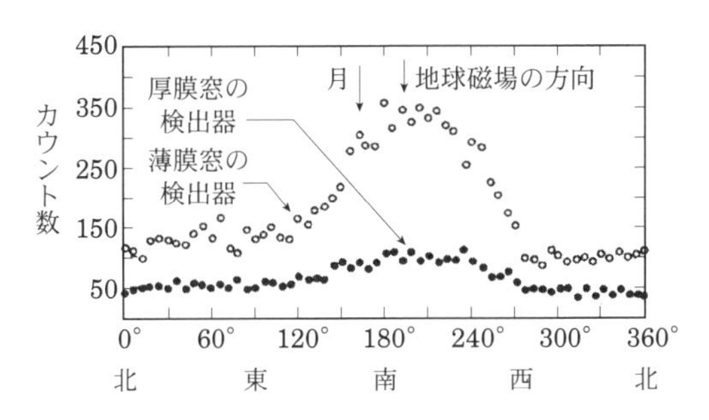

図 1.2　ジャッコーニらが太陽系外からの X 線を初めて検出したロケット実験の観測装置（左）とその観測データ．ロケットの自転に伴って観測装置は，天空を掃査した．図中の X 線強度の盛り上がりは，後にさそり座 X-1（Sco X-1）と呼ばれることになる X 線連星（二つ以上の星が重心の周りを互いに公転している系をいう．さそり座 X-1 は中性子星と通常の恒星の連星である）と，宇宙 X 線背景放射（天空のすべての方向からきている X 線）の存在を物語る（Giacconi *et al.* 1962, Phys. Rev. Letters 9, 439; Giacconi *et al.* 1965, Space Sicence Reviews 4）．

大な爆発エネルギーを伴う天体のダイナミックな現象があった（第 8 巻も参照）．最新の天体カタログには数万個が X 線天体として挙げられている．宇宙に存在するほとんどの天体や現象はなんらかの形で X 線と関わっているといっても過言ではない．

1.1.2　ウフル衛星

宇宙 X 線の観測は，初期のころにはおもに観測ロケットや観測気球により行われた．これらの 1 回の観測時間は短時間に限られていたが，1964 年のかに星雲からの X 線の同定，1966 年のさそり座 X–1 の光学天体の同定など重要な発見がなされた．1970 年に最初の X 線天文衛星ウフル（UHURU）により長時間観測が可能になると多くの X 線放射天体が発見され，X 線天文学は飛躍的に発展した．ウフル衛星には比例計数管（1.2.1 節）が搭載された．比例計数管の X 線入射窓の前面に機械的コリメーター（1.4.1 節）をのせて X 線入射方向を限定し，衛星をゆっくり自転させることで全天を掃査した*2．このように単純な構造の衛星ではあったが，約 400 個の X 線天体を発見し，最初のカタログを作成した．その中には，

- 周期的に X 線強度が変動する（パルスという）X 線パルサーと公転運動によるパルス周期のドップラー変動の検出による中性子星との連星系の発見．
- 活動銀河核からの X 線放射の発見．
- 銀河団からの X 線放射，すなわち大規模な超高温プラズマの発見．

など，それまでの宇宙観を変えるような重大な発見があった．その後，多くの X 線天文衛星が打ち上げられ，今日に至っている．

図 1.3 に，これまでの主要な X 線観測衛星および宇宙ステーション搭載装置の開発国と運用期間を示した．日本ははくちょう衛星以来，6 機の衛星を打ち上げ，国際宇宙ステーション（ISS）に 1 機を搭載し，この分野に大きな貢献をしてきた．2019 年現在，米国のチャンドラ衛星（Chandra），スイフト衛星（Swift），ニュースター（NuStar），欧州宇宙機構（ESA）の XMM–ニュートン衛星（XMM–Newton），インテグラル衛星（Integral）等が軌道上で観測を行っている．表 1.1（6 ページ）に，日本のこれまでの X 線天文衛星とその特徴と主要な成果をまとめた．以下，ウフル衛星以降のいくつかの重要な衛星について述べる．

1.1.3 アインシュタイン（Einstein）衛星

アインシュタイン衛星は米国が 1978 年に打ち上げた X 線望遠鏡を搭載した初めての衛星である．焦点距離 3.4 m，直径 33–56 cm のウォルター I 型*3の X 線反射鏡 4 組が同心円状に並んでおり（これを「ネストする」と表現する．1.4.2 節），0.1–4 keV のエネルギーの X 線を結像，集光した．視野中心での角

*2 ジャッコーニらによる最初のロケット実験と同じ検出方法である．

*3 放物面と双曲面の鏡を焦点が共通になるように配置した光学構造の反射鏡の一種（1.4.2 節参照）．

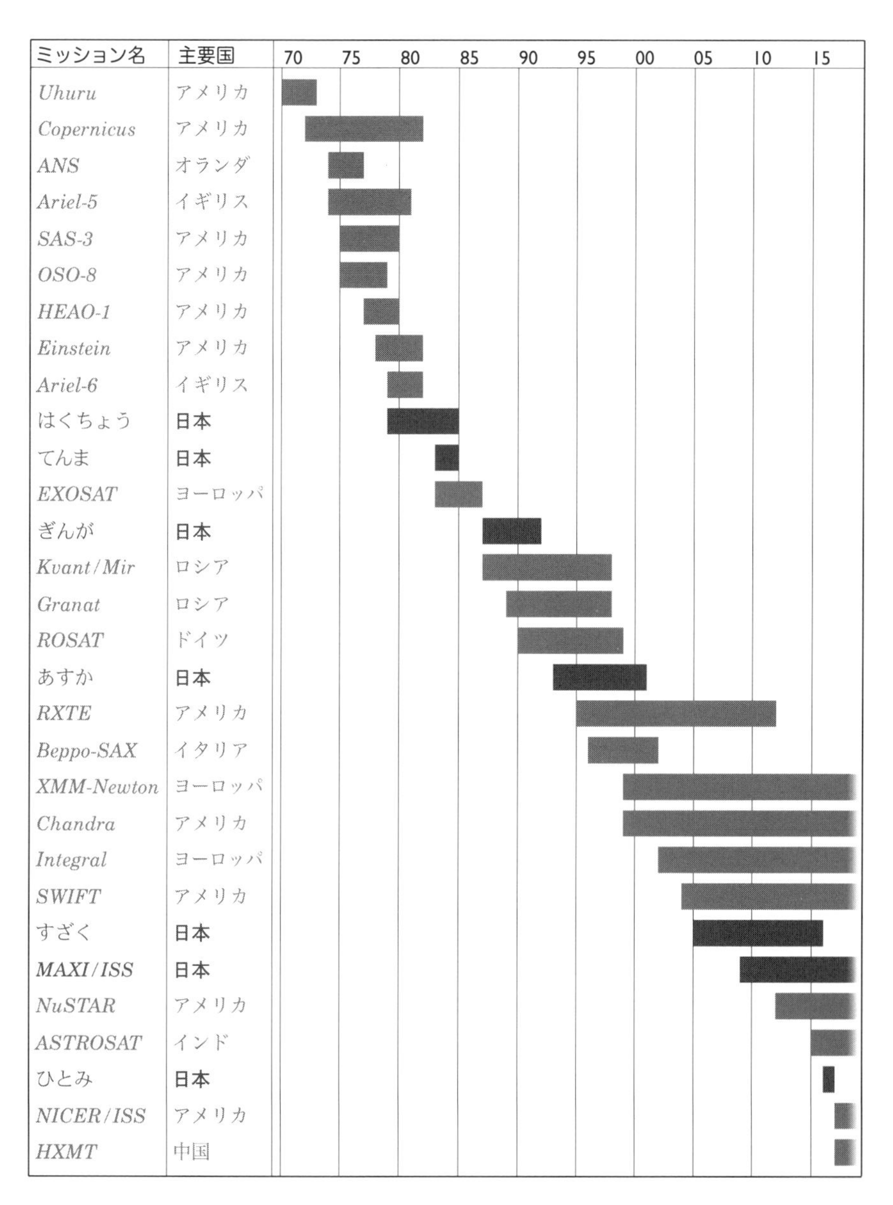

図 1.3　これまでの主要な X 線天文衛星，及び，宇宙ステーション等搭載 X 線観測装置．主開発国と運用期間を示した．

表 1.1　日本の X 線天文衛星および ISS 搭載観測装置の特徴と主な成果.

衛星（打ち上げ年）	主要観測装置	おもな観測対象	おもな観測結果
はくちょう（1979）	すだれコリメーター	X 線バースト・X 線源の時間変動	バースト光度と銀河中心の距離
てんま（1983）	ガス蛍光比例計数管	X 線源のスペクトル観測	重力赤方偏移した吸収線，鉄輝線による X 線源周辺物質の研究，銀河リッジ放射
ぎんが（1987）	大面積比例計数管，全天モニター，ガンマ線バースト検出器	銀河系内外天体の鉄輝線観測，時間変動，ガンマ線バーストスペクトル	超新星 1987A からの X 線観測，多数のブラックホール候補の発見と X 線放射機構の解明
あすか（1993）	高効率 X 線望遠鏡・X 線 CCD カメラ・ガス蛍光比例計数管	鉄輝線の詳細観測，高温プラズマの X 線撮像分光観測	ブラックホール重力場の検証，銀河団の進化（温度ゆらぎ），超新星残骸の粒子加速，原始星の X 線放射
すざく（2005）	高効率 X 線望遠鏡・X 線 CCD カメラ・硬 X 線検出器・X 線カロリメータ	活動銀河核の広帯域 X 線観測，高温プラズマの超軟 X 線・軟 X 線撮像分光観測，超新星残骸・銀河団の硬 X 線観測	ブラックホール近傍の物理状態，炭素・窒素の銀河内の拡散，銀河団ガス運動の上限，銀河中心領域の放射
ISS 搭載全天 X 線監視装置 MAXI（2009）	ガススリットカメラ，半導体スリットカメラ	時間変動する X 線天体の監視（X 線連星，活動銀河核，γ 線バースト対応天体等）	ブラックホール連星候補の発見．連星 X 線パルサーの巨大アウトバーストの発見．星の X 線フレアーの継続的な監視.

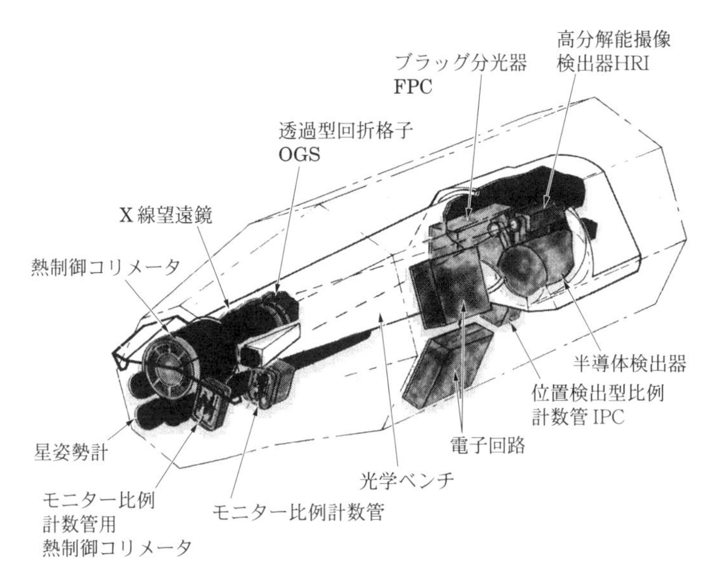

図 1.4 1978 年に打ち上げられた米国のアインシュタイン衛星の構造．直径 56 cm，焦点距離 3.4 m のウォルター I 型 X 線反射鏡を搭載し，0.1–4 keV のエネルギー範囲で初めて本格的な X 線撮像観測を行った（Giacconi *et al.* 1979, *ApJ*, 230, 540）．

分解能*4は約 2 秒角，望遠鏡自身の集光面積*5は 0.25 keV で 400 cm^2，4 keV で 30 cm^2 であった．回転台の上に，4 種類の焦点面検出器が搭載され，1 台を選択して用いた．4 種類の中で，撮像能力をもつのは High Resolution Imager（HRI; 高分解能撮像検出器）と Imaging Proportional Counter（IPC; 撮像型比例計数管）の二つであった．

HRI は，マイクロチャンネルプレート（1.2.3 節）を用いた位置検出型の検出器で，望遠鏡の持つ 2 秒角の角度分解能（視野の広さは直径 25 分角）での撮像を可能にした．しかし，検出効率が低いため，X 線反射鏡と組み合わせた有効面積*6は 0.25 keV で 20 cm^2 であった．また，検出器自身はエネルギー分解能を持たないため，アルミニウムまたはベリリウムのフィルターを出し入れすること

*4 近接した 2 つの X 線源を見分ける能力．

*5 この面積に入射した X 線を集光することができる．

*6 X 線望遠鏡の集光面積に X 線検出器の検出効率を掛けることで得られる，実効的な集光面積．

で，おおよそのエネルギー情報を得た．

IPCは位置検出型の比例計数管である（1.2.1節）．ゼノンガス容器内に，多数の芯線を張り，かつ信号の立ち上がり時間を測定することで，X線天体の位置を空間分解能1分角の誤差以内で決定できる（検出器内でのX線吸収位置の測定精度は約1 mm），このように限られた空間分解能ではあるが，75分角の広い視野，$E/\Delta E \sim 1$ のエネルギー分解能と，2 keV付近で $200\,\mathrm{cm}^2$ の有効面積を持つ，アインシュタイン衛星の主要な焦点面検出器であった．

他に，焦点面検出器として位置分解能を持たない半導体検出器（SSS; Solid State Spectrometer）（1.2.4節）とブラッグ分光器（FPCS; Focal Plane Crystal Spectrometer）（1.3.1節），さらにHRIと組み合わせて用いる透過型回折格子（OBS; Objective Grating Spectrometer）も搭載されていた（1.3.1節）．

アインシュタイン衛星は，反射望遠鏡により，それまでの観測装置に比べて2桁高い感度と撮像観測を実現し，X線天文学に大きな発展をもたらした．銀河団，超新星残骸，活動銀河核の研究など，広い分野で大きな成果を上げたが，意外な新発見は，

- 恒星から予想に反して強いX線放射を検出した．
- 巨大楕円銀河から高温プラズマを発見した．

ことであろう．

1.1.4　はくちょう（Hakucho）衛星

はくちょう衛星（図1.5）は，1979年に打ち上げられた日本最初のX線天文衛星である．米国のアインシュタイン衛星が，3.2トンの重量であったのに対し，はくちょう衛星は，わずか96 kgであったが，小田 稔が発明した回転すだれコリメーター[*7]に代表される特徴ある観測装置を搭載した．「はくちょう」に搭載された回転すだれコリメーターは，2枚の格子状（つまり，すだれ状）のマスク[*8]を，一定間隔で重ねたものである．広視野の回転すだれコリメーターを持つ比例計数管が2台（CMC–1とCMC–2），狭視野のすだれコリメーターを持つ比例

[*7] Modulation collimatorという．日本古来のすだれのような形状をしていたので，X線天文学の創始者ロッシはすだれコリメーターと呼んだ．日本ではこの名前も定着している．

[*8] X線が透過する部分と透過しない部分を持つことによって，X線の経路を制限する部品．

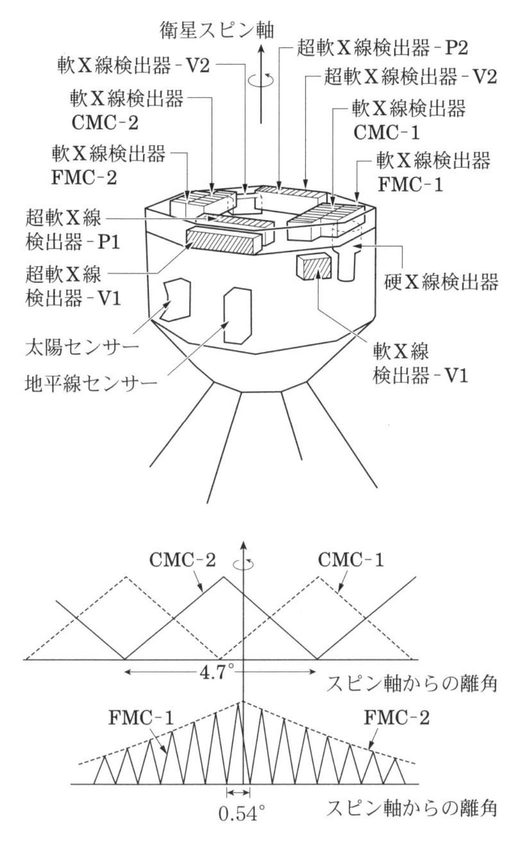

図 1.5 1979 年に日本が打ち上げた最初の X 線天文衛星「はくちょう」. 上の図は観測装置，および姿勢センサーの配置を示す. 衛星本体上部に，すだれコリメーターを備えた CMC–1 と CMC–2, FMC–1，ならびに FMC–1 と同じ視野を持つが，すだれコリメーターを持たない FMC–2 の 4 台の比例計数管（1.2.1 節）が搭載された. 下の図は，すだれコリメーターの角度応答を示す（縞状の応答を持ち，縞状の応答に垂直な面で切ったときの応答）. はくちょう衛星はゆっくりと自転し，それに伴って縞状の応答も回転する. それに応じて比例計数管が計測する X 線強度も変化する. これは近似的に空間の複数のフーリエ成分を計測していることに相当する. したがって逆フーリエ変換することにより天体の X 線画像を再合成できる. 視野内に存在する X 線源が，有限個数の点源であると仮定できる場合には，相関マップや最適フィッティングの手法で，点源の位置と強度が決定できる（Hayakawa 1981, *Space Science Review*, 29, 221）.

計数管が1台（FMC–1）搭載され，X線バーストの発見やその位置決定に大きな威力を発揮した．

X線連星の多くは，中性子星に連星の相手の星の表面物質が降着し，X線を放射しているが，中性子星表面にたまった降着物質が臨界量以上になると突然核融合反応をおこす．このとき，X線は1–数秒間で突然10倍以上も明るくなり，数十秒でゆっくりともとの明るさに戻る．これをX線バーストという．

はくちょう衛星は，

- X線バーストは，重力とX線の放射圧がつりあうエディントン限界*9に達することを明らかにした．これを使って，X線バースト源までの距離を求めた．
- 銀河中心領域から新たに12個のX線バースト源を発見した．
- エディントン限界からこれらX線バースト源までの距離を求め，銀河中心までの距離は当時一般的に用いられていた10 kpcではなく，8 kpcであることを明らかにした．

はくちょう衛星は「銀河中心を我々の側にひっぱりよせた」のである．

- X線バースト中は黒体放射スペクトルになっていることを発見した．

黒体放射ではX線光度（Lx）は黒体（中性子星）の温度（T），半径（R）との間に，$L\mathrm{x} = 4\pi\sigma R^2 T^4$ が成り立つ．エディントン限界から距離がきまれば，観測したX線強度からX線光度（Lx）が求まり，スペクトルから温度（T）がもとまる．こうしてRが求まる．

- 中性子星の半径を初めて10 kmと測定した．

はくちょう衛星には，狭視野コリメーターの比例計数管も搭載され，それを用いて，

- X線パルサーの観測と時系列解析から中性子星の質量を求め，内部構造の解明をおこなった．

その他，はくちょう衛星には，1 keV以下の超軟X線観測装置や，10–100 keVの硬X線観測装置も搭載された．

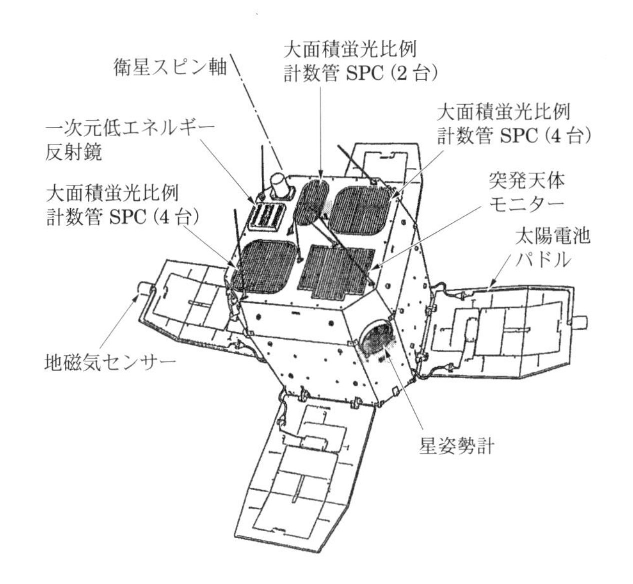

図 1.6 1983 年に打ち上げられたてんま衛星の外観．衛星本体の上面に 10 台の大面積の蛍光比例計数管（SPC）が搭載された（Tanaka *et al.* 1984, *PASJ*, 36, 641）．

1.1.5 てんま（Tenma）衛星

1983 年に打ち上げられたてんま衛星（図 1.6）には，10 台の大面積の蛍光比例計数管（SPC; Scintillation Proportional Counter）（1.2.2 節）が世界で最初に搭載された．蛍光比例計数管は比例計数管に比べエネルギー分解能が 2 倍ほど高いのが特徴である（1.2.6 節）．10 台の大面積蛍光比例計数管の中の 2 台には，すだれコリメーターが取り付けられた．大面積蛍光比例計数管 1 台当たりの有効面積は 80 cm^2 で，すだれコリメーターを持たない 8 台をあわせた有効面積は 640 cm^2 であった．他に，1 次元低エネルギー X 線反射鏡（XFC; X-ray Focusing Collector），突発天体モニター（TSM; Transient Source Monitor）とガンマ線バースト検出器（GBD; Gamma-ray Burst Detector）も搭載された．

SPC は 2–80 keV の広いエネルギーをカバーし，かつ高いエネルギー分解能と大きな有効面積を持って鉄 K–X 線の本格的な分光観測の道を拓いた*[10]．

*9 球対称の定常放射では光度がエディントン限界を超えることはない．

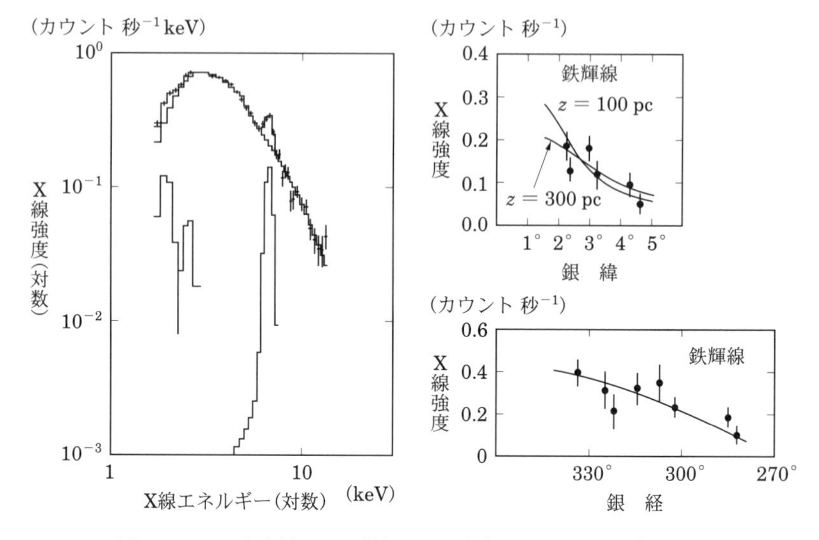

図 1.7　てんま衛星による銀河リッジ放射のスペクトル（左）と，鉄輝線強度の銀経・銀緯依存性（右）．スペクトルの 6–7 keV に見える構造が鉄輝線である（Koyama *et al.* 1986, *PASJ*, 38, 121）．

銀経 約 ±30 度の銀河面に，広がった X 線放射があることが，米国の HEAO–1 衛星などの観測で示唆されていたが，てんま衛星の観測によって，

- 高電離した鉄の K 輝線の検出（図 1.7），すなわち超高温度のプラズマからのスペクトルを発見した．

この放射は，銀河リッジ*[11]拡散 X 線放射（GRDX; Galactic Ridge Diffuse X-Ray）とよばれ，その起源と正体の解明をめざし，てんま衛星以降も，「あすか」，「チャンドラ」，「XMM–ニュートン」，「すざく」等の衛星で観測がおこなわれたように，X 線天文学の重要研究課題の一つとなっている．

- X 線バースト中に中性子星表面の重力により赤方偏移した鉄の吸収線を発見した．

*[10]（11 ページ）原子の最内殻軌道に外殻電子が遷移するときに放射される X 線を（特性）K–X 線（または K 輝線）という．鉄の K–X 線は X 線天文学において特に重要な意味をもつ．鉄 K–X 線分光学は日本が世界で指導的役割を果たした分野でもある．

*[11] 銀河面に沿って，嶺のように見えることからリッジと呼ばれる．

• X 線パルサー，活動銀河核，銀河団などから鉄輝線を発見した．

これらの発見は鉄 K–X 線分光学に先鞭をつけ，以後の日本の X 線研究の方向性を決めることになった．

• 中性子星連星系からの連続 X 線スペクトルは，中性子星表面からの黒体放射と降着円盤からの多温度黒体放射からなることを発見した．

これは以後，降着円盤をもつ X 線天体の構造解明において標準となる道筋を与えたものである．

1.1.6 エクソサット（EXOSAT）衛星

エクソサット衛星（図 1.8（14 ページ））は欧州宇宙機関（ESA; European Space Agency）が，1983 年に打ち上げた X 線天文衛星である．これまでの X 線衛星の多くは，高度 500–600 km の地球周回低高度のほぼ円軌道に打ち上げられたのに対して，遠地点 20 万 km，近地点 500 km の超楕円軌道*[12]に投入された．これによって荷電粒子バックグラウンドは増加したが*[13]，観測天体が地球に隠されて観測が中断される頻度が小さくなり，一つの天体を長時間連続観測することが可能になった．観測装置は，低エネルギー撮像観測装置（LE; Low Energy Imaging Telescope），撮像能力は持たない大面積比例計数管（ME; Medium Energy Experiment）と蛍光比例計数管（GSPC）からなる．

LE は 2 台のウォルター I 型 X 線望遠鏡（1.4.2 節）からなり，それぞれの焦点面には，マイクロチャンネルプレート（1.2.3 節）を用いた CMA（Channel Multiplier Array）と，平行平板を電極に用いた位置検出型比例計数管（PSD; Position Sensitive Detector）（1.2.1 節）が 1 台ずつ置かれ，さらに透過型回折格子（1.3.1 節）も備えられていた．望遠鏡の焦点距離は 1 m，空間分解能は 5 秒角，エネルギー範囲は 0.05–2 keV であったが，CMA, PSD と組み合わせたと

*[12] 重力により束縛された二つの天体からなる系では，その軌道は，一般に楕円軌道になる．したがって人工衛星の軌道も楕円軌道である．離心率が大きな超楕円軌道においては，地球からもっとも離れる遠地点と，もっとも近づく近地点の間に大きな差ができる．

*[13] 衛星搭載の X 線検出器のバックグランド（雑音・ノイズ）はおもに宇宙から飛来する荷電粒子（宇宙線）が原因になっている．地球磁場は荷電粒子の進路を曲げ，地表への進入を遮蔽するから，低軌道の衛星ほどバックグランドは一般に少ない．

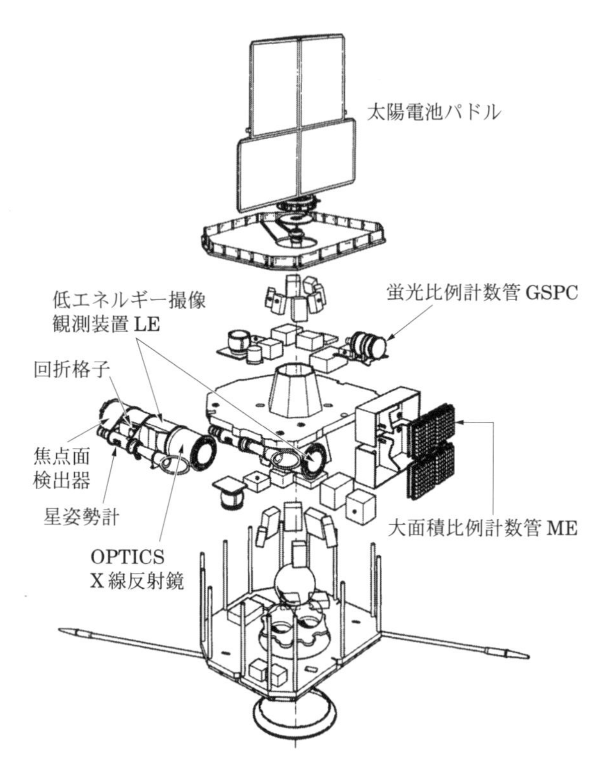

図 1.8　1983年に打ち上げられたエクソサット衛星の内部構造図（Taylor *et al.* 1981, *Space Science Review*, 30, 469）.

きの有効面積は $10\,\mathrm{cm}^2$ しかなかった．ME は，8台の比例計数管（1.2.1節）からなる観測装置で，アルゴンガスを封入した上段とゼノンガスを封入した下段の二つの比例計数管をベリリウム窓[*14]を挟んで重ねることにより，有効面積 $1800\,\mathrm{cm}^2$ で，1.5–50 keV のエネルギー範囲をカバーした．一方，蛍光比例計数管（1.2.2節）の有効面積は $160\,\mathrm{cm}^2$ で，てんま衛星の SPC の 1/4 であった．

エクソサット衛星の観測装置の中で，最も活躍したのは ME であった．ME は高時間分解能観測によって，中性子星連星から，数–数百ヘルツの X 線強度振

[*14] 原子番号の小さいベリリウム（原子番号 = 4）は，X 線の透過率が高い．上段のアルゴンガスの比例計数管はおもに，3 keV 程度以下の X 線を検出し，それよりも高いエネルギーの X 線は，ベリリウム窓を通って，下段に達し，ゼノンガスの比例計数管により検出される．

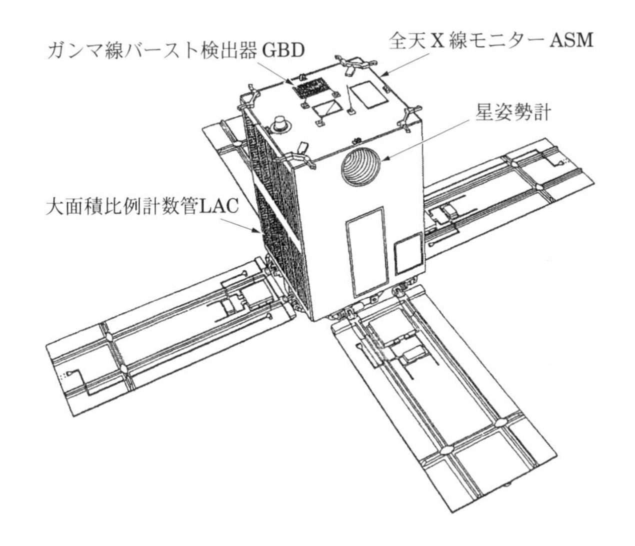

図 1.9 1987 年に打ち上げられたぎんが衛星の外観．四角柱の衛星本体の一側面に，8 台の大面積比例計数管（LAC）が搭載され，その反対面に，全天 X 線モニター（ASM）が搭載された．衛星は 1 日に 1 度，四角柱の中心軸のまわりに自転し，ASM はその間に広い空からの X 線を観測した（Turner *et al.* 1989, *PASJ*, 41, 345）．

動現象を発見した．この振動は位相が完全にそろっていない（コヒーレンスが低い）ため，準周期振動（QPO; Quasi-Periodic Oscillation）と名付けられた（第 8 巻 2.4.4 節）．準周期振動の起源は完全には理解されていないが，その速い変動は中性子星やブラックホールの極近傍から発生したものと思われる．すなわちこれら極限重力天体の間近に迫る観測手法を開拓したのである．

1.1.7 ぎんが（Ginga）衛星

1987 年に打ち上げられたぎんが衛星（図 1.9）には，大面積比例計数管（LAC; Large Area Counters），全天 X 線モニター（ASM; All Sky Monitor），ガンマ線バースト検出器（GBD; Gamma Burst Detector）の 3 種類の観測装置が搭載された．日本の X 線天文衛星は，このぎんが衛星から本格的な国際協力による装置開発と運用・観測を行うようになった．LAC と GBD は，それぞれ，英国および米国との国際協力で開発された．ぎんが衛星のデータは，最初は，英国から世界の研究者に公開された．その後，日本で最新のデータ処理システム上にデータとデータ解析システムを乗せ，それを維持する努力が続けられている．現在は，日本から全データが公開されており，今も利用されている．

「ぎんが」の比例計数管（1.2.1節）は多層芯線アレイ構造を持ち，それらからの信号の反同時計数をとっている[*15]（図1.18）．これは同時にきた（約10マイクロ秒以内）信号を排除する計数論理であり，X線による信号は複数のグループから同時に発生することはないが，荷電粒子は複数のグループ（セル）にまたがってガスを電離するから，反同時計数は荷電粒子によるバックグラウンドを大幅に低減させる．LACは8台の比例計数管からなり，1.5–37 keVのエネルギー範囲で全有効面積は，当時最高の4000 cm^2であった．

ASMは，図1.9に示すように，LACと反対側に搭載された．ASMは，傾きの異なる縦に長い視野を持つコリメーターを備えた2台の比例係数管からなっていた．衛星は1日に1回，約36分かけて，1回転し，この間に，ASMは空の広い領域を掃引した．二つの検出器が同一天体を検出する時間差から衛星座標での天体の仰角を，二つの平均時間から方位角を決定した．

「ぎんが」の成果は，

- ASMによって，20個以上の突発天体[*16]（Transient Source）が発見された．これら突発天体はLACによって追観測され，Be型星[*17]を伴星に持つBe型X線連星パルサーと，これに比べて軟らかいX線スペクトル[*18]を持つ軟X線突発天体の二つに分けることができた．
- ASMとLACによる長期モニター観測により，軟X線突発天体の実に3桁におよぶX線強度変化とそれに伴うX線スペクトルの変化が観測された．その結果から，これらのX線放射が，ブラックホール周辺の降着円盤からのX線放

[*15] 1.2.1節の脚注27参照．

[*16] 突発的にX線強度が大きくなる天体．それ以前には検出されていなかった天体である場合もあり，このためX線新星などと呼ばれることもある．

[*17] 高速で自転するB型星で，遠心力によって放出されたガスが星の周りに円盤状にあると考えられている．公転する中性子星がこの円盤を横切ると，円盤ガスが大量に降着して突発的にX線が放出される．

[*18] 低いエネルギー（波長の長い）のX線を軟X線という．そこで軟X線が卓越するX線スペクトルを「軟らかい」という．その逆は硬X線であり，硬いスペクトルである．

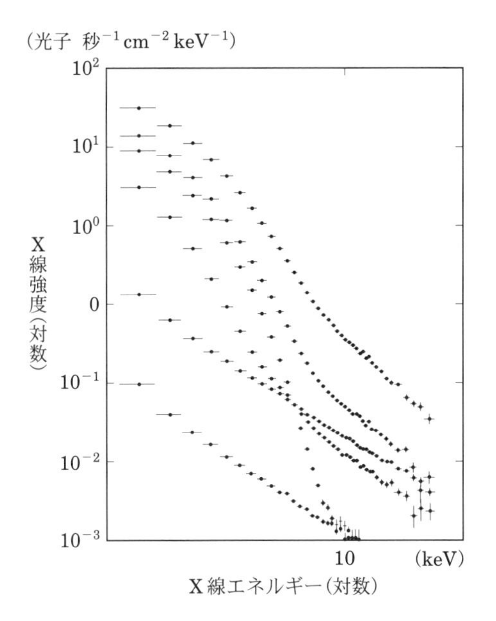

図 1.10 突発天体(Ginga Transients)の一つ,GS 1124-684(GS は Ginga Source の意味)の,ぎんが衛星 LAC による長期スペクトル観測.縦軸の単位は光子 秒$^{-1}$ cm^{-2} keV^{-1} で,検出器の応答関数を戻した[*19] 天体のスペクトルである.X 線強度の減少とともに,軟らかい X 線スペクトルを持つ放射成分の割合が次第に減少し,最後はベキ関数的(この図上では直線的)なスペクトルとなった.軟らかい X 線スペクトルを持つ成分の強度変化は,内縁の半径が一定な降着円盤からの X 線放射が減少することで説明することができる(Tanaka & Shibazaki 1996, *ARA&A*, 34, 607).

射で説明できることがわかった(第 8 巻 2.5.7 節).これらの天体は,しばしば,ぎんが突発天体(Ginga Transients)と呼ばれ,有力なブラックホール候補天体である(図 1.10).

[*19] X 線検出器から得られる X 線のエネルギースペクトルは,有効面積(1.1.3 節の脚注 6 参照)のエネルギー依存性と,X 線検出器のエネルギー分解能(1.2.6 節参照)によって決まる応答関数によって変形を受けている.これを,ある手段で逆変換することによって,X 線望遠鏡に入射した X 線光子のエネルギースペクトルを求めることができる.

- LACで銀河中心を含む銀河面の広域マッピング観測*20を行い，大面積を活かして高電離鉄輝線を抽出した．これにより「てんま」が発見した銀河リッジX線の大局構造があきらかになったのみならず，銀河中心からも超高温プラズマの強い鉄輝線が発見された．
- 活動銀河核の一種II型セイファート銀河（第8巻2.6.2節）から鉄輝線と強い吸収をうけた連続X線スペクトルを発見した．またI型セイファートからは7–30 keVにみられる硬X線領域でのスペクトル構造（後にコンプトンバンプと呼ばれることになった）を発見し，これらを記述する活動銀河核の統一モデルを提案し，その後の研究に大きなインパクトを与える研究成果をもたらした．
- 多くのX線連星パルサーを発見した．

などであろう．

1.1.8 ローサット（ROSAT）衛星

ローサット衛星は，ドイツが，英国，米国との国際協力で開発した衛星で，1990年に打ち上げられた．主要観測装置であるX線望遠鏡（XRT; X-ray Telescope）と広視野の極端紫外線望遠鏡（WFC; Wide Field Camera）を搭載した．XRTは，焦点距離2.4 mのウォルターI型X線反射鏡を4枚ネスト（1.1.3節参照）したX線反射鏡（1.4.2節）であり，エネルギー範囲は，0.1–2 keVである．焦点面検出器には位置検出型比例計数管（PSPC; Position Sensitive Proportional Counter）（1.2.1節）とマイクロチャンネルプレートを用いたHRI（High Resolution Imager）（1.2.3節）が使われた．

PSPCは，直径2度の視野，視野中心で25秒角の空間分解能，1 keVで約300 cm^2の比較的大きな有効面積を持つ．一方HRIは，エネルギー分解能はないが，視野中心での空間分解能は2秒角という当時としては最高の性能をもっていた．

ローサット衛星の最大の成果は，

- 0.1–2 keVのエネルギー範囲で，高感度かつ高角度分解能の全天走査を実施

*20 LACは$1.1° \times 2.0°$の視野で，空間分解能は持たなかった．衛星の姿勢を少しずつ変化させることによって，検出器の視野よりも広い空間領域を観測し，かつ，X線強度の空間分布をも得る観測をマッピング観測という．

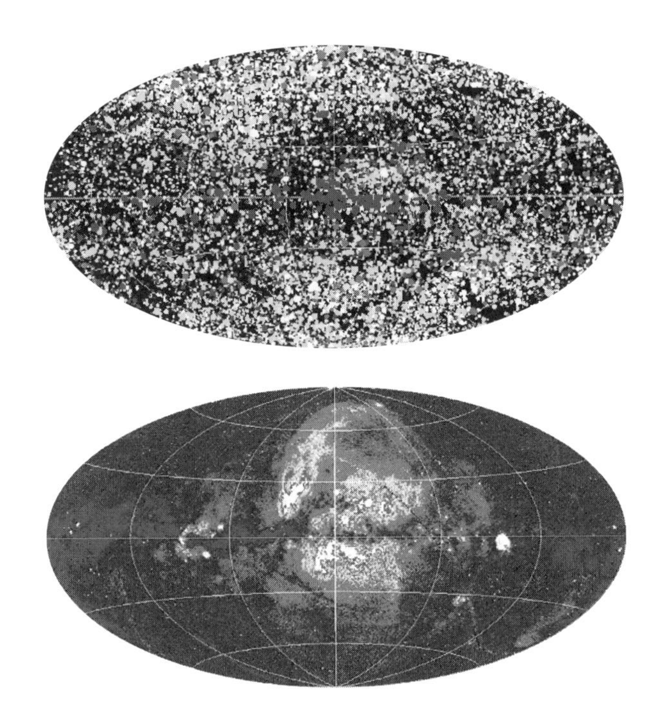

図 **1.11** 1990 年に打ち上げられたローサット衛星による全天走査観測の結果（口絵 1 参照）．上の図は，約 1 万 9 千個の天体を含む明るい天体のカタログ（Bright Source Catalog）の天体の位置を示す．下の図は，全天走査データから個々の天体を取り除いた後に残る空間的に広がった放射の全天画像を，0.5–0.9 keV のエネルギー範囲（しばしばこれは，3/4 keV バンド呼ばれる）について示したもの（ROSAT データセンターウェブページ，http://www.mpe.mpg.de/971847/RH_ all_ sky_ survey）．

した．

この全天走査観測からは，12 万 5 千個の X 線天体が検出され，これらは，銀河団の統計的な研究など，さまざまな研究に今でも利用されている（図 1.11（上））．また，全天走査観測データから個々の X 線天体を取り除いた画像は，我々の銀河系内の広がった X 線放射の姿を描き出した（図 1.11（下））．

全天走査観測の後は，PSPC または HRI を用いて，個々の天体の観測が行われ，

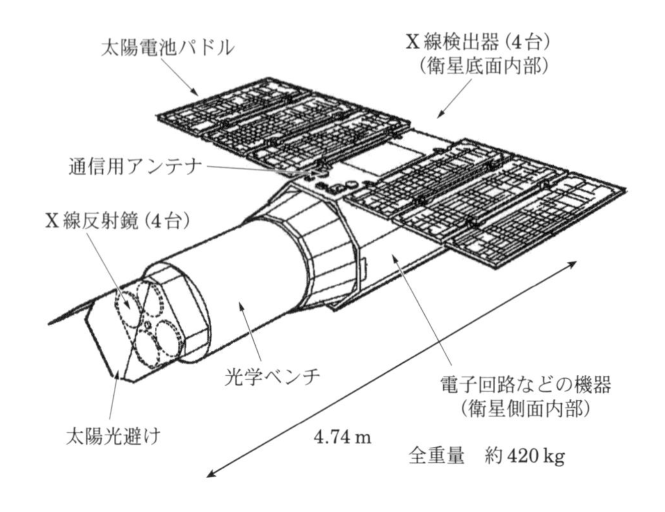

図 1.12　1993 年に打ち上げられた，あすか衛星の外観（JAXA 提供）.

- 彗星からの X 線放射を発見した.
- 活動銀河核の軟 X 線放射成分の研究.
- 銀河団の高温ガスの空間分布の研究.

など幅広い成果をあげた．これらのデータは，ドイツのマックスプランク研究所から公開されており，日本や米国にもそのミラーサイト[*21]がある.

1.1.9　あすか（ASCA）衛星

あすか衛星（図 1.12）は，日本が米国との国際協力で開発した衛星で，1993 年に打ち上げられた，日本としては初めて，本格的な X 線反射鏡を搭載した X 線天文衛星である．チャンドラ衛星やローサット衛星の X 線反射鏡は，超低膨張率のガラス（ゼロデュワーと呼ばれる）などを研磨して作られていた．こうして製造された反射鏡は厚いので同心円状にネストできる数は数個に限られ，望遠鏡の開口面積を有効に使うことができなかった.

あすか衛星では，反射鏡の素材としてアルミの薄板を用いることで，直径

[*21] もとのサイトと同じ構造と複製データを持っている別のサイト.

35 cm の外枠の中に，120 層の反射鏡をネストし 50%に近い開口効率*22を実現した．この多層薄板型 X 線反射鏡は軽量であることも大きな特徴である．このため，あすか衛星は X 線反射鏡衛星としては破格に軽い 420 kg を実現している．また，日本の M3S–II ロケットの衛星収納部の限られた大きさで 3.5 m の焦点距離を実現するために，伸展式光学ベンチ*23も開発採用された．一方では反射鏡の素材として比較的軟らかい構造のアルミ薄板を用いるため，結像性能はこれまでの X 線望遠鏡よりも劣り，約 2 分角であった．

あすか衛星は約 10 keV の X 線エネルギーまでの集光撮像観測を初めて可能にした．さらに焦点面検出器として，個々の X 線光子のエネルギーを測定できる X 線 CCD（Charge Coupled Device）カメラ（1.2.5 節）を使用した初めての衛星である．これにより，鉄輝線付近でのエネルギー分解能は蛍光比例計数管に比べて約 3 倍も向上した．

あすか衛星には，同じ方向を観測する 4 台の多層薄板型 X 線（XRT; X-Ray Telescope）が搭載され，その 2 台の焦点面には X 線 CCD カメラ（SIS; Solid Imaging Spectrometer）が置かれ，残りの 2 台には，位置検出型蛍光比例計数管（GIS; Gas Imaging Spectrometer）が置かれた．GIS は，SIS に比べてエネルギー分解能は劣るが，より広い視野と高いエネルギーでより大きな感度を持ち，互いに相補的な役割を果たした．

あすか衛星は，宇宙の観測では重要な鉄の K 輝線（Kα 線; 6.4–6.9 keV）を含む 4 keV 以上のエネルギー範囲での撮像と，鉄の K 輝線において約 150 eV のエネルギー分解能での分光観測により，多くの科学的成果を生み出した．それらは，

- 活動銀河核からの非対称に広がった鉄輝線の発見．

図 1.13（22 ページ）は活動銀河核の巨大ブラックホール MCG-6-30-15 からのスペクトルである．鉄輝線はシュバルツシルト半径（第 8 巻 1.3.1 節）の

*22 望遠鏡の集光面の中には，X 線反射鏡部材の断面などにより，X 線の集光に利用できない部分がある．集光面の中で実際に X 線集光に利用できる面積の割合を開口効率とよぶ．

*23 人工衛星の打ち上げ時の大きさは，ロケットの衛星格納部の大きさで制限される．あすか衛星を打ち上げた M3S-II ロケットの衛星収納部の長さでは，X 線望遠鏡の焦点距離として 3.6 m を実現することができなかった．このため，打ち上げ後に光学ベンチ（X 線望遠鏡を搭載し，X 線検出器との間の位置関係を保つための構造体）を 1.2 m 伸展する方式が採用された．

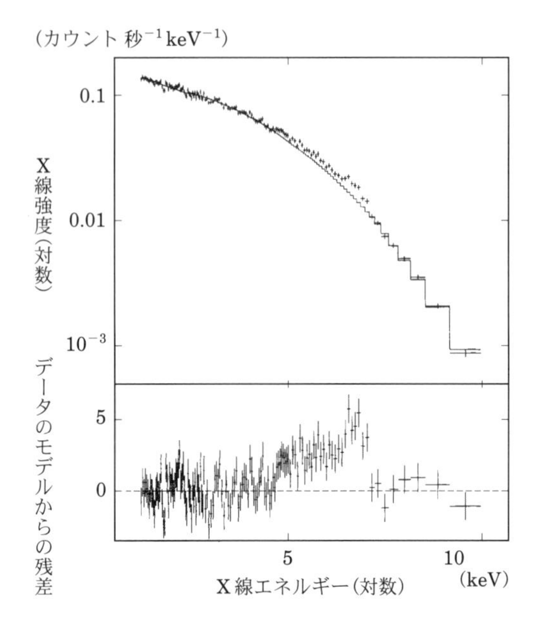

図 1.13　あすか衛星により観測された活動銀河核 MCG-6-30-15 からのX線スペクトル（上）と，それをベキ関数と冷たい物質による反射モデルで合わせたときの残差（下）．残差は，ブラックホール近傍の降着円盤の回転運動と重力赤方偏移の影響を受けた鉄輝線の存在を示唆する（Tanaka *et al.* 1995 *Nature*, 375, 22）．

10倍程度の距離にある降着円盤からの反射で放射されたもの（蛍光X線）である．その輝線エネルギーが降着円盤内の物質の高速回転により非対称に広がり，かつブラックホール重力による赤方偏移により，全体的にエネルギーが低い方に偏移していると考えると鉄輝線スペクトルの形がうまく説明できる．ただし，吸収端などを導入すれば他のモデルでもスペクトルの形が再現できることも指摘されており，その起源は完全に確定したわけではない．

- 銀河団内の高温プラズマの元素分布や温度ゆらぎの研究．
- 銀河中心付近の分子雲の中性鉄からの蛍光X線の発見．
- 多くの超新星残骸からの輝線スペクトルの精密測定．
- 原始星からのX線放射の発見．

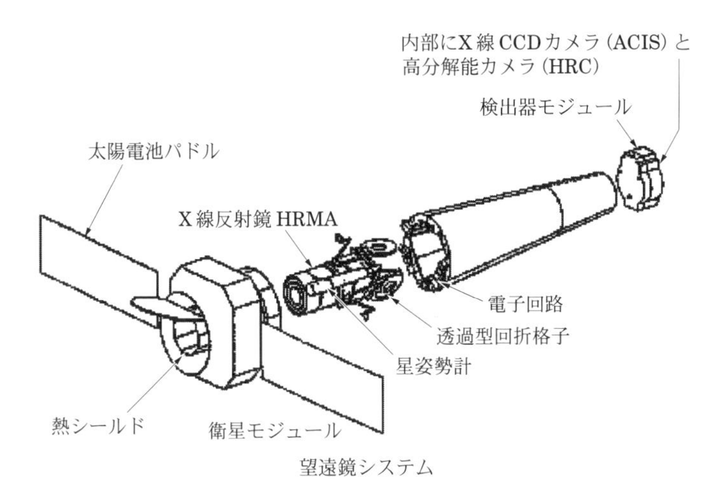

図 **1.14** 1999 年に打ち上げられたチャンドラ衛星の内部構造
(Weisskoff *et al.* 2002, *PASP*, 114, 1).

等である．このように成果はさまざまな階層の天体におよんだ．

あすか衛星では，日本の X 線天文衛星としては初めて本格的な国際公募による観測を行ったことも特筆すべきことであろう．現在も全観測データは，必要な解析ソフトウェアとともに，日本と米国から公開されており，多くの研究者により利用されている．その結果，「あすか」のデータを用いて書かれた査読者付学術論文は 3200 編を超えている．

1.1.10 チャンドラ（Chandra）衛星

チャンドラ衛星は，アインシュタイン衛星に続く X 線反射望遠鏡（1.4.2 節）を搭載した米国の大型衛星である（図 1.14）．低エネルギー透過型回折格子（1.3.1 節）と荷電粒子モニターは，オランダとドイツとの国際協力で開発された．チャンドラ衛星の最大の特徴は，視野中心で 0.5 秒角を達成した高い空間分解能である．X 線反射鏡（HRMA; High Resolution Mirror Assembly）は，焦点距離 10 m の 4 層にネストされたウォルター I 型 X 線反射鏡で，最外殻の鏡の直径は 1.1 m で，X 線エネルギー範囲としては 10 keV までをカバーしている．焦点面 X 線検出器として，X 線 CCD カメラ（ACIS; Advanced CCD Imaging Spectrometer）とマイクロチャンネルプレートを用いた高分解能カメラ（HRI;

High Resolution Imager）を搭載している．さらに反射鏡と検出器の間に，2種類の透過型回折格子を出し入れすることができ，高い空間分解能を生かして，高いエネルギー分解能を達成している（1.3.1節）．

衛星は，1999年にスペースシャトルから打ち上げられ，近地点1万km，遠地点14万kmの楕円軌道に投入された．チャンドラ衛星は，高い空間分解能やX線CCDのエネルギー分解能による観測，また透過型回折格子による明るいX線源の高分解能X線分光観測により，多くの成果をあげている．

チャンドラ衛星の大きな科学目的の一つは，宇宙背景X線放射を空間的に分解することであった．宇宙X線背景放射は，ジャッコーニらによる最初のロケット実験の際に，さそり座X–1とともに発見された（図1.2）．その起源は，微弱な個々のX線源の重ね合わせであると考えられているが，その有力候補天体である活動銀河核の典型的なX線スペクトルと，宇宙X線背景放射のスペクトルの形が一致しない，という大きな問題があった（第8巻2.7.2節）．ローサット衛星は2 keVのX線エネルギーで，宇宙X線背景放射の70–80%を個々のX線天体に分解した．また，2–10 keVのエネルギー範囲ではあすか衛星によりその約30%が個々の天体に分解された．いずれも，分解された天体の多くは活動銀河核であった．チャンドラ衛星は，2–10 keVのエネルギー範囲で，約80%を個々のX線源に分解した（図1.33）．

ある明るさ（S）と，それよりも明るいX線源の数密度（N）との間の関係を$\log N$–$\log S$関係と呼ぶ．2–10 keVのエネルギー範囲での$\log N$–$\log S$関係は$S = 1 \times 10^{-14}\,\mathrm{ergs\,cm^{-2}\,s^{-1}} = 1 \times 10^{-17}\,\mathrm{W\ \ m^{-2}}$を境に，一様な空間分布を示すベキ$-1.5$から，より平ら（小さなベキ）になっている．宇宙X線背景放射を個々の点源ですべて説明するには，チャンドラ衛星が分解した個々の点源よりも暗いところに別の種族の天体，たとえば，通常の銀河の寄与が現れ，ふたたびベキが急（大きなベキ）になる必要がある．

1.1.11 XMM–ニュートン（XMM–Newton）衛星

XMM（X-ray Multi-Mirror Mission）–ニュートン衛星（図1.15）は，欧州宇宙機関（ESA）が1999年に打ち上げた3台のX線反射鏡を持つ大型のX線天文衛星である．望遠鏡の焦点距離は7.5 mである．この衛星では，鏡を直接磨

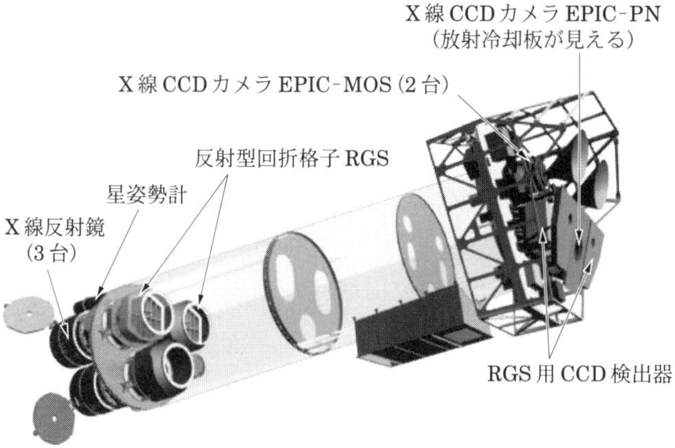

図 1.15　1999 年に打ち上げられた XMM–ニュートン衛星の内部構造図（Jansen *et al.* 2001, *A&A*, 465, L1）.

くのではなく，レプリカ法といって，磨き上げたマンドレル（ミラーの母型）に X 線反射体として金の薄膜をコートし，その上に厚さ 0.5 から 1 mm のニッケルをメッキ法で生成し，それらをマンドレルからはぎ取ることによって，薄くかつ硬い反射鏡を作成した．これによって，望遠鏡 1 台当たりに 58 枚の鏡をネストし，大きな有効面積と比較的すぐれた空間分解能を実現することに成功した．最外殻の反射鏡の直径は 70 cm，望遠鏡の有効面積は 1 keV のエネルギーで望遠鏡 3 台あわせて 1400 cm^2，また，空間分解能は 15 秒角である．

3 台の望遠鏡の焦点面それぞれに X 線 CCD カメラ（EPIC; European Photon Imaging Camera）が置かれている．その 1 台は PN–CCD と呼ばれ，縦方向の転送のみを行う特殊な方式の CCD である．他の 2 台には，反射型回折格子（RGS; Reflection Grating Spectrometer）が装備され，回折した X 線を検出するための専用の X 線 CCD カメラ（MOS1, MOS2）が備えられている（図 1.15）．なお，XMM–ニュートン衛星もチャンドラ衛星と同様に，近地点 7000 km，遠地点 11 万 4 千 km の楕円軌道に打ち上げられた．

XMM–ニュートン衛星の特徴は，鉄の K 輝線エネルギーにおいて約 1000 cm^2 の大きな集光面積と X 線 CCD の分解能を組み合わせた X 線分光観測，および，RGS による点源の高分解の分光観測である．

熱的・重力的に緩和の進んだ銀河団の中心部では，銀河団高温ガスの放射による冷却が進み，ゆっくりとガスが中心に向かって流れ，それが緩和した銀河団中心部にしばしばみられるX線輝度のピークに対応すると考えられてきた．これは冷却流（クーリングフロー）とよばれるものである（第4巻9.3.1節）．ところが，RGSによりこの中心部を分光観測したところ，それに対応するような低温のガスからの輝線が見つからなかった．その後の，チャンドラ衛星による観測で，複数個の銀河団中心部には，クーリングフローを抑えるような，たとえば活動銀河核ジェットなどからの，エネルギー供給があることが明らかになった．

1.1.12　すざく（Suzaku）衛星

すざく衛星（図1.16）は，広帯域X線分光と，高分解能X線分光観測を目標に，日米国際協力により開発された衛星で，2005年に打ち上げられた．すざく衛星には多層薄板X線反射鏡（XRT; X-Ray Reflection Telescope）とX線CCDカメラ（XIS; X-ray Imaging Spectrometer）を組み合わせた4台のX線望遠鏡が搭載され，0.3–10 keVのエネルギー範囲で，XMM–ニュートン衛星に迫る大きな集光面積を持つ．すざく衛星は，650 kmの低高度略円軌道であるため，チャンドラやXMM–ニュートン衛星に比べて荷電粒子バックグラウンドが低く，空間的に広がったX線放射に対する感度が高い．さらに，10 keVから数100 keVのエネルギー範囲をカバーする硬X線検出器HXD（Hard X-ray Detector）を搭載している（2.5.1節）．

「すざく」はさらに，X線CCDカメラに比べて1桁以上高いエネルギー分解能での分光観測を実現するために，絶対温度60 mKで動作するX線マイクロカロリメータアレイを用いたX線分光検出器（XRS; X-Ray Spectrometer）を，対となる多層薄板X線反射鏡とともに搭載した（1.3.2節）．XRSは軌道上で所定の60 mKの温度と6 keVのX線に対して半値幅7 eVの優れたエネルギー分解能を達成したが，軌道投入の約1か月後に，冷却のための液体ヘリウムを失ってしまい，本格的な科学観測には至らなかった．

XISは4台のX線CCDカメラよりなり，いずれもこれまでに搭載された他のX線CCDカメラに比べて優れたエネルギー分解能を持つ．特に1台のCCDは背面（図1.21では下）からX線を入射させる構造になっており電極に特別な

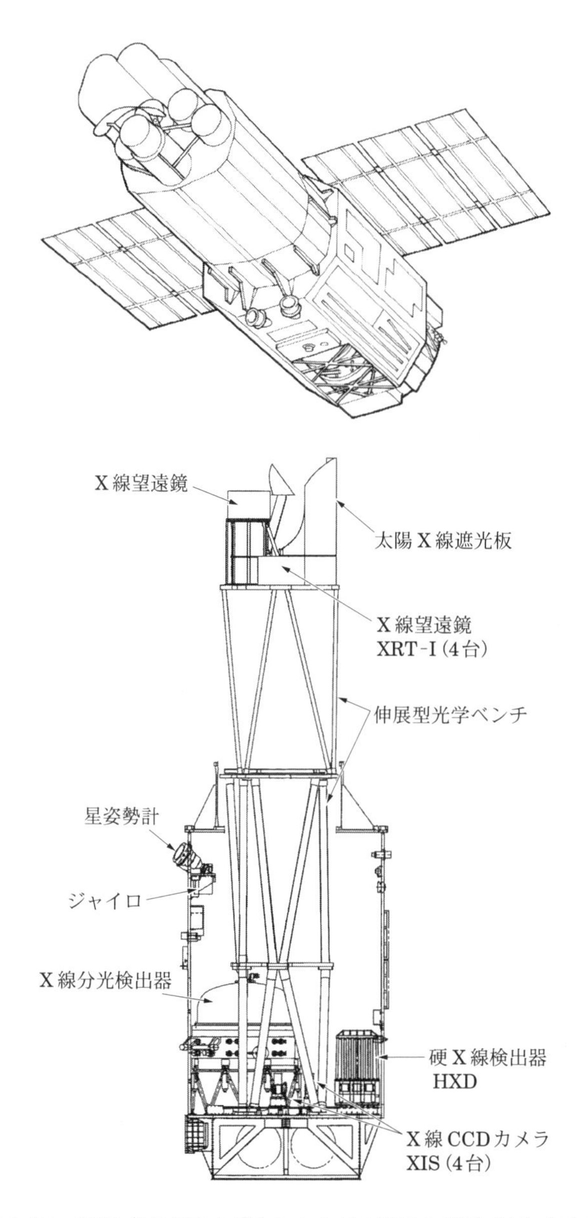

図 1.16 1990 年に打ち上げられたすざく衛星の外観（上）と内部構造と観測装置の配置（下）(Mitsuda *et al.* 2007, *PASJ*, 59, 1).

工夫をすることにより，1 keV 以下の低エネルギー側で格段に優れた感度とエネルギー分解能を達成している．軌道上の高エネルギー粒子がシリコン結晶中に格子欠陥をつくるため，経過時間とともにX線CCDのエネルギー分解能が劣化することは避けられない．XISでは電荷注入（CI; Charge Injection）方式をはじめて採用し，それが長時間にわたって優れた分解能を維持させることを実証した（1.2.5節）．

XISのすぐれた特性は超新星残骸，銀河団や系内拡散線天体の観測に大きな威力を発揮している．また，硬X線検出器（HXD）との組み合わせにより，広帯域のX線スペクトルを一つの衛星で一度に観測することが可能である．これはX線連星系や活動銀河核のように，時間変動するX線源の研究で威力を発した．

低エネルギー領域での優れたエネルギー分解能を生かした観測としては，

- 超新星残骸からの炭素や酸素輝線の観測（図1.17）．
- 太陽風による地球磁気圏からの軟X線輝線放射または惑星状星雲やOB星周辺からの星風による軟X線輝線放射の発見．

がある．

また，広がったX線源に対して最高の低バックグラウンド特性を生かした観測として，

- 銀河中心領域の特性K–X線*[24]の輝線観測．
- 銀河団のビリアル半径*[25]近くのガス温度と元素組成の測定．

などが挙げられる．さらに広帯域を生かした観測としては，

- X線連星系や活動銀河核の周辺物質の研究．
- 超新星残骸における粒子加速の研究．

など多くの分野で，大きな成果をあげている．

*24 1.1.5節の脚注10参照．

*25 銀河団内の高温ガスの持つエネルギーが熱に変わり，銀河団重力と平衡状態になることをビリアル化という．ビリアル化は，銀河団の中の方からおこると考えられ，ビリアル化している領域の最大半径をビリアル半径という．銀河団の勢力圏と考えてもよい．

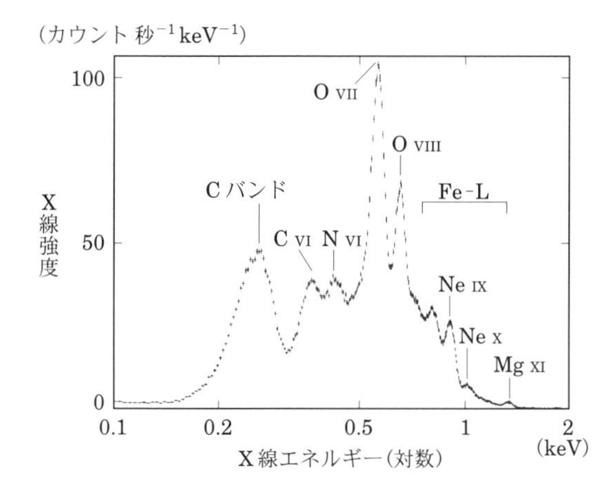

図 1.17 すざく衛星によるはくちょう座の超新星残骸の X 線スペクトル．高電離した酸素（O VII, O VIII）に加えて，炭素（C VI）や窒素（N VI）の輝線が初めて明確に検出された (Miyata *et al.* 2007, *PASJ*, 59, S163).

1.2 X 線観測技術

1.2.1 比例計数管

比例計数管は最も古くから使用されてきた X 線観測機器である．それはアルゴンやゼノンなどの希ガスと，二酸化炭素やメタンガスなど電子雪崩で発生する紫外線を吸収するためのクエンチガスを少量封入した密閉容器と高電圧が印加される細い芯線よりなる．入射 X 線は光電効果*26によりガスに吸収される．光電吸収の反応断面積は内殻電子ほど大きい．たとえばアルゴン封入希ガスに 5.9 keV の X 線が入射すると，最内殻の電子が光電子として放出される．光電子のエネルギーは 5.9–3.2 keV である．ここで 3.2 keV は最内殻（K 殻）電子の結合エネルギーに対応する．空白になった内殻に外殻電子が遷移して，ある確率（蛍光効率）で内殻–外殻のエネルギー差に等しい 3.0 keV の特性 X 線が放出さ

*26 X 線のエネルギー範囲（0.1–10 keV）では物質との相互作用はほとんどが光電吸収である（2.3 節参照）．より高いエネルギーのガンマ線領域になると，他の反応，すなわちコンプトン散乱や電子–陽電子対生成が大きく寄与するようになる（2.3 節参照）．

れる（蛍光）．より高い確率で，このエネルギーはオージェ電子[27]として放出される．光電子とオージェ電子はアルゴンをイオン化し，1次電子群を作り出す．こうして作られた1次電子の数は入射したX線のエネルギー E に比例するので，電子の数を測定することで，X線のエネルギーが測定できる．特性X線が比例計数管外に逃れた場合，そのエネルギー分だけ少ない信号が作られる（2.9 keV）．これをエスケープピーク（Escape Peak）という．

希ガスの平均電離エネルギーは約20 eV（ゼノンでは21.5 keV）だから，6 keVの入射X線で，約300個の1次電子が生じる．この数は，信号として取り出すには小さすぎる．そこで図1.18に示すようにガス箱にはられた細い芯線に高電圧（V）を印加する．芯線の径を a とすると近傍の電場は計数管を内径 b の円柱とした値で近似でき，$E(r) = \dfrac{V}{r\ln(b/a)}$，ここで r は芯線からの距離である．1次電子群は電場にひかれ，芯線近くまで移動すると電場が強くなり，電子は高いエネルギーにまで加速される．その結果希ガスを電離し，2次電子をつくる．このプロセスを芯線近傍で繰り返して電子の数を増幅させ（ガス増幅），それを電気信号として取り出す．こうして入射X線のエネルギーに比例する電気信号を取り出すことができる．比例計数管のエネルギー分解能は，主にはこのガス増幅のプロセスでできる2次電子数のゆらぎできまる（1.2.6節）．「アインシュタイン」や「ローサット」などのX線望遠鏡衛星には位置検出機能を追加した比例計数管が搭載された．なおX線天文学の初期に使用されたガイガーカウンターは比例計数管により高い電圧を印加したもので，増幅される電子の数は飽和する．つまり利得は高いが，エネルギー情報は失うガス検出器である．

図1.18（b）は「ぎんが」に搭載された比例計数管の断面図である．視野を $1^\circ \times 2^\circ$ に制限するコリメーター，62 μm の厚さのベリリウム入射窓を持ち，アルゴン・ゼノンと二酸化炭素を封入したガス容器からなる検出器部分と高圧電源・初段電子回路・取り付け足から構成される．「ぎんが」の比例計数管ガス容器では反同時計数を取るために図1.18（a）のように多層構造をもち，多数のグラン

[27] 内殻–外殻のエネルギー差に等しいエネルギーを，さらに外側の殻にいる電子が獲得し，これらの電子が原子の外に放出される現象がおきる．この放出された電子をオージェ電子とよぶ．この現象は，特性X線がいったん放出され，すぐに原子自身の外殻電子により吸収された，と考えることもできる．

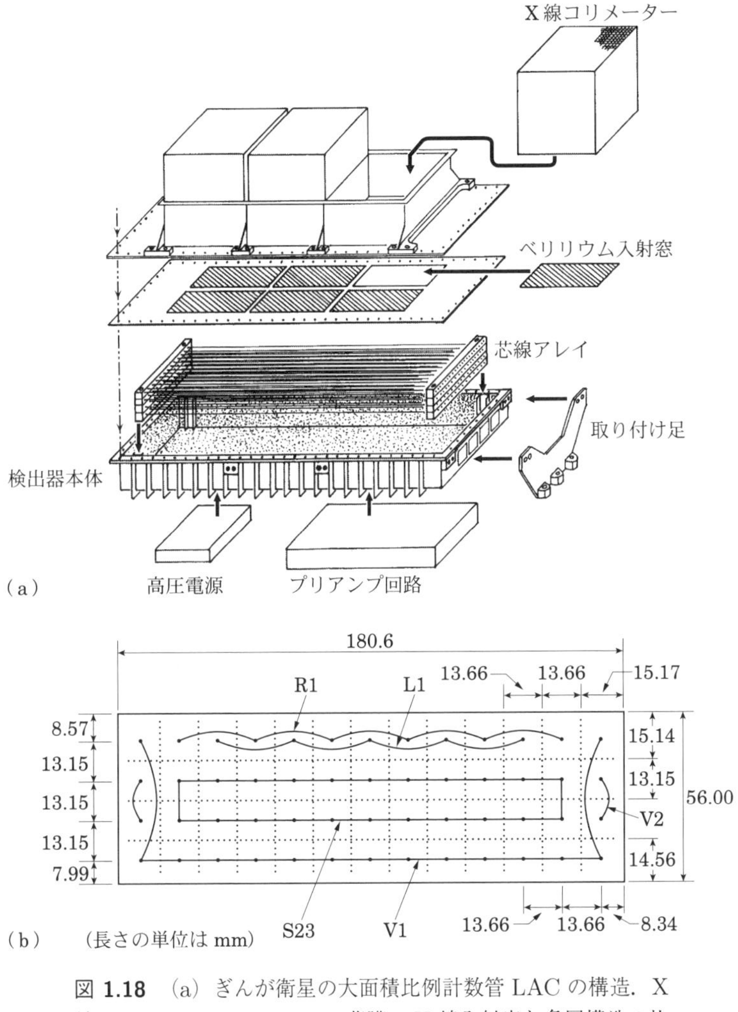

図 1.18　(a) ぎんが衛星の大面積比例計数管 LAC の構造．X 線コリメーター，ベリリウム薄膜の X 線入射窓と多層構造の比例計数管ガス容器，高圧電源・初段電子回路・取り付け足からなる．(b) LAC の断面図，点線（グランド線）でかこまれた 4 角の領域が一つの比例計数管に相当し，高電圧を印加する芯線は，多数のグランド線により分離されるセルの中心にある．反同時計数を取るため，これら芯線からの信号は，図に示すように R1, L1, S23 にグループ化されている（Turner *et al.* 1989, *PASJ*, 41, 345）．

ド芯線で区分されたセルの中央に芯線が張られている．この芯線には約1800 Vの高電圧が印加される．芯線からの信号は，R1, L1, S23のグループに分けて独立に増幅され，お互いの間で反同時計数がとられた．また，底面および側面のV1, V2芯線からの信号は，反同時計数にのみ用いられた．R1, L1, S23からの信号のうち反同時計数にかからなかった信号のみがX線として用いられた[*28]．

1.2.2　蛍光比例計数管

蛍光比例計数管は比例計数管のもつエネルギー分解能を改善するために発明された検出器であり，宇宙観測用にはてんま衛星で初めて実用化された．図1.19はてんま衛星に搭載された蛍光比例計数管の断面である．X線は上部のベリリウム窓を透過してドリフト領域内で吸収され電子群をつくる．この電子群はドリフト領域内の弱い電場でドリフト（漂流）して下部の蛍光領域に誘導される．蛍光領域の強い電場で電子は加速されシンチレーション光を発生する．ガス容器の底面には光電子増倍管が置かれている．その受光面に光子があたると，電子が放出される．その電子は多段の電極に衝突し，そのたびに増殖しながら陽極に到達する．

これを電気信号として取り出す．

比例計数管では，入射X線光子がつくる1次電子の数をガス中で増幅させるが，蛍光比例係数管ではゼノンガスの中に約7000 Vの電圧をかけて平行電場を作り電子を加速してガス中で蛍光を起こさせ，その光を光電子増倍管で捉えて増幅して信号として取り出すのである

比例計数管のエネルギー分解能（図1.23）は，最初にできる1次電子群数のゆらぎにさらにガス増幅率のゆらぎが加わる．そして後者のゆらぎのほうが大きい．典型的には6 keVのX線に対して，半値幅は1 keV程度である．これに対して，蛍光比例係数管では加速された電子が発生する光子の数は十分に大きくできるため，蛍光発生と光電子増倍管での電子増幅により発生するゆらぎを，もとの1次電子数のゆらぎに比べて小さくすることができる．これによって，蛍光比例係数管は，ファノ因子（1.2.6節）により決まるガス検出器の究極のエネル

[*28] 反同時計数とは同時にきた（LACの場合は約10マイクロ秒以内）信号を排除する計数論理をいう．X線による信号は複数のグループから同時に発生することはないが，荷電粒子は複数のグループ（セル）にまたがってガスを電離するから，反同時計数は荷電粒子によるバックグラウンドを大幅に低減する．

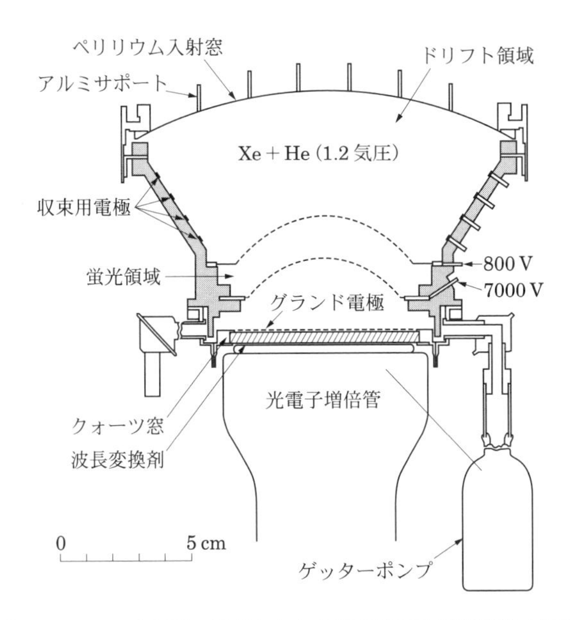

図 1.19　てんま衛星に搭載された大面積蛍光比例計数管の外観. ベリリウム窓, 弱い電場が印加されたドリフト領域, 強い電場が印加された蛍光領域と光電子増倍管からなる（Tanaka *et al.* 1984, *PASJ*, 36, 641）.

ギー分解能に迫る. ゼノンガスのファノ因子は, 0.1–0.2 だから, 6 keV の X 線に対する分解能は 500 eV 程度となる.

光電子増倍管に網状の多段電極を用いると, 光電面からでた電子はほぼ直線的に移動して陽極に到達する. すなわち蛍光比例計数管中で蛍光が生じた場所の情報が保存される. そこで光電子増倍管の陽極に位置検出機能をもたせると, 位置検出型蛍光比例計数管ができる. あすか衛星に搭載された GIS（1.1.9 節）はその例である.

1.2.3　マイクロチャンネルプレート

内径 10 μm, 長さ 1 mm 程度の鉛ガラスの細管の内面に, 適当な抵抗値を持つ半導体物質を焼き付ける. そこに X 線が入射すると壁面と衝突し, 光電子（1 次電子）を発生する. 管の両端に 1000 V 程度の電圧を印加しておくと, この電子は陽極方向へ移動しながら管壁に衝突して 2 次電子を放出する. この過程を

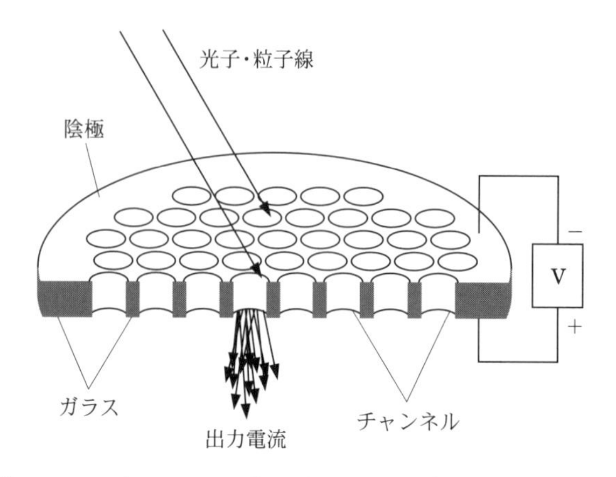

図 1.20　マイクロチャンネルプレートの概念図．鉛ガラスの細管にX線が入射すると，まず1次電子が壁から放出される．この電子は陽極方向へ移動するとき管壁に衝突して2次電子を放出する．これを繰り返すことにより電子の数は増幅する．これを信号として取り出す．

繰り返すことにより，電子数は次第に増幅される．このような細管を多数束ねて，平板状にしたものが，マイクロチャンネルプレートである（図1.20）．逆方向へ加速されるイオンで電子が発生することを防ぐために，細管の向きが傾いたチャンネルプレートを2層に重ねたものを用いることが多い．これをシェブロン（chevron）構造と呼ぶ．シェブロンでは，イオンが十分なエネルギーを得る前に，壁と衝突するからイオンの信号が抑制される．増幅率（ゲイン）は細管の内径と長さの比および印加電圧で決まり，$10^6 - 10^8$ である．シェブロンは，入射方向による管壁との衝突回数を平均化して，増幅の変動幅を小さくするのにも役立っている．

マイクロチャンネルプレートは入射X線のエネルギー情報は失うが，位置の情報が失わずに増幅するので，イメージ増幅器として用いることができる．陽極で電子信号を取り出す．たとえば，撮像のためには位置を検出することのできる多電極抵抗板のようなものをおく．多くのX線望遠鏡衛星で最も位置分解能の高い2次元位置検出器として使用されている．

1.2.4 半導体検出器

半導体検出器（SSD）は比例計数管と異なり，ゼノンやアルゴンガスではなく，シリコンやゲルマニウムなどの半導体を使うものである．半導体結晶に少量の不純物元素，たとえばシリコン（4 価）にヒ素（5 価）を混ぜると原子の結合に用いられず余った自由電子は負の電荷のキャリアとなる．これを N 型という．一方ホウ素（3 価）を混ぜると電子が不足し原子が結合できない部分（正孔）が正の電荷のキャリアとなる．正孔は正電荷の粒子のように振舞う．これを P 型という．キャリアとは半導体中における，電荷の移動（電流）の担い手をいう．

N 型と P 型半導体を接合させ，両端に電極をつけるとダイオードになる．電流の流れない方向に逆バイアス電圧をかけると電荷（キャリア）がほとんど存在しない領域ができる．これを空乏層という．この空乏層が放射線の有感領域である．逆バイアス電圧が高ければ高いほど空乏層は広がり，有感領域の体積が増える．ただしこの方式で実現できる空乏層には限界があり，X 線などの検出には充分でない．厚い空乏層をもつリチウムドリフト型半導体検出器がある．これはホウ素（B）などを含む P 型 Si の片面にリチウム（Li）を蒸着し，両端に電圧をかけて Li をゆっくりドリフトさせることによって，不純物であるホウ素がシリコン結晶中に作る不純物順位（B^-）を電気的に補償して，キャリアのない領域をつくる．この場合 Li 蒸着側が N 極に電気的に補償されていない逆面が P 極になる．Si（Li）X 線検出器（リチウムドリフト）では，リチウムの再ドリフトを防ぐために，観測時のみならず保管時でも液体窒素などで検出器を冷却し続けねばならないという欠点がある．これに対し，超高純度シリコン（真性半導体）の両面にそれぞれ P 型と N 型をつくる原子を打ち込んで半導体検出器にする方式が主流になっている．これは常温で保存できる．

空乏層に入射した X 線光子は光電効果により吸収され，光電子とある確率で特性 X 線を放出するが，シリコン半導体の場合には高い確率で特性 X 線はシリコン原子自身で吸収されるので，いわゆるエスケープピーク（1.2.1 節）は弱い．特性 X 線のかわりにオージェ電子が放出される確率のほうが高い．光電子とオージェ電子は，シリコン中に多数の電子–正孔対を作り出す．こうして作られた電子–正孔対の数は入射 X 線のエネルギー E に比例するので，電子あるいは正孔の数を測定することで，X 線のエネルギーが測定できる．

電子–正孔対を一つ作るのに必要な平均エネルギー（平均電離エネルギー）は3.65 eVと希ガスに比べ一桁小さい．すなわち生成される電子の数は約10倍になる．たとえば，エネルギー5.9 keVのX線光子が一つ吸収されると約1600個の電子–正孔対が作られる．1次電子の数は十分に多いので比例計数管のように増幅を必要としない．したがって統計的ゆらぎ（相対値）もすくないのでエネルギー分解能にすぐれる．検出器の理論的なエネルギー分解能は，統計的なゆらぎに，ファノ因子と呼ばれる量（シリコンの場合は0.1程度）をかけたものになる（1.2.6節）．このように，希ガスに比べて格段に高いエネルギー分解能が期待できる．実際には，半導体検出器のエネルギー分解能は，その漏洩電流（リーク電流）や容量などによって決まる，読み出し電子回路の雑音によって支配される（1.2.6節）．なお空乏層を厚くすると電気容量は減少するので，読み出し電子回路の雑音も減少する．

1.2.5　X線カラー画像: CCDカメラ

X線反射望遠鏡の焦点面に位置検出型検出器を置くとX線の画像を得ることができる．たとえば位置検出型の比例計数管や蛍光比例計数管，そしてマイクロチャンネルプレートである．X線の焦点面検出器として，現在最も汎用な検出器はX線CCD（Charge Coupled Device）であろう．

X線CCDは，半導体検出器（SSD）を2次元に多数ならべたようなものである．一つのSSDが一つのCCD画素に対応する．ある画素に入射した一つのX線光子がつくる電子群を電場の「井戸」の中に集め，バケツリレー方式で初段アンプまで転送する（図1.21）．これによって，画素ごとの電荷を順番に取り出し，位置情報を再構築する．

電子群を転送する「バケツリレー」は最大で1000回以上にもなる．その間に，たとえ一つの電子が「バケツ」からこぼれただけで，X線エネルギーの情報は3.65 eV分失われてしまう．いかにきびしい転送効率（CTE; Charge Transfer Efficiency）が要求されるかわかるであろう．結晶中に転送経路上に格子欠陥（トラップという）があると，あるいは宇宙線などによって格子欠陥が作られると，転送中の電荷の一部が吸収されて（トラップされて）電荷が減少してしまう．それを「転送効率（CTE）が落ちる」という．CTEの劣化がエネルギー値

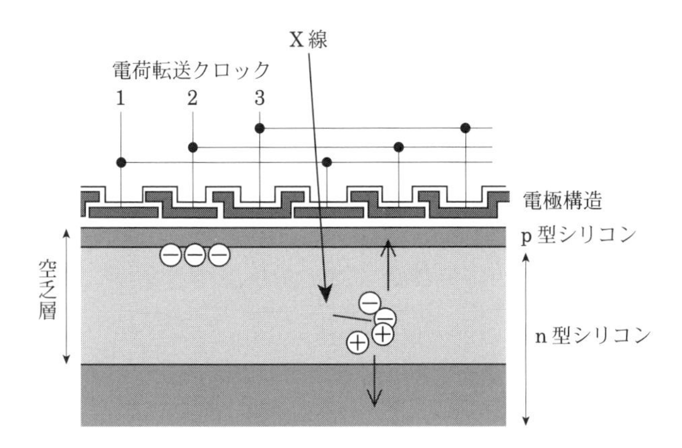

図 1.21 電子は pn 接合付近に集められる．この図の CCD では，3 種類（3 相）の電荷転送クロックを与えるようになっている．クロックの電圧を変化させることで，電極の下にある電子を溜めるバケツの深さを変えることができる．3 種類のクロックの下にあるバケツの深さに傾斜をつけ，かつそれを順次変化させることによって，電子をバケツリレーのように，CCD 内で移動させることができる．

を下げ，分解能を劣化させる．

1 画素ごとに独立に読み出す仕様の X 線 CCD カメラとして，宇宙用に開発，搭載されたのは日本のあすか衛星が初めてである．その後，「チャンドラ」，「XMM–ニュートン」，すざく衛星などに搭載された（図 1.22（38 ページ））．すざく衛星では CTE を長時間維持するため電荷注入（CI; Charge Injection）機能を初めて採用した．これはあらかじめ人工的に電荷を注入して転送させ，トラップをそのときの電荷で埋めてしまい，その後に転送される X 線起源の電荷がトラップされるのを防止する機能である．

CCD は，可視光の撮像素子としてビデオカメラやデジタルカメラなどに幅広く用いられているが，X 線 CCD も基本的には同じ動作原理に基づく．ただし，X 線 CCD では X 線に対する感度を高めるために，比抵抗の大きなシリコン基板を用いて可視光用では 1 μm 以下の厚みしかない空乏層を数十–百 μm に厚くしている．また CCD を，$-100\,^\circ$C 程度まで冷却し，さらに駆動周波数を低くすることにより雑音を極限まで小さくしている．

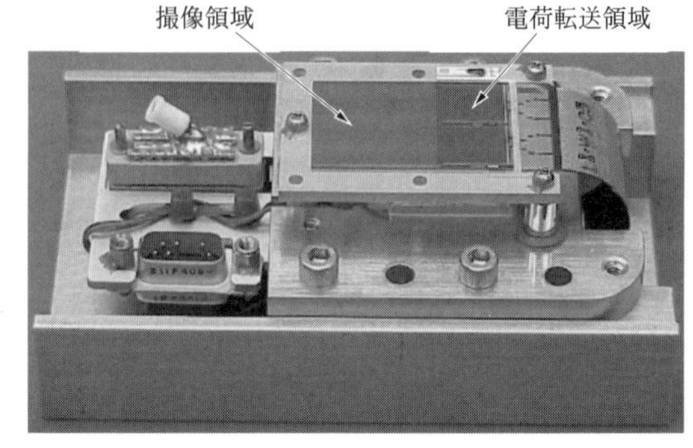

図 1.22　すざく衛星に搭載されたX線CCDカメラ（左）とそのセンサーベース（右）．X線CCDカメラ（XIS; X-ray Imaging Spectrometer）は大阪大学，京都大学，ISAS/JAXA，マサチューセッツ工科大学の共同研究により開発された．CCDは25 μm角の画素を1024×1024個持ち，X線反射鏡との組み合わせで，約$18' \times 18'$の視野をカバーする．X線CCDではフレームトランスファー方式が用いられる．撮像終了後に短時間で，電荷を電荷転送領域に転送し，撮像領域が次の撮像を行っている間に，電荷を読み出す．電荷転送領域には上からのX線を遮るためのシールドが取り付けられる（ISAS/JAXA提供）．

可視光用素子では，受光画素と電荷転送画素が交互に並んだインターライン方式とよばれる電荷転送方式が用いられるが，X線CCDでは電荷転送領域に電荷を一度に転送してしまうフレームトランスファー方式が用いられる．インターライン方式では電荷転送部分をX線に対して遮光することが困難なためである．すざく衛星のX線CCDは，25 μm角の大きさの画素を100万個もち，約18分角の視野をカバーしている．X線CCDは，X線の吸収位置とエネルギーを同時に測定する，いわばX線カラー写真が撮れる．

1.2.6　エネルギー分解能

X線光子のエネルギーの決定精度をエネルギー分解能とよび，決定したX線光子のエネルギーの頻度数分布をX線エネルギースペクトルと呼ぶ．検出器のエネルギー分解能は有限であるため，X線検出器に単色のX線が入射したとしても，測定の結果得られるエネルギースペクトルは有限の幅を持ってしまう（図

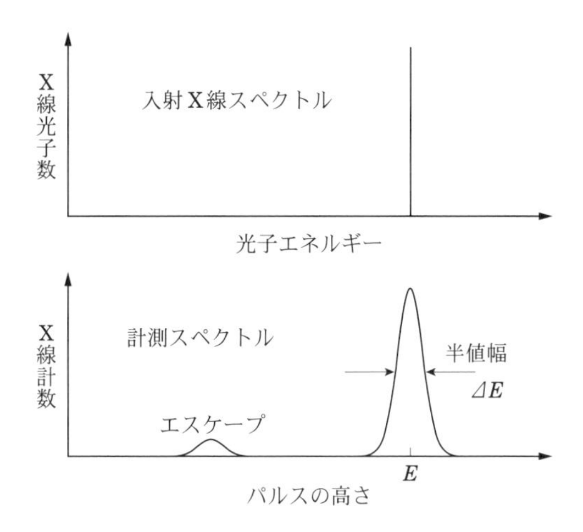

図 1.23 エネルギー分解能．単色の X 線が検出器に入射したとしても（上図），X 線検出器，あるいは，X 線計測システムの X 線エネルギー決定精度は有限であるため，あるエネルギー幅をもった X 線であると認識されてしまう（下図）．オージェ電子のかわりに特性 X 線が放出されると，それは，しばしば検出器の外に逃げるため，主要なピークよりも特性 X 線に相当するエネルギーだけパルスの低いところにエスケープピークが現れる．

1.23）．この分布の高さが半分になるところの幅を半値幅（FWHM; Full Width Half Maximum）とよび，検出器のエネルギー分解能の指標として用いられる．半値幅が小さいほど分解能は高い．

比例計数管，蛍光比例計数管，半導体検出器など，電子数を計る型の検出器のエネルギー分解能は，検出器から出力される電子数の統計的なゆらぎ，および，測定回路系の等価雑音（読み出し雑音）σ_{R} で決まり，半値幅（FWHM）は，

$$\Delta E = 2.36\varepsilon\sqrt{\frac{E(F+f)}{\varepsilon} + \sigma_{\mathrm{R}}^2} \tag{1.1}$$

で与えられる．ここで，E は光子エネルギー，ε は平均電離エネルギー，2.36 は $2.36 = 2\sqrt{2\log 2}$，つまり 1σ あるいは 2 乗平均の平方根（rms; root mean square）を半値幅（FWHM）に変換する係数である．平方根の中の第 1 項は電子数のゆらぎによる分解能を表し，F はファノ因子と呼ばれる．$F = 1$ が，ポアッソン統計に従う場合である．実際には，電子を一つ作るには，最小電離エネ

表 1.2　各種検出器のエネルギー分解能.

検出器（物質）	平均電離エネルギー (eV)	統計因子 $(F+f)$	半値幅 (eV: 6 keV に対して)
比例計数管（ゼノン）	21.5	~ 1	~ 1000
蛍光比例計数管（ゼノン）	21.5	~ 0.1–0.2	~ 400
半導体検出器（シリコン）	3.65	~ 0.1	~ 120

ルギー（半導体ではバンドギャップ）以上の一定のエネルギーが必要である．これを平均電離エネルギーという．もし平均電離エネルギーと最小電離エネルギーが等しければ，電子数にゆらぎを生じる余地はない．つまりすべてのX線エネルギーは電離に使われて，$F \sim 0$ になる．

実際には，平均電離エネルギーは最小電離エネルギーよりかなり大きい．たとえばシリコン結晶の場合，平均電離エネルギーは 3.65 eV で，最小電離エネルギー（バンドギャップのエネルギー）は 1.2 eV である．この差のエネルギーが熱になるので，そこにゆらぎが生じる．したがって，$0 < F < 1$ となる．比例計数管では電子雪崩で電子数増幅させる過程でさらに統計的ゆらぎが加わる．その効果を f で与えている．実際には $f \sim 1$，すなわちほぼポアッソン統計に従う．蛍光比例計数管や半導体検出器（X線CCDも含む）は電子数増幅を行わないので $f = 0$ である．

測定回路系の雑音としては，初段アンプの入力で生じる雑音が支配的である．これは電気抵抗の両端に生じる熱雑音で，ジョンソン雑音とも呼ばれる．回路の動作温度，入力等価雑音抵抗，周波数帯域幅をそれぞれ，T，R_{eq}，Δf とすると，雑音電圧の2乗平均の平方根をとったもの，すなわち rms 電圧は $\sqrt{4kTR_{\mathrm{eq}}\Delta f}$ である．この電圧に検出器の電気容量 C を掛けた量が信号と等価な電荷量であるので，$\sigma_{\mathrm{R}} = \sqrt{4kTR_{\mathrm{eq}}\Delta f}C/e$ である．ここで e は電子の電荷量である．分解能を決める上でどの項が支配的になるかは，検出器によって異なる．その値を知るために必要な係数を表1.2にまとめる．

表1.2の半値幅は測定回路系の雑音が無視できる場合である．比例計数管や蛍光比例計数管では回路系に入力される電子の数が多いので測定回路系の雑音は相対的に小さい．一方，半導体検出器の典型的な電気容量は数 10 pF で，回路系の

雑音は無視できない．X 線 CCD では，電荷を受光領域から面積の小さい読み出しノードに転送して信号を取り出すため，$C = 1\,\mathrm{pF}$ 程度と小さくなり，初段アンプ雑音の影響が大幅に低減される．

入力等価雑音抵抗は，初段アンプの FET の伝達コンダクタンス[*29]（いわゆる g_{m}）の逆数程度であるので，典型的な値として，$T = 300\,\mathrm{K}$，$R_{\mathrm{eq}} = 1\,\mathrm{k\Omega}$，$\Delta f = 100\,\mathrm{kHz}$，$C = 1\,\mathrm{pF}$ を入れると，$\sigma_{\mathrm{R}} = 4\,\mathrm{e}$ 程度となる（e は電荷素量）．このとき，エネルギー分解能への寄与は，35 eV 程度となり，$E \sim 1\,\mathrm{keV}$ 以上では，電子–正孔対のゆらぎに比べて無視できる．この場合，半値幅は 6 keV の X 線に対して 120 eV である．これがシリコンを用いた半導体検出器のエネルギー分解能の限界であるが，さまざまな元素が発する輝線を区別するには十分といえる．

1.3　精密 X 線分光観測

X 線 CCD のエネルギー分解能は，それ以前に X 線観測でよく用いられてきた比例計数管のエネルギー分解能（1000 eV 程度）に比べると格段にすぐれている．しかし，この分解能でも，まだまださまざまな情報を落としてしまっている．図 1.24（42 ページ）に，太陽系近傍と同じ比率で重元素を含む温度 5 千万度の高温ガスからの X 線放射を，X 線 CCD，半値幅 12 eV の検出器，および 1 eV の検出器で観測したときに予想されるスペクトルを示した．この図から，X 線 CCD では，個々の細かい輝線スペクトルが分解できないだけでなく，多くの輝線を検出することすら困難であることがわかる．

X 線 CCD の分解能では 1 本の線スペクトルに見える輝線を，複数の微細構造線に分離し，その微細構造線を分離観測するには，半値幅 10 eV 程度の分解能が必要である．そのような観測によって微量な元素を検出し，その量やイオン化状態，高温ガスの密度などが解明できる．つまり X 線 CCD の分解能 100 eV では得ることのできない質的に異なる情報がもたらされる．

銀河団は，可視光で観測すると，その名の通り数百の銀河が数百万光年の空間に分布している天体である．しかし，X 線ではこの銀河間空間全体が輝いている．このことは，銀河と銀河の間の広大な空間が，太陽の 10^{14} 倍もの質量を持

[*29] FET のゲート–ドレイン間電圧を微小変化させたときのソース–ドレイン間電流の変化率で，FET の性能を表す重要なパラメーター．

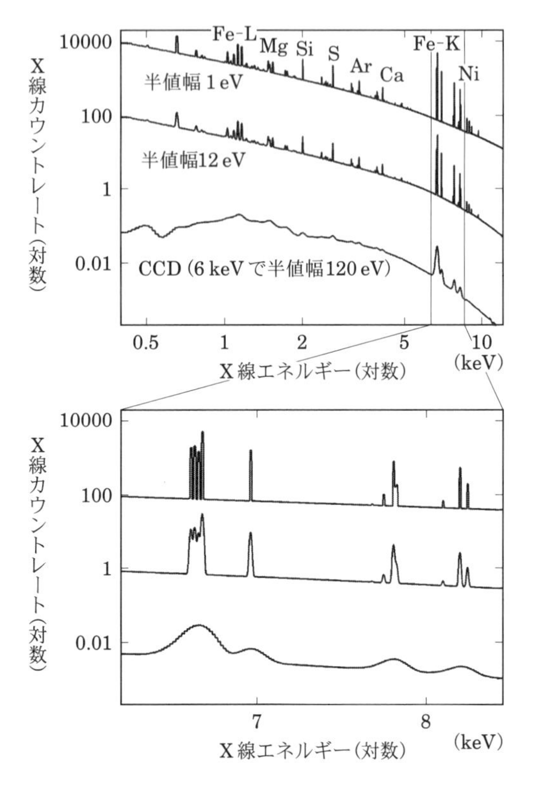

図 1.24　温度5千万度，太陽組成の重元素を含む熱的高温プラズマからのX線放射を，半値幅 1 eV，12 eV の検出器および，典型的なX線CCDで観測したときに得られるスペクトル．下は，鉄とニッケルのK輝線付近の拡大図．半値幅が 10 eV 程度以下になると，輝線の持つ微細構造が分離され始めることがわかる．

つ数千万度から数億度の高温ガスで満たされていることを示している．さらに銀河の運動やX線を出す高温ガスの温度を考えると，太陽の 10^{15} 倍もの質量を持つ見えない物質が存在し，銀河団の重力を作り出していることがわかる．つまり光らない未知の物質＝ダークマターが存在する．実は，宇宙の物質の大半（85%）は，ダークマターであり，その重力は宇宙の進化を支配していると考えられている．銀河団は，ダークマターとそれを取り巻く高温ガスの塊であり，高温ガスからのX線放射はダークマターを間接的に捕らえる重要な観測手段である

（第 4 巻 9.1 節）.

現在の宇宙では，銀河団は銀河団同士が連なり網状に分布した大規模構造を形成している．有力な宇宙進化のモデルでは，初めは小さな銀河団が作られ，それらが衝突し合体することで今日のような大きな銀河団に進化してきたと考えられている．銀河団合体に伴うエネルギーの解放は宇宙最大のエネルギー解放である．そのエネルギーの一部は，荷電粒子の加速や銀河団の外側の物質の加熱などに使われ，まだ我々の観測にかかっていない未知の宇宙のエネルギー形態に転化されている可能性も指摘されている（第 4 巻 9.2 節）.

微細構造が分離できる 10 eV 分解能のエネルギー分解能の X 線観測では，スペクトル線の中心エネルギーの不確定性がなくなり，スペクトル線ドップラー効果によるエネルギーのずれから，X 線を放射する物質の視線方向の運動を数 $100\,\mathrm{km\,s^{-1}}$ 程度まで測定することが可能になる．すなわち，衝突する銀河団の高温ガスの運動を直接捕らえることを可能にする．この観測によって，銀河団の衝突で何が起きるのか，そして宇宙の大規模構造形成とそれに伴うエネルギー転換の様子が明らかになると期待される．

1.3.1 回折格子

高い X 線エネルギー分解能を得る手段として，地上の実験室では回折格子（グレーティング）やブラッグ結晶格子など，光の干渉を利用する分散系の分光器が用いられることが多い．宇宙 X 線観測においても，現在軌道上で観測を行っているチャンドラ衛星や XMM–ニュートン衛星には，それぞれ透過型および反射型の回折格子を用いた X 線分光計が搭載されている．図 1.25（44 ページ）に，チャンドラ衛星の高エネルギー透過型回折格子（HETG）の構造を，また，図 1.26（45 ページ）および図 1.27（45 ページ）に透過型と反射型回折格子の X 線望遠鏡中への配置を示す．透過型，反射型どちらの場合も回折格子は，X 線望遠鏡と焦点面の間に配置されている[*30].

図 1.26 や図 1.27 に示すように，回折されなかった 0 次光と回折光はともに，

[*30] 可視光望遠鏡の回折格子のように，焦点面の後方に回折格子を配置することも可能であるが，同等に高い分解能を得ようとすると焦点距離と同等の長さの構造物が焦点面の後ろに必要になってしまうので，衛星ではあまり用いられていない．

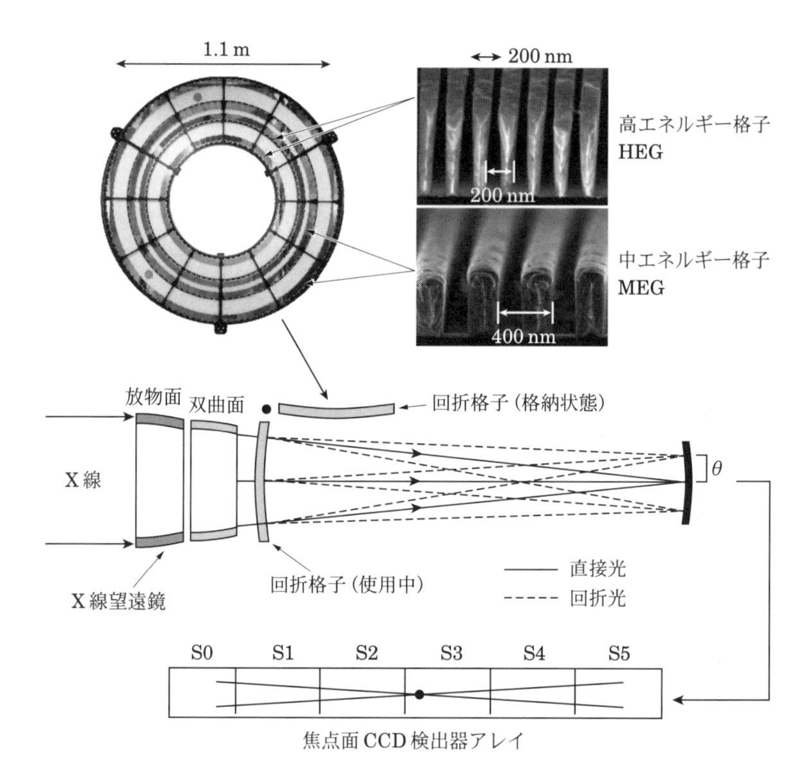

図 1.25 チャンドラ衛星の高エネルギー透過型回折格子 (HETG) の構造. 厚さ 510 nm (HEG) と 360 nm (MEG), 大きさ 3 cm 角の金に, 100 nm および 200 nm 幅のスリットを形成し回折格子としている (Canizares *et al.* 2005, *Publ. of Astron. Soc. of Pac.*, 117, 1144).

ローランド円[*31]上に焦点を結ぶ. F_0, F_1 はそれぞれ, 0 次光, 1 次回折光が焦点を結ぶ位置を示している. チャンドラ衛星, XMM–ニュートン衛星の回折格子は, 工作精度, 望遠鏡への取り付け精度, ともに十分に高く作られており, エネルギー分解能は望遠鏡の結像性能によって決まっている.

図 1.26 において, 望遠鏡の口径に比べて, 焦点距離とローランド半径は十分に長い場合を考える. 図の θ, つまり回折角は微小角であるので, その一次の項まで考慮することにする. 回折光が強めあう条件は, m を整数として,

[*31] 図 1.26, 1.27 に示すように, 回折格子は円周上に配置される.

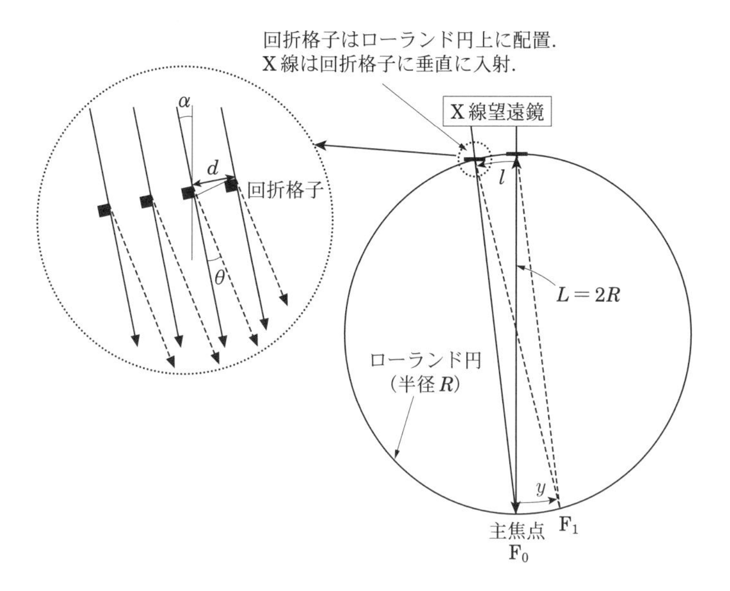

図 **1.26** 透過型回折格子の X 線望遠鏡内への一般的な配置.

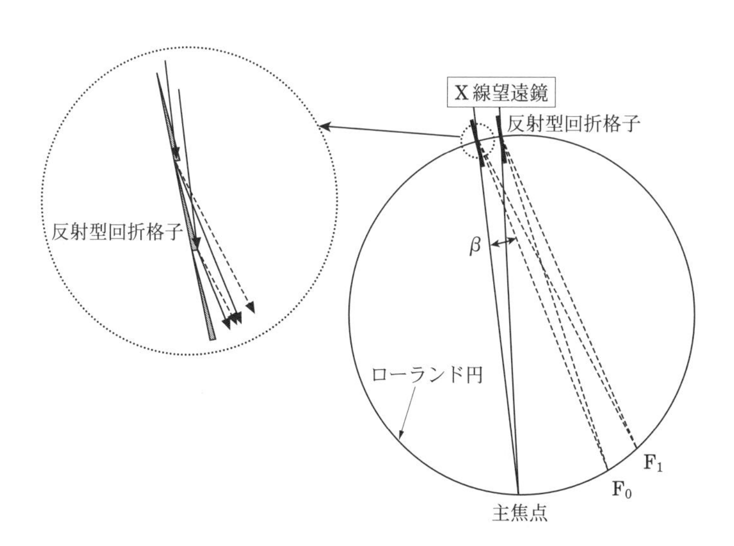

図 **1.27** 反射型回折格子の X 線望遠鏡内への一般的な配置.

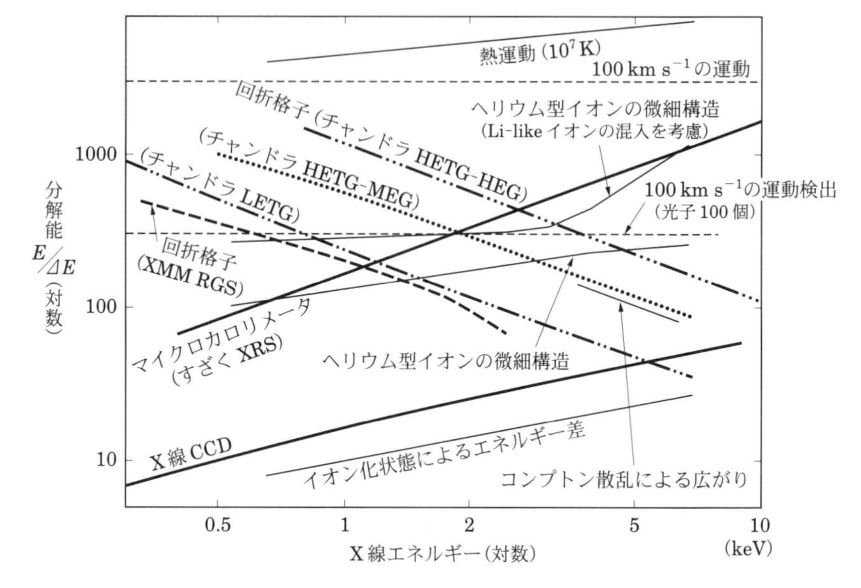

図 1.28　X 線 CCD，回折格子，X 線マイクロカロリメータのエネルギー分解能（分解能 $E/\Delta E$ で表示）と，さまざまな現象の診断に必要なエネルギー分解能との比較．X 線 CCD は，輝線を放出するイオンのイオン化状態を測定するのに十分なエネルギー分解能を持つ．しかし輝線の微細構造を分解し，禁制線と共鳴線との強度比からプラズマの密度を測定するには，X 線マイクロカロリメータ，または回折格子が必要であることがわかる．異なる X 線エネルギーに対して，X 線マイクロカロリメータの分解能は ΔE がほぼ一定（「すざく」XRS では $\Delta E = 6\,\mathrm{eV}$），回折格子では $\Delta\lambda$ がほぼ一定（「チャンドラ」HETG（HEG）では $\Delta\lambda = 2 \times 10^{-4}\,\mathrm{nm}$）であるため，前者は高エネルギー側で，後者は低エネルギー側で有利となる．微細構造が分解できる場合は，ドップラー効果によるエネルギーシフトや輝線の広がりの測定精度は，光子統計に依存する．$100\,\mathrm{km\,s^{-1}}$ の運動の測定に必要なエネルギー分解能は，光子を 100 個集めることによって，1/10 に下がる．

$m\lambda = d\sin\theta = d\theta$ である．回折光は，0 次光の焦点位置から，焦点面上で $y = L\tan\theta = Lm\lambda/d$ 離れた場所に集光される．望遠鏡の角分解能を $\delta\Theta$ とすると，回折格子には本来の角度 α から $\delta\alpha = (f/L)\delta\Theta$ ずれた方向からの光も入射する．回折条件は $m\lambda = d(\sin(\theta + \delta\theta) - \sin\delta\alpha)$ となるので，回折角は $\delta\theta = \delta\alpha$ ずれ，回折光の集光位置も，$\delta y = f\delta\Theta$ ずれることになる．これは波長のずれに換算

して，$\delta\lambda = \dfrac{df}{mL}\delta\Theta$ に相当する．チャンドラ衛星の高エネルギー透過型回折格子（HETG; High Energy Transmission Grating）では，$d = 100\,\mathrm{nm}$，$f/L = 1.16$ であり，X 線望遠鏡の角度分解能は光軸上で 0.5 秒角であるので，1 次光に対する波長分解能は，$\delta\lambda = 2 \times 10^{-4}\,\mathrm{nm}$ となる．これは，1 keV のエネルギーの X 線では，1 eV のエネルギー分解能に相当する．反射型回折格子についても同様の考察から，波長分解能は，$\delta\lambda = \dfrac{df}{mL}\cos\beta\delta\Theta$ となる．

図 1.28 中に，チャンドラ衛星，XMM–ニュートン衛星の回折格子のエネルギー分解能を示した．波長分解能が一定であるので，エネルギー分解能 ΔE は，E^2 に比例する．回折格子により高いエネルギー分解能が得られているが，これらのシステムでは回折光は，全体の 10%程度しかない．また，エネルギー分解能は X 線の平行光度で決まるので，銀河団のような空間的に広がった X 線源に対しては，高いエネルギー分解能は得られない．このように分散系の X 線分光装置では観測対象は，明るい点状の（または非常に小さい）X 線源に限られる．

1.3.2 X 線マイクロカロリメータ

X 線マイクロカロリメータは，100%に近い検出効率と半値幅約 10 eV のエネルギー分解能を実現し，しかも空間的に広がった X 線源も観測可能にする．しかし，絶対温度 0.1 K 以下の低温が必要となる．

X 線 CCD などほとんどの X 線検出器は X 線による物質のイオン化現象を利用し，イオン化で作られた電子などの電荷を電気信号として取り出す．X 線マイクロカロリメータはこれとはまったく異なる原理に基づいている．物質に X 線光子が吸収されると，そのエネルギーは最終的には熱に変換されるであろう．その熱量を測定するのが X 線マイクロカロリメータである．

図 1.29（48 ページ）に基本構造とその X 線に対する応答を模式的に示した．X 線吸収体が，温度一定の熱浴にある小さな熱伝導度で結合している．X 線光子が X 線吸収体で吸収されると温度がわずかに上昇し，その後，X 線吸収体の熱容量 C と熱結合の熱伝導度 G で決まる時定数 $\tau = C/G$ でもとの温度にもどる．この温度変化パルスを一つ一つ検出することによって X 線光子を一つ一つ検出することができる．遠赤外線で用いられる赤外線ボロメータも同様の原理で

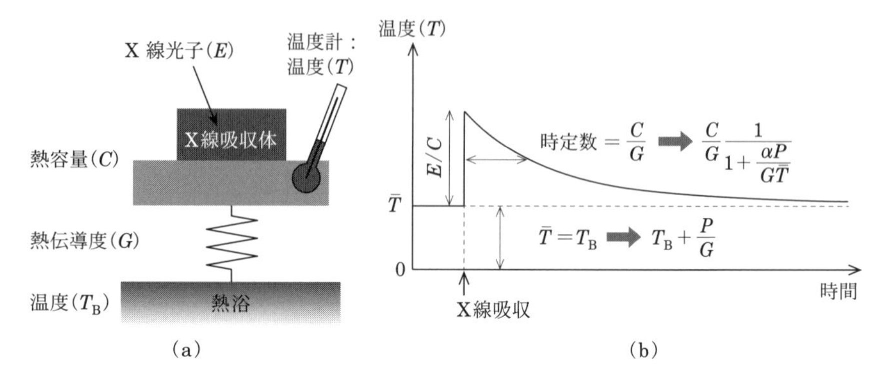

図 1.29　X線マイクロカロリメータの模式図 (a) と，X線を吸収した時の温度応答 (b)．X線光子吸収によりマイクロカロリメータの温度 (T) は，X線光子のエネルギー (E) とマイクロカロリメータの熱容量 (C) で決まる温度だけ上昇する．温度計に発熱がない場合には，T は，C および，マイクロカロリメータと熱浴をつなぐ熱リンクの熱伝導度 (G) で決まる時定数で，熱浴の温度 T_B に戻る．電気抵抗を温度として利用すると，温度計は発熱を伴う．この発熱 (P) によって，定常状態の温度が上昇するとともに，信号の時定数も短くなる．

赤外線を熱として検出するが，この場合は光子を一つ一つ区別せず，エネルギー流量を測定している．

X線マイクロカロリメータのエネルギー分解能（半値幅）は，$\Delta E = 2.35\xi\sqrt{k_B T^2 C}$ で与えられる．ここで，k_B, T, C はそれぞれ，ボルツマン定数，マイクロカロリメータの動作温度と熱容量，ξ は温度上昇の測定に用いる温度計の雑音や感度などで決まる定数で，多くの場合1に近い値をとる．分解能の中に，$\sqrt{k_B T^2 C}$ という因子が現れる理由は以下のように直観的に理解できる．なんらかの量子（たとえばフォノン）が熱エネルギーを担っているとしよう．その平均のエネルギーは $\varepsilon = k_B T$ 程度であり，マイクロカロリメータが持つ全熱エネルギー (U) は $U = CT$ であるので，平均の量子の数 (N) は $N = C/k_B$ 個と考えられる．その個数がポアッソン統計に従って揺らぐと考えると，エネルギーのゆらぎは，$\Delta U_{\mathrm{rms}} = \varepsilon\sqrt{N} = \sqrt{k_B T^2 C}$ となる．

1個のX線光子を吸収したときに生じる温度変化は非常に小さい．しかし，検出器の動作温度を絶対0度近くまで下げることで，雑音を極限まで小さくすることが可能になる．さらに，物質の熱容量は低温では温度に強く依存することにも注意が必要である．熱容量として，格子比熱，または，電子比熱を考えると，C はそれぞれ T^3 および T^1 に比例する．したがって，エネルギー分解能は温度の 5/2 から 3/2 乗に比例する．したがって，温度を下げれば下げるほどエネルギー分解能は改善するはずである．しかし，実際の動作温度は，十分に高い感度を持った温度計が実現可能な範囲に限定され，100 mK 程度が選ばれることが多い．たとえば，1 mm^2 の面積と 10 ミクロンの厚さのシリコン片を考えると，100 mK で，$C \sim 1\,\mathrm{pJ\,K^{-1}}$ 程度が実現できる．このとき，エネルギー分解能は，$\xi = 1$ であれば，4 eV となる．

さまざまなマイクロカロリメータ

現在，X 線分光検出器として動作している量子マイクロカロリメータには，使用する温度計の違いによって，半導体サーミスターマイクロカロリメータ，超伝導遷移端センサー（Transition Edge Sensor = TES）マイクロカロリメータ，金属磁気マイクロカロリメータ（Metallic Magnetic Calorimeter = MMC），動インダクタンス検出器（Kinetic Inductance Detector = KID ）の 4 種類が存在する．歴史的にはこの順番に研究がすすんできた．

半導体型 X 線カロリメータは，半導体中に大量（$\sim 10^{20}\,\mathrm{cm^{-3}}$）の不純物をドープ[*32]することで低温で動作するサーミスターを実現する．シリコンにホウ素やヒ素などを大量にドープしたシリコン温度計が代表的である．

これまでに 1999 年のウイスコンシン大学を中心とするロケット実験，2016 年の日本の ASTRO-H 衛星に搭載された Soft X-ray Spectrometer（SXS）(Soft X-ray Spectrometer）により 2 回の宇宙観測が行われている．ウイスコンシン大学のロケット実験では，36 アレイ検出器により，$(\ell, b) = (90^\circ, 60^\circ)$ 方向を中心とする約 1 ステラジアンの空を約 10 分間観測した．全天に広がる X 線背景放射（Soft X-ray Diffuse Background）の 0.1 から 1 keV のエネルギー範囲を観測し，その中に高電離炭素や酸素等の多数の輝線放射を明確に検出した．

ASTRO-H 衛星に搭載された SXS は，焦点距離 5.6 m の X 線望遠鏡とその

[*32] イオン注入装置などを用いて，不純物を添加すること．

焦点面検出器として 6×6 フォーマットの36画素アレイのX線マイクロカロリメータを用いた検出器からなる観測装置である．SXSは日米の国際協力に欧州も参加する形で開発された．ASTRO-H衛星は2016年2月に軌道投入されたが，衛星の姿勢制御系の問題により約1か月半後に衛星としての機能を停止してしまった．その時点でSXSはまだ初期動作確認の段階にあり，最終的な観測状態には至っていなかった．しかし，検出器はすでに50 mKの極低温に到達し，6 keVで半値幅4.8 eVのエネルギー分解能を実証していた．さらに，ペルセウス銀河団の中心領域など，いくつかの試験観測を行っていた．図1.30にSXSのX線マイクロカロリメータと軌道上で得られたX線スペクトルを示す．ペルセウス銀河団の中心部にける高温プラズマの巨視的な運動速度を初めて測定し，その動圧が熱的な圧力に比べて小さいことを明らかにし，また，重元素組成比の精密測定を行い，これまでの観測結果と異なり，シリコンからニッケルまでの元素の相対組成比が高い精度で太陽組成と一致することを明らかにするなどの科学的な成果が得られた．

SXSは，スターリングサイクル冷凍機，ジュールトムソン冷凍機の二種類のヘリウム閉サイクル機械式冷凍機と，超流動液体ヘリウム，断熱消磁冷凍機の四種類の冷凍機を組み合わせて，軌道上で50 mKを達成した．軌道上の冷却能力実測値から，軌道上での液体ヘリウム寿命は約4.5年であると見積もられた．さらに，SXSの場合は，断熱消磁冷凍機を3段直列接続にすることで，液体ヘリウム蒸発後も効率は低下するものの，検出器素子を50 mKに冷却して観測継続可能な設計となっていた．この冷却システムについての成果は，極低温を用いる次世代の観測につながるものであろう．

超伝導遷移端（TES）X線マイクロカロリメータは，超伝導薄膜の電気抵抗0の状態から常伝導状態に転移する際の急激な抵抗変化を温度計として利用する．温度計の感度を $\alpha = \dfrac{T}{R}\dfrac{dR}{dT}$ により定義すると，半導体温度計では，$\alpha = -3$ 程度であるのに対して，TESでは，$\alpha = 100$ 程度の高感度を得ることができる．これによって，同じ熱容量の素子でもエネルギー分解能の改善が期待され，また信号の応答が速くなる（53ページの「マイクロカロリメータの諸特性」参照）．しかし，宇宙X線観測にとってもっとも重要な性質は，信号多重化の可能性にある．

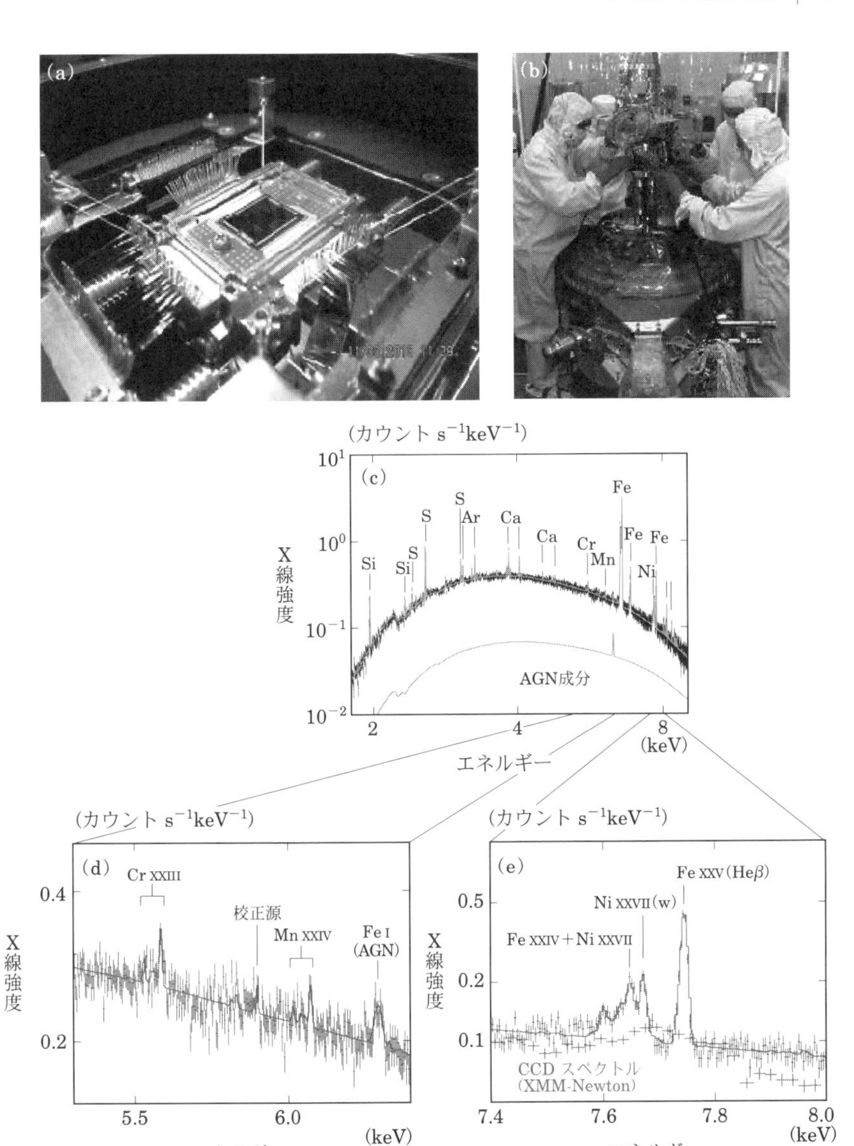

図 1.30 ASTRO-H 衛星に搭載された X 線分光観測装置 SXS の検出器部分 (a) (遮光/熱シールドをとりはずして, 検出器本体が見えている), 検出器アセンブリの冷却用 Dewar へのインストール (b), ペルセウス銀河団の中心部の X 線スペクトル (c) とその拡大図 (d,e). (c) - (b) は Hitomi collaboration 2017, *Nature*, 551, 478.) より転載.

SXSのような半導体温度計の動作点でのインピーダンスは数MΩであるのに対してTESの動作抵抗は10 mΩ程度である．初段の信号読み出し素子として，超伝導を利用したSQUID（Super-conducting Quantum Interference Device）が利用される．TESマイクロカロリメータ信号の周波数帯域は数10 kHzであるのに対して，SQUIDは，潜在的により広い周波数帯域（数GHz）を持つ．この周波数帯域の違いを利用すれば，複数のTESマイクロカロリメータ素子からの信号を，極低温ステージで一つの信号チャンネルに多重化し，少数の信号線で室温回路まで送ることができる．冷凍機の冷却能力が限られる宇宙機搭載用の観測装置では，信号多重化は大規模な撮像アレイ実現のために必須の技術である．

信号多重化の方法としては，信号を画素ごとに異なる高周波で変調し周波数空間でずらして重ねる周波数分割多重化，異なる画素の信号を時分割して読み出す時間分割多重化，異なる画素の信号の正負を逆にしながら時間分割で重ね合わせることでコード化するコード分割型の三種類が研究されている．ヨーロッパ宇宙機構ESAが，2030年前後の実現をめざして開発をすすめているAthena衛星には，欧州，日本，米国の国際協力によるX-IFU（X-ray Integrated Focalplane Unit）が搭載される予定である．X-IFUでは，MHz帯の搬送波を使って約80画素の信号を一つの信号線に多重化し，3000画素のTESマイクロカロリメータ素子を，周波数分割で読み出すことを計画しており，技術実証がすすんでいる．

一方，これを超える周波数分割多重化の方法として，GHz帯（マイクロ波）を利用する研究も活発に行われている．X-IFUで用いようとしているMHz帯周波数多重化では，TES自身をMHz帯の交流でバイアスし，TESに流れる電流を加算して多重化する．一方，GHz帯周波数多重化では，TESと入力コイルを用いて磁気的に接続したSQUIDのインダクタンスがTESを流れる電流により変化することを利用して，GHz帯の共振回路の共振特性の変化として信号を読み出す．この方式では，原理的に1000画素の多重化が可能になるので，将来は10万程度の画素のTESマイクロカロリメータが実現可能になると期待されている．

半導体温度計マイクロカロリメータ，TESマイクロカロリメータのどちらも抵抗値の温度変化を読み出すために抵抗体に電流を流す必要があるので自己発熱を伴う．TESマイクロカロリメータとGHz帯周波数分割信号多重化を組み合わせた撮像型検出器を大型化していくと最終的に画素数を制限するのは検出器自身の発熱と冷凍機の冷凍能力のバランスであると考えられる．現在手に入る宇宙用冷凍機の冷却能力を仮定すると，数 10 万画素が限界であると見積もられる．

金属磁気カロリメータ（MMC, Metalic Magnetic Calorimeter）と動インダクタンス検出器（KID, Kinetic Inductance Detector）は，磁化（MMC）あるいはインダクタンス（KID）の温度変化を利用することで，自己発熱を伴わずに信号読み出しを実現する検出器である．MMC は常伝導金属中に磁性原子（エルビウム Er を用いる）をドープした金属磁気温度計に，超伝導永久電流を利用して磁場を印加し，磁化量の温度変化を SQUID によって読み出す．これまでに，0.1 mm 角の素子で，5.9 keV に対し 4 eV の分解能が得られている．TES と同様の GHz 帯周波数分割の信号多重化が可能であり，その研究もすすめられている．

KID は超伝導体のインダクタンスがクーパー対の密度によって，したがって温度によって変化することを利用している．ミリ波や赤外線の高感度イメージング検出器として，GHz 帯の周波数分割による信号多重化を前提として開発が進んでいる．X 線の検出器としては 5.9 keV に対して 12 eV の分解能が報告されている．

半導体サーミスターおよび TES X 線マイクロカロリメータには，避けられない原理的な雑音として，熱リンクを通してのランダムな熱の流れによる熱ゆらぎ（しばしばフォノン雑音とよばれる），温度計抵抗の熱雑音（ジョンソン雑音），および，信号読み出しに用いるアンプの雑音が存在する．これに対して，MMC と KID は，ジョンソン雑音を持たないため，原理的にはエネルギー分解能の改善も期待される．しかし，実際には，磁場の変化が周辺の導体で生じる磁気ジョンソン雑音や，誘電体の誘電率のゆらぎなど，電気抵抗体のジョンソン雑音以外の雑音が問題になることが明らかになってきている．

マイクロカロリメータの諸特性

半導体・TES マイクロカロリメータ，どちらも電気抵抗を温度計としている．電気抵抗値を読み出すためには電流を流す必要があり，それによって発生する熱はマイクロカロリメータの動作に影響を与える．図 1.29 (a) において，温度計の電気抵抗に電流を流すことにより，P の熱が発生しているとすると，温度計の温度は熱浴に比べて，P/G だけ高い温度になっている．ここで G は温度計と熱浴の間の熱伝導度である．温度計感度 α の符号が正である TES マイクロカロリメータは，定電圧バイアス（V）をかけ，そこに流れる電流（I）を SQUID を用いて読み出す[*33]．この場合には，$P = V^2/R$ であるので，

$$-\frac{\ln P}{\ln T} = \alpha \tag{1.2}$$

である．すなわち，X 線光子などの外的な熱入力により温度が上昇すると，その変化の割合の α 乗に相当する割合で発熱量が大きく減少し，温度計は定常的な温度に急速に戻ろうとする．これを電熱フィードバック（ETF; Electro-Thermal Feedback）と呼ぶ．この効果のために，図 1.29（b）に示される信号減衰の有効時定数は，熱的な時定数よりも $1/(1+\alpha P/G\bar{T})$ 倍に短くなる．$\alpha P/G\bar{T}$ は，ETF の DC 的なループゲイン[*34]と呼ばれる．

図 1.29（a）のように熱容量 C が，ある熱結合で，熱浴に接続されていると，ランダムな熱の流れが生じて，熱容量 C の物質が持つエネルギーにゆらぎが生じる．これをフォノン雑音と呼ぶ．熱力学的な考察とランダムな熱入力に対する温度の応答から，ランダムな熱の流れのパワースペクトルは，ホワイト雑音で $4k_{\rm B}T^2G$[*35]であることを導くことができる[*36]．

一方，温度計である抵抗にも熱雑音（ジョンソン雑音）によるランダムな電圧を生じ，そのパワースペクトルもホワイトであり，$4k_{\rm B}TR$ である．これらの雑音は，電熱フィードバックによるマイクロカロリメータの応答関数で変調され，図 1.31 のようなパワースペクトルで，出力信号に現れる．まず，フォノン雑音は信号の有効応答角周波数（有効時定数の逆数）よりも高い周波数帯域では，カロリメータが応答しないために減衰する．ジョンソン雑音は，有効応答角周波数

[*33] いわゆるテブナンの定理（Thevenin's theorem）により，定電圧バイアスをした TES マイクロカロリメータ（$\alpha > 0$）と，定電流バイアスをした半導体サーミスターマイクロカロリメータ（$\alpha < 0$）の動作は数学的にまったく同等に扱うことができる．

[*34] 一般に，フィードバック回路では，入力信号が増幅された後，その一部が，入力信号に重ね合わされる．入力信号に重ね合わされる量と，入力信号の割合をフィードバックのループゲインと呼ぶが，これは一般に周波数の関数である．DC 的なループゲインは，周波数 0 に対するループゲインである．

[*35] この式は温度計の発熱 P が小さく，これによる温度差が小さいときに成り立つ．それ以外の場合はこれに修正因子がかかる．

[*36] 雑音をフーリエパワースペクトルに分解したとき，すべての周波数に一様に現れる成分を白色雑音とよぶ．

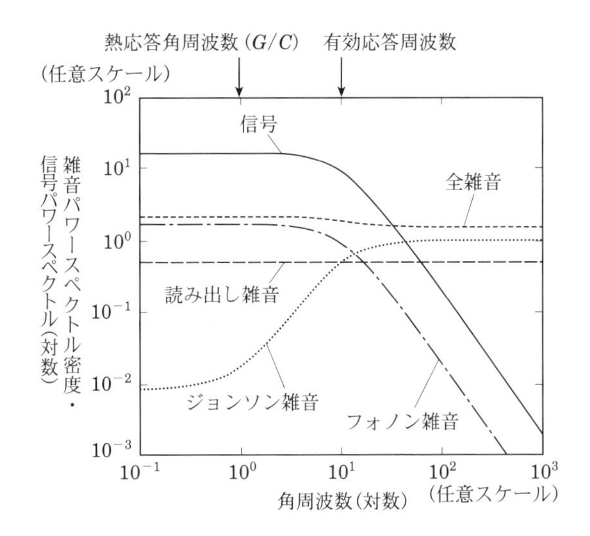

図 1.31 理想的な TES マイクロカロリメータの雑音のパワースペクトル密度と，信号のパワースペクトル．ジョンソン雑音，フォノン雑音ともに本来は白色雑音であるが，マイクロカロリメータの応答関数により変調される．信号のパワースペクトルとフォノン雑音のパワースペクトル密度は，周波数空間では同じ形を持つ．

以下では，電熱フィードバックの効果によって抑制され，熱応答角周波数（熱的時定数の逆数）以下では一定値となる．これに対して，読み出し雑音は，信号にそのまま現れる．

マイクロカロリメータの温度は，すべての時刻で信号としての意味を持っている．したがって，単に X 線信号パルスの最大値を計測するのではなく，パルス波形を含む，十分に長いデータを使うことで，X 線光子のエネルギーをより高い精度で推定することができる．異なる X 線エネルギーに対する X 線パルスが，波形を保ったまま，全体のスケールだけが変化する線形応答の範囲では，これは，周波数空間で χ^2 フィッティングを行うことで実現される．すなわち，実際に得られた X 線パルスと単位エネルギー入力に対する理想的な X 線パルスのフーリエ成分をそれぞれ $D(\omega_j), R(\omega_j)$ とし，全雑音のパワースペクトル密度を $N(\omega_j)$ とするとき，

$$\chi^2 = \sum_j \frac{|D(\omega_j)^2 - ER(\omega_j)|^2}{|N(\omega_j)|^2} \tag{1.3}$$

を最小にするようにエネルギー E を決定する．これは，実空間で，$R(\omega_j)/|N(\omega_j)|^2$ をフーリエ逆変換して得られるテンプレート波形と実データの間の相関を計算することと同等である．

これを最適デジタルフィルタ処理と呼ぶ．エネルギー分解能は，通常の χ^2 検定と同様に，χ^2 の値が最小値+1 となるような ΔE の値が，1-σ に相当する分解能を与える．これは，全雑音のパワースペクトル密度を単位エネルギーの X 線に対する X 線信号のパワースペクトルで割った等価雑音パワー（NEP）を用いて，

$$\Delta E_{\mathrm{rms}} = \left(\int_0^\infty \frac{4df}{NEP(f)}\right)^{-\frac{1}{2}} \tag{1.4}$$

と表される．

図 1.31 から，有効応答角周波数よりも低い周波数範囲では，フォノン雑音が支配的であり，等価雑音パワー（NEP）も周波数に対して一定であることがわかる．その値は $\sim 4k_{\mathrm{B}}T^2G$ である．一方，有効応答角周波数以上の周波数帯域ではジョンソン雑音が優勢になり，急激に等価雑音パワー（NEP）は増大し，式（1.4）の積分に寄与しなくなる．したがって，式（1.4）の積分の非常に粗い見積もりとして，

$$\Delta E_{\mathrm{rms}} \sim \sqrt{k_{\mathrm{B}}\bar{T}^2G \times \frac{C}{G}\frac{1}{1+\dfrac{\alpha P}{G\bar{T}}}} \tag{1.5}$$

$$= \sqrt{k_{\mathrm{B}}\bar{T}^2C\frac{1}{1+\dfrac{\alpha P}{G\bar{T}}}} \tag{1.6}$$

$$\sim \sqrt{k_{\mathrm{B}}T^2C/\alpha} \qquad (\alpha \gg 1) \tag{1.7}$$

を得る．α が大きくなると，信号応答が速くなることで信号の周波数帯域が広くなり，分解能が改善する．なお，式（1.7）では，TES マイクロカロリメータでは $T_{\mathrm{B}} \ll \bar{T}$，したがって，$G\bar{T} \sim P$ であることを使った．TES マイクロカロリメータでは，X 線の熱入力で温度が超伝導遷移端を超えてしまうと，信号が飽和し電熱フィードバック（ETF）がかからなくなる．これを避けるには温度上昇

(E/C) を，遷移幅（$\sim T/\alpha$）よりも小さくする必要がある．そこで，遷移幅に達する最大光子エネルギーを $E_{\rm max}$ とすると，$\Delta E_{\rm rms} = \sqrt{k_{\rm B} T E_{\rm max}}$ となる．すなわち，TES マイクロカロリメータは，検出したい最大の光子エネルギーに応じてエネルギー分解能を最大にする最適な設計が存在し，エネルギー分解能は，それと動作温度で決まる．たとえば，$E_{\rm max} = 10\,{\rm keV}$，$T = 100\,{\rm mK}$ であれば $\Delta E_{\rm FWHM} \sim 1\,{\rm eV}$ となる．一方，TES マイクロカロリメータの設計を最適化すれば，$\Delta E_{\rm rms} < E_{\rm max}$ となるようなエネルギー範囲の光子については，個々の光子のエネルギー決定が可能である．$T = 100\,{\rm mK}$ であれば，これは近赤外線の光子に対応する．

現実のマイクロカロリメータでは，素子内でエネルギーが熱化する速度により信号の立ち上がり速度が有限になることや，温度計を含む回路系の電気的な応答速度などにより，信号のパワースペクトルはフォノン雑音よりも速く高周波数側で減衰する．これは，エネルギー分解能を下げる一因となる．MMC や KID など，ジョンソン雑音を持たないマイクロカロリメータにおいても，信号の主要な周波数帯域でフォノン雑音が支配的である．これらの素子では，読み出し雑音や信号波形の立ち上がり速度が S/N のよい信号周波数帯域を決めており，これが理想的なエネルギー分解能を決定している．

1.4 X 線コリメーターと反射望遠鏡

1.4.1 X 線集光と検出感度

X 線による宇宙観測のためには，まず X 線がどの方向からやってきたかを知ることが必要である．これを実現する一つの方法は，検出器の前に X 線の到来方向を絞るための細長い筒状のコリメーターを置くことである（図 1.32，（58 ページ））．この方法は，X 線反射鏡が使えない硬 X 線（典型的には ~10 keV 以上）の場合や特定の観測目的によっては，有効な方法である．しかし，コリメーターで絞ることのできる視野の大きさは現実的には 0.5 度程度が限界である．また，X 線の強度の方向分布を測定するには検出器とコリメーターの方向を少しずつ動かして空を掃引しなければならない．

この問題を克服するために，すだれコリメーターや，ランダムなパターンを持

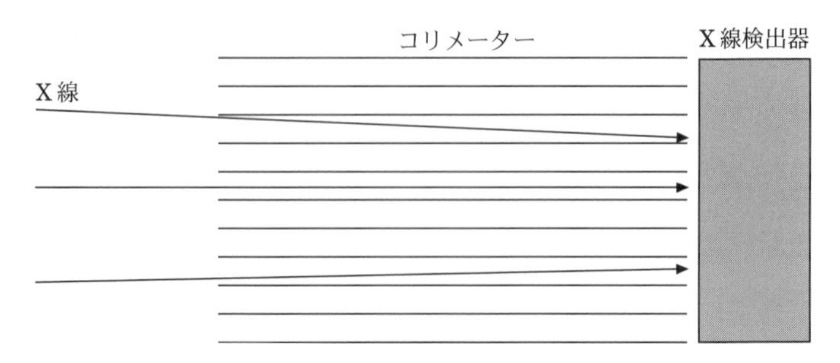

図 1.32　X線コリメーター．X線検出器の前に，X線の到来方向を限定する「ついたて」を置き，視野を限定する．

つマスク（コーデッドマスク）を用いて，ある視野内の空のX線強度パターンを時系列あるいは検出器上のX線強度パターンに変調する方法が考案された．すだれコリメーターは，2枚あるいは，それ以上の枚数の格子状（すだれ状）のマスクを，一定間隔で，X線検出器（「はくちょう」の場合は比例計数管）の前に置いたものである．すだれコリメーターが2枚の場合は，三角形の透過率応答を持ち，これは，近似的に空間のフーリエ成分を計測していることに相当する（1.1.4節，図1.5）．

立体角 Ω からのX線を，A の有効面積で集め，効率 Q の検出器で検出する，と仮定しよう．視野内にある観測したいX線源の強度が，F_{S}（単位は，たとえば，光子 $\mathrm{m^{-2}\,s^{-1}\,keV^{-1}}$）であるときに，検出の妨げとなるおもな要素は，宇宙X線背景放射によるX線バックグラウンドと荷電粒子バックグラウンドである．それぞれの強度を，f_{d}（単位は，たとえば，光子 $\mathrm{m^{-2}\,s^{-1}\,keV^{-1}\,str^{-1}}$），および，$B_{\mathrm{i}}$（単位は，たとえば，イベント $\mathrm{s^{-1}\,keV^{-1}}$）としよう．時間 t のあいだ観測を行い，エネルギーバンド ΔE のデータを積分したとき，X線源からの信号と，X線バックグラウンドおよび荷電粒子バックグラウンドの数はそれぞれ，$N_{\mathrm{S}} = QF_{\mathrm{S}}A\Delta Et$，$N_{\mathrm{d}} = Qf_{\mathrm{d}}A\Omega\Delta Et$，$N_{\mathrm{b}} = B_{\mathrm{i}}\Delta Et$ である．観測データはこれらの和である．光子や荷電粒子の検出は，量子力学的な確率過程であるので，その検出数はポアソン統計でゆらぐ．荷電粒子バックグラウンドは，ポアソン統計に加えて，その強度の再現性に起因する不確定性があるであろう．そのゆらぎは $\sigma_{\mathrm{B}} = b^2 N_{\mathrm{B}}$ と書くことができる．このとき，信号の雑音に対する比（S/N比）の2乗は

$$(S/N)^2 = \frac{QF_\mathrm{S}A\varDelta Et}{1+\dfrac{1}{F_\mathrm{S}}\left[\Omega f_\mathrm{d}+\dfrac{B_\mathrm{i}}{QA}(1+bB_\mathrm{i}\varDelta Et)\right]} \tag{1.8}$$

となる．この式の分母の第 2 項が 1 に比べて小さいとき，感度は，X 線源からの光子の数のゆらぎで決まる．これを光子限界と呼ぶ．

一方，これが 1 に比べて大きいときには，バックグラウンドのゆらぎが感度を決める（バックグラウンド限界）．特に，b を含む項が大きい場合には，観測時間 t を長くしても S/N 比は改善しない．観測時間 t を延ばさずに，S/N 比を高くするには，A を大きくし，Q を 1 に近づけると同時に，Ω，B_i，および b を小さくする．荷電粒子によるバックグラウンド強度 B_i は，大雑把には，検出器の有感部分の体積に比例する．したがって，上記に述べたような，コリメーターやマスクを用いる方法では A を大きくしようとすると，B_i も同時に増えてしまう．これに対して，X 線反射を用いた集光結像系を用いると，小さな検出器に X 線を集めることができるので，A を大きくし，同時に，B_i を小さくすることが可能になる．X 線反射を用いた集光結像系を用いることで感度が飛躍的に高まると，空間分解能の中に複数の X 線源が存在し区別できなくなる，これをコンフュージョン限界（confusion limit）という．これが X 線源の検出限界として重要になる．

宇宙全体が X 線で輝いていることは，X 線天文学の初期から知られていた（図 1.2）．この宇宙 X 線背景放射の約 80%以上は，微弱な多数の点源であることがわかっている．感度が高くなると，空間分解能で定義される立体角 Ω の中に，ある明るさ以上の X 線源が複数個入ってくる確率が無視できなくなり，これが検出限界になることがある．これは，望遠鏡の Point Spread Function（点源を観測したときの焦点面上の像の広がり）の形にもより，また，定義にも任意性がある．図 1.33（60 ページ）には，空間分解能 θ で定義される画素，2×2 個分の中に，5%の確率で，X 線源が 2 個以上観測される明るさまで観測可能であると考え，それに対応する X 線源の数密度をいくつかの角分解能について示した．この数密度に対応する X 線源の明るさがコンフュージョン（confusion）による限界と考えることができる．コンフュージョン限界を下げるには，空間分解能を高くすることが必須である．

式（1.8）には含まれていないもう一つの不確定性が存在する．宇宙 X 線背景

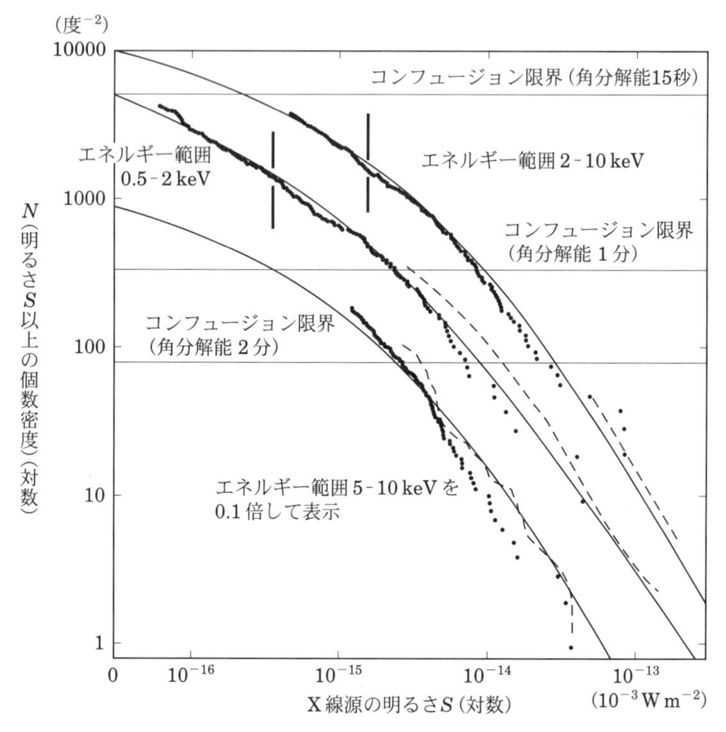

図 1.33　X 線源の $\log N$–$\log S$ プロットとコンフュージョン限界 (confusion limit). $\log N$–$\log S$ は, S よりも明るい天体の個数密度 N を, S の関数として log–log 空間上にプロットしたものである (1.1.10 節). 黒点がチャンドラ衛星による観測データ, 2–10 keV と 0.5–2 keV 帯域の破線は, あすか衛星とローサット衛星による観測結果である. またスムーズな曲線は, 活動銀河核の光度分布からの予想モデルである. 3 本の横線が空間分解能の中の複数の X 線源を区別できなくなる上限数密度を表し, それに対応する $\log N$–$\log S$ の明るさを, コンフュージョン限界と考えることができる. 2–10 keV および 0.5–2 keV のデータ点に書かれた縦線は, 典型的な活動銀河核からの X 線スペクトル (光子数のスペクトルが光子エネルギーを E として, そのベキ関数 $E^{-1.8}$ に比例することを仮定した) を持つ X 線源を, 有効面積 × 観測時間 $= 10^8\,\mathrm{cm^2\,s}$ で観測, たとえば $1000\,\mathrm{cm^2}$ の面積で 100 キロ秒観測したとき, 光子限界 (5–σ) に対応するそれぞれのエネルギー帯域での明るさである (Rosai *et al.* 2002, *ApJ*, 566, 667).

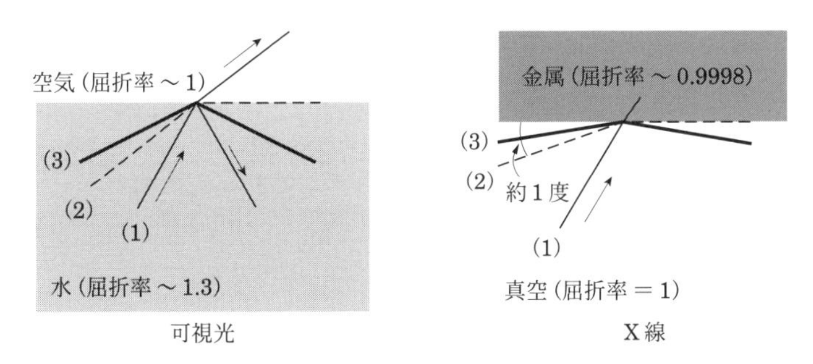

図 1.34　可視光と X 線の全反射．水中から空気中へ可視光が入射する場合，入射方向を境界面に垂直な方向から平行な方向へ，(1) から (3) のように傾けてゆくと，ある角度で光はすべて反射するようになる．これは，水よりも空気の屈折率が小さいためである．X 線に対しては，金属の屈折率は，真空よりも小さいので，真空から金属に斜入射した X 線は同様に全反射される．

放射は微弱な天体の重ね合わせであるので，その表面輝度 f_d は全天で一様ではない．つまり，f_d の値そのものに不確定性がある．Ω が大きい場合は，平均化されるので，不確定性は相対的に小さくなる．逆に，Ω が十分に小さい場合は，Ωf_d の値そのものが小さくなり，この項自体はさほど重要ではなくなるであろう．その中間の Ω，たとえば 20 (分角)^2 では，観測する方向によって，f_d は 30%程度変化し得るので，Ωf_d を観測データ自身で決定できない場合には，その不確定性が問題になりうる．

1.4.2　X 線反射望遠鏡

X 線反射望遠鏡は通常，衛星の先端部分に搭載され，衛星の反対側に焦点を結ぶ．この位置関係は，可視光望遠鏡であれば，むしろ屈折望遠鏡に似ている．これは X 線反射鏡が X 線の特別な性質を利用しているためである．光が，屈折率の異なる物質の境界面を通過すると屈折と反射が起きる．可視光の場合，水中からの光が水面に向かって進むと，一部の光は屈折しながら空気中に透過し，残りは反射する．このとき，水面と光との成す角がある角度（臨界角）よりも小さいと，屈折光は空気中に出られず光は全反射する（図 1.34）．このような現象は，空気の屈折率が水よりも小さいために起きる．X 線も可視光と同じように真空中から物質中に入射するときには，可視光に比べるとわずかではあるが，屈折する．X線に対する金属の屈折率は真空の屈折率（$=1$）よりも，少しだけ小さいので，全反射も起きる．ただし，二つの屈折率の比の1からのずれは非常に小さい．このため全反射がおきる臨界角，金属面とX線の成す角，は1度程度以下と非常に小さい[*37]．

プラズマ周波数とX線の全反射

金属中の外殻電子は第0近似では自由電子と考えることができる．電磁波中の電子の運動は，電子の質量，電荷，速度，密度，および電場を，それぞれ，$m_{\rm e}$, $e, \bar{V}_{\rm e}, n_{\rm e}, \boldsymbol{E}$ とすると．

$$m_{\rm e}n_{\rm e}\left[\frac{\partial \boldsymbol{v}_{\bf e}}{\partial t}+(\boldsymbol{v}_{\bf e}\cdot\bigtriangledown)\boldsymbol{v}_{\bf e}\right]=-en_{\rm e}\boldsymbol{E}. \tag{1.9}$$

一方，マクスウェル（J.C. Maxwell）の方程式から，

$$\bigtriangledown(\bigtriangledown\cdot\boldsymbol{E})-(\bigtriangledown\cdot\bigtriangledown)\boldsymbol{E}=\frac{4\pi}{c^2}\frac{\partial \boldsymbol{j}}{\partial t}-\frac{1}{c^2}\frac{\partial^2\boldsymbol{E}}{\partial t^2} \tag{1.10}$$

である．平面波，$\boldsymbol{E}=\boldsymbol{E}_{\boldsymbol{\omega}}e^{i(\boldsymbol{k}\cdot\boldsymbol{r}-\omega t)}$ を考えると，$\bigtriangledown\cdot\boldsymbol{E}=0$ であるので，

$$(\omega^2-k^2c^2)\boldsymbol{E}_{\boldsymbol{\omega}}=4\pi\omega i\boldsymbol{j}_{\boldsymbol{\omega}}. \tag{1.11}$$

電磁波が存在しないときの電子の密度を n_0 とし，$n_{\rm e}=n_0+n_1$ とすると n_1 と $v_{\rm e}$ は，$|\boldsymbol{E}|$ と同程度の大きさの微小量である．式（1.9）の1次の微小量まで取り，さらに，諸量のフーリエ成分を考えると，$\boldsymbol{v}_{\bf e,\boldsymbol{\omega}}=\dfrac{-ei}{m_e\omega}\boldsymbol{E}_{\boldsymbol{\omega}}$．したがって，電流密度は，$\boldsymbol{j}_{\boldsymbol{\omega}}=\dfrac{n_0e^2i}{m_e\omega}\boldsymbol{E}_{\boldsymbol{\omega}}$ となり，式（1.11）から，$(\omega^2-k^2c^2)=\omega_{\rm p}^2$ を得る．ここで，$\omega_{\rm p}=\sqrt{4\pi n_0e^2/m_e}$ は，プラズマ周波数と呼ばる．電磁波の位相速度は $v_\phi=\sqrt{\omega_{\rm p}^2/k^2+c^2}$ であるので，屈折率 n は $n=c/v_\phi=\sqrt{1-\omega_{\rm p}^2/\omega^2}$ である．金属のプラズマ周波数に対応する光子のエネルギーは，数eV程度であるので，X線領域では，n は1よりも小さい．金属面に対し角度 δ で入射したときに全反射が起きる条件は $\cos\delta<n$ である．$\omega_{\rm p}\ll\omega$ のときには，これは，

$$\delta<\omega_{\rm p}/\omega \tag{1.12}$$

となる．たとえば，$\hbar\omega_{\rm p}=5\,{\rm eV}$，$\hbar\omega=1\,{\rm keV}$ であれば，$\delta\lesssim 1^\circ$ となり，1度程度以下の角度で，金属中にX線を入射させれば，全反射が起こる．

---

*37 臨界角はX線の波長（エネルギー）に依存する（コラム「プラズマ周波数とX線の全反射」参照）．

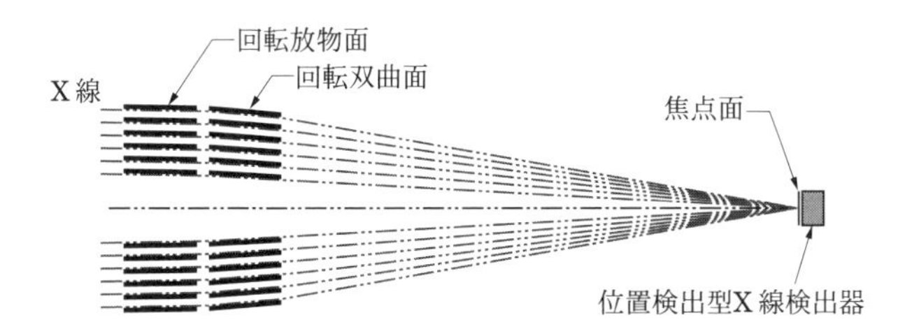

図 1.35 金属面での X 線の全反射を利用したウォルター I 型 (Wolter Type-I) X 線望遠鏡. ウォルター I 型光学系では, 回転放物面と回転双曲面で 2 回反射させることにより, 光軸外での像の収差を小さくしている.

斜入射 X 線反射望遠鏡は, 図 1.35 に示すように, 全反射条件を満たす小さな角度で, X 線が鏡面に入射するように作られる. X 線の反射面には, 金や白金など電子密度の高い金属がコーティングされる. また, 回転放物面と回転双曲面の二つの反射鏡で 2 回反射することによって, 光軸からはずれた方向での像の収差を小さくしたウォルター I 型と呼ばれる光学系がしばしば用いられる.

1962 年の最初のロケット実験の計画時期に, すでにジャッコーニら AS&E 社の研究者はこの光学系の研究を開始していた. 1968 年には AS&E 社のバイアーナ (G.S. Vaiana) らにより開発された X 線望遠鏡がロケットに搭載され, 太陽フレアの観測に用いられた. さらに同型の望遠鏡は 1973 年にスカイラブに搭載され, 太陽コロナの研究に用いられた.

図 1.35 からわかるように, 斜入射 X 線反射望遠鏡の一つの反射鏡は円周に沿った小さな面積の X 線を集めるだけである. 太陽のような強い X 線に対しては, これで十分であるが, 微弱な宇宙 X 線観測のためには, 反射鏡を同心円状に並べ, 有効に X 線を集める必要がある. 良質の X 線像を得る, つまり, X 線を高い精度で一点に集めるためには, 反射鏡の表面は X 線の波長に近い高い精度で工作する必要がある. 鏡面の工作精度や熱変形などを考えると, そのためには 1 枚 1 枚の鏡を厚くしっかりとした素材で作る必要がある. その結果, 同心円上に並べることのできる, 鏡の数は少なくなってしまう. そこで, 高い空間分解能の X 線望遠鏡を作るには, 集光面積を犠牲にしなければならない.

1978 年に最初の宇宙 X 線観測用の X 線反射望遠鏡を搭載したアインシュタ

図 1.36　すざく衛星に搭載された X 線望遠鏡（口絵 2 参照，名古屋大学・ISAS/JAXA 提供）．

イン衛星，ローサット衛星，さらに，1999 年以来，軌道上で観測を行っているチャンドラ衛星の X 線望遠鏡はこのような思想で作られた．チャンドラ衛星の反射鏡は 0.5 秒角の高い空間分解能を実現しているが，同心円に並べた鏡の数は 4 枚である．

これに対して，空間分解能を多少犠牲にしても薄い反射鏡をたくさん並べて大きな集光面積を得る，という思想が考えられる．このような思想で作られた最初の X 線望遠鏡は日本のあすか衛星に搭載された 4 台の反射望遠鏡である．ヨーロッパの XMM–ニュートン衛星やすざく衛星の反射鏡も，こちらの思想である．

すざく衛星の場合には厚さ 0.16 mm のアルミフォイルを反射鏡の形に整形し，その上に金をコーティングしている．このような反射鏡約 170 層を直径 40 cm の中に同心円状に並べている（図 1.36）．チャンドラ衛星の反射鏡の場合には，反射鏡の幾何学的な開口効率は 10%程度なのに対して，「すざく」の鏡では 50%に達している．X 線の全反射角は X 線のエネルギー（波長）に依存するので望遠鏡の集光面積と開口効率は X 線のエネルギーに依存する．

宇宙 X 線観測において重要な鉄イオンが発する輝線スペクトルに対応する X 線エネルギー（6.7 keV）付近では，直径 1.2 m のチャンドラの望遠鏡よりも直径 40 cm の「すざく」の望遠鏡の方が集光面積は大きい（200 cm^2 対 250 cm^2）．すざく衛星は 5 台の望遠鏡を搭載しているので，これらを加算して総計では「すざく」の方がこのエネルギーでは5倍以上の集光能力となる．しかし，その一方で，すざく衛星の望遠鏡の空間分解能は1分角程度（つまり人の視力程度）である．近年，シリコン基板の新しい素材を使うことで，高集光効率と空間分解能を両立する研究が進んでおり，Athena 衛星ではシリコン基板を弾性変形させた鏡を使って，$2\,\mathrm{m}^2$ の集光面積と5秒角の空間分解能を実現する計画が進んでいる[*38]．

金属面で全反射の起きる臨界角は，式 (1.12) に示すように，X 線エネルギーに反比例して小さくなる．これは，望遠鏡の焦点距離を一定にすると，X 線を集光できる面積は，エネルギーとともに2乗で小さくなることを意味する．このため，10 keV 以上の X 線エネルギーでは，衛星で実現できる焦点距離の範囲（$\lesssim 10\,\mathrm{m}$）では十分な集光面積を確保することが困難になる．

反射鏡の表面に間隔 d で多層の反射膜を作ると，X 線の反射面に対する入射角を θ として，$m\lambda = 2d\sin\theta$（m は整数）を満たす波長（λ）の X 線は干渉によって強め合うので，反射率を高くすることができる．このような多層膜 X 線反射鏡によって 100 keV 近い X 線まで集光・結像する反射鏡をスーパーミラーとよぶ．

[*38] M. Bavdaz *et al.* "Development of the ATHENA mirror", *proceedings of SPIE*, Vol. 10699, doi: 10.1117/12.2313296.

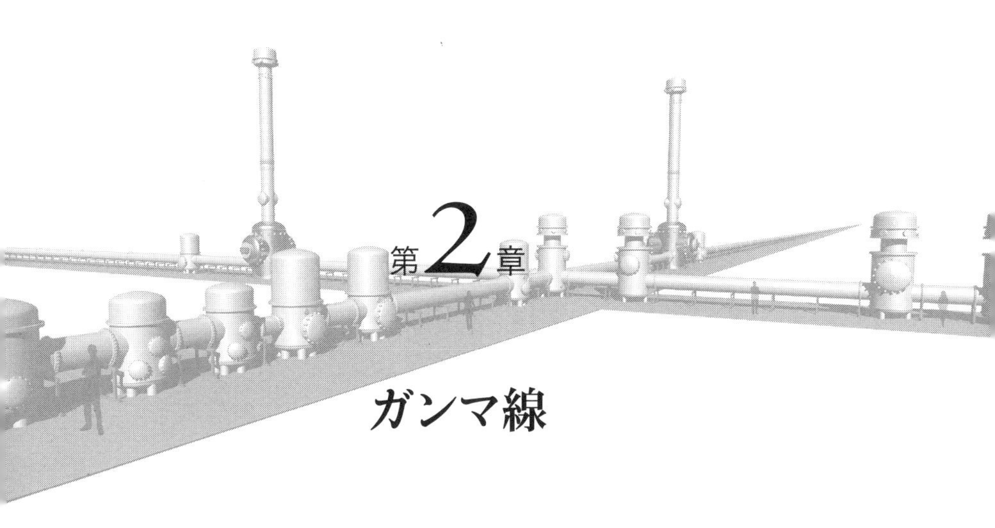

第2章 ガンマ線

2.1　ガンマ線観測の歴史

光子のエネルギーが数 10 keV を超え，X 線よりも波長が短くなると，ガンマ線といわれる領域にはいる．ガンマ線の範囲は広く，1 keV の X 線光子に比べて，10 億倍もエネルギーの高い，TeV（$= 10^{12}$ eV）という超高エネルギーにまで及ぶ．ガンマ線は地球大気による吸収のため，地上での直接検出は不可能であり，高度 40 km 以上で観測可能な大気球，さらには大気を抜けて衛星による観測が不可欠である[*1]．

ガンマ線天文学は，X 線天文学よりも長い歴史を持つが（表 2.1 参照（72 ページ）），観測が難しいため，進歩が遅れていた．エネルギーが高い分，光子数が減り，小さな装置では検出が難しいことも原因である．いくつかの初期の試みの後，天体からのガンマ線が米国の OSO-3 衛星によって初めて確実にとらえられたのは 1967 年のことであった．その後，1972 年に米国の SAS-2 衛星によって銀河面からのガンマ線がとらえられ，ガンマ線天体がいくつか見つかった後，1975 年から 7 年間にわたり，ヨーロッパの COS B 衛星が GeV（10^9 eV）領域のガンマ線の観測を銀河面を中心に広い天空域にわたって行い，22 個の天体が

[*1] 数 100 GeV を超えるエネルギーを持つ超高エネルギーガンマ線は，大気そのものを検出器として用いた観測が行われる（2.5.4 節参照）．

図 2.1　コンプトンガンマ線観測衛星（CGRO）をスペースシャトルで軌道に投入しているようす（NASA 提供）.

報告された．一方，地上核実験の監視のために軍事用として打ち上げられたヴェラ（Vela）衛星のデータから，短時間に大量のガンマ線が飛来するガンマ線バースト現象が 1973 年に報告され，その起源は新しい天体物理学上の謎となった．

ガンマ線天文学に目覚ましい進歩が見られるようになったのは，1989 年にヨーロッパのグラナット（Granat）衛星が打ち上げられ，1991 年に米国のコンプトンガンマ線衛星（CGRO; Compton Gamma Ray Observatory）が打ち上げられた以降のことである．また，1990 年代からは大気チェレンコフ望遠鏡技術の進展により，地上から TeV 領域の超高エネルギーガンマ線の観測が行えるようになった．

コンプトン衛星（図 2.1）は，4 種類の検出器を搭載し，総重量が 17 トンに及ぶ巨大な衛星で，広いエネルギー範囲，数 10 keV–10 GeV 帯の観測を行い，全天のガンマ線天体カタログをつくり，またガンマ線バーストが全天に一様分布することなど，数々の成果を挙げたが，2000 年にその寿命を終えた．しかし，21 世紀にはいり，インテグラル（INTEGRAL）衛星（図 2.2）を皮切りに，スイフト（Swift）衛星（2003 年），アジレ（AGILE）衛星（2007 年）が打ち上げられ，さらには GeV 領域で格段に向上した感度をもつガンマ線望遠鏡衛星としてフェルミ（Fermi）衛星[*2]が 2008 年に打ち上げられた（図 2.3）．フェルミ衛

[*2] 打ち上げ前はグラスト（GLAST）衛星と呼ばれていた．

図 **2.2** 2002 年に打ち上げられたインテグラル（INTEGRAL）衛星の外観（ESA 提供）.

図 **2.3** 組み上がったフェルミガンマ線宇宙望遠鏡（NASA 提供）.

図 2.4 フェルミ衛星 LAT 検出器によって得られた 100 MeV 以上のガンマ線の全天マップ（口絵 4 参照，NASA 提供）．銀河座標で表示されており，中央の銀河中心に左右に広がる銀河面が明るく輝いていることがわかる．

星 LAT 検出器により得られたガンマ線の全天マップを図 2.4 に示す．この中で，スイフト衛星やフェルミ衛星には，日本のチームが積極的に参加している．一方，日本でも，すざく衛星が 2005 年に打ち上げられた（口絵 3 参照）．「すざく」に搭載された硬 X 線検出器（HXD）は，さまざまな新しいアイデアにより，数 10 keV の硬 X 線から 600 keV 前後の軟ガンマ線*[3]の領域にかけて，過去のいかなるミッションよりも高い感度を実現した（1.1.12 節）．HXD によって日本は，独自の科学衛星で，はじめてのガンマ線天文学に一歩踏み出すことになった．

2012 年に打ち上げられた NuSTAR 衛星は，X 線観測用の望遠鏡の表面に多層膜を積み上げることで，数 10 keV の領域まで集光撮像観測を可能とし，従来のコリメータを用いた硬 X 線観測の感度を格段に向上させた．日本も，2015 年 2 月に，日本独自の硬 X 線望遠鏡システム（HXT/HXI）と軟ガンマ線検出器（SGD）を搭載した ASTRO-H 衛星を軟 X 線観測用の望遠鏡とともに打ち上げたが，打ち上げ後，約 1 か月で運用を停止せざるを得ない状況になった．両者とも「すざく」に搭載された硬X線検出器（HXD）の流れを汲み，日本独自のコンセプトから生まれた検出器で，国産の半導体技術，実装技術を駆使したもので

*[3] X 線でもガンマ線でも波長の短い（エネルギーの高い）ほうを「硬い」とよび，その逆を「軟らかい」とよぶ．

ある．ともに，半導体イメージングセンサーを多層に積み上げた構成をとることで，コンプトン散乱の原理を用いた偏光観測を行う能力を有した．

超高エネルギーの TeV（10^{12} eV）ガンマ線は大気を検出器とし，地上の望遠鏡で観測することができる．高エネルギーの宇宙線が大気に入射し，大気の原子核と衝突して生じる 2 次粒子が再び衝突を繰り返して粒子数が増殖していく現象を空気シャワーという（3.3.3 節）．TeV ガンマ線が大気との相互作用で生まれた電子–陽電子対から始まる空気シャワーは，多数の高速荷電粒子を短時間の間に一度に放出する．このとき大気中で発生するチェレンコフ光は重なり合い，光のフラッシュが発生する．これを観測するのが大気チェレンコフ望遠鏡の原理であり，1960 年代には研究がはじまっていた．

しかし，TeV ガンマ線と同様に地球大気に突入する高エネルギーの陽子などの宇宙線でもチェレンコフ光は発生し，これがガンマ線観測にとって雑音となる．この雑音を克服し，大気チェレンコフ望遠鏡が実際に超高エネルギー（およそ 1 TeV 以上）のガンマ線天文学の観測装置として確立したのは，検出器の原理が提唱されてからさらに遅れた．

1989 年に入り，大型の光学反射鏡の焦点面に多数並べた光検出器でチェレンコフ光の像をとらえ，ガンマ線起源のシャワーと原子核起源のシャワーとの違いを識別する方法が実用化された．アリゾナのホイップル天文台の 10 m 大気チェレンコフ望遠鏡の焦点面に 2 インチ光電子増倍管 37 本を並べた解像型カメラを設置し，かに星雲からのガンマ線信号が検出された（イメージング法とよぶ）．イメージング法の有効性が証明されると，それ以後世界各地で解像型チェレンコフ望遠鏡が建設され，超高エネルギーガンマ線天体が地上から多数観測されるようになった．表 2.1（72 ページ）にガンマ線天文学のおもな歴史上の出来事をまとめておく．

2.2 ガンマ線の観測

X 線は主に高温プラズマからの放射であるのに対し，ガンマ線は，さらに相対論的なエネルギーにまで加速された荷電粒子に伴う放射（シンクロトロン放射，逆コンプトン散乱，制動放射: 図 2.5（73 ページ））が主体となる．実際，有名なかに星雲や中心に巨大なブラックホールをもつ活動銀河核の一部からは，電波か

表 2.1　ガンマ線天文学のおもな歴史上の出来事.

西暦（年）	事項
1952	早川幸男により宇宙線相互作用からのガンマ線が予測される.
1958	モリソンによりガンマ線天文学の可能性が指摘される.
1959	コッコーニによりかに星雲からの（核相互作用）ガンマ線が予測される.
1960	チュダコフらによりチェレンコフ望遠鏡を用いたガンマ線観測が試みられる.
1965	グールドによりかに星雲からの（シンクロトロン放射）ガンマ線が予測される.
1967–1968	OSO-3 衛星により天体のガンマ線観測が行われる.
1972–1973	SAS-2 衛星が銀河面からの GeV ガンマ線を観測する.
1973	ヴェラ衛星によりガンマ線バースト現象の存在が報告される.
1975–1982	COS B 衛星が GeV ガンマ線の全天観測を行う.
1989	ホイップル望遠鏡により TeV ガンマ線の信号が検出される.
1989	グラナット衛星が打ち上げられ，軟ガンマ線とガンマ線バーストの観測を開始する.
1991–2000	コンプトン衛星が MeV から GeV のガンマ線の観測を行う.
1996–2002	ベッポサックス衛星がガンマ線バーストの観測を行う.
1997	ヘグラグループがステレオ法によるチェレンコフ観測に成功する.
2000	HETE-2 衛星が打ち上げられ，ガンマ線バーストの観測を開始する.
2000	カンガルー望遠鏡により超新星残骸からのガンマ線が検出される.
2002	インテグラル衛星が打ち上げられ，MeV ガンマ線の観測を開始する.
2004	スイフト衛星が打ち上げられ，ガンマ線バーストの観測を開始する.
2005	すざく衛星が打ち上げられ，軟ガンマ線の観測を開始する.
2005	ヘス望遠鏡による銀河面サーベイから新しい 10 個の TeV ガンマ線源が報告される.
2007	アジレ衛星が打ち上げられ，GeV ガンマ線の観測を開始する.
2008	フェルミ衛星が打ち上げられる.
2012	NuSTAR 衛星が打ち上げられ，硬 X 線望遠鏡を用いた直接撮像分光観測を開始する.
2017	重力波と同時に発生したガンマ線バーストがとらえられる.

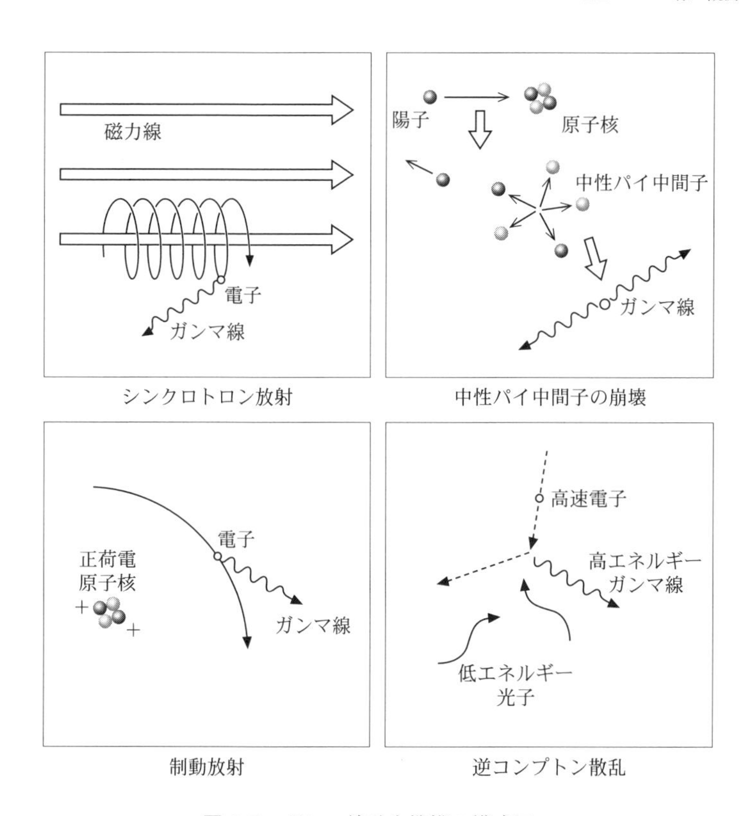

図 **2.5** ガンマ線発生機構の模式図.

ら数 10 TeV におよぶ超高エネルギーガンマ線にまで，広いエネルギー範囲での電磁放射が観測されている（図 2.6（74 ページ））.

高エネルギーガンマ線の存在は，電子や陽電子などの荷電粒子が，非常に高いエネルギーにまで加速されていること，宇宙に巨大な加速器が存在することを示している．パイ中間子などの素粒子や原子核の崩壊，粒子・反粒子の対消滅からもガンマ線が放射される（図 2.5）.

このように，ガンマ線領域は，宇宙で起きている高温，高エネルギーの天体現象，あるいは素粒子物理学の現象と直接関係し，その核心に迫ることができる窓として，宇宙物理学の重要な課題を豊富に含んでいる.

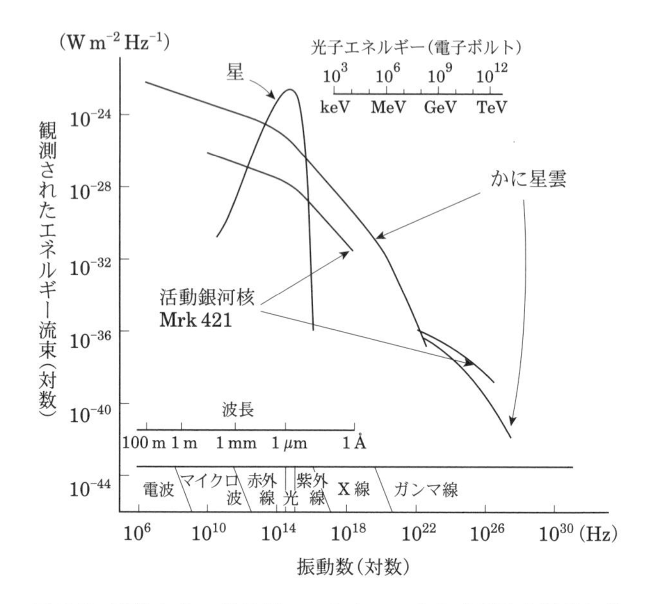

図 2.6 天体からの多波長スペクトル．ある典型的な温度に放射のピークを持つ星などの天体と異なり，パルサーや一部の活動銀河核などでは，電波から超高エネルギーガンマ線にいたる幅の広いエネルギー範囲での放射がみられる．

2.2.1 超新星爆発とガンマ線

超新星は重い星の進化の最期におこる大爆発である．爆発の瞬間に激しい核反応がおこり，鉄よりも重い元素やガンマ線を放出する放射性同位元素がつくられる．この放射性同位元素が爆発で膨張するガスを輝かせる一因である．もし，放射性同位元素の崩壊にともなう核ガンマ線（エネルギーが決まっているので，ラインガンマ線とよぶ）を測ることができれば，生成された放射性同位元素の量を直接さぐることができる．

1987年2月23日に大マゼラン星雲で発見された超新星1987Aは，超新星爆発の機構を探る上で千載一遇の機会を与えてくれた．コンプトン衛星が登場する前であったが，気球に搭載した数多くのガンマ線検出器が，超新星爆発で生成されたコバルト56（^{56}Co）が鉄元素に崩壊するときに放出される核ガンマ線を検出することに成功した．特に，高いエネルギー分解能をもつゲルマニウム半導体を用いた検出器は，コバルト56の核ガンマ線の広がりを検出し，これが高速で

表 2.2 超新星爆発によって作り出される放射性同位元素と放出されるおもな核ガンマ線.

放射性同位元素	平均寿命	崩壊系列	ガンマ線エネルギー (keV)
^{7}Be	77 日	^{7}Be → ^{7}Li*	478
^{56}Ni	111 日	^{56}Ni → ^{56}Co* → ^{56}Fe* + e^{+}	158, 812; 847, 1238†
^{57}Ni	390 日	^{57}Ni → ^{57}Co* → ^{57}Fe*	122
^{22}Na	3.8 年	^{22}Na → ^{22}Ne* + e^{+}	1275
^{44}Ti	89 年	^{44}Ti → ^{44}Sc* → ^{44}Ca* + e^{+}	78, 68; 1157†
^{26}Al	1.04×10^{6} 年	^{26}Al → ^{26}Mg* + e^{+}	1809
^{60}Fe	2.0×10^{6} 年	^{60}Fe → ^{60}Co* → ^{60}Ni*	59, 1173, 1332††

* 原子核の励起状態を示す.
† 崩壊系列での左側の矢印で示す反応と，右側の矢印で示す反応から生じるガンマ線に各々が対応する.
†† 一連の反応で 3 種類のガンマ線が放出されることを示す.

運動していることを示したのである．これは超新星中の重元素の分布や運動を探る手がかりとなった.

超新星が爆発するたびに，重元素が銀河の中にばらまかれる．したがって，寿命の異なる放射性同位元素からの核ガンマ線が銀河系の中にどのように分布しているかを測定すれば，我々の銀河系における超新星爆発の歴史を知り，ひいては我々の銀河系の成り立ちを知ることができる（表 2.2）.

2.2.2 銀河中心からの電子・陽電子消滅線

電子は安定な素粒子であり真空中では他の粒子に崩壊しない．その反物質の陽電子もまた安定である．しかし電子と陽電子とが出会うとこれらは消滅し（対消滅と呼ぶ），2 個あるいは 3 個のガンマ線光子を放出する．2 個のガンマ線を放出する場合は，電子（陽電子）の質量と同じ 511 keV のガンマ線がそれぞれ反対の方向に放出される．このガンマ線を電子・陽電子消滅線と呼ぶ．陽電子は超新星爆発の際に生成される不安定な原子核が崩壊する過程で作られるが，その他にも，非常に高温下では電子と対になって発生する．陽電子が電子と出会い，消滅するまでの時間はまわりの環境によって異なり，ブラックホールのまわりにあるような高密度の降着円盤の中では，瞬時に消滅し，低密度の星間物質の中では，

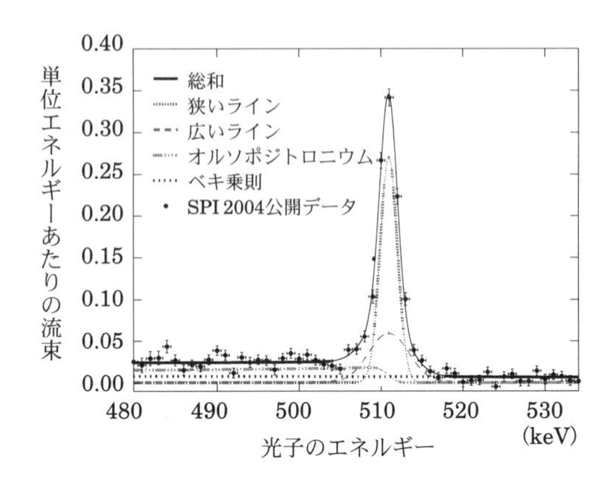

図 **2.7**　インテグラル衛星の SPI 検出器による銀河中心のガンマ線スペクトル．電子・陽電子消滅線の 511 keV のラインがはっきりと観測されている（Jean *et al.* 2006, *A&A*, 445, 579）．

10 万年以上もかかって消滅する．銀河中心方向には，この電子・陽電子消滅線の広がった分布が，気球を用いたガンマ線観測により 1970 年代から観測されている．インテグラル衛星に搭載されたゲルマニウム半導体を用いた SPI 検出器によって詳細な観測（図 2.7）が行われているが，電子・陽電子消滅線の起源はいまだに謎となっている．

2.2.3　超新星残骸における宇宙線の加速とガンマ線

1912 年に宇宙線が発見されて以来，その発生源と加速機構は長い間の謎であった．X 線観測衛星「あすか」は，1006 年におおかみ座に出現した超新星 SN 1006 を観測し，そこに TeV を超えるきわめて高いエネルギーを持つ電子が存在し，それがシンクロトロン放射機構で X 線を放出していることを示した．このような高いエネルギーの電子が存在し，超新星残骸中の磁場が数百ピコテスラ（数マイクロガウス）程度なら，同じ電子が宇宙背景放射の 2.7 K 光子を逆コンプトン散乱で TeV ガンマ線にまでたたき上げる．また，超新星残骸の中の衝撃波で高いエネルギーにまで加速された陽子が，超新星残骸の物質の原子核と衝突することによって発生する中性パイ中間子からのガンマ線も考えられる．また，フェルミ衛星 LAT 検出器は W44 などの超新星残骸の観測で，中性パイ中間子からのガンマ線の場合に期待される 70 MeV 付近のピークの兆候をとらえており，少なくとも TeV 領域までの宇宙線の源であるとする証拠が集まりつつある．

2.2.4 ガンマ線パルサー

Crab（かにパルサー），Vela（ほ座パルサー），Geminga（ゲミンガ）など，ガンマ線領域で明るく輝くパルサーはガンマ線天文学の黎明期より知られていた．かにパルサーでは電波から TeV ガンマ線までの放射が観測され，さらにはパルス波形のピークの位相はすべての波長帯で揃っている．パルサーによって作り出されたパルサー風が，外に向かって広がり，加速された電子や陽電子によるシンクロトロン放射で輝く星雲（パルサー星雲）を形成する．電子・陽電子がシンクロトロン光子をさらに逆コンプトン散乱で叩き上げることによって，パルサー星雲は TeV ガンマ線の領域まで明るく輝くことになる．100 TeV までのびるかに星雲の多波長スペクトルをかにパルサーとともに，図 2.8 に示す．かに星雲において電波から 100 MeV のガンマ線までのスペクトルはシンクロトロン放射によるものと考えられており，電子や陽電子は，最大で，10^{15} eV（ペタ電子ボルト）

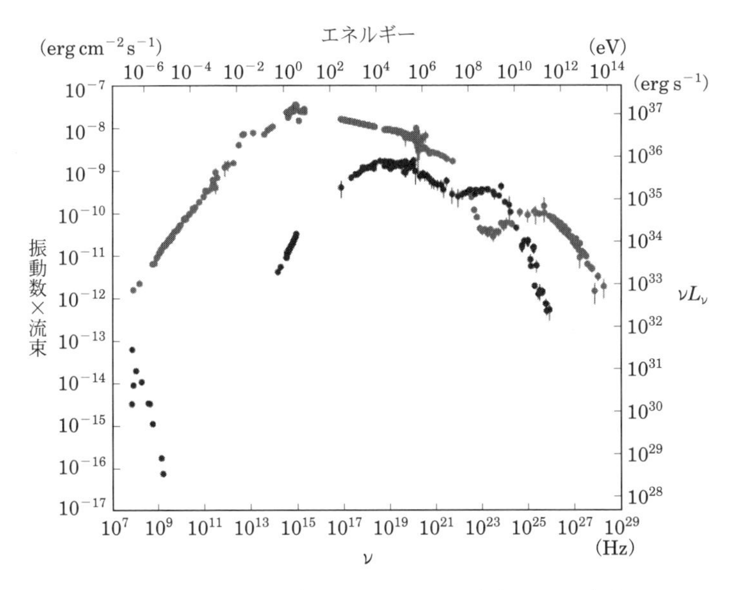

図 2.8 かに星雲（灰色）とかにパルサー（黒）からの多波長のスペクトル）．かにパルサーのスペクトルは位相平均をとっている（Bühler and Brandford 2014, *Rept. Prog. Phys.*, 77）．

というような極めて高いエネルギーまで粒子が加速されていることを示す.

フェルミ衛星の大面積検出器（LAT）により多数の GeV ガンマ線が観測されるようになると，ガンマ線データのタイミング解析から 100 個を超えるパルサーが検出された. コンプトン衛星時代の 7 個から大きく増えたが，これらはミリ秒パルサー，若い電波パルサーおよび若く電波で暗いパルサーに大きく分けることができ，電波とは異なるバイアスで活動的なパルサーのサンプルを供給することとなった. これらの多くは電波などでの追観測を促し，パルスが確認されている. 特にミリ秒パルサーの例数が増えたこと，球状星団にもパルサーが見つかったことを注目すべき点として挙げることができる.

2.2.5 ガンマ線で見るブラックホール

宇宙には，銀河全体からの放射を数百–数千倍も上回るエネルギーを，太陽系ほどのサイズの中心領域から放出する高エネルギー天体が数多く存在している. このように中心部が異常に明るい天体を活動銀河核と呼ぶ. 活動銀河核は，電波からガンマ線まできわめて広い波長域にわたって輝いており，そのエネルギー源は太陽の 100 万倍から数億倍の重さの巨大ブラックホールへ，まわりのガスが降り注ぐことによって起こる重力エネルギーの解放であるとされている. あすか衛星をはじめとする X 線衛星により，この巨大ブラックホールの周辺の降着円盤や，冷たい物質の構造などが次第に明らかになってきた. ガンマ線は X 線より高温の現象で生ずるため，ブラックホールのまわりで，電子がどのくらいまで加熱されているかを調べることができる. さらに，透過力が強いため，まわりを物質に囲まれて X 線では吸収されてしまって見えていなかったような活動銀河核からの放射を検出することができる. コンプトン衛星の OSSE 検出器は，数 100 keV までの観測を行い，X 線では「隠されて」いた活動銀河核 NGC 4945 からガンマ線が強く放射されていることを発見した（図 2.9）.

コンプトン衛星の EGRET 検出器は，30 MeV–10 GeV のガンマ線を観測するために設計された. 打ち上げ前には予想もしていなかったが，この検出器はブレーザー天体と呼ばれる活動銀河核の一種から，次々と強い GeV ガンマ線放射を発見した. その後のフェルミ衛星の観測により発見されたガンマ線ブレーザーの数は数百個を超える.

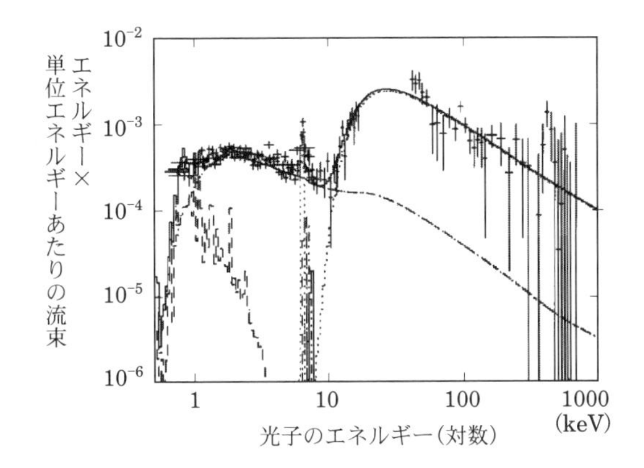

図 2.9　活動銀河核 NGC 4945 のぎんが衛星による X 線スペクトルとコンプトン衛星の OSSE 検出器によるスペクトル．図中の線は三つのモデル曲線にそれぞれが対応する（Done *et al.* 1996, *ApJ*, 463, L63）．

ブレーザー天体は，中心から細いビームとなって光に近い速度で放出されたジェットが，我々の方向を向いている，すなわちジェットからの放射を直接見ていると考えられている．電波，光，X 線からガンマ線にいたる多くの波長での同時観測の結果から，ブレーザーではジェットの根元近くの領域で GeV から TeV にまで加速された電子や陽電子が，10–100 マイクロテスラ（0.1–1 ガウス）程度の磁場の中でのシンクロトロン放射によって光–X 線を放射していること，さらに逆コンプトン散乱によって，高いエネルギーのガンマ線を放射しているという証拠が得られてきている．

ブレーザー天体の中には，Mrk 421 のように TeV にいたるガンマ線が検出されているものもあり（図 2.6），宇宙の巨大な加速器の候補として注目を集めている．ジェットの中で TeV 領域まで加速された電子や陽電子によって，このような高いエネルギーのガンマ線が発生すると考えられている．また，GeV ガンマ線での放出エネルギーが他の波長での放出エネルギーを完全にしのぐものもある（図 2.10（80 ページ））．シンクロトロン光子以外，具体的には，ブラックホール周辺の降着円盤，広輝線領域 やトーラス，狭輝線領域からの種光子によるものと考えられている．

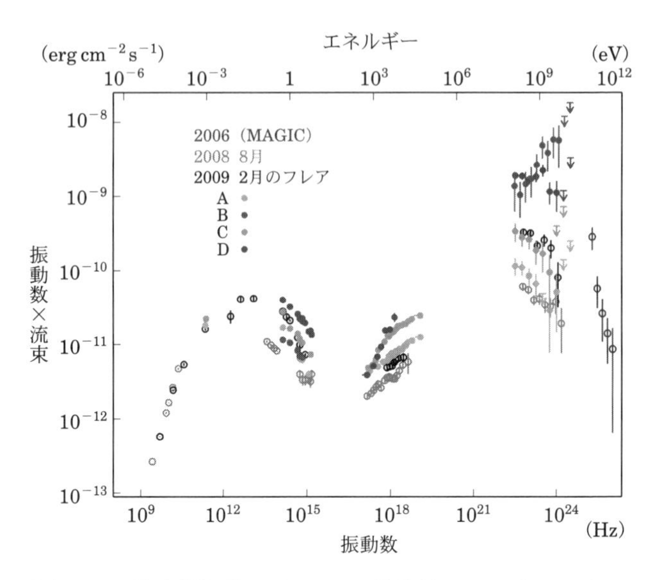

図 2.10　活動銀河核 3C 279 の多波長スペクトル．GeV（10^9 eV）ガンマ線の領域でのエネルギー放出が他の周波数に比べて高い（Hayashida *et al.*, 2015, *ApJ*, 807, 79）．

2.2.6　ガンマ線バースト

ガンマ線バーストは数秒から数十秒の間に膨大なエネルギーをガンマ線領域を中心とする電磁波で放出する現象である．最も明るいガンマ線バーストでは 50–300 keV の光子数は 100 個 cm^{-2} s^{-1} にも達する．これはかに星雲でさえもはるかに上回る．この現象は 1968 年にヴェラ衛星によって発見されて以来，謎に包まれていた．コンプトン衛星の BATSE 検出器は打ち上げ以来，2000 を超えるガンマ線バーストを記録し，その発生場所が全天に一様に分布することを明らかにした（第 8 巻 5.1.1 節）．また，BATSE 検出器での観測では，ガンマ線バーストは継続時間が 2 秒以上の「長時間 GRB」と，2 秒以下の「短時間 GRB」の 2 種類に分類されることが示された．

1997 年にはいると，ガンマ線バーストの研究は急展開を示した．イタリアの X 線衛星ベッポサックス（BeppoSAX）は，自らのガンマ線バーストモニターと広視野 X 線カメラをもとに，バースト発生後に時間とともに急激に減光する X 線残光現象を発見し，はじめてバースト源の位置を正確に決めることに成功した．位置が決まれば，「すばる」，「ケック」や「ハッブル」など，可視光や赤外線の大望遠鏡の追加観測で対応天体を調べることができる．その結果，ガンマ線バーストの発生源は，遥か遠方，距離を推定すると 70–110 億光年もの天体であることがわかってきた．これほど遠方の現象であるにもかかわらず，ガンマ線で非常に明るいことは，発生したエネルギーがきわめて大きいことを示す．ガンマ線バーストの正体は，依然謎のままであるが，ハイパーノバ[*4]，あるいは，宇宙の初期に巨大ブラックホールが形成される瞬間をとらえているという説などがあり，まさに日進月歩の勢いで研究が進んでいる[*5]．

2003 年に打ち上げられたスイフト（Swift）衛星（図 2.11）は，ガンマ線バーストの監視だけでなく，自動追尾まで行う初めての衛星である．スイフト衛星には，BAT（Burst Alert Telescope）と呼ばれ，10–150 keV 程度に感度を持ち，全天の約 6 分の 1 をカバーする広い視野のガンマ線撮像検出器が搭載されている．この検出器は，ガンマ線バーストが視野内に発生するのを常時監視し，発見後ただちに，その位置を衛星上の計算機で計算し，数分の角度分解能で求めることができる．この位置情報をもとに，20–70 秒以内に衛星全体をバースト源に向け，一緒に搭載されている紫外線，光，X 線の望遠鏡を用いて観測を行い，最終

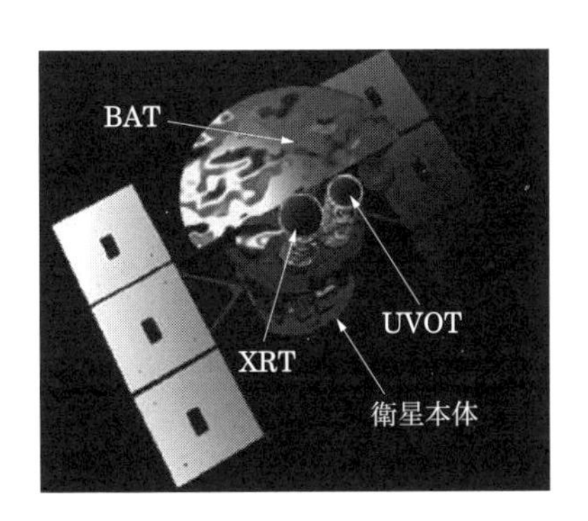

図 2.11 2003 年に打ち上げられたスイフト（Swift）衛星の外観図．BAT 検出器によって，ガンマ線バーストの発生位置を検知し，衛星全体をその方向に数十秒で向けて，X 線望遠鏡，紫外線望遠鏡で観測を行う（NASA 提供）．

*4 通常の数十倍の爆発エネルギーを持つ超新星爆発で，大質量の星の最期の姿とされている．

*5 ガンマ線バーストの詳細は第 8 巻 5 章を参照．

的には，バースト源の位置を0.3–2.5秒角という，きわめて高い分解能で決定する．X線望遠鏡（XRT）はX線CCDを焦点面検出器として持ち，1万秒の観測で1 μCrab（2×10^{-17} W cm^{-2}）のX線強度の天体を，また，紫外線可視光望遠鏡（UVOT）は，千秒間の観測で24等の明るさの天体を検出することができる．

スイフト衛星では，ガンマ線バーストの位置を正確に与えると同時に，紫外線から，X線，そしてガンマ線にいたる範囲で，スペクトルがどのように変化していくかを調べ，ガンマ線バーストの正体や，そのまわりの環境を探るために必要なデータを得ることができる．スイフト衛星の高い感度で，赤方偏移が $z=8.26$ のようなきわめて遠方のガンマ線バーストを検出することが可能となり，ガンマ線バーストを用いた宇宙論研究が行われるようになった．

2.2.7　銀河拡散ガンマ線

図2.4に見られるように，天の川銀河はGeVガンマ線の空で明るく輝いている．これらのガンマ線は，銀河系内に閉じ込められた高エネルギー宇宙線の星間物質や光子との衝突で生み出されたものとして大部分を説明することができ，大きく広がっていることから銀河拡散ガンマ線と呼ばれている．しかし，フェルミ衛星の観測からは，約10 GeV以上のガンマ線に対し前述の成分では説明できない超過が見つかった．これは銀河中心から噴き出し，銀河面の南北に向けて広がった巨大な泡のような構造をもち，フェルミ・バブルと呼ばれている．その成因についてはさまざまな説が唱えられているものの，いまだに謎に包まれている．

2.2.8　宇宙ガンマ線背景放射

銀河円盤付近から遠く離れても，ガンマ線は全天にわたって観測されている（図2.4）．銀河拡散ガンマ線や点源からのガンマ線を差し引いても一様に広がった成分が残り（第8巻図4.6），これを銀河系外背景ガンマ線と呼ぶ．フェルミ衛星を用いた詳細な解析により，遠方のブレーザー天体のスペクトル重ね合わせでGeV領域のガンマ線背景放射の50%程度が説明されることがわかってきた．ほか，電波銀河，星形成銀河からの寄与を考えることで，全体の背景放射強度が説明できるという説が唱えられているが，差し引きに必要な，我々の銀河に属する拡散成分のモデル化の正しさも含めて，まだ十分理解されていない．また

MeV ガンマ線領域は Ia 型超新星爆発中で生成される重元素からのガンマ線のほか，セイファート銀河やブレーザー天体がそのスペクトルに寄与していると考えられているが，観測データが十分でなく，研究が進んでいない．

2.2.9 未同定ガンマ線天体

コンプトン衛星 EGRET 検出器の第 3 カタログでは，約 300 個の検出天体のうち半数以上が他の波長における対応天体が同定されていない未同定天体であった．これは EGRET の角度決定精度が数度程度しかないことにより候補天体が絞りきれないことが一つの要因であった．フェルミ衛星の LAT 検出器では天体方向の決定精度が 10 分角程度と大きく改善されたが，図 2.12 に示したように依然多くの天体が同定されておらず，その正体は謎のままであり，X 線や電波による対応天体探しが活発に行われている．一方で，数分角という分解能を持つ TeV ガンマ線の高感度のサーベイ観測がヘス（H.E.S.S.）グループの大気チェレンコフ望遠鏡によって行われ，銀河面に多数の未同定天体が見つかり，こちらも対応天体探しが行われている．なかにはX線による放射が見られないものもあ

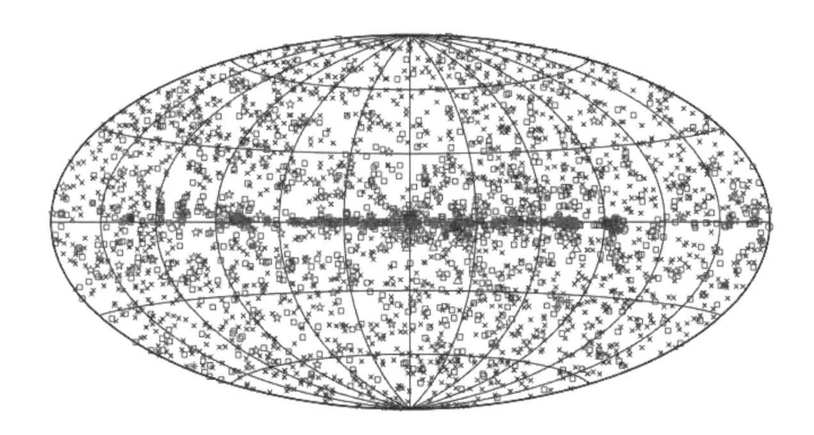

図 2.12 フェルミ衛星の LAT 検出器が検出した 100 MeV 以上のガンマ線天体の第 3 カタログのマップ．×印で示された高緯度にある点源の多くは活動銀河核である．銀河面にそった☆印の点はパルサー，白丸の点は超新星残骸である．また，半数近くを占める白四角の点は正体不明の天体である（Acero *et al.* 2015, *ApJS*, 218, 23）．

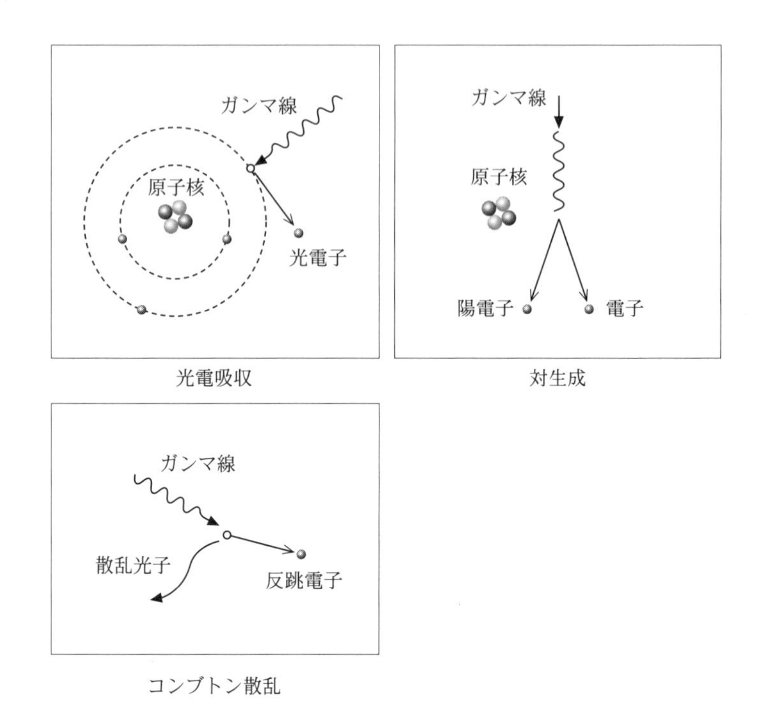

図 **2.13** ガンマ線と物質との相互作用の模式図.

り，TeV ガンマ線だけで明るい天体として．新たな謎を提起している．

2.3 ガンマ線と物質との相互作用

ガンマ線の観測では，ガンマ線光子一つ一つのエネルギーとその到来方向を測定することが求められる．ガンマ線は，物質中を通過する際，直接，電離や励起を起こさない．そのため，ガンマ線光子と物質との相互作用で発生する電子をうまく検出して，効率の高い検出器を作る必要がある．重要な役割を果たす相互作用として，

(1) 光電吸収,
(2) コンプトン散乱,
(3) 対生成反応

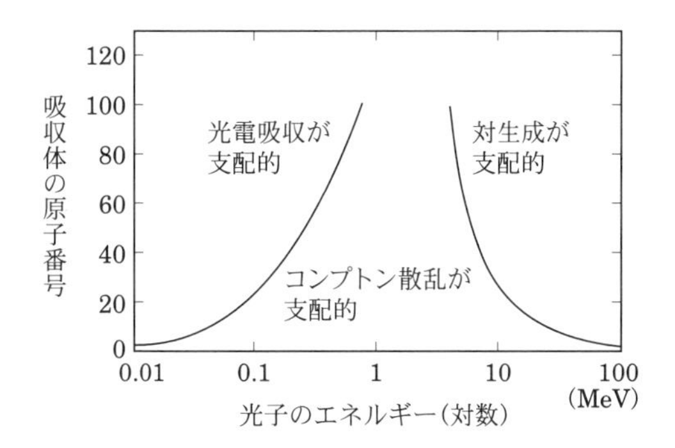

図 2.14 主要なガンマ線と物質の相互作用過程．物質の原子番号 Z に依存するが，数 10 MeV 以上では電子–陽電子対生成過程が主要になる（P.V. Ramana Murthy & A.W. Wolfendale 1993, *Gamma-ray astronomy*, Cambridge University Press）.

の三つを考えればよい（図 2.13）．図 2.14 に示すように，ガンマ線のエネルギーによって主要な相互作用の強度が変わる．したがって，検出したいガンマ線のエネルギーで主となる相互作用に応じた検出器を用意する必要がある．

原子核のまわりの電子がガンマ線光子を吸収し，光電子とオージェ電子（1.2.1 節参照）が放出される現象を光電吸収といい，X 線や低いエネルギーのガンマ線の検出に大きな役割を果たす．光電吸収の結果放出される電子群の総エネルギーはもとの X 線・ガンマ線光子のそれとほぼ等しい（1.2.1 節）．原子あたりの光電吸収の確率は，原子番号の 4–5 乗に比例するため，検出器として用いる場合，原子番号が大きい物質ほど，効率がよい．

一方，電子の結合エネルギーよりも十分大きなエネルギーをもつガンマ線光子では，原子核のまわりの電子は自由電子とみなすことができ，コンプトン散乱と呼ばれる相互作用が支配的になる．コンプトン散乱では，ガンマ線がその一部のエネルギーを電子に与え，電子をはじき飛ばすと同時に，運動量保存則とエネルギー保存則にしたがって，エネルギーが小さくなったガンマ線が散乱される．コンプトン散乱の確率は，電子の数に依存するため，原子番号とともに増加する．

光子のエネルギーがさらに大きくなり，電子の静止質量の 511 keV の 2 倍をこえると電子–陽電子対生成が起きる．これはガンマ線が原子核の近傍で，その電場と相互作用を起こして消滅して，電子と陽電子の対が作られる過程である．

反応確率は，近似的に原子番号の2乗に比例する．

X線，ガンマ線光子が物質中に入射すると，図2.13に示すいずれかの相互作用で光子数が減衰していく．透過距離 d [m] とともに光子数 ϕ が初期値 ϕ_0 から減衰する様子は次の式で表される．

$$\phi = \phi_0 \exp\left(-N_\mathrm{A}\sigma_\mathrm{total}\frac{\rho}{A}d\right) = \phi_0 \exp\left(-\frac{d}{\lambda}\right) = \phi_0 \exp\left(-k_\ell d\right), \tag{2.1}$$

$$\lambda = \frac{A}{N_\mathrm{A}\sigma_\mathrm{total}\rho}. \tag{2.2}$$

ここで，$1/\lambda = k_\ell$ を線吸収係数（m^{-1}）といい，N_A はアボガドロ数，ρ は物質の密度，A は物質の原子量，$\sigma_\mathrm{total} = \sigma_\mathrm{ph} + \sigma_\mathrm{C} + \sigma_\mathrm{p}$ は全相互作用断面積である（それぞれの成分についてはコラム参照）．

X線，ガンマ線光子と物質との相互作用

A. 光電効果

光電効果では，内殻電子を放出する確率が高く，多くの場合，K殻電子が放出される．エネルギー $h\nu$ の光子によって発生する光電子のエネルギー E は電子の結合エネルギーを W として，

$$E = h\nu - W \tag{2.3}$$

となる．K殻電子による光電効果の反応断面積は，入射光子のエネルギーがK殻電子の結合エネルギーより大きい場合には

$$\sigma_\mathrm{ph} = \sigma_\mathrm{T} 4\sqrt{2}\left(\frac{1}{137}\right)^4 Z^5 \left(\frac{m_\mathrm{e}c^2}{h\nu}\right)^{7/2} = 1.068\times 10^{-36} Z^5 \left(\frac{m_\mathrm{e}c^2}{h\nu}\right)^{7/2} \quad [\mathrm{m}^2] \tag{2.4}$$

で与えられる（$m_\mathrm{e}c^2 = 0.511\,\mathrm{MeV}$ は電子質量）．

B. コンプトン散乱

コンプトン散乱において θ と $\theta + d\theta$ 方向の微小立体角 $d\Omega$ にコンプトン散乱する微分断面積は，クラインと仁科芳雄により

$$\frac{d\sigma_\mathrm{C}}{d\Omega} = \frac{r_0^2}{2}\left(\frac{h\nu'}{h\nu}\right)^2\left(\frac{h\nu}{h\nu'} + \frac{h\nu'}{h\nu} - \sin^2\theta\right) \tag{2.5}$$

と求められた．ここで $r_0 = e^2/4\pi\varepsilon_0 m_\mathrm{e}c^2$ は古典電子半径．これを Ω について積分した全コンプトン散乱断面積 σ_C は，

$$\sigma_\mathrm{C} = \sigma_\mathrm{T}\frac{3}{4}\left[\frac{1+u}{u^3}\left\{\frac{2u(1+u)}{1+2u} - \ln(1+2u)\right\} + \frac{1}{2u}\ln(1+2u) - \frac{1+3u}{(1+2u)^2}\right] \tag{2.6}$$

となる．ここで $u = h\nu/m_{\mathrm{e}}c^2$．したがって，ガンマ線のエネルギーが電子の質量に比べて十分小さい場合の全コンプトン散乱断面積は，トムソン散乱の断面積（σ_{T}）になる．

C. 電子–陽電子対生成反応

$\left(1 \ll \dfrac{h\nu}{m_{\mathrm{e}}c^2} \ll \dfrac{137}{Z^{1/3}}\right)$ の場合は，

$$\sigma_{\mathrm{p}} = 5.796 \times 10^{-32} Z^2 \left\{ \frac{28}{9} \ln\left(\frac{2h\nu}{m_{\mathrm{e}}c^2}\right) - \frac{218}{27} \right\} \quad [\mathrm{m}^2]. \tag{2.7}$$

$\left(\dfrac{137}{Z^{1/3}} \ll \dfrac{h\nu}{m_{\mathrm{e}}c^2}\right)$ の場合は，

$$\sigma_{\mathrm{p}} = 5.796 \times 10^{-32} Z^2 \left\{ \frac{28}{9} \ln\left(\frac{183}{Z^{1/3}}\right) - \frac{2}{27} \right\} \quad [\mathrm{m}^2] \tag{2.8}$$

である．

図 2.15 に，さまざまなエネルギーのガンマ線が，シリコン（Si），ヨウ化ナトリウム（NaI），および鉛（Pb）と相互作用を起こす反応確率を，それぞれの相

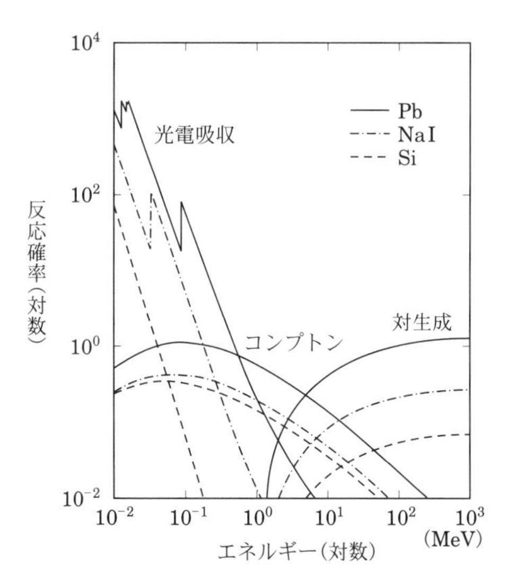

図 2.15 鉛（Pb），ヨウ化ナトリウム（NaI），シリコン（Si）中の，さまざまなエネルギーのガンマ線との反応確率．

互作用にわけて示す．エネルギーが高くなるにつれて，ガンマ線が物質と相互作用を起こす確率が小さくなっていくことがわかる．低いエネルギーでは，数十ミクロンの厚さのシリコンで十分高い検出効率を得ることができるため，CCDなどの検出器によってX線を反応させ，そのエネルギーを測定することができる．しかし，エネルギーが高くなるにつれて，原子番号が高く，密度の高い物質を用いた重い検出器が必要となってくる．数100 keVを超え，コンプトン散乱が主体となると，ガンマ線光子はコンプトン散乱を繰り返しながらエネルギーを失い，最終的に光電吸収を起こして止まるようになるため，検出器の効率を上げるのが難しく，すざく衛星に搭載された硬X線検出器のように密度$6.7\,\mathrm{g\,cm^{-3}}$という重い物質（GSOシンチレータ）を検出器に使っても，5 mmの厚さでは600 keVのガンマ線を16%程度しか止めることができない．さらに，電子–陽電子対生成の領域では，対生成を起こさせるための重い物質とともに，発生した電子や陽電子の飛跡をとらえ，最終的には，発生した電子や陽電子をすべて止めることのできる重い検出器が必要となる．

2.4　シンチレータと半導体検出器

シンチレーション検出器はガンマ線が入射すると蛍光（シンチレーション）を発生するシンチレータ（蛍光体）と，この光を電荷に換えて増幅する光電子増倍管からなる．特に無機シンチレータはガンマ線の検出において最も広く用いられる．最近は，光電子増倍管のかわりに半導体の光検出器を用いることもある．

2.4.1　無機シンチレータ

ガンマ線の検出には，従来より，無機シンチレータと呼ばれる結晶が広く使われてきた．無機シンチレータの中で，ガンマ線が相互作用をおこし，電子が作られると，その電子が，シンチレータ中を走る過程で，数多くの電子–正孔対が作られる．この電子–正孔対がシンチレータ中に混ぜられた微量の活性化物質を励起させ，それが基底状態に戻るときに固有の波長を持った光（紫外線から可視光），シンチレーション光，が発生する．

この光子を1個発生させるのに必要な平均エネルギーが決まっているため，発生した光子の数を光電子増倍管のような微弱な光を検出する装置で測定すること

表 2.3 さまざまな無機シンチレータ．

化学組成	BGO $Bi_4Ge_3O_{12}$	GSO (Ce) Gd_2SiO_5 (Ce)	NaI (Tl) NaI	CsI (Tl) CsI
有効原子番号	74	59	50	54
密度 ($g\,cm^{-3}$)	7.1	6.7	3.7	4.5
放射長 (cm)	1.2	1.4	2.6	1.9
屈折率	2.15	1.9	1.85	1.80
摂氏 20 度前後において				
蛍光減衰時定数 (ns)	~300	~60	~230	~1000
光量 (NaI を 100 とする)	~12	~28	100	~85
ピーク波長 (nm)	480	430	410	565

により，シンチレータ中で電子が失ったエネルギー，すなわち入射ガンマ線のエネルギーを測定することができる．光パルスの減衰時間（蛍光減衰時間）は，シンチレータや，活性化物質によって異なり，数十ナノ秒から数マイクロ秒程度である．

ガンマ線を効率良く検出するためには，原子番号が十分大きく，光電吸収を起こす確率が高いシンチレータが必要である．同時に，シンチレーション光を発生する効率が高く，単位エネルギーあたりに発生する光子の数が大きいほど，感度の高い検出器を作ることができる．タリウム（Tl）を添加した，ヨウ化ナトリウム（NaI）や，ヨウ化セシウム（CsI）は，こうした観点から広く使われてきた．$Bi_4Ge_3O_{12}$（BGO）や Gd_2SiO_5（GSO）など，より重い元素で構成されたシンチレータは，ガンマ線に対する検出効率が高い．そのため，医療分野などでもよく使われている．

シンチレーションカウンターのエネルギー分解能は，シンチレータ結晶中で発生する光子の数の統計的なゆらぎによってきまり，NaI の場合，1 MeV のガンマ線に対して，4 万個の光子が発生する．これを光電子増倍管によって 10^6 倍程度に増幅する．エネルギー分解能は半値幅にして 40 keV 程度である．エネルギー分解能は光の結晶中での減衰，光の収集効率や光電子増倍管光電面での変換効率などの影響を受ける．高いエネルギー分解能を得るために，シンチレータではその表面に光の反射材を塗布したり，反射シートを貼ることによって光の収集効率

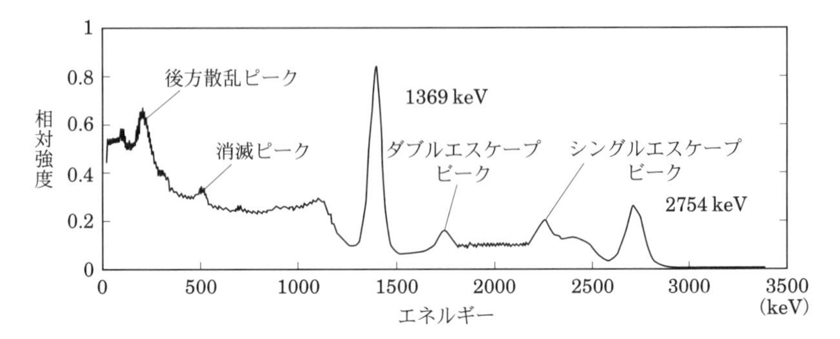

図 2.16 NaI シンチレータ検出器で測定された ^{22}Na からの 1369 keV と 2754 keV ガンマ線のパルス波高分布．高エネルギーガンマ線の電子–陽電子対生成に起因して，511 keV のガンマ線が一つ検出器から逃れたシングルエスケープピーク，二つ逃れたダブルエスケープピークの両方がはっきりと見える（Knoll 2001,『放射線計測ハンドブック』，日刊工業新聞社）．

をあげる工夫がされる，最近では，液晶ディスプレイの反射材として開発され，多層膜を応用した素材なども使われるようになっている．またシンチレータの発光量や減衰時間は温度によって異なるので，使用環境も考慮する必要がある．コンプトン散乱，電子–陽電子対生成反応が主になる領域で，NaI シンチレータ検出器で測定されたガンマ線波高分布の例を図 2.16 に示す．

2.4.2 有機シンチレータ

有機シンチレータには有機結晶，プラスチック，液体の 3 種類がある．プラスチックシンチレータや液体シンチレータは，製造する際に蛍光物質を溶かしこむ．プラスチックシンチレータの特徴は蛍光減衰時間が 2–3 ナノ秒のものが多いことで，計数率が高い場合や高い時間分解能を得たいときには必須である．大面積の検出器を作ることが容易であり，荷電粒子検出器としてよく使われる．一方で，1 光子を作り出すのに必要な平均エネルギーが 100 eV と高いため，ガンマ線検出器としてはエネルギー分解能が低い．宇宙観測においては，荷電粒子が検出器を通過した事象を判別するために使われることが多い．

液体シンチレータは，トルエン，キシレンのような溶媒に蛍光物質と必要に応じて波長変換剤を溶かした溶液である．ガンマ線による反応と中性子の弾性散乱

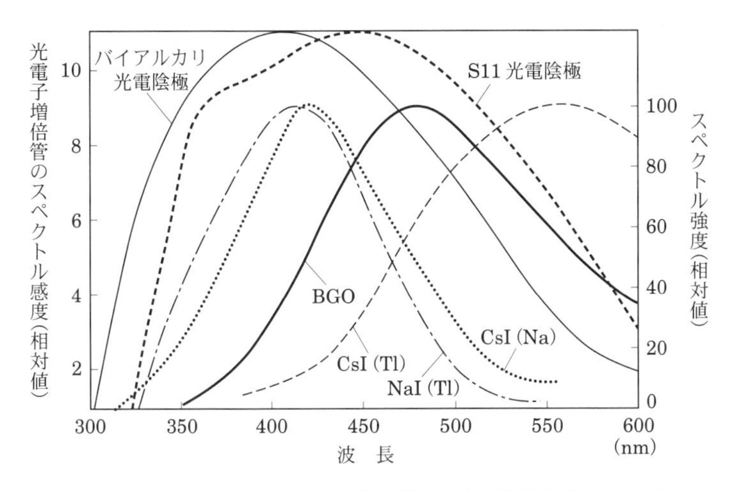

図 2.17 無機シンチレータの発光特性．光電子増倍管によく用いられる光電陰極材料の応答曲線も示した（Knoll 2001,『放射線計測ハンドブック』, 日刊工業新聞社）.

による反応を蛍光減衰時間の違いで識別することが可能である．コンプトン衛星の COMPTEL 検出器には，その識別能力の高い液体シンチレータ NE213A が使われ，中性子によるバックグランドを除去するために使われた．

2.4.3 半導体検出器

シンチレータでは，ガンマ線のエネルギーは，結晶中に発生した光を集めることで測定するのに対し，半導体検出器では発生した電子と正孔対を集め，その電荷量で測定する．シンチレータと異なり，エネルギーあたりで生成される電子と正孔対の数が多いため，エネルギー分解能が高い（1.2.4 節）．シンチレーションカウンタでは，面積が大きく検出効率の高い検出器を作ることが比較的容易であるが，エネルギー分解能が十分ではない．図 2.18（93 ページ）に NaI シンチレータとゲルマニウム半導体とで取得したガンマ線スペクトルの比較を示す．また，半導体検出器の場合，表面に形成したピクセル電極やストリップ電極により，高い位置分解能を得ることが可能である．

X 線 CCD に代表されるように，X 線領域ではシリコンがよく使われる．これらシリコンの半導体検出器については 1.2.4–1.2.5 節ですでに述べた．ここでは

表 2.4 X線やガンマ線の検出に用いられるさまざまな半導体とNaIシンチレータの特性.

半導体	密度 [$\mathrm{g\,cm^{-3}}$]	原子番号	E_{gap} † [eV]	ε †† [eV]	放射長(X_0) [cm]
Si	2.33	14	1.12	3.6	9.37
Ge	5.33	32	0.67	2.9	2.30
CdTe	5.85	48, 52	1.44	4.43	1.52
CdZnTe	5.81		1.6	4.6	
HgI_2	6.40	80, 53	2.13	4.2	1.16
GaAs	5.32	31, 33	1.42	4.3	2.29
NaI(Tl)	3.67	11, 53			2.59

† 半導体のバンド・エネルギーギャップ.
†† ε は電子–正孔対を作るのに必要な平均エネルギー.

ガンマ線計測によく使われるシリコン以外の半導体検出器について記述する. X線・ガンマ線のエネルギーが40 keVを超えるとシリコンは透明になってしまうので, ガンマ線検出器として, ゲルマニウム半導体が登場する. これまでHEAO-A3衛星にはじめて搭載され, インテグラル衛星のSPI検出器では, 大型のゲルマニウム検出器が19個搭載されている(図2.19). ゲルマニウムは, ガンマ線の検出効率がシリコンより高く, 分解能にもすぐれるが, 摂氏 −200度の液体窒素温度に冷却しなければならないなど, 使用環境が限られてしまうのが, 難点である.

最近, 急速に開発が進んでいるガンマ線検出用の半導体として, テルル化カドミウム(CdTe), あるいはテルル化亜鉛カドミウム(CdZnTe)がある. これらの半導体は, II–VI族の化合物半導体に分類され, 比較的大きな原子番号($Z_{\mathrm{Cd}} = 48$, $Z_{\mathrm{Te}} = 52$)を備えている.

0.5 mmの厚さの素子の場合, CdTeでは40 keVの光子を約90%止めることができるのに対して, ゲルマニウム(Ge)では70%, シリコン(Si)では数%程度しか止めることができない. このような高い阻止能に加えて, 室温動作を可能にするのに十分なバンドギャップエネルギーを持つのが特徴である. そのために1970年代より精力的に研究が進められてきたが, エネルギー分解能の高い検出

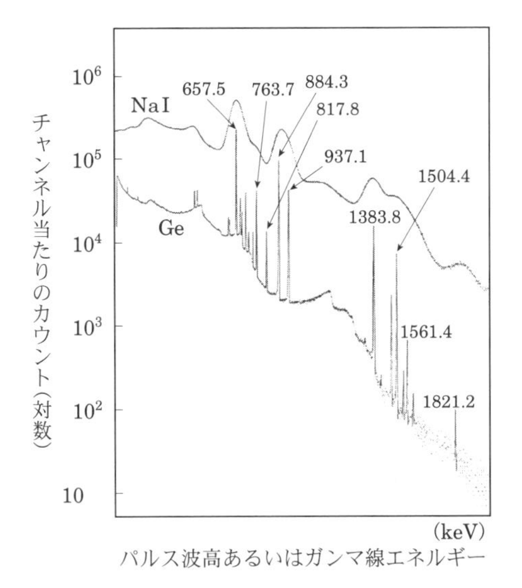

図 2.18 NaI シンチレータとゲルマニウム半導体とで取得したガンマ線波高分布（Knoll 2001,『放射線計測ハンドブック』, 日刊工業新聞社).

図 2.19 インテグラル衛星 SPI 検出器のゲルマニウム半導体検出器（ESA 提供).

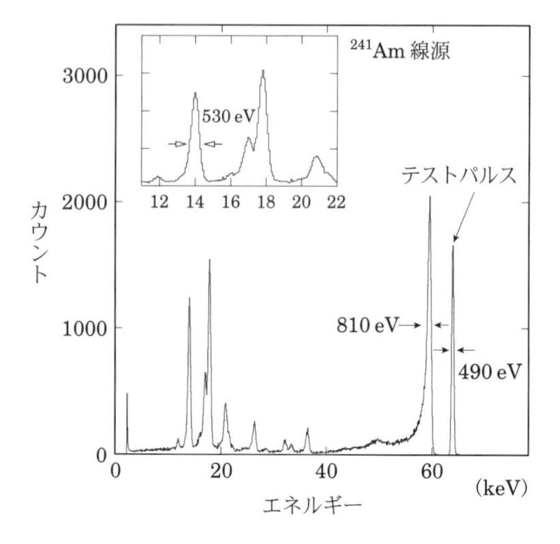

図 2.20 高いエネルギー分解能を持つテルル化カドミウム検出器によるガンマ線スペクトル（Takahashi *et al.* 2003, *SPIE*, 4851, 1228）.

器が作られてこなかった．ところが最近いくつかの技術革新が行われ，国内外で，高いエネルギー分解能を持つテルル化カドミウムやテルル化亜鉛カドミウムが実用化されている（図 2.20）．ガンマ線観測衛星でも，インテグラル衛星やスイフト衛星で，大規模に使用されている．ガンマ線検出に適した半導体素子として，他にも，ガリウム砒素（GaAs）やヨウ化水銀（HgI_2）などがあるが，現時点では，大きな結晶を作る技術などの点で，テルル化カドミウムやテルル化亜鉛カドミウムが先行している．

X 線 CCD のように，シリコンでは表面に複雑な電極構造を実現する技術が確立しており，初段の増幅回路を検出素子の一部として作りこんでしまうことも可能である．ところが，テルル化カドミウムなどでは，読み出し回路と，検出器と独立にせざるを得ない．したがって，撮像素子を作るためには，電極を細かな画素に分割し，画素一つ一つに LSI 化したアナログ読み出し回路を接合することが必要である．こうした検出器は，高品質の半導体結晶の他，低雑音の増幅器の超高集積化，薄膜加工，微細加工，実装などにおいて高度な技術が必要である．現在では，数 10 μm から数 100 μm 角の大きさの画素が数千から数万程度並んだピクセル検出器が実現している．

2.4.4 放射化

軌道上で検出器を動作させる場合，宇宙線との核反応によって放射性同位元素が生成される．これを放射化（アクティベーション）という．検出器を構成する物質の元素の原子核が軽いほど寿命の短い核種が，また重いほど寿命の長い核種が生成される．衛星の軌道上での位置により宇宙線の強度が変化するため，検出器のバックグランドが大きく変化する．近地球の軌道をとる衛星の場合には，カットオフ・リジデティ[*6]によって入り込む宇宙線の強度が変動する効果が大きく，また，地球から遠く離れた軌道をとる場合では，太陽フレアの粒子による放射化の影響が大きい．さまざまな時定数で崩壊する放射性同位元素によるバックグラウンドを低減させることが，感度の高い検出器を開発するうえで課題となる．

2.5 宇宙ガンマ線の測定方法

2.5.1 硬 X 線・軟ガンマ線

X 線が斜入射光学系を用いた望遠鏡と X 線用 CCD で達成したような高感度は，集光できないガンマ線では難しい（1.4.2 節）．特に，硬 X 線あるいは軟ガンマ線とよばれるエネルギー領域（数 10 keV から数 MeV までのエネルギー範囲）では，コンプトン散乱が優勢になり，散乱された光子が検出器から抜けて出てしまうことが多いため，全エネルギーを検出器に与える確率が小さい．またバックグラウンドとなるガンマ線を遮蔽することも難しく，観測対象からガンマ線をとらえることが容易ではない．

観測器の周囲にはガンマ線のほか，陽子や中性子などがいろいろな方向にたくさん飛び回っており，これが検出器の雑音となる．宇宙線ばかりではなく，宇宙線が地球大気によって反応して生成された 2 次粒子，さらに衛星が宇宙線によって放射化された結果，発生するガンマ線などである．

それに対して，観測しようとする天体からのガンマ線の数は非常に少ないので，感度の高い観測を行うためにはこれら雑音（バックグラウンド）が，検出器部分に到達しないようにする必要がある．あるいは，到達したとしても，それは検出器の視野の外から来たことを知ることができるようにしたい．

[*6] あるエネルギー以下の宇宙線は地球磁場によって地球への侵入が妨げられる．その上限エネルギーを示す値．地磁気緯度により変化する．

コリメーターを用いた検出器

X線の領域では，鉛のような原子番号の大きな材質で適当な厚さの遮蔽（シールド）を作れば，比較的簡単に雑音となる視野外からのX線を落とすことができる，このようなシールドをパッシブ（受動的）なシールドと呼ぶ．ガンマ線の領域では，視野外からのガンマ線光子は，シールドでコンプトン散乱された後，抜けてしまう場合が多いので，完全に止めるには非常に重いパッシブシールドが要求される．このような重いシールドを作ると，宇宙線がシールドを構成している物質の原子核と反応してガンマ線を何個も放出し，シールドそのものが雑音源になってしまう．効率よく雑音ガンマ線を減らすために，シールド自体も放射線検出器にしてしまう方法（アクティブなシールド）が有効である．アクティブ（能動的）なシールドは，自身でガンマ線などと反応した情報を提供するので，そのガンマ線がエネルギーを失った後検出部に届くような場合でも，その事象を除去することができる．

宇宙からのガンマ線観測用には，フォスイッチ型と呼ばれる検出器がしばしば用いられる．天体からの信号を検出する検出用のシンチレータと，それを取り囲むように配置した蛍光の減衰時間の違う別の遮蔽用（シールド用）シンチレータ結晶を一体化させ，一つの光電子増倍管で読み出す検出器である．この型の検出器では，信号波形を処理回路で判別することで，検出用のシンチレータだけでエネルギーを失ったガンマ線か，シールド用のシンチレータでもエネルギーを失った雑音（バックグラウンド）ガンマ線かを区別することができる．

図2.21にコンプトン衛星のOSSE検出器を示す．この検出器では，検出部にヨウ化ナトリウム（NaI（Tl））シンチレータを用い，シールドとして働くヨウ化セシウム（CsI（Na））シンチレータとフォスイッチ構成をとっている．側面からのガンマ線を遮蔽するために，ヨウ化ナトリウムでつくったシールド検出器で，検出部を取り囲む構造をとっているが，開口角を狭めるためのコリメーターとしては，タングステン製のものを使っている．コンプトン衛星のOSSE検出器全体の重量は1820 kgに及ぶ．OSSE検出器は，銀河系内の明るいブラックホール候補星の観測には大活躍したが，コリメーターの開口角が大きく，その中に入り込む対象天体以外の天体からのガンマ線などが雑音になって，遠方で暗い活動銀河核などを詳細に調べるための必要な感度を得ることができなかった．

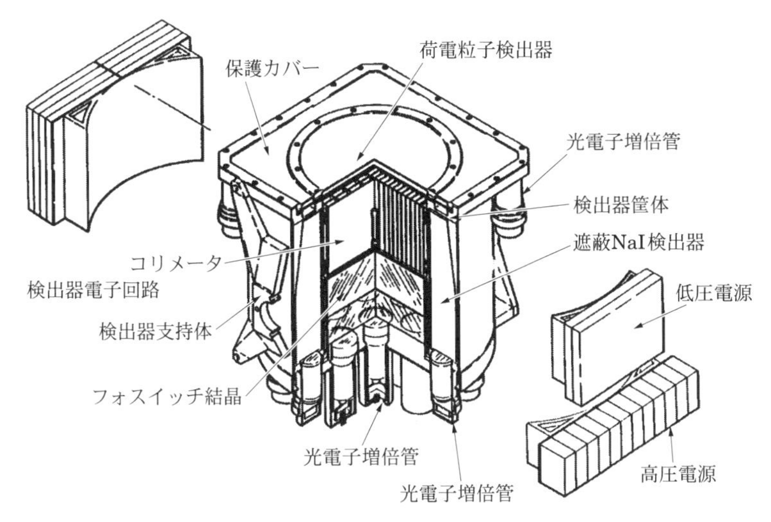

図 **2.21** コンプトン衛星の OSSE 検出器の概念図．NaI と CsI のフォスイッチ検出器のまわりに NaI で作られたシールドカウンタ（遮蔽用）が設置されている．直径 33 cm，厚さ 10.2 cm の NaI シンチレータの下に厚さ 7.6 cm の CsI シンチレータを光学的に接続し，フォスイッチ検出器として動作させる，エネルギー範囲が 50 keV–10 MeV に感度を持つ検出器である．3.8 度 × 11.4 度 の視野を，タングステンで作られたパッシブなコリメーターで実現している．OSSE はこのような検出器 4 台から構成されていて 2 分ごとに目的とする天体と，バックグランドとなる領域を交互に観測し，そのデータを用いてバックグランドの差し引きを行う（NASA 提供）．

すざく衛星には井戸型フォスイッチカウンタと呼ばれ，バックグラウンドを非常に低く抑える工夫をした日本独自の検出器 HXD が搭載されている（図 2.22 (98 ページ)）．HXD は，バックグラウンドを徹底的に下げ，有効面積は小さくとも最大限の感度を得る工夫が行われている．井戸型フォスイッチカウンタではシールド部の BGO シンチレータを井戸型に加工し，その中に検出部，GSO シンチレータを埋め込む構造になっている．

GSO シンチレータの前面におかれた 2 mm 厚のシリコン PIN ダイオード検出器*7 は GSO シンチレータとからなる小さな検出部も含めて，ほとんどの立体角をアクティブなシールドが囲むために，従来のものに比べて雑音ガンマ線

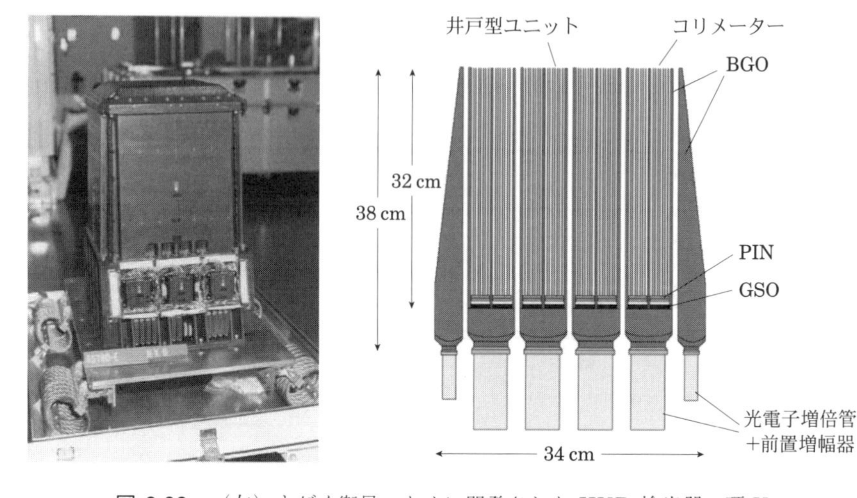

図 2.22　（左）すざく衛星のために開発されたHXD検出器．硬X線からガンマ線にかけて感度の高い観測を行う．（右）HXD検出器の断面図．GSOシンチレータとシリコンPIN検出器が，BGOで作られた深い井戸型のコリメーターをかねたアクティブシールドの中に格納されている．低エネルギーのガンマ線に対して狭い開口角を得るために，リン青銅でできたファインコリメーターがBGOコリメーターの中に入っている．GSOとBGOからの光信号は，1本の光電子増倍管によって読み出され，異なる減衰時定数を持った信号を分離することのできる波形弁別回路で処理される．

を除去する性能が圧倒的にすぐれている．シリコンPINダイオード検出器は，10 keVから60 keVまでのエネルギー範囲をカバーするため用いられる．フォスイッチカウンタとして動作するGSOシンチレータは5 mmの厚さを持ち，600 keVまでのガンマ線を検出するために用いられる．

井戸型のアクティブシールドのBGOシンチレータはヨウ化ナトリウム（NaI）に比べて，ガンマ線の吸収効率が高いので，検出器の下部方向からやってくる雑音ガンマ線を検知するばかりではなく，コリメーター（筒状の部分）でコンプトン散乱され，そこでわずかなエネルギーを失った後残りのエネルギーを検出部で失うようなガンマ線事象も判別できる．これは，従来のタングステンのような重

*7（97ページ）p型シリコン半導体とn型を接合した検出器．これに逆バイアスをかけると接合部分の空乏層が広がり，あたかも真性半導体（I）のようになるので，PINと呼ぶ．

い金属のパッシブコリメーターでは除去できない雑音ガンマ線である．

HXD は，コンプトン衛星の OSSE 検出器や，インテグラル衛星に搭載されている検出器に比べて視野角が狭いため，視野角全体からの宇宙 X 線背景放射や，狙った天体以外の天体からの混入ガンマ線の量を抑えることができる．また，1 本のユニットだけでは大きな面積を得ることができないが，ユニットを図 2.22 のように複数並べることで，雑音ガンマ線を取り除く効率を維持したまま面積を広げることができた．HXD は 16 本の井戸型フォスイッチカウンタと，それを取り囲む 25 本のシールドシンチレータ（BGO）とからなる．一つのユニットの検出部から信号があったときまわりのユニットに信号がないことを確認することができるので，一つだけ動かすよりもさらにバックグラウンドを下げることが可能である．重さは 1 ユニットが約 5 kg，全部で 16 のユニットとそのまわりを取り囲む 20 本のシールドや電子回路をあわせて，装置全体では 200 kg 程度である．

コーデッドマスクによる撮像観測

X 線と異なり，ガンマ線は集光鏡を応用することができない．そのため数 10 keV–数 MeV のガンマ線ではコリメーターを用い，少しずつ観測の方向をずらしながら画像を構築する方法のほか，符合化マスク（コーデッドマスク）と位置検出型の検出器を組み合わせてガンマ線画像を取得する方法が用いられてきた．

コーデッドマスクは検出器の上部にガンマ線を通す部分と遮る部分とが，半々の割合で配置されたマスクである．一つ一つの開口部が，ピンホールカメラの穴に対応していると考えればよく，検出器に観測される画像は，複数のピンホールカメラの画像の重ね合わせになる．したがって，取得した画像から，用いたマスクの幾何学的パターンに応じて，フーリエ変換などの数学的な手法を用いて光源の像を再構成することになる．インテグラル衛星，およびガンマ線バースト探査用のスイフト衛星でも，こうしたコーデッドマスクが用いられている．必要な有効面積を確保するために，マスク，検出器ともに大きな面積が要求される．

インテグラル衛星の SPI と呼ばれる検出器は，ゲルマニウム半導体素子を 19 個並べることで，優れたエネルギー分解能に若干の撮像能力を加えたものである．IBIS と呼ばれる検出器では，4 mm 角で 2 mm 厚の CdTe 素子が 16384 個，また，スイフト衛星の BAT 検出器には，同じ大きさの CdZnTe 素子が 32768 個も，しきつめられた撮像検出器がマスクの下に置かれている（図 2.23）．取得

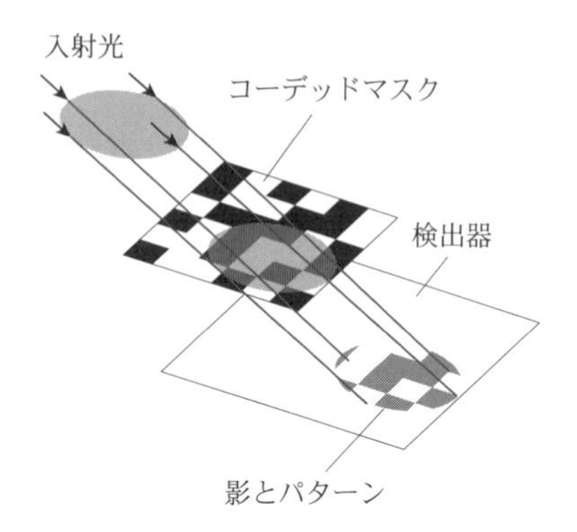

図 **2.23** コーデッドマスクの概念図．天体からのガンマ線が決まったパターンのマスクで検出器に作る影を測定し，その影とパターンとから逆にガンマ線の到来方向を知る（White 2004, *Nature*, 428, 264）．

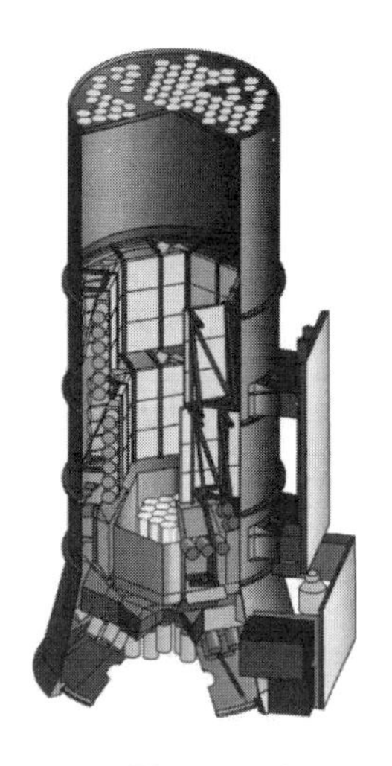

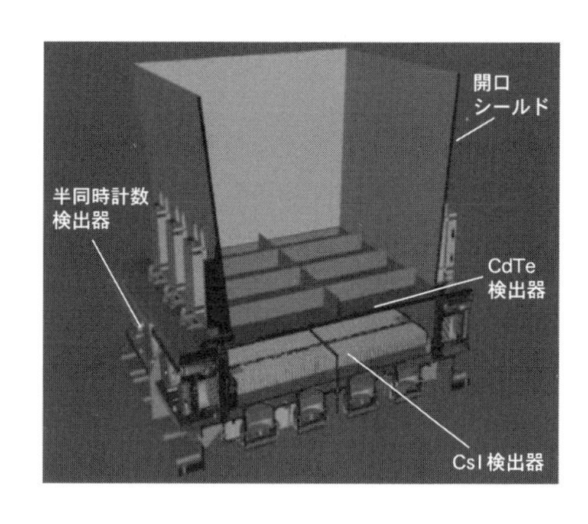

図 **2.24** インテグラル衛星に搭載された二つのガンマ線検出器．（左）SPI 検出器，（右）IBIS 検出器（ESA 提供）．

される画像の分解能はマスクに空いている穴の大きさとマスクの検出器までの距離，および検出器の位置分解能によって決まり，SPIは2度角，またIBISは12分角，またBATの場合は24分角である（図2.24）．

こうしたコーデッドマスクによる検出器では，同じ視野のまま長時間観測することで感度を上げると同時に，一度にたくさんのガンマ線源からの信号を取得して観測の効率を上げるため，一般的に，視野角が広くとられる．これはガンマ線バーストのようにどこで発生するかわからない現象の探索のためにも有効である．一方，さまざまな方向からマスクを通過して検出器に到達するガンマ線がすべて雑音としても寄与することになる．さらに，明るい点源が視野内にいる場合には，その点源からのガンマ線が他の点源にとっては雑音ガンマ線になってしまう．

インテグラル衛星やスイフト衛星は，エネルギー分解能，イメージング能力，有効面積など，このエネルギー領域では，過去のガンマ線検出器を凌駕し，ガンマ線天文学に大きな進展をもたらした．しかし，X線集光鏡の技術が確立している撮像性能やX線観測の感度に到達するには，まだ大きなへだたりがある．

そこで，多層膜の技術を用いブラッグ反射[*8]を応用することで10–80 keVまで集光可能にするスーパーミラーが開発されてきた（1.4.2節）．一方，10 keVを超えると，シリコンでは透明になってしまうため，従来用いられてきたようなX線CCDを置き換えるような新しい焦点面検出器の開発が急務となっている．そのために，テルル化カドミウムやテルル化亜鉛カドミウムなどの新しい半導体を用いた撮像検出器の開発も進められている．

2.5.2 MeVガンマ線

コンプトン散乱がおもな反応となるMeV領域でのガンマ線観測は，他のエネルギー領域に比べてもっとも困難である．それは，コンプトン散乱では，ガンマ線と物質との相互作用の確率が小さいのに加え，検出器中に入ってきたガンマ線が，検出器中の電子にエネルギーを部分的に渡し，そのあと検出器から抜けてしまうことが起こるためである．

一方では，散乱された2次ガンマ線を独立に検出することによって，入射ガン

[*8] 物質内部に周期的な層構造があるとき，各層で反射したX線がある角度で干渉によって強め合う．この角度方向の反射をいう．

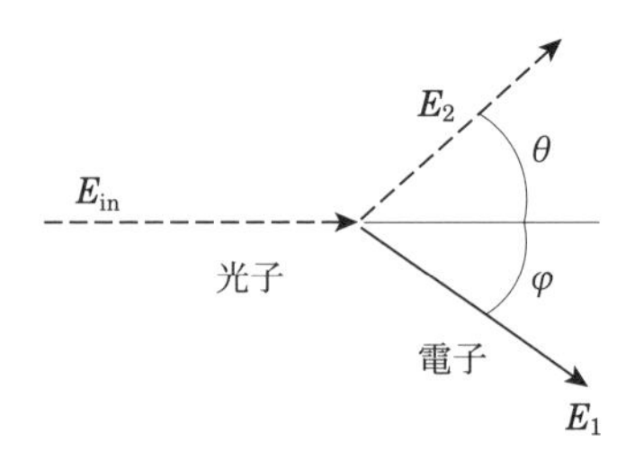

図 2.25 コンプトン散乱を起こすガンマ線．左から入射したガンマ線（$E_{\rm in}$）が，電子と衝突して角度 θ の方向に散乱される．散乱の結果，電子が得たエネルギー（E_1），散乱されたガンマ線の持つエネルギー（E_2），散乱角 θ の関係を示す．

マ線のエネルギーばかりではなく，その到来方向をも求めることができる．この原理を応用したガンマ線検出器がコンプトン望遠鏡である．ガンマ線のエネルギーが高くなると，コリメーターやコーデッドマスクは，ガンマ線にとって「透明」になってしまうため，実現することが難しい．コンプトン望遠鏡は，検出器内部におけるガンマ線のコンプトン散乱の情報を用いることで，自分自身でイメージングが可能である．

コンプトン散乱の散乱角（θ）は，散乱体でのエネルギーを E_1，吸収体でのエネルギーを E_2 とすると運動量保存則とエネルギー保存則から，

$$\cos\theta = 1 - m_{\rm e}c^2\left(\frac{1}{E_2} - \frac{1}{E_1 + E_2}\right) \tag{2.9}$$

で与えられる（104 ページのコラム参照）．

コンプトン散乱で電子に与えたエネルギー（E_1），散乱されたガンマ線のエネルギー（E_2），および，コンプトン散乱を起こした場所と，散乱されたガンマ線が光電吸収された場所を知ることができれば，入射ガンマ線光子の到来方向を頂角 θ を持つ円錐面に制限することができ，天空上では円環として与えられる．そこで同一天体から，複数のガンマ線を検出できれば，それらガンマ線光子の円環が重なりあう交点からガンマ線源の位置を求めることができる．円環の線幅の太さは，エネルギー E_1, E_2 の測定精度で決まる．したがって，角度分解能の高いコンプトン望遠鏡を開発するためには，構成する検出器が，位置分解能ばかりではなく，エネルギー分解能にも優れていることが望まれる．角度分解能の最終的

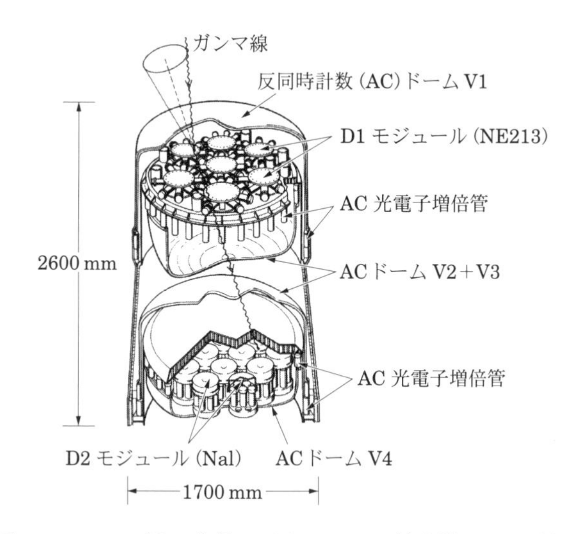

図 2.26 コンプトン衛星の COMPTEL 検出器．コンプトン運動学（コラム参照）を用いて，入射ガンマ線の方向を知ることができる（NASA 提供）．

な限界は，散乱される電子が原子核の周りで持つ運動量によって決まる（ドップラー限界）．もし，エネルギーばかりではなく，散乱された電子の方向も検出できれば，ガンマ線の入射方向は，円環上のある部分に限定される*9．

コンプトン望遠鏡においては，散乱部の検出器でのコンプトン散乱の確率が高いこと，また吸収部の検出部では光電吸収の確率が高いことが要求される．コンプトン衛星に搭載された COMPTEL 検出器（図 2.26）では 2 層の検出器（散乱体と吸収体）をもつ．1 層目を散乱体として用いて，この層でコンプトン散乱を起こした電子と，散乱後 2 層目の吸収体で吸収された光子の，それぞれのエネルギー，検出器上での反応位置，および反応時刻を記録し，式 (2.9) から入射したガンマ線の方向を求める．散乱体には，コンプトン散乱の確率が光電吸収のそれに比べて大きい原子番号の小さい，たとえば液体シンチレータのような検出器を用い，吸収体には，逆に原子番号の大きい，たとえばヨウ化ナトリウム結晶 (NaI) で作られたシンチレータを用いている．それぞれの検出器には複数の光電子増倍管がつけられており，ガンマ線光子の反応場所を知ることができる．

*9 電子の方向の測定に誤差があるので，円環上の点ではなく円弧になる．

コンプトン散乱の運動学

コンプトン散乱は光の粒子性を示す散乱である．静止している電子とガンマ線光子（エネルギー W）の散乱とした場合に，θ 方向に散乱されたガンマ線のエネルギーを W'，電子の散乱角を φ，散乱後の電子のエネルギーと運動量をそれぞれ E, p とすれば（図 2.25），散乱前後の運動量保存則

$$\frac{W}{c} = \frac{W'}{c}\cos\theta + p\cos\varphi, \tag{2.10}$$

$$\frac{W'}{c}\sin\theta = p\sin\varphi \tag{2.11}$$

とエネルギー保存則

$$W + m_{\rm e}c^2 = W' + E \tag{2.12}$$

とから，$E^2 - p^2c^2 = m_{\rm e}^2c^4$ を用いて，散乱角

$$\cos\theta = 1 - m_{\rm e}c^2\left(\frac{1}{W'} - \frac{1}{W}\right) \tag{2.13}$$

を得る．

一方，散乱後の光子のエネルギー W' は

$$W' = \frac{W}{1 + \dfrac{W(1-\cos\theta)}{m_{\rm e}c^2}}. \tag{2.14}$$

また，散乱後の電子の運動エネルギー K は $K = E - m_{\rm e}c^2$ から，

$$K = W\left(1 - \frac{m_{\rm e}c^2}{m_{\rm e}c^2 + W(1-\cos\theta)}\right). \tag{2.15}$$

散乱角 θ が 180 度のとき，K は最大値をとり，

$$K_{\rm max} = W\left(1 - \frac{m_{\rm e}c^2}{m_{\rm e}c^2 + 2W}\right). \tag{2.16}$$

これが後方散乱である．

COMPTEL 検出器は，観測の非常に困難な MeV ガンマ線の領域で，パイオニア的な観測を行い，大きな成果をあげた．しかし，1500 kg 近い重い検出器であり，実際には，有効面積（1.1.3 節脚注 6 参照）が 20–50 cm^2 と非常に小さかったために，明るい天体に限られていたのが現状である．

半導体検出器開発の進歩に伴い，新しいコンプトン望遠鏡の開発が行われている．ASTRO-H 衛星には，天体からやってくる微弱なガンマ線信号を検知する

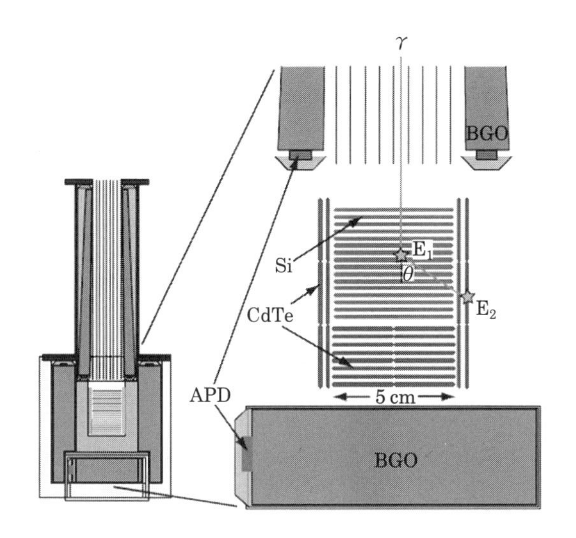

図 **2.27** ASTRO-H 衛星搭載軟ガンマ線検出器（SGD）の概念図．Si 両面ストリップ検出器と 8 層の CdTe 両面ストリップ検出器を多層に組み合わせたコンプトンカメラが BGO シンチレータによるアクティブなコリメーターとシールドの中に格納されている（Tajima *et al.* 2010 *Proceedings of the SPIE*, Volume 7732, 773216）．

ために，高いエネルギー分解能と位置分解能を持つ 32 層の Si 検出器と 8 層の CdTe 検出器を多層に組み合わせたコンプトンカメラが搭載された（図 2.27）．入射したガンマ線はおもに Si 検出器内で散乱し，CdTe 検出器で吸収される．Si を散乱部に用いることで，物質中の電子の運動量分布による効果（ドップラー広がり）を最小限に抑えることができる．また，高いエネルギー分解能を有することで，アクティベーション（95 ページ参照）による核ガンマ線のバックグランドの除去が用意である．このカメラを，BGO シンチレータ（97 ページ参照）によるアクティブなコリメーターとシールドとを組み合わせて，コリメーターの視野方向にコンプトン再構成によって得られる到来方向が一致することを要求する方法で，80–600 keV の広いエネルギー範囲で高い感度を実現した．またコンプトン散乱の方位角の分布からガンマ線の偏光に関する情報も得ることができる．

コンプトン散乱を起こしたガンマ線だけでなく，散乱された電子の飛跡も求めることができると，入射ガンマ線の到来方向に，円錐の中からさらに制限をつけ

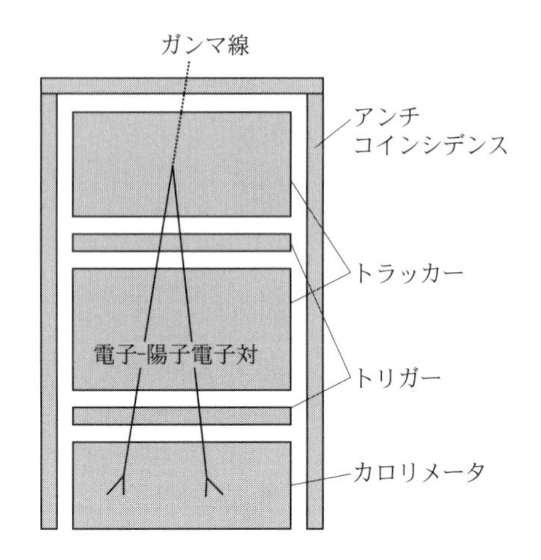

図 2.28　電子–陽電子対生成を利用するガンマ線検出器の基本構成．トラッカー部では生成した電子–陽電子対の飛跡を記録し，カロリメータ部ではトラッカー部を通過した電子・陽電子のエネルギーを測定する．

ることができ，ガンマ線の入射方向は，円環上のある部分に限定される．そのため，広い視野を確保した上で，格段の感度の向上が期待される．現在，ガス検出器や，Si と CMOS 回路を組み合わせた半導体検出器などを用いて電子の飛跡を記録し，電子の散乱方向の情報を用いる試みが行われている．しかし，高い角度分解能を得るために必要なエネルギー分解能，位置分解能とともに，散乱部において，十分な検出効率を確保するための物質量を併せ持った上で，電子の散乱方向を正確に求めることが可能なコンプトン望遠鏡の実現は現状では難しく，研究が進められている．

2.5.3　GeV ガンマ線

数 10 MeV 以上のガンマ線では物質との相互作用の支配的な過程は電子–陽電子対生成であり（図 2.28），その断面積は $\frac{7}{9}A/(X_0N_A)$（十分高いエネルギーの場合）で与えられる．ここで A は標的物質の質量数，X_0 は放射長[*10]，N_A はア

[*10] 物質中を高エネルギー電子が走るとき，制動放射によりエネルギーが $1/e$ に減衰するまでに通過する平均の物質量．（密度）×（距離）を単位として表し，鉄で $13.84\,\mathrm{g\,cm^{-2}}$，空気で $36.66\,\mathrm{g\,cm^{-2}}$ である．

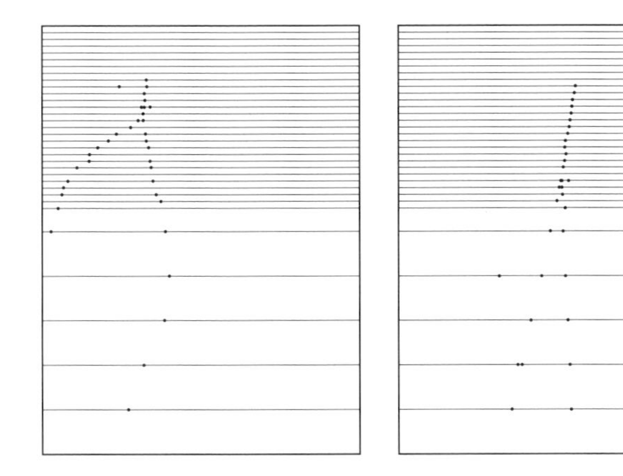

図 2.29 対生成の EGRET 検出器による観測例．上方から入射したガンマ線によって作られた電子–陽電子対の飛跡が多層の検出器でとらえられている（Bertsch 1989, *Compton Symposium*, 2–52）.

ボガドロ数である．すなわち，1 平方センチあたり数グラム–数十グラムの物質を通過するとガンマ線は電子–陽電子対に変換される.

GeV ガンマ線の領域では，入射ガンマ線を電子–陽電子対に変え，それらの飛跡とエネルギーを測定するタイプの検出器が用いられる．1950 年代後半からの初期の観測では，原子核乾板*[11]も使用されたが，天体ガンマ線の強度がバックグランドに比べ非常に低いため，長時間宇宙線にさらされた乾板では飛跡の識別が困難であることがわかった．そこで以後，荷電粒子を遮蔽する反同時計測（アンチコインシデンス）検出器で覆った粒子飛跡検出器が標準的になった.

1950 年代の終わりに福井崇時と宮本重徳は，ネオンガスなどを満たした板状の電極間に高電圧をかけておくと，荷電粒子の通過の際に放電が起こることを利用して，スパークチェンバーを発明した．1960 年代中頃からは多層スパークチェンバーが飛跡の検出に用いられるようになり，コンプトン衛星の EGRET 検出器まで使用された（図 2.29）．スパークの記録には，初期にはフィルムや撮像管が用いられたが，SAS-2 や COS B，EGRET では磁気コア*[12]を用いてデ

*[11] 特殊な高感度写真フィルムで，現像すると荷電粒子が通過した飛跡を銀粒子の形で見ることができる.

*[12] 小さなドーナツ状のフェライトコアを磁化させることにより情報を記憶させる装置.

ジタル的に飛跡がとらえられるようになった．

コンプトン衛星の EGRET 検出器は，総重量 1830 kg という大型の検出器で，タンタルの薄膜とワイヤースパークチェンバーとが交互に 28 層にわたって積み重ねられた飛跡検出器（トラッカー）を持ち，タンタルの薄膜でガンマ線が対生成反応した後の電子・陽電子それぞれの飛跡を記録する（図 2.30）．飛跡検出器の下には数 GeV の高いエネルギーの電子や陽電子でも吸収できる厚いヨウ化ナトリウムシンチレータが置かれ，作られた電子や陽電子のエネルギー測定を行った（カロリメータ）．このように，GeV エネルギー領域の検出器は，対生成を起こさせる標的物質層と，生成される電子・陽電子を捕らえる飛跡検出器，さらにこれらの粒子のエネルギーを吸収するカロリメータで基本的に構成されている（図 2.28）．標的には電子–陽電子対生成の断面積の大きい原子番号の大きな物質が有利である．

EGRET のスパークチェンバーは，希ガスを封入した箱の中に，金属ワイヤーを平面上に並べたものが層状に配置してある．これに対生成で作られた高エネルギーの電子・陽電子が入射してきた直後に高い電圧をかけ，火花放電させることで，ワイヤー面のどこを通過したかを記録する．一つのガンマ線を検出したあと，次のガンマ線が検出できるまでの不感時間が長い，あるいはチェンバー内のガスを交換しないと感度が落ちていく，などの欠点がある．

検出できるエネルギーの下限値は対生成の断面積（図 2.15）で，上限値はカロリメータの物質量（高いエネルギーは吸収しきれなくなる）と検出面積（エネルギーが高くなるとガンマ線の頻度が減る）で決まる．エネルギー分解能はカロリメータでほぼ決まり，およそ

$$\frac{\sigma_E}{E} = \sqrt{\left(\frac{a}{\sqrt{E}}\right)^2 + b^2 + \left(\frac{c}{E}\right)^2}$$

の形で表される．ここで σ_E はある決まったエネルギー E のガンマ線を計測したとき得られる分布の標準偏差，a は統計ゆらぎで全吸収型カロリメータで数パーセント程度あり，b は検出器の非一様性や校正に由来する系統的な項で，c は読み出しノイズなどに由来するパラメータである．また，1 GeV 程度より低いエネルギーでは，飛跡検出器などカロリメータの前にある物質による電子・陽電子のエネルギー損失や散乱のためにエネルギー分解能は悪化する．

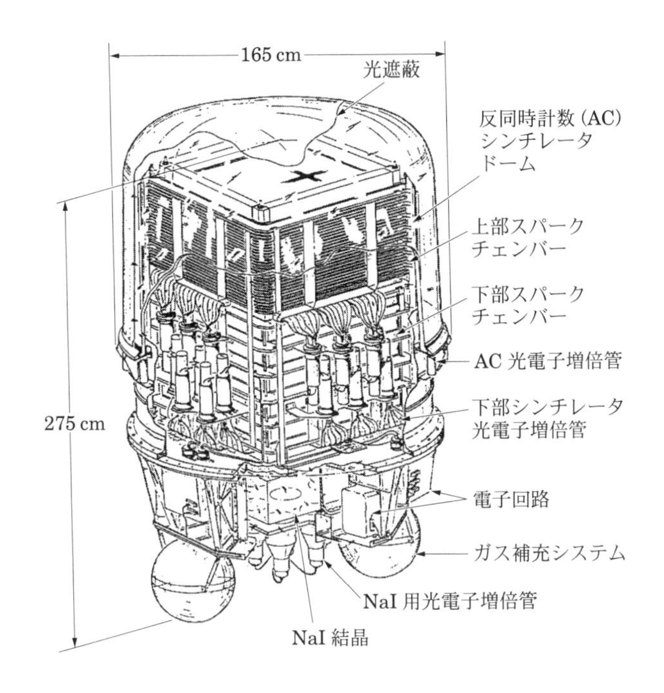

図 **2.30** コンプトン衛星の EGRET 検出器（NASA 提供）.

対生成反応でできる電子と陽電子のなす角は，入射ガンマ線のエネルギーが高いほど小さいので，その方向からガンマ線の到来方向を知ることができる．ただし，エネルギーが高いほど，電子や陽電子は制動放射ガンマ線を放出し，そのガンマ線がさらに対生成反応を起こし，次々とガンマ線や電子–陽電子対を作り出す現象（電磁シャワー）をおこしてしまう．またエネルギーが低いと，作られた電子や陽電子が物質中で多重散乱をおこすため，すぐにもともと持っていた方向の情報を失ってしまう．

ガンマ線の到来方向の決定精度は，

（1） 対生成の粒子放出角度の不定性，

（2） 飛跡の決定精度，

（3） 飛跡検出器中のクーロン多重散乱

によって制限される．（1）は標的原子核の反跳が測れないことから生じ，入射ガ

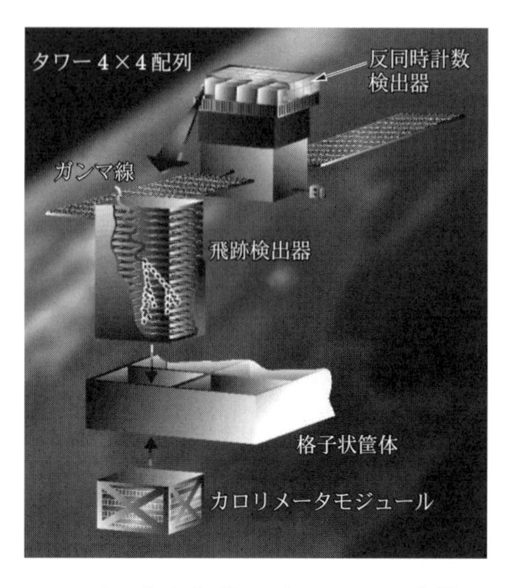

図 2.31　2008年に打ち上げられた，フェルミ衛星のガンマ線検出器（LAT; Large Area Telescope）の概念図．GeV領域のガンマ線の観測を行う．重量は3トンある（NASA，SLAC提供）．

ンマ線と電子（あるいは陽電子）のエネルギーをそれぞれ $E_\mathrm{p}, E_\mathrm{s}$ としたとき，

$$\langle\theta^2\rangle^{1/2} = q(E_\mathrm{p}, E_\mathrm{s}, Z)\frac{m_\mathrm{e}c^2}{E_\mathrm{p}}\ln\frac{E_\mathrm{p}}{m_\mathrm{e}c^2}$$

の形に表される．ただし，左辺は真の方向と検出方向との角度の差の2乗平均の平方根として到来方向決定精度を示しており，Z は標的物質の原子番号，$m_\mathrm{e}c^2$ は電子の静止質量エネルギーである．$q(E_\mathrm{p}, E_\mathrm{s}, Z)$ は $(E_\mathrm{s}+m_\mathrm{e}c^2)/E_\mathrm{p}$ が0.9–0.1の間で変化するとき0.6–3.5の値をとる．電子のエネルギーについて平均すると，30 MeVで4°，100 MeVで1.5°, 1 GeVで0.2°の不定性となる．(3) は

$$\langle\theta^2\rangle^{1/2} = \frac{21\,\mathrm{MeV}}{\beta c p_\mathrm{s}}\sqrt{\frac{x}{X_0}}$$

と与えられている．ただし，X_0 は物質の放射長，p_s，x はそれぞれ電子の運動量と通過物質量である．

図2.31は2008年に打ち上げられたフェルミ衛星である．これまでGeVガン

表 2.5 コンプトン衛星 EGRET 検出器とフェルミ衛星 LAT 検出器の比較（NASA 提供）.

パラメータ	CGRO/EGRET	Fermi/LAT
エネルギー領域	20 MeV–30 GeV	20 MeV–30 GeV
有効面積（ピーク）	$1500\,\mathrm{cm}^2$	$> 8000\,\mathrm{cm}^2$
視野	0.5 sr	> 2 sr
角度分解能	5.8°（100 MeV）	$< 3.5°$（100 MeV） $< 0.15°$（> 10 GeV）
エネルギー分解能	10%	$< 10\%$
イベントごとの死時間	100 ms	$< 100\,\mu\mathrm{s}$
天体の位置決定精度	$15'$	$< 0.5'$
点源に対する感度	$\sim 10^{-7}\,\mathrm{cm}^{-2}\mathrm{s}^{-1}$	$< 6 \times 10^{-9}\,\mathrm{cm}^{-2}\mathrm{s}^{-1}$

マ線の領域でもっとも多く観測されている天体である活動銀河核は，中心に潜んでいると思われる巨大なブラックホールの特徴として時間変動を起すことが知られており，半日くらいの間に明るさが倍以上も変動するような天体も存在している．したがって，ガンマ線で明るく輝く巨大ブラックホールが，宇宙にどのように分布しているかを知り，こうした時間変動を引き起こすジェットや粒子加速の謎を解くためには，全天をつねにモニターできるような検出器が望ましい．フェルミ衛星は，このような考え方にたった初めての GeV ガンマ線衛星である．表 2.5 にコンプトン衛星の EGRET 検出器と，フェルミ衛星に搭載された LAT (Large Area Telescope) 検出器（図 2.31）の諸元を挙げる．

LAT 検出器は，スタンフォード大学線形加速器センター（SLAC）を中心に，日本の研究機関も多数参加し，大がかりな国際協力のもとに開発された．この検出器は，加速器実験における半導体検出器技術を駆使して作られたもので，同じ手法を用いながら，エネルギー範囲，視野，空間分解能のすべてでコンプトン衛星の EGRET 検出器を大きく凌駕する．トラッカー部は 18 層の数百ミクロン幅の細い帯状電極を多数並べたシリコン検出器（シリコンストリップ検出器（図 2.32，112 ページ））と薄いタングステンのシートでできており，エネルギーを測定する電磁カロリメータはヨウ化セシウムシンチレータの細かなブロックで構成されている．

コンプトン衛星の EGRET 検出器まで用いられてきたスパークチェンバーは，

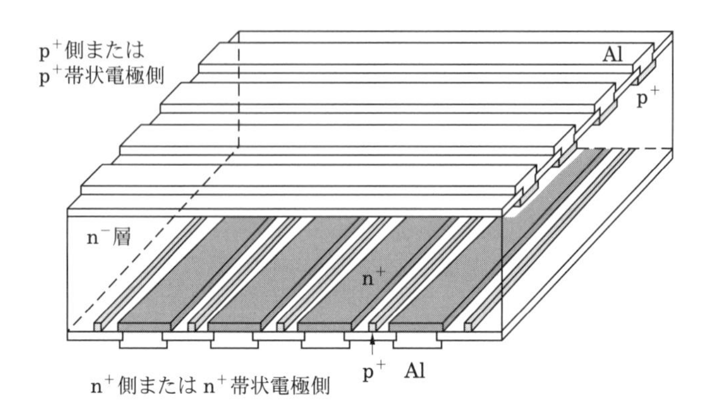

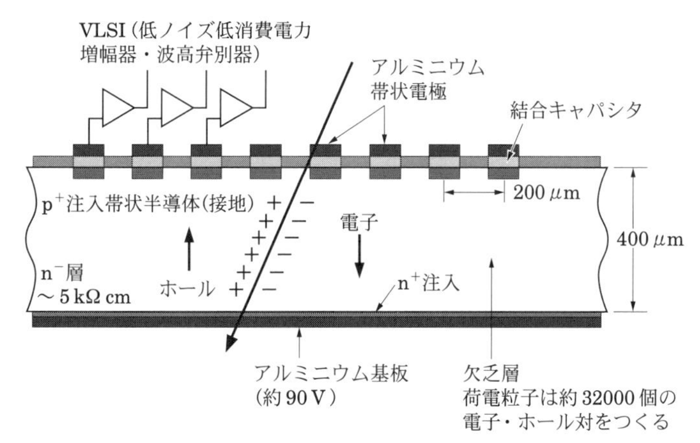

図 2.32 シリコンストリップ検出器の基本構造（上）と動作概念図（下）．シリコン中を荷電粒子が通過した際，その経路に沿って発生する電子と正孔を検出器の上面と下面に直交する形で作られたストリップ状（帯状）の陽極と陰極で収集する．

電極間の間隙を狭くするのが困難で，捕らえられる粒子に対する立体角に制限が大きかった．また，スパークが飛んだ後の不感時間が大きかった．これに対して，LAT 検出器ではトラッカー部がシリコンストリップ検出器になったため，電子や陽電子が通過する位置を，100 μm を上回るきわめて高い精度で記録することができる．また，各層の間の距離を小さくすることができるため，大きな角度で入射してきたガンマ線からの電子–陽電子対の飛跡を再構築でき，全天の20%を一度にカバーすることができる．

シリコンストリップ検出器（図 2.32）では微細なストリップの 1 本 1 本に独立な信号処理回路が接続されるため，全体で 100 万チャンネルというような巨大な数の回路が必要である．これらの技術は世界の加速器実験の現場で開発されてきたものである．

2.5.4 TeV ガンマ線

大気チェレンコフ望遠鏡

ガンマ線は放射長（X_0）の 27 倍に相当する厚い大気のために地上には直接到達しない．しかし，チェレンコフ光を用いて地上から間接的にガンマ線を観測する方法が確立されたことにより，超高エネルギーガンマ線天文学の扉が開かれた．

超高エネルギーのガンマ線は大気中の原子核の電場で電子・陽電子を対生成し，それらは制動放射を起こし，またガンマ線を放出する．この過程の繰り返しにより粒子数が増加していき，やがて粒子のエネルギーがこれらの過程を起こさないほど低下すると，生成される粒子数は減少していく．これが空気シャワー現象である[*13]．シャワー中の粒子数はおよそ放射長単位で $t_{\max} = \ln(E/E_{\rm c}) - 0.5$ の物質量を通過したとき最大となる．図 2.33 に大気中での物質の通過量と地上

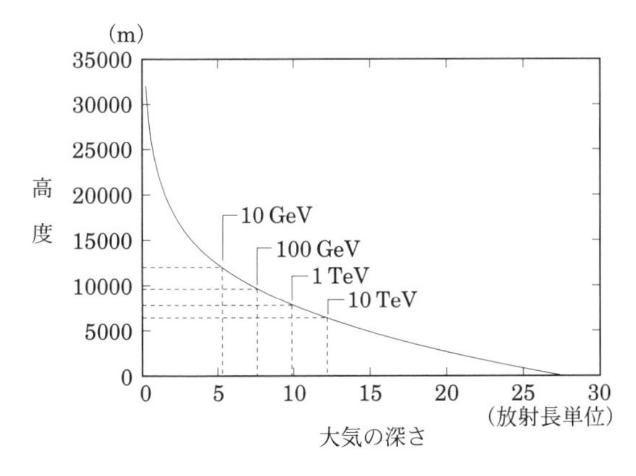

図 2.33 大気中での物質の通過量と地上高度の関係．10 GeV, 100 GeV, 1 TeV, 10 TeV のガンマ線が垂直入射したときのシャワーの最大発達高度を示してある．

---

*13 空気シャワー現象について詳しくは 3.3 節を参照のこと．

高度の関係を示し，ガンマ線が入射したときのシャワーの最大発達高度を示す．1 TeV のガンマ線では約 8 km の高さで最大となる．

シャワー中の電子・陽電子が十分なエネルギーを持つ場合，大気中の光速 (c/n) より速く走り，チェレンコフ光を放出する．ここで c は真空中の光速，n は大気の屈折率である．チェレンコフ光放出の条件は，粒子の速度を βc，チェレンコフ光の放出角を θ とすると，$\cos\theta = 1/(\beta n)$ で与えられる．n は波長に弱く依存するが，波長 300 nm では 1 気圧で約 1.00029 だから，大気中をほぼ光速で走る荷電粒子は，進行方向に対し約 1.3° の半頂角の円錐状にチェレンコフ光を放出する．電子では $\beta \geqq 1/n$，すなわち $E \geqq m_\mathrm{e}c^2/\sqrt{1-1/n^2} = 21\,\mathrm{MeV}$ のエネルギーを持てばチェレンコフ光を放出する．荷電粒子が単位距離あたりに放出するチェレンコフ光の量は，

$$N = 2\pi\alpha \int_{\lambda_1}^{\lambda_2} \left(1 - \frac{1}{(\beta n(\lambda))^2}\right) \frac{d\lambda}{\lambda^2}$$

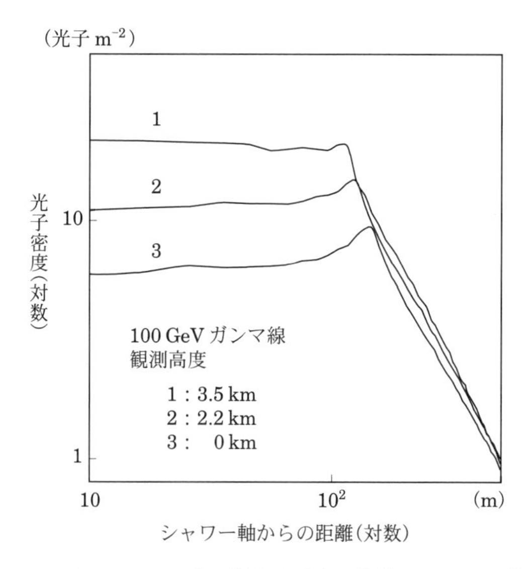

図 2.34 チェレンコフ光の横方向分布．横軸はシャワー軸からの距離，縦軸は観測高度における光子密度である．100 GeV ガンマ線入射の場合として，観測高度が 3 通りの場合について示してある (Aharonian & Konopelko 1997, *Towards a Major Atmospheric Cherenkov Detector*-V, p.263)．

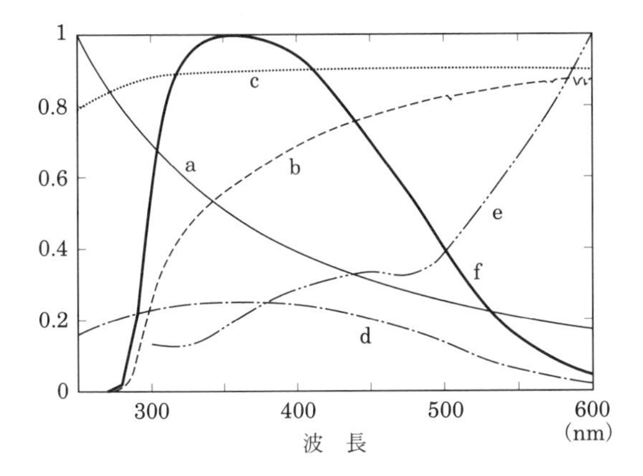

図 2.35 (a) 波長 250 nm で 1 に規格化したチェレンコフ光の発生時のスペクトル. (b) 高度 10 km から地上までの大気の透過率. (c) 典型的なアルミニウム反射面を持つ鏡の反射率. (d) 光電子増倍管(紫外線透過型窓)の量子効率. (e) 波長 600 nm で 1 に規格化した夜光のスペクトル(線スペクトルは省略). (f) a, b, c, d を掛け合わせたもの(ピークを 1 に規格化)で, 検出される光子の波長分布を示す(Weekes 2003, *Very High Energy Gamma-ray Astronomy*, p.23).

で与えられる. ここで $\alpha \simeq 1/137$ は微細構造定数, λ_1, λ_2 は観測する波長の下限と上限である. たとえば, 十分エネルギーの高い電子は, 地上で 1 m 走るごとに, 波長範囲 400–600 nm で約 20 個のチェレンコフ光子を放出する. 上空では大気の密度がおおよそ $\propto \exp(-h/7.1\,\mathrm{km})$ (h は高度) のように薄くなるため, 放出角は小さくなるが, 発光高度が高くなる効果とほぼ相殺して, 図 2.34 に示すように[*14], 地上には半径 150 m ほどの光の円盤(ライトプールとも呼ばれる)となって到達する.

チェレンコフ光の波長分布は波長の 2 乗に反比例し, 短波長ほど多く放出されるが, 地上の検出器に届くまでに, オゾンによる吸収や大気分子によるレイリー散乱[*15], 塵などによるミー散乱[*16]によって光は減衰を受けるため, 実際に検出

[*14] 横軸で 150 m ほどまでの平らな部分を指す.

[*15] 光の波長より小さいサイズの粒子による光の散乱. 波長が短いほど散乱されやすい.

[*16] 光の波長程度以上の大きさの粒子による光の散乱. 粒子サイズが大きいほど前方へ散乱されやすい.

される光子の波長は300–500 nm程度に分布する（図2.35（115ページ））．

チェレンコフ光子の総数はガンマ線のエネルギーにほぼ比例し，1 TeV（$=10^{12}$ eV）のガンマ線では，このライトプールの地上での光子密度は1 m^2 あたり約50個である．この光を地上に置いた反射鏡で集光して捕らえるのが大気チェレンコフ望遠鏡である．観測できるガンマ線の最低エネルギーはほぼ反射鏡の集光面積に反比例し，1 TeVのガンマ線では数平方メートル程度が必要である．

チェレンコフ光はこのように微弱なため，晴れた月明りのない夜間以外の観測は困難である．その際でも，人工光や，大気光・黄道光・星野光などの夜光がバックグラウンドになる*17．

チェレンコフ光の伝播速度 c/n はほぼ光速で，シャワー中の高エネルギー電子・陽電子も光速に近い速度で進むため，ガンマ線シャワーのチェレンコフ光のライトプールの時間的厚みは数ナノ秒である．すなわち，検出器の積分時間を数ナノ秒まで短くすれば夜光のバックグラウンドを低減することができる．

高エネルギーの陽子などの宇宙線も大気原子核と衝突し，パイ粒子などを発生し，これらの崩壊で生じるガンマ線や電子・陽電子からもシャワーが作られ，チェレンコフ光を放出する．ガンマ線を捕らえるにはこの圧倒的な宇宙線バックグラウンドから何らかの方法で信号を取り出さなければならない．初期（1960年代）には望遠鏡の視野内にガンマ線候補天体がある場合と，その天体が視野外にはずれた場合との計数率の差をとってガンマ線信号を捕らえようという試みがなされていたが，決定的な観測的証拠は得られなかった．後でわかるように，この方法で見つかるほど天体ガンマ線の強度は大きくなかった．

イメージング法

空気シャワー現象のコンピュータシミュレーションが進むにつれ，ガンマ線の起こすシャワーと宇宙線（そのほとんどは陽子などの原子核）の起こすシャワーの違いが明らかになってきた．すなわち，電磁相互作用で放出される粒子がもとの方向と垂直な方向に持つ運動量（横運動量）は核相互作用より一般に小さいため，ガンマ線シャワーのほうが広がらずにコンパクトになる．また，核相互作用

*17 夜光の平均値は $2.55\times10^{-7}\ \mathrm{W\,m^{-2}sr^{-1}} \sim 6.4\times10^{11}$ 光子 $\mathrm{s^{-1}m^{-2}sr^{-1}}$（430–550 nm）である．

は放出される粒子の数やエネルギーにふらつきが大きいため，ガンマ線シャワーに比べ不規則に発達する．この違いはチェレンコフ光の像の広がりや集中度の強弱となって現れる．計数率だけでなく，チェレンコフ光の像を観測することによってガンマ線と原子核を識別できれば，宇宙線の雑音を大幅に減らすことができると期待された．

1977 年に行われた地上ガンマ線観測に関するワークショップで，原子核の起こすシャワーからのチェレンコフ光は，エネルギーが下がるにつれてガンマ線シャワーに比べて効率が落ちることが指摘された．そこで，大面積の鏡を用い，光検出器を複数並べ，チェレンコフ光の像をとらえて到来方向の決定精度を上げることでガンマ線観測の信号雑音比を高める方針が出された．このとき議論されたチェレンコフ光の像の観測は角度分解能を向上させることにあり，シャワーの親粒子の種類を像の違いで識別できる可能性が指摘されたのはもっと後のことである．

シャワーの像の違いは大きく分けて二つの理由による．一つは前述の粒子の相互作用による像の広がりの違い，およびばらつきの違い（ガンマ線のほうがばらつかない）である．もう一つは幾何学的なものである．シャワーの軸と望遠鏡の光学軸が一致すれば像は視野の中心に丸い形に写るが，平行でも距離が離れている場合は長軸が光学軸と交差するような楕円に写る（図 2.36（118 ページ））．平行でなければ楕円の長軸は光学軸と交差しない．光学軸を点状のガンマ線天体に向けて観測すれば，ガンマ線のシャワーは視野の中心方向に長軸の向いた楕円状の像となるが，さまざまな方向から飛び込んでくる原子核のシャワーの像の軸方向はばらばらである．こうしてガンマ線シャワーと原子核シャワーをチェレンコフ光の像の違いに基づいて識別する方法は後にイメージング法と呼ばれることになり，このタイプの大気チェレンコフ望遠鏡は解像型と区別されるようになる．実際に観測データに適用されて成功したのは 1980 年代も終わりになってからであった．

図 2.37（119 ページ）はガンマ線と陽子のシャワーの発達の様子と，イメージングカメラ焦点面に到達する光子の分布のシミュレーション計算例である．ガンマ線シャワーはシャワー軸まわりにコンパクトに発達し，像もコンパクトな楕円状になるのに対し，陽子シャワーは広がりを持ち，像も拡散している．

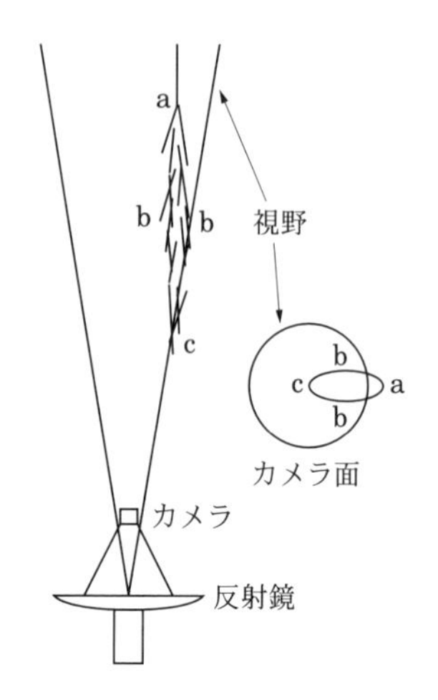

図 2.36　空気シャワーからのチェレンコフ光の像と望遠鏡の関係（左）とカメラに写るチェレンコフ光の像（右）．シャワーが光軸と平行に入射するとき，像はシャワーの始点（a），中点（b），終点（c）に対応する（Weekes 2003, *Very High Energy Gamma-ray Astronomy*, p.27）．

図 2.38（120 ページ）にイメージング法で用いられるパラメータの定義を示す．'length', 'width', 'distance', 'alpha' はそれぞれ光が楕円状に分布しているときの長軸方向の長さと幅，楕円の中心の視野中心からの距離，および長軸と視野中心方向とのなす角である*18.

これらのパラメータの分布が，ガンマ線の起こすシャワーと陽子の起こすシャワーでは図 2.39（120 ページ）に示すように大きく異なることを利用して，ガンマ線のイベントをなるべく残しながら，陽子のイベントを排除するように選別し，ガンマ線の信号を取り出すのがイメージング法である．

ホイップル天文台の 10 m 望遠鏡（図 2.40，121 ページ）の焦点面に，2 インチ光電子増倍管 37 本を 0.5 度おきに六角形に並べた解像型カメラが設置されたのは 1983 年であった*19.

---

*18 'alpha' 以外は A.M. ヒラスによって定義された（1985 年）．'alpha' は同年 A.V. プラシェシュニコフと G.F. ビグナミによりガンマ線の識別に対する有効性が指摘されている．

*19 これ以降，解像型大気チェレンコフ望遠鏡の検出器は「カメラ」と呼ばれるようになった．ただし，シャッター速度約 1 億分の 1 秒の超高速カメラである．

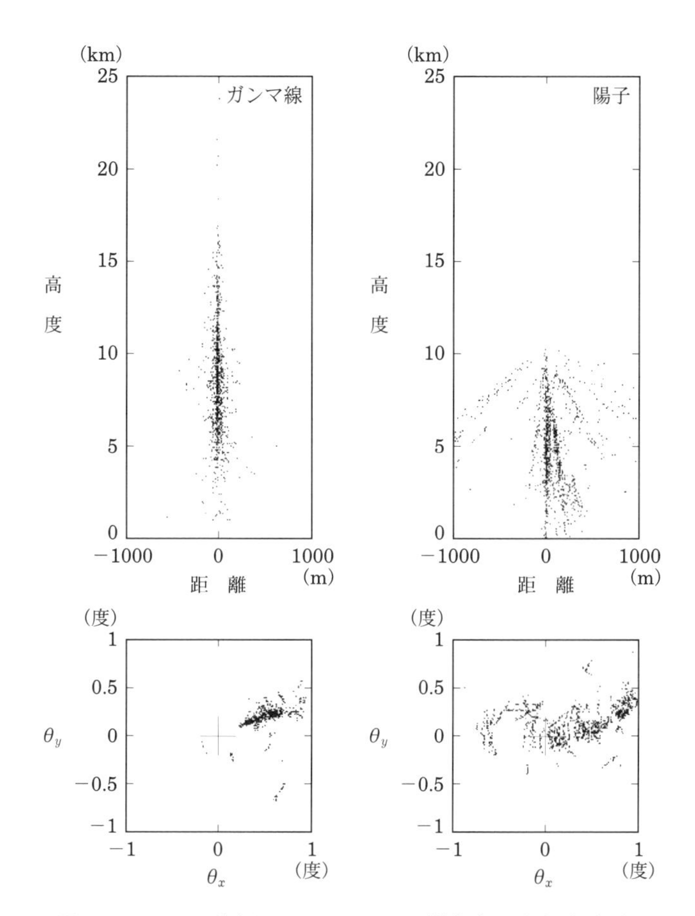

図 **2.37** ガンマ線と陽子のシャワーの縦方向の発達（上）と，望遠鏡焦点面における光子の分布（下）のシミュレーション計算例（Aharonian *et al.* 1997, *Astropart. Phys.*, 6, 343）．

かに星雲をはじめ，ヘラクレス座 X–1（X 線源）などいくつかのガンマ線源候補が観測されたが，イメージング法の手法の開発には時間を要した．かに星雲からのガンマ線信号がこれまでにない精度で検出されたことが論文として出版されたのは 1989 年のことであった．イメージパラメータの分布を用いて宇宙線の雑音を 98%カットし，1986–88 年にかけての 60 時間の観測で 9σ（偶然に起こる確率は 10^{19} 乗分の 2 以下）で統計的に有意な信号が得られた．信号の大きさは宇宙線雑音の 0.2%に過ぎず，イメージング法がいかに有効であったか，また

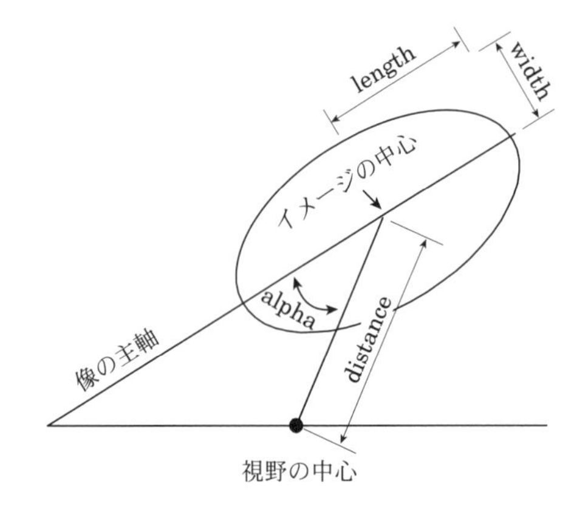

図 2.38 チェレンコフ光のイメージパラメータの定義（Ong 1998, *Phys. Rep.*, 305, 95）.

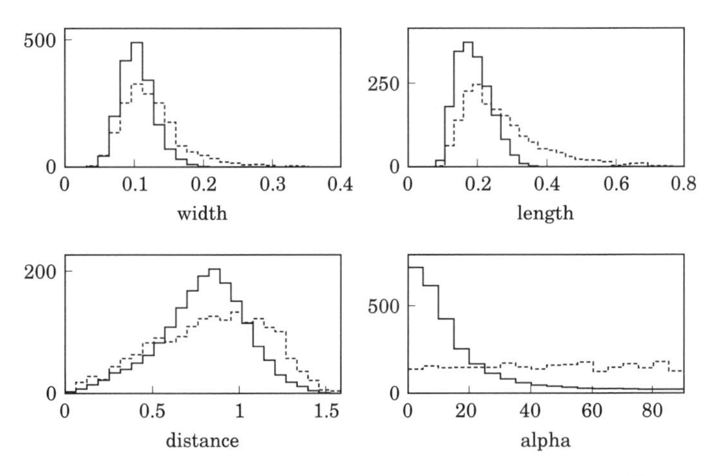

図 2.39 イメージパラメータの分布のモンテカルロ計算例*20. ガンマ線の場合の分布を実線で，陽子の場合の分布を破線で示す.

この方法なしではいかにガンマ線の観測が困難であったかがわかる.

この後，日豪共同のカンガルー（CANGAROO，南オーストラリア），ドイツのヘグラ（HEGRA，カナリア諸島），フランスのキャット（CAT，ピレネー山脈）など口径数メートルクラスの解像型大気チェレンコフ望遠鏡が各地に建設さ

*20 複雑な現象のシミュレーションを乱数を用いて行う方法.

図 2.40 アリゾナ・ホプキンス山のホイップル 10 m 大気チェレンコフ望遠鏡（ホイップル天文台提供）.

れ，1990 年代の TeV ガンマ線観測の主流となった．2004 年にはドイツなどのマジック（MAGIC）グループがカナリア諸島に口径 17 m の望遠鏡を完成させ，地上ガンマ線観測も 100 GeV を切るエネルギーまで達するようになった．

イメージパラメータの計算

チェレンコフ光像を特徴づけるイメージパラメータは，以下のように計算される（図 2.38 参照）．カメラ面上での位置 (x_i, y_i) にある i 番目の検出器が光量 s_i を受けたとき，全光量を $s = \sum_i s_i$ とし，光量分布のモーメントを

$$\langle x \rangle = \frac{1}{s}\sum_i s_i x_i, \quad \langle y \rangle = \frac{1}{s}\sum_i s_i y_i, \tag{2.17}$$

$$\langle x^2 \rangle = \frac{1}{s}\sum_i s_i x_i^2, \quad \langle y^2 \rangle = \frac{1}{s}\sum_i s_i y_i^2, \tag{2.18}$$

$$\langle xy \rangle = \frac{1}{s}\sum_i s_i x_i y_i \tag{2.19}$$

とすれば，$(\langle x \rangle, \langle y \rangle)$ は像の重心である．さらに

$$\sigma_{xx} = \langle x^2 \rangle - \langle x \rangle^2, \quad \sigma_{yy} = \langle y^2 \rangle - \langle y \rangle^2, \quad \sigma_{xy} = \langle xy \rangle - \langle x \rangle\langle y \rangle \tag{2.20}$$

を求め，$v = \sigma_{yy} - \sigma_{xx}$, $z = \sqrt{v^2 + 4\sigma_{xy}^2}$ を用いて，

$$\text{width} = \sqrt{(\sigma_{xx} + \sigma_{yy} - z)/2}, \tag{2.21}$$
$$\text{length} = \sqrt{(\sigma_{xx} + \sigma_{yy} + z)/2}. \tag{2.22}$$

ガンマ線源の位置を (x_s, y_s) とすれば，distance ベクトル $\boldsymbol{d} = (x_d, y_d) = (x_s - \langle x\rangle, y_s - \langle y\rangle)$ の大きさとして，

$$\text{distance} = \sqrt{x_d^2 + y_d^2}. \tag{2.23}$$

像の長軸方向の単位ベクトル $\boldsymbol{u} = (x_u, y_u)$ は，

$$\boldsymbol{u} = \left(\sqrt{\frac{z-v}{2z}}, \text{sign}(\sigma_{xy})\sqrt{\frac{z+v}{2z}}\right) \tag{2.24}$$

と表されるので，

$$\text{alpha} = \cos^{-1}\left(\frac{x_u x_d + y_u y_d}{\text{distance}}\right) \tag{2.25}$$

となる．

ステレオ法

ガンマ線が空気シャワーを起こすのは地球大気の上層部，5–10 km 上空であり，同じシャワーからのチェレンコフ光を離れた地点から観測すると，視差が生じる．チェレンコフ光のライトプール内に複数台の解像型大気チェレンコフ望遠鏡を置いて観測すると，捕らえられるチェレンコフ光の像は，天体方向からややずれた方向で，かつ長軸が天体方向を指すことになるが，複数台の像を重ねることにより，この軸の交点としてチェレンコフ光の到来方向が決まる（図 2.41）．天体からのガンマ線であれば，この交点は天体方向を中心に分布することになる．この交点を用いたガンマ線の到来方向の決定精度は 1 台の観測から求めるチェレンコフ光の到来方向の決定精度よりずっと良いため，天体方向を絞り込むことができる．このステレオ法は宇宙線バックグラウンドとの識別を高める上で有効に働く．天体方向とチェレンコフ光のイメージ軸の交点との角距離 θ のヒストグラムをとると，ガンマ線信号は $\theta^2 = 0$ 付近のピークとして現れることになる．図 2.42（124 ページ）に実際の観測データ例（活動銀河核 Mrk 501）を示す．

また，到来方向とシャワー像の距離からシャワーの中心軸が定まり，望遠鏡間の距離からシャワーの発生高度が推定できる．チェレンコフ光の強度からガンマ線のエネルギーを推定する際に，この距離の情報を用いることにより，ステレオ

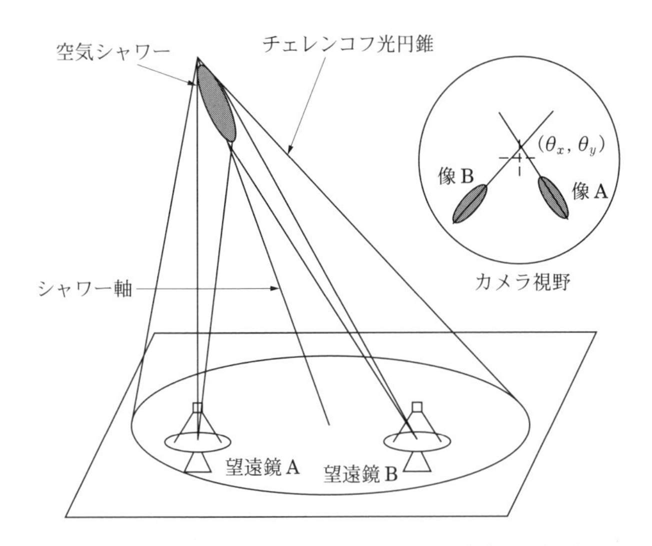

図 2.41 ステレオ観測によるシャワーの到来方向の再構成．同一方向に向けた複数の望遠鏡のカメラ視野を重ね合わせたとき（右上の円），それぞれのシャワー像の軸の交点 (θ_x, θ_y) がほぼ空気シャワーの到来方向を示す．

観測ではエネルギーの決定精度も単独の場合の 40%程度から 15%程度まで向上する．さらに，より低エネルギーのガンマ線の観測を目指す場合には，宇宙線中のミューオンが望遠鏡の近傍を通るときに局所的にチェレンコフ光が視野に入り，ガンマ線に似た像をつくる現象も，複数台の望遠鏡で同時に観測されるという条件をつけることによってほとんど排除できることも大きな利点である．

交点は最低 2 台の望遠鏡で決定できるが，シャワー像の軸を決定する精度で到来方向決定精度も制限される．3 台以上の望遠鏡で同時にイメージをとらえれば，交点決定に余分な自由度が入り，最適化ができるようになるので，台数が増えるほど決定精度が向上する（図 2.43（124 ページ））．ドイツを中心としたヘグラ（HEGRA）グループはカナリア諸島のラ・パルマに設置した 5 台の解像型大気チェレンコフ望遠鏡を用いてステレオ法の優位性を証明した．彼らによるとかに星雲のガンマ線放射領域の大きさは 1.5 分角以下であり，この程度の角度分解能が得られることが示された．

また，2003 年末にドイツなどのグループがアフリカのナミビアに完成したヘ

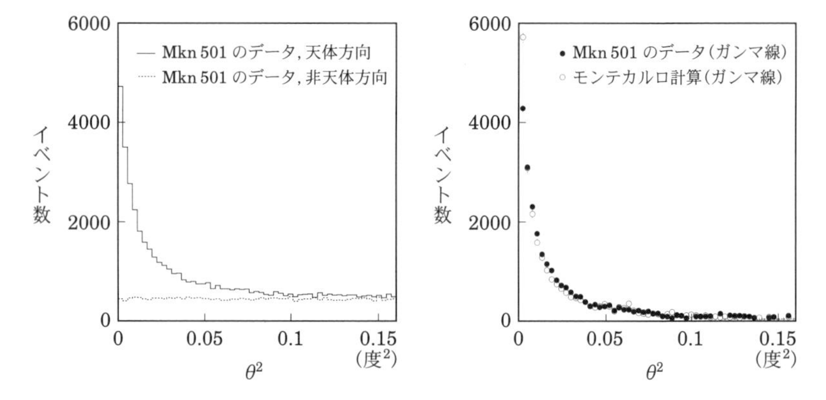

図 2.42 HEGRA による活動銀河核 Mrk 501 の観測データ．天体方向とチェレンコフ光のイメージ軸の交点との角距離 θ の 2 乗を，天体方向（ON）とはずした方向（OFF）でプロットしてある．左の図の $\theta^2 = 0$ 付近のピークがガンマ線信号である．右の図はデータとモンテカルロシミュレーションの比較を示す（Aharonian *et al.* 1997, *Astron. Astrophys.*, 327, L5）．

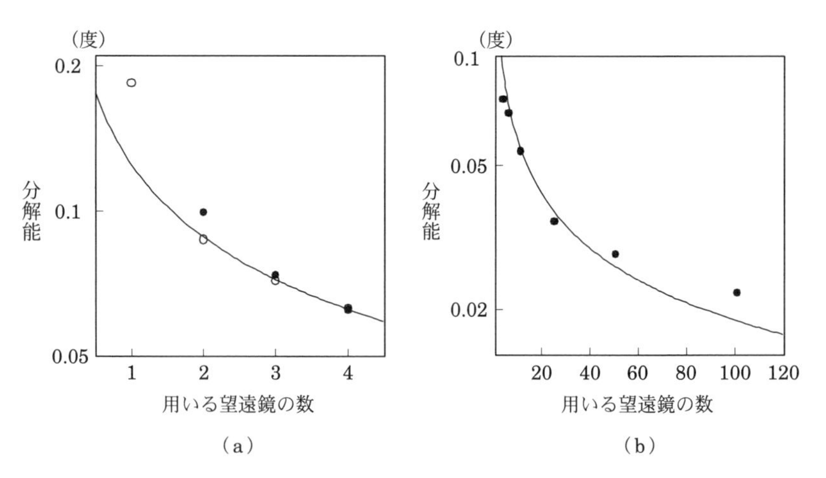

図 2.43 ステレオ観測によるシャワーの到来方向の決定精度と望遠鏡の台数の関係．(a) の黒丸と白丸は再構成アルゴリズムの違い（Hofmann *et al.* 1999, *Astroparticle Phys.*, 12, 135）．

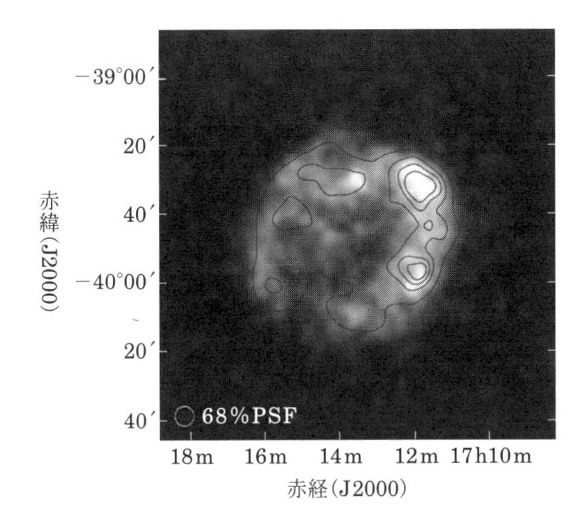

図 2.44　超新星残骸 RX J1713.7−3946 の H.E.S.S. による TeV ガンマ線像（口絵 6 参照）．等高線は X 線天文衛星「XMM-Newton」による．X 線（等高線）と TeV ガンマ線（濃淡）がきわめて似た強度分布を示す（Abdalla *et al.* 2018, *Astron. Astrophys.*, 612, A6）．

ス（H.E.S.S.）では，口径 12 m の望遠鏡 4 台によるステレオ観測により，超新星残骸 RX J1713.7−3946 の広がったガンマ線像を捕らえ，TeV ガンマ線でも天体のイメージング観測が可能なことが示された（図 2.44）．こうして現在の大気チェレンコフ望遠鏡の主流は，口径 10 m クラスの大型反射鏡を用い，高解像型カメラを備えたステレオ装置となった．カンガルーグループも 2004 年からオーストラリアで口径 10 m 望遠鏡 4 台によるステレオ観測を開始した．ホイップルグループを継ぐヴェリタス（VERITAS）グループも 12 m 望遠鏡 4 台の装置をアリゾナに建設した．表 2.6（126 ページ）にこれらの望遠鏡システムの諸元を示す．最近のガンマ線天体の相次ぐ発見に勢いを得て，次世代の大型国際共同装置として，南半球と北半球にそれぞれ多数の大気チェレンコフ望遠鏡を並べた Cherenkov Telescope Array（CTA）の建設が進められている（口絵 5 参照）．

空気シャワー装置

図 2.33 から考えられるように，ガンマ線のエネルギーが十分高いか，あるいは装置を高地に設置した場合は，シャワー粒子を直接検出器でとらえることが可

表 2.6 現在のおもな大気チェレンコフ望遠鏡システム.

	CANGAROO	H.E.S.S.	MAGIC	VERITAS
場所	オーストラリア	ナミビア	カナリア諸島	アリゾナ
緯度	南緯 31°	南緯 23°	北緯 29°	北緯 32°
海抜	160 m	1,800 m	2,200 m	1,300 m
望遠鏡	57 m^2×4 台	107 m^2×4 台 600 m^2×1 台	237 m^2×2 台	110 m^2×4 台
稼働開始	2004 年 (2011 年終了)	2004 年	2004 年	2007 年

表 2.7 空気シャワー装置と大気チェレンコフ望遠鏡のガンマ線観測についての特徴の比較.

項目	空気シャワー装置	大気チェレンコフ望遠鏡
有効面積	数万 m^2	約 10 万 m^2
1 年あたりの観測時間	$\sim$ 8000 時間	$\sim$ 1000 時間
観測立体角	$>$ 1 sr	数 10^{-3} sr
エネルギー閾値	$\sim$ 1 TeV	50–100 GeV
感度	1 年で $\sim$ 1 CU*	25 時間で $\sim$ 0.01 CU*
角度分解能	$\sim$ 0.5°	$\sim$ 0.1°

* CU(Crab Unit)は，かに星雲のガンマ線フラックスを 1 とした単位.

能になる(3.3 節). 日本・中国の共同で海抜 4300 m のチベット高地に設置された空気シャワー装置では，プラスチック検出器を 400 m 四方の範囲に約 700 台並べることにより高統計精度の観測を行い，かに星雲などから数 TeV のガンマ線が検出されたことが報告されている. ただし，このような空気シャワーのサンプリング観測からはシャワーの到来方向の決定精度は 1 度以下にできるものの，荷電宇宙線との識別が困難であり，検出感度は解像型大気チェレンコフ望遠鏡ほど高くなっていない. しかし，天候に左右されずに 24 時間観測が可能な利点がある. この装置の脇には，大面積の RPC(Resistive Plate Counter)検出器を用いて空気シャワーのサンプル率を上げた中伊共同の ARGO-YBJ 実験が行われており，TeV 領域のガンマ線が捕らえられている.

また，海抜 2630 m にある米ロスアラモス研究所に 60 m × 80 m × 8 m の水タンクを設置し，光電子増倍管でシャワー粒子の水中のチェレンコフ光をとらえるミラグロ（Milagro）実験も数 TeV のガンマ線源を検出した．この装置では，上下 2 層の光量を比較することにより荷電宇宙線のバックグラウンドを低減することに成功しており，同じ原理でさらに大規模な HAWC（High-Altitude Water Cherenkov Gamma-ray Observatory）という装置がメキシコの海抜 4100 m の高地に建設されて稼働している．表 2.7 に最新の空気シャワー装置と大気チェレンコフ望遠鏡のガンマ線観測についての特徴の比較を示す．

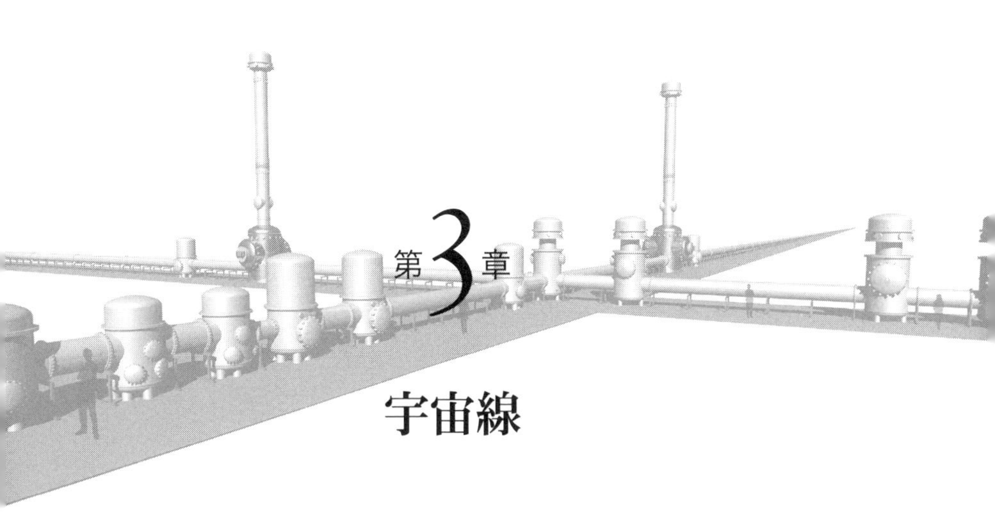

第3章 宇宙線

3.1　宇宙線研究の歴史

宇宙線の研究は，最初ヨーロッパで1911年頃から始まった．日本でいえば明治末期頃にあたり，およそ100年の間に比較的急速に研究が進み発展した学問である．その歴史を黎明期，宇宙線の概念確立時代，素粒子発見の時代，宇宙研究の時代，と四つの時代に区分し，それぞれの時代を紹介する．

3.1.1　黎明期（1900–1926年）

20世紀初頭まで，高いエネルギーを持った粒子が宇宙から地球へ降り注いでいることを人類は知らなかった．1896年ベクレル（A.H. Becquerel）は，ウラン鉱石から放射線が放出されていることを発見した．そのため，今日放射線はベクレルという単位［カウント秒$^{-1}$］で表される．一方ラジウム1グラムの放射線量は，およそ1キュリーであり，1キュリーは370億ベクレルである．またベクレルが放射線を発見した同じ年にレントゲン（W.C. Röntgen）がX線を発見した．

続いて1898年にキュリー夫人（M. Curie）とシュミット（G. Schmidt）は，トリウム，ポロニウムやラジウム等からも同じ性質を持つ放射線が放出されていることを発見した．そして1900年になると，正の電荷を持つアルファ線，負の電荷を持つベータ線，中性のガンマ線，という三つの放射線の存在が明らかになってきた．アルファ線が2個の電子を剥ぎ取ったヘリウムの原子核だと分かったのは1908年である．

放射線の研究には，キュリー夫人が発見したピッチブレンドと呼ばれる鉱石が不可欠であった．ピッチブレンドは他の鉱石に比べて，数万倍も強い放射線を放出するからである．ピッチブレンドからの放射線は，鉱石から離れれば離れるほど減少する．しかし遠方で測定しても完全にゼロにはならなかった．

そこでヘス（V. Hess）は，ゼロでない放射線の成分を調べるため，1911–12年気球に乗って高度4000 m まで昇り，電離計を用いて電離度を計測した．その結果，高度1000 m より上空で，電離計は高空に上昇すればするほど強い放射線の存在を示した．コルエルスター（W. Kolhörster）はこの放射線に対して"Hohen-strahlung"（高空放射線）と名付けた．"Hohen-strahlung"は"宇宙線"と和訳されているが，ヘスは，高空放射線が宇宙から飛来していることにはまだ気がついていなかった．霧箱を発明し原子物理学の発展に大きな貢献をしたウィルソン（C.T.R. Wilson）は，地上の負の電荷を有したベータ線（電子）が，地球上に存在する電場により高空へ加速され，地球磁場で曲げられ，再び降りてきたものが高空放射線ではないかと考えていた．

3.1.2 宇宙線の概念確立時代（1926–1933年頃）

この放射線の正体が粒子線なのかガンマ線なのかが問題になった．ヘスは1926年，浸透力のあるガンマ線ではないかと考え，これを"超ガンマ線"と呼んだ．クレイ（J. Clay）は，1929年オランダ・ジャワ島間の船上で放射線の強度変化を測定した．その結果，緯度により放射線強度が変動することを発見した．ガンマ線は，地球の磁場に影響されず，緯度による変化もないので，地球へ降ってくる放射線は電荷を持った粒子線であるということになった．

地球の磁力線に対して正の電荷をもった粒子は西から多く，負の電荷を持った粒子は東から多く進入すると予測し，ロッシ（B. Rossi）とジョンソン（T. Johnson）は1930年それぞれ独立に，透過力の高い放射線が東から多く飛来するか西から多く飛来するかを調べた．観測の結果，西から来るもののほうが多いことがわかり，入射粒子は正の電荷を持っているという結論になった．今日この事実は“宇宙線の東西効果”と呼ばれている．

高空放射線の起源が太陽なら，日食で太陽が月に遮蔽されるとき，放射線は減少すると考え，1931 年，ヘスは日食に合わせて気球を飛ばす実験を行った．その結果，高空放射線の強度は日食では変化しないことがわかった．その後ヘスはオーストリア・インスブルックの 2300 m の山頂で高空放射線の連続観測を実施した．1935 年米国のコンプトン（A.H. Compton）とゲッティング（I.A. Getting）は，ヘスの連続観測のデータをもとに恒星時に連動した強度変動*1を研究した．

それでは誰が“宇宙線”と命名したのであろうか．ミリカン（R.A. Millikan）の 1925 年の論文に“cosmic rays”という言葉が使用されている．ミリカンはこの論文で米国マウント・ウイットニー（4418 m）山頂近くの湖（3540 m）に測定器を沈めた実験を紹介し，宇宙（cosmic）から地球の大気を浸透する高いエネルギーを持った放射線がやってきているのに違いないと書いている．1940 年ミリカンがつけた“宇宙線”（cosmic rays）という言葉に“超ガンマ線”や“超放射線”と呼んでいたヘスが同意したので，それ以降“宇宙線”という名前が定着した．

3.1.3 素粒子発見の時代（1933–）

1930 年ミリカンはアンダーソン（C.D. Anderson）とともに，宇宙線を詳しく調べるため，強い磁場の中に霧箱を置き，荷電粒子の飛跡とその曲率を測る装置を製作した．電磁スペクトロメーターと呼ばれるこの装置の中に不思議な飛跡が多数見つかった（1932 年）．それは正の電荷をもった電子の飛跡であった．正の電荷の電子という考え方は革命的な考え方であったので，当初これらの飛跡は地面で散乱され上方に向かった電子ではないかと彼らは考えた．そこで霧箱の中に鉛の板を入れ，上から来た電子か下から来た電子か判るようにした．電子は鉛を通過するとエネルギーを失い，そのため軌道半径（曲率）が小さくなり入射方向が判別できる．その結果これらの粒子は上から来たことがわかり，正の電荷を有した陽電子と呼ばれる素粒子が存在することが始めて確認された．

ブラケット（P.M.S. Blackett）とオキャリーニ（G.P.S. Occhialini）は霧箱

*1 太陽時と連動する強度変化は，太陽との位置関係に依存することを示す．恒星時に連動する強度変化は天球座標との依存性を表す．

実験装置を改良し飛跡の自動撮影を可能にした．ロッシらは2台以上の計測器を同時に通過した信号を選択する“同時計数法”（coincidence 法）を開発した．この方法を使用すると背景雑音が排除でき，信号対雑音比（S/N 比）の優れたデータが得られる．ブラケットとオキャリーニは1932年に撮った写真の中に電子が増殖する現象を見つけ，これを“シャワー”と名付けた．シャワー粒子は約半数が負の電荷を持った電子であるのに対して，残り半分は正の電荷を持った陽電子であった*2.

1933年春に，ネッダーマイヤー（S.H. Neddermeyer）とアンダーソン，キュリーとジョリオ（F. Joliot），マイトナー（L. Meitner）とフィリップ（K. Philipp）らはトリウム系列の放射線同位元素，タリウム208から放出される2.615 MeV（$= 2.615 \times 10^6$ eV）ガンマ線を使って，陽電子が電子と対になって作られることを示した．逆にジョリオとティボー（J. Thibaud）は陽電子が電子と対になって消滅しガンマ線を作る現象を見つけた．これはディラック（P.A.M. Dirac）の革命的な理論を支持する実験結果であり，世の中に反物質の存在を初めて明らかにした画期的な実験であった．エネルギーと運動量が保存すると，素粒子は物質と反物質が対になって出現し，物質と反物質が衝突すると消滅することが証明された．この事実は“火の玉宇宙論”（big bang cosmology）の基礎になっている．

1937年に宇宙線分野で大発見があった．今日ミューオンと呼ばれている“μ中間子”の発見である．地表に常時降り注いでいる宇宙線の中には物質で吸収されやすい軟成分と，吸収されにくい硬成分が存在する．このことは1932–36年に実験で明らかになっていた．1932–33年にかけてレゲナー（E. Regener）やコルエルスターは，湖に測定器を沈めたり岩塩の鉱山に潜って計測し，厚い物質層を浸透してくる放射線の存在を確認した．これらは高空放射線の硬成分といわれる．仁科芳雄と石井千尋は，清水トンネル中で硬成分の計測実験を行い，水深2500 m 相当の深さまで浸透する放射線の存在を確認した（1936年）．この研究は理化学研究所の宮崎友喜雄らに引き継がれ，大阪市大渡瀬研究室の駿河湾実験や三宅研究室のインド・コラー金鉱実験，そして東大宇宙線研究所のミュートロン電磁石による20 TeV までのミューオンスペクトルの直接測定（1979年）へと

*2 現在，超高エネルギーの宇宙線が，大気中で粒子を増殖させながら地上に降ってくる現象を，“空気シャワー”（air shower）と呼んでいる．詳しくは3.3.3節を参照.

続いた．

1936 年アンダーソンはネッダーマイヤーとともに，スペクトルメーターの写真中に，電子よりも重く陽子や中性子よりも軽い，中間の質量を有した荷電粒子が写っていることに気がついた．しかし当時この飛跡を新粒子であると説明することに強い抵抗があり，発表は 1937 年 5 月になった．同年 8 月に仁科，竹内柾，一宮虎雄らも中間子の存在に気がつき発表している．同時にストリート（J.C. Street）とスチーブンソン（E.C. Stevenson）らも論文を発表した．

そのころ湯川秀樹は，原子核を安定に保つ理論を提唱していた．原子核の中には，ほぼ同数の陽子と中性子が存在している．陽子は電荷を持っているのでクーロン力で互いに反発し，原子核は不安定になるはずだが，現実には安定である．これは原子核を安定にする力，すなわち核力が働いているからである．この核力を担う粒子が中間子であり，陽子や中性子から放出された中間子が，核力の範囲まで到達していると湯川は考えた．湯川は量子論を使ってその粒子の質量を求め電子の 280 倍と予測し，1935 年に発表した．ネッダーマイヤーとアンダーソンの中間子発見のニュースは湯川の耳に入り，湯川は自分が予測した粒子が宇宙線中に見つかったと考えた（1937 年）．

湯川粒子は物質と強く相互作用し，原子核の崩壊を食い止める膠（にかわ）の役目をしている．一方宇宙線中に見つかった中間子は，ほとんど物質と相互作用せず貫通する性質を有していた．ネッダーマイヤーとアンダーソンらの見つけた粒子は，湯川の予想していた粒子と性質が異なることが判明した．そこで 1942 年坂田昌一，谷川安孝，井上健らは湯川理論の中間子とネッダーマイヤーとアンダーソンの中間子は異なるものとする“二中間子論”を提唱した．

1939 年から 1945 年にかけて，英国のパウエル（C.F. Powell）らは，宇宙線の飛跡を見られるように原子核乾板を改良した．原子核乾板（エマルションチェンバー）は，誰の目にも見える素粒子の飛跡を示し，設置しておくだけで非常に信頼性の高いデータが取得できるという利点があった．1947 年南米ボリビア共和国・チャカルタヤ山（5200 m）とフランス・ピレネー山脈のピクディミディ観測所（2800 m）に設置されていた原子核乾板で，湯川粒子が発見された．重い湯川粒子はすぐ崩壊し，寿命の長いもう一つの中間子が生まれていた．発見者のラッテス（C.M.G. Lattes），オッキャリーニ，パウエルは湯川粒子には π

中間子，崩壊してできた寿命の長いもう一つの粒子には μ 中間子と名前をつけた．ネッダーマイヤーらが先に見つけていた粒子が μ 中間子であり．これが地下深いトンネルの中まで進入してくる粒子である．今日ではそれぞれパイオン，ミューオンと呼ばれている*3.

荷電パイオンの質量は 140 MeV で寿命は 2.6×10^{-8} 秒である．一方ミューオンの質量は 106 MeV で寿命は 2.2×10^{-6} 秒である．仮にパイオンが崩壊してミューオンが光速度で放出されるとすると，平均 658 m 走行して電子と 2 個のニュートリノに崩壊する．したがって，ジェット機の飛行する高度で作られるミューオンは 13000 m 上空から降下してくる途中，平均 658 m 降下したところで電子に崩壊し，地上まで到達できない．しかし，ミューオンの速度が光速度に近づくと，特殊相対性理論により，その寿命が延びる．ミューオンの寿命が 20 倍伸びれば，地上まで到達できる．大気上空で作られたミューオンは，およそ 2 GeV 以上のエネルギーを有しているので，寿命が延びて地上まで到達する．逆にミューオンが地上で観測されるという事実はアインシュタイン（A. Einstein）の特殊相対性理論が正しいことの証拠である．1949 年湯川に，1950 年パウエルにノーベル賞が授与された.

ロチェスター（G.D. Rochester）とバトラー（C.C. Butler）は，霧箱の中に不思議な逆 V 字型の粒子飛跡を発見した（1947 年）．この逆 V 字型は，中性の粒子が崩壊し電荷を有した 2 個のパイオンが生成されたことを示していた．これは後に K 中間子と呼ばれる．ゲルマン（M. Gell-Mann）やパイス（A. Pais），西島和彦，中野董夫らは K 中間子を詳しく研究した結果，新しい量子数を有した素粒子が存在しているという結論になった．この量子数は“ストレンジネス”（奇妙さ）と呼ばれている．1948 年頃になると加速器が稼働を始め，大量の素粒子を人工的に製造できるようになった．これを契機に宇宙線研究者の多くは，素粒子以外に宇宙線の起源や宇宙線の加速機構，または X 線天文学の分野へ研究テーマを広げた.

1955 年坂田は，それまでに集積された宇宙線や加速器で得られた膨大なデータを，複合模型（坂田模型）で整理できることを示した．そしてゲルマンとツバ

*3 パイオンはハドロンに属しミューオンはレプトンに属する．一方中間子はハドロンの一種だから，ミューオンを μ 中間子と呼ぶのは不適当である.

イク（G. Zweig）により1964年クォーク（quark）模型としてまとめられた．坂田模型によると陽子は2個の核子と1個の反核子で構成されている．核子・反核子の電荷は整数である．一方ゲルマンの理論によると陽子は2/3という分数電荷をもったアップ・クォーク（u–quark）2個と −1/3の電荷を有したダウン・クォーク（d–quark）1個からできている．1964年，クォーク模型から予言されるオメガ・マイナス（Ω^-）[*4]が泡箱中に見つかり，ゲルマンの理論が正しいことが証明された．

そこで，西川哲治・小柴昌俊のグループや東茂・尾崎誠之助のグループが，チコバニー放電箱や比例計数管とシンチレータを組み合わせた装置で宇宙線の中にクォークを探査したが発見できなかった．1974年，クォークは単独では外へ飛び出してこないという理論，クォークの“閉じこめ理論”あるいは“袋理論”が提唱された．事実，クォークは現在でも直接観測されていないが，加速器で作られたミューオンビームやニュートリノビームで陽子を調べると，クォークの存在がはっきり確認できる．

クォーク間の相互作用を扱う力学を量子色力学（QCD）と呼んでいる．クォークとクォークの間の衝突で，大きな横方向運動量を持ったパイオンの集団が形成される．パイオンの集団の形状がジェット機の噴流に似ていることから，これを“ジェット”（jet）と呼んでいる．クォークとクォークの間の硬い衝突の存在は，宇宙線の空気シャワーに20%程度存在する“二つ目玉[*5]”（double core）のシャワーから予想されていた．しかし，量子色力学に基づいた衝突の定量的な記述には加速器実験の結果が必要であった[*6]．

1964年から10年間，強い相互作用を担うハドロンの研究が宇宙線や加速器を使って盛んに行われた．1970年頃から丹生（にう）潔らによって，宇宙線に曝した写真乾板中に短寿命で崩壊する粒子が報告された．このイベントは小川修三や中川昌美らにより四つ目の新しいクォークを含んだ素粒子ではないかと考えられた．

[*4] 第2世代のストレンジ・クォーク（s）3個から成るハイペロンの一種．クォークの種類については第8巻1章参照．

[*5] 多くの空気シャワーの平面上の粒子数分布は中心部に集中し，周辺部にむかって単調減少してゆく（一つ目玉）．しかし中には中心部に複雑な構造（複数目玉）を示すものがある．

[*6] クォークを結合する粒子をグルーオンと呼ぶ．クォークは3個の量子数“カラー”（「世代」に相当）を持っている．

1974 年の暮れ，米国の加速器実験で質量が重くゆっくり崩壊する粒子が見つかった．これは新しい量子数チャーム（charm）を有した 4 番目のクォークから構成される，ジェー・プサイ（J/ψ）粒子である．質量 3100 MeV のこの新素粒子の発見は世界に衝撃を与えた．

1973 年欧州原子核研究機構（CERN）で中性カレント（第 8 巻 4 章参照）が発見され，弱い力と電磁気力が統一されることがわかり，強い力も含めた三つの力が統一されるのではないかと予想された．グラショウらが提案したこの理論を“大統一理論”（GUT）という．この理論によると，絶対安定で崩壊しないと信じられてきた陽子が崩壊し，磁気単極子（モノポール）が存在することになる．世界中の宇宙線研究者は地下で大統一理論の検証実験を行った．日本では東大宇宙線研究所の陽子崩壊観測装置（カミオカンデ）による実験が行われた．しかし，大統一理論で予想された陽子の崩壊の証拠はなく，また，磁気単極子もなかった．

ところが，1987 年に大マゼラン銀河で超新星爆発が起こり，日本や米国の陽子崩壊観測装置がこの超新星 1987A からのニュートリノを検出した．世界で初めて超新星爆発からのニュートリノを観測し，ニュートリノ天文学を開いた成果に対して小柴昌俊が 2002 年にノーベル物理学賞を受賞した．さらに，カミオカンデの後継のニュートリノ観測装置である神岡地下実験装置からニュートリノ振動の証拠が見つかった（第 4 章）．最近ではダークマターを形成していると考えられている冷たいダークマター（cold dark matter）を宇宙線中で探そうという試みが行われている．

3.1.4　宇宙研究の時代（1941–）

1941 年米国のシャイン（M. Schein）らは，気球にカウンターを搭載し大気上空に飛翔させ宇宙線の成分を調べた．その結果，宇宙線の成分は東西効果の実験で予測されたように正の電荷を持った陽子であることが判明した．1948 年フライヤー（P. Freier），ピータース（B. Peters），ブラット（H.L. Bradt）らは，気球に原子核乾板を搭載し大気上空に上げ，降下させて回収した乾板を調べた結果，陽子以外にヘリウム，ホウ素，炭素，窒素，酸素，ネオン，ナトリウム，鉄等の多くの原子核が含まれていることを見つけた．

一般に太陽系の外から飛来する宇宙線を 1 次宇宙線，1 次宇宙線が地球大気中で作り出す素粒子を2次宇宙線と呼んで区別している[*7]．1次宇宙線は平均2–3千万年旅をして地球にやってくると考えられている．宇宙線中の炭素や酸素の原子核は銀河を旅する間に水素原子に衝突しリチウム，ベリリウム，ホウ素の原子核に破砕される．こうして作られた原子核の量を測定することにより，宇宙線が発生源から地球にやってくる時間が求められる．このことは1954–56年，早川幸男が指摘した．

1次宇宙線の正確な元素組成が得られたのは1971年頃である．観測で得られた元素組成を太陽中の元素組成と比較すると，リチウム，ベリリウム，ホウ素の元素が宇宙線中には100万倍多く含まれていた．その他の元素組成はほぼ同一であった．

1965年，宇宙線の陽子とヘリウムのエネルギースペクトルが，オルメス（J.F. Ormes）やウエッバー（W.R. Webber）らにより 1.6×10^{10} eV（$= 16$ GeV）まで測定された．陽子とヘリウムの存在比は，エネルギー値によらず一定であり，宇宙のビッグバンで期待される値にほぼ等しかった．1972年，1.6×10^{10} eV以上の高いエネルギー領域の陽子やヘリウムのスペクトルが，気球や旧ソ連のプロトン衛星で 2×10^{12} eV（$= 2$ TeV）まで測定された．2×10^{12} eV以上の高いエネルギー領域はプロトン衛星に搭載したトン級の重いカロリメータにより 10^{15} eV（$= 1$ PeV）まで測定された．一方ヘリウムより重い原子核のエネルギースペクトルは，1980年に米航空宇宙局（NASA）のグループにより，核子あたり 1×10^{12} eV（$= 1$ TeV（核子）$^{-1}$）まで測定された．さらに高い 1×10^{12}–1×10^{15} eV（核子）$^{-1}$ のエネルギー領域のスペクトルは，1983年の日米共同研究JACEEにより1990年代に気球による原子核乾板を用いて，また2001年日ロ共同実験RUNJOBによって測定された．飛翔体による観測結果は3.2節で述べる．

これらを総合的に見ると，宇宙線の強度は，原子核の種類によらず，$E^{-2.75}$ とほぼ同じベキ関数で記述される．1×10^{15} eVより高いエネルギー領域の宇宙線のエネルギースペクトルは，空気シャワー実験で測定される．3×10^{15} eVを境に宇宙線の全粒子強度[*8]はエネルギーとともに急激に減少し，ベキ関数 $E^{-3.0}$

[*7] 宇宙線の発生源で加速された粒子を1次宇宙線，伝搬途中の星間空間で新たに生成された粒子を2次宇宙線と分類する場合もある．3.2節ではこの分類用語を用いている．

[*8] 原子核の種類を区別せずすべての宇宙線をひとまとめにした強度．

になる．このスペクトルの折れ曲がりはニー（knee; 膝という意味）と呼ばれている（第8巻の図4.1参照）．

1949年フェルミ（E. Fermi）は，このベキ関数型のエネルギースペクトルを説明する宇宙線加速理論として統計加速モデルを提案した．このフェルミモデルでは加速効率が悪く，加速に宇宙年齢よりも時間がかかるという問題がある．フェルミモデルを改良してもっと効率よく宇宙線を加速する衝撃波加速（ショック加速）理論が1977年にアックスフォード（I. Axford），ブランドフォード（R.D. Blandford）とオストライカー（J.P. Ostriker）らにより独立に提案された．これらの理論の特徴はスペクトルがベキ関数で記述される点にある．

衝撃波加速理論に基づき1990年頃，10^{10}–10^{19} eVの9桁の広いエネルギー領域の宇宙線スペクトルが説明された．衝撃波加速理論では超新星残骸で$Z \times 10^{14}$ eVまで粒子を加速することは可能であるがそれ以上は難しい．ここでZは加速されるイオンの原子番号である．これが3×10^{15} eV近傍の宇宙線スペクトルの折れ曲がり（ニー）の原因であろう．それより高いエネルギーの宇宙線は，銀河の中にある超新星残骸を1000個程度通過してフェルミ加速を受けて形成されるという考えもある．

陽子が超新星残骸等で加速され地球に飛来するなら，電子も加速され地球に飛来する．1960年代に入って宇宙からの電子が見つかった．そしてその存在量は同じエネルギーの陽子と比較するとおよそ1%であった．1965年には1×10^9 eVまで電子のスペクトルが求められた．1980年頃，気球に原子核乾板を搭載し，1×10^{12} eV（=1 TeV）までの電子のエネルギースペクトルが西村純らにより求められた．そのエネルギースペクトルはベキ関数$E^{-3.3}$で表される．電子は陽子と比べると，高エネルギー成分が少ない．もちろん太陽フレアに伴って1×10^7 eV程度の電子が地球上空にやってくることは以前からよく知られていた．

1955年以前には，宇宙空間に磁場があることは知られていなかった．そのため，荷電粒子である宇宙線も発生源から直進すると考えられていた．しかし磁場があることがわかり，宇宙線は磁場に影響されるため発生源探査は困難になった．したがって，宇宙線の発生源の探索は，非常にエネルギーの高い中性子やニュートリノやガンマ線のような電荷を有していない粒子を使って行われることになった．こうした理由で衛星によるガンマ線観測が行われた（詳しくは第2章参照）．

10^{20} eV 以上の超高エネルギー宇宙線は，2.7° K の宇宙背景放射と相互作用してパイオンを生成することによりエネルギーを失い，50 Mpc 以遠からは到達できない．これを理論的に予想したグライセン（K. Greisen）とザツェピン（G. Zatsepin）とクズミン（V. Kuzmin）（1966 年）の頭文字をとって GZK カットオフという（第 8 巻 4.1 節参照）．ところが，1990 年に建設された日本の山梨県にある明野空気シャワー実験 AGASA は約 10 年にわたる連続観測で，10^{20} eV 以上のエネルギーの宇宙線 10 個以上の検出を報告している．銀河系のハローに 3 μG 程度の磁場が存在すると仮定しても 4×10^{19} eV 以上の宇宙線を閉じ込めておくことは困難であり，まして 10^{20} eV の高いエネルギー領域の宇宙線は銀河に閉じ込めることができない．AGASA 実験で観測された超高エネルギー宇宙線の起源は，GZK カットオフの制限から，50 Mpc 以内の宇宙スケールでは比較的近いところにあるはずである．しかし，これまでそのような光学対応天体は同定されていない．

一方，10^{19} eV 以上の宇宙線を大気蛍光法で観測していた米国ユタ大学の HiRes グループは，GZK カットオフの予言と矛盾しないとする観測結果を 2005 年に発表した．AGASA は総粒子数を地上検出器で測定し，HiRes は地球大気の発光現象を利用している．宇宙線のエネルギーの求め方は，観測装置と空気シャワーのモデル，特に高エネルギー核子の核相互作用モデルに強く依存する．地上の加速器による精密な実験結果は 2×10^{13} eV までしかなく，現在は素粒子の標準理論によって 10^{20} eV の最高エネルギー領域まで 7 桁も外挿した核相互作用モデルを用いている．AGASA グループと HiRes グループの結果の食い違いはこの核相互作用モデルに起因すると予想される．欧州原子核研究機構（CERN）の LHC（Large Hadron Collider）加速器による 10^{17} eV の精密実験で，宇宙線観測から予想される核相互作用モデルの破れが加速器実験によって検証されるかもしれない（3.1.5 節参照）．

最高エネルギー領域の宇宙線に GZK カットオフがあるのか，さらに，最高エネルギー宇宙線ははたして，10^{20} eV を超えてもっと高いエネルギーまで存在しているのか．この問いは，その起源と加速機構という天文学の問題と，地上の加速器では実現できないエネルギー領域での素粒子物理学の問題を同時に含んでいる．最高エネルギー領域の宇宙線研究は，天文学と素粒子物理学の接点であり，新たな宇宙の描像に迫るフロンティアといえる[*9].

3.1.5 最近の話題から（2007–2017年）

本節では初版刊行後，宇宙線分野で進展した事項について紹介する．この期間の特筆事項は，宇宙線関連分野の研究成果に2015年度と2017年度ノーベル物理学賞が与えられたことである．太陽ニュートリノの強度（flux）は理論値のおよそ3分の1しかない．その理由は長らく謎であった．2015年度ノーベル賞は太陽で放出された電子ニュートリノがミューオンニュートリノやタウニュートリノに振動で減少していることを示したカナダのマクドナルドと，宇宙線の大気ニュートリノがニュートリノ振動で減少していることを示した神岡実験グループの梶田隆章に与えられた（ニュートリノ振動の詳細は第4章に詳しい）．また2017年度ノーベル物理学賞は重力波の検出に成功したワイス・バリッシュ・キップソーンの3氏に与えられた（重力波については第5章に詳しく紹介されている）．

初版で書いた“高エネルギー宇宙線問題”は，この10年間の研究でかなり進展した．すなわち10^{19}eV–10^{20} eVのエネルギーを有する“最高エネルギー宇宙線”の起源問題の焦点が絞られてきた．米国ユタ州に建設された日・米の研究者を主体とするテレスコープ・アレイ（TA）実験と，南米アルゼンチンの3000 km^{2}の平原に設置されたオージェ実験（Auger）の結果が得られたからである．10^{19} eV以上のエネルギーを有する宇宙線の強度は極端に少ない．十分な信号を得るために3000 km^{2}という広大な面積に観測装置を設置する必要がある．

詳しくは3.3.6節で述べるが，テレスコープ・アレイ実験とオージェ実験はともに，10^{19} eV–10^{20} eV領域の宇宙線の強度が低エネルギーの宇宙線強度（flux）を延長した期待値より低いことを示している．これは，宇宙線が遠方の宇宙から宇宙空間を飛来して我々の銀河に到達するまでに，ビッグバン起源の2.7° K光子と衝突しその強度を減少させるというグライセン・ザツェピン・クズミン（GZK）効果の表れであると考えられている．一方，このエネルギー領域の宇宙線の原子核組成については，両実験が相反する結果を出している．

[*9] 10^{20} eVを超える宇宙線の存在を明らかにするための大型観測装置（建設中も含む）については3.3.5節参照.

このように実験データの解釈に相違が生じる原因のひとつは，188 ページで述べるように，空気シャワー実験ではモンテカルロシミュレーションと比較して物理の結果を導いているからである．加速器のエネルギーをはるかに超えた領域の衝突現象をシミュレーションコードが正確に記述しているという保証はない．そこでモンテカルロ・コードをキャリブレーション（calibration）するため，人工加速器では最高の衝突エネルギー 10^{17} eV を有する CERN の LHC 加速器（Large Hadron Collider）を用いた実験が実施された（LHCf 実験）．その結果，空気シャワー実験結果の解釈に使用されているモンテカルロ計算コードの中に LHCf 実験結果を完全に再現するものはなかった．今後 LHCf 実験結果に従ったモンテカルロ・コードの改良により，両グループの解釈の違いが解消する方向に向かうと期待される．

超高エネルギー宇宙線の起源については，GZK 効果を想定すると，我々の銀河系で受信する最高エネルギー領域の宇宙線は，地球からおよそ 1 億光年以内で生成されていることになる．しかし集積された 10^{19} eV 以上の超高エネルギー宇宙線が特定の方向から到来しているという兆候は見えない．また，GZK 効果によって超高エネルギー宇宙線が 2.7°K 光子と衝突して作る宇宙ニュートリノが存在するはずである．南極大陸の巨大な氷床を標的として用い宇宙ニュートリノを検出しようという ICE-cube 実験は，まだ 10^{18} eV のような超高エネルギーニュートリノを発見していない．現在観測装置の拡張計画が検討されている．今後の重要な研究課題になるだろう（詳細は 4.6 節に記述されている）．

もう一つの宇宙線研究の主要な研究テーマは，10^{15} eV 領域の宇宙線の加速天体を同定するという課題である．10^{15} eV のエネルギーはペンタ・エレクトロンボルト（PeV）と呼ばれるので，このような高いエネルギーまで陽子を加速する天体は，自然界の加速器，ペバトロン（PeVatron）と呼称されている．ここ 10 年間にペバトロンの候補天体が絞られてきた．どの天体がペバトロンか，この探索のためにフェルミ衛星の巨大なシリコン・カロリーメータ（LAT）や，地上に設置されたチェレンコフ・ガンマ線望遠鏡が用いられた（具体的手法については 2.5 節と 3.2.2 節を参照）．

電荷を有した陽子は，銀河内の磁場により進行方向が曲げられるので，ペバトロンを同定するのは難しい．しかしガンマ線は中性粒子なので銀河磁場の影響を受けず地球まで直進する．したがってペバトロンが同定できる可能性がある．現在有力なペバトロン候補は南天の銀河中心（Sagittarius A*）である．Sag A* がペバトロンである可能性はドイツのヘス（HESS）グループが，ナムビアに設置しているチェレンコフ・ガンマ線望遠鏡を用いて見つけた．

北天にもペバトロンの候補天体がある．カシオペア A（Cassiopeia A）や1572年に爆発した超新星残骸のティコ（Tycho）である．これらの候補天体は，米国ウイップル天文台（Whipple）グループがチェレンコフ望遠鏡を用いて得たデータと FERMI-LAT のデータを解析して分かった．さらにこれらの成果を確定するために，大型の国際チェレンコフ望遠鏡システム CTA（Cherenkov Telescope Array）の建設が進んでいる．

チェレンコフ・ガンマ線望遠鏡とは別の方法で宇宙ガンマ線を検出することが可能である．それは空気シャワーに含まれているミューオン成分の少ないシャワーを用いる方法である．（Mu-less 空気シャワー実験）．この方法で現在チベット高原の 4300 m に設置された Tibet AS-array による観測や，メキシコのシエラネグラ山（4100 m）に設置された米・墨共同実験 HAWC によりペバトロンを探査中である．それをさらに拡大した新計画も提案されている．北天では中国の雲南省で，南天ではボリビアのチャカルタヤ山で観測計画が進行している．それぞれ LAASO，ALPACA という名前がついている．これらの装置から，どの天体が 10^{15} eV まで陽子を加速できるペバトロンか，近い将来解明されるだろう．

それでは 10^{15} eV から 10^{18} eV までの宇宙線はどのように作られているのであろうか？　これは依然として謎である．アックスフォード（Axford）は 10^{14} eV まで超新星残骸の衝撃波で加速された宇宙線が，我々の銀河渦状腕（スパイラルアーム）の中を 2000 万年かけて往復運動をする間に，恒星フレアや超新星爆発の衝撃波から運動量をもらい徐々に加速されていくというモデルを提唱している．これはフェルミ（Fermi）が提唱したオリジナルな統計加速モデルで，フェルミの2次加速モデルと呼ばれており，超新星残骸の衝撃波で加速するフェルミの1次加速模型と区別されている．この加速モデルでは宇宙線は特定の方向から飛来することはない．天源探索ばかりに目を奪われるのではなく，他の加速機構も見ながら研究を進めることが，正しい“宇宙線の描像”を得る上で重要であろう．

最後に最近の重力波の直接観測の成功について書く．2015 年 9 月 14 日に米国のLIGOチームは，重力波を検出した．この重力波は太陽の約36倍のブラックホールと約29倍のブラックホールの合体によって発生したことも分かった．このような太陽の約30倍もあるブラックホールは，宇宙の進化の歴史の中で最初にできた水素とヘリウムからなる星，初代星（種族IIIの星）の進化の果てに作られることが理論的に予想される．今後の重力波観測で多数の初代星候補が見つかれば，種族IIIの星の存在が確定することになるので，天文学上，非常に重要な発見になるだろう．

3.2 飛翔体観測と観測技術

3.2.1 宇宙線の観測

宇宙線の研究は，粒子の生成・消滅という素粒子物理学または原子核物理学と，粒子の加速・伝播という宇宙物理学の視点から行われている．観測される宇宙線の組成やスペクトルは両者が複雑に絡みあった現象であり，それらを理解するためには広いエネルギー領域で多種類の粒子の識別とエネルギーの決定を行う必要がある．この目的でさまざまな検出器が考案されて，地下，地上，気球および人工衛星による観測が実施されている．

図3.1（144ページ）にこれまでに観測された宇宙線エネルギースペクトルを示す．

宇宙線中には，太陽を起源とする宇宙線（太陽宇宙線）と，太陽系外から地球に到達する宇宙線（銀河宇宙線）が存在する．図3.1に示された1 GeV以上の領域では銀河宇宙線が支配的である．エネルギーの低い銀河宇宙線は，太陽活動に伴う惑星間磁場の変動による変調（solar modulation）を受け，スペクトルの形が時間的に変動する．さらに，地球磁場による遮蔽[*10]により，地磁気緯度の違いによってスペクトルが変化する．一方，10 GeVを超える高エネルギー領域では，エネルギーのベキ乗則で減少するスペクトル（$E^{-\gamma}$）を持ち，エネルギーの増大とともに全粒子フラックス[*11]が急激に減少する．

宇宙線の組成としては，陽子から鉄以上の重い原子核に至るあらゆる原子核が

---

*10 遮蔽の効果は地磁気緯度や高度に依存する（cutoff rigidity）．

*11 フラックスは単位面積，単位立体角，単位時間あたりに入射する粒子の数．粒子の種別を区別しないとき全粒子フラックスという．

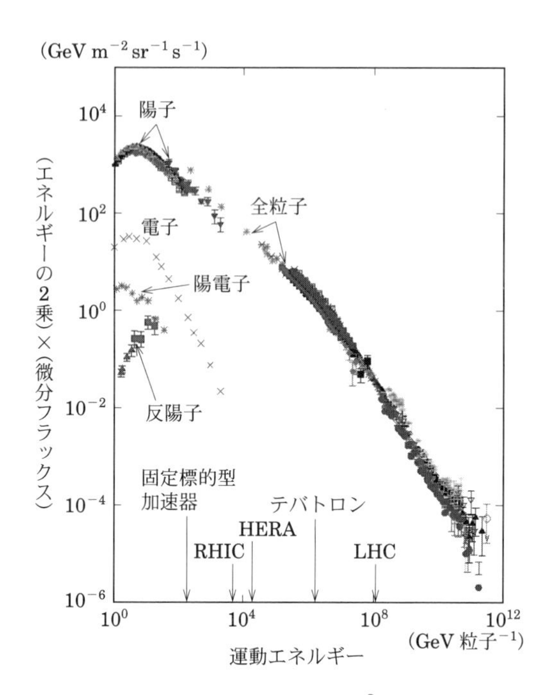

図 3.1　宇宙線エネルギースペクトル（E^2 をかけて表示）．飛翔体観測が可能な 10^{15} eV（10^6（GeV））以下の領域では各成分ごとに，それ以上の地上観測では全粒子スペクトルが示されている．エネルギースケールを比較するため，現存する高エネルギー粒子加速器をそれぞれ対応するエネルギーの位置に示してある．HERA はドイツ電子シンクロトロン研究所にある電子・陽子衝突型加速器，RHIC は米国ブルックヘブン国立研究所にある重イオン加速器，テバトロンは米国フェルミ国立加速器研究所の陽子・反陽子衝突型加速器，LHC は欧州原子核研究機構の陽子・陽子衝突型加速器（米国デラウェア大学 T.K. Gaisser 氏提供）．

含まれているだけでなく，微量ながら電子，陽電子や反陽子に加えて，電荷をもたない光子やニュートリノも含まれている．これら粒子の識別を正確に行うためには，ニュートリノを除けば大気の影響を受ける地上での観測は難しく，衛星や気球などの飛翔体を用いた観測が不可欠となる．一方，高エネルギー領域では，到来頻度（フラックス）の減少にともない，粒子識別能力では劣るものの地上に設置した大型装置による観測に頼らざるを得ない．ベキ型のスペクトル形状により，10^{16} eV（10^7（GeV））では，全粒子フラックスは1年間に1 m^2 あたり約1個に過ぎない．宇宙線中の主成分である陽子でさえ，10^{15} eV 以上の領域では飛翔体による観測はきわめて困難である．

銀河宇宙線の起源や加速機構については，10^{15} eV 領域に見られる全粒子スペクトルの折れ曲がり（ニー; knee）の起源を含めて，まだ未解明な部分が多い．その理由として，粒子種別ごとの正確なエネルギースペクトルの観測が困難であることに加えて，荷電粒子は数マイクロガウス*12ほどの星間磁場によって進行方向が曲げられるため，10^{19} eV 以上でほぼ直進する場合を除いて，到来方向から加速源を同定することが困難な点があげられる．一方，宇宙線観測ではさまざまな種類の粒子を総合的に研究することにより，電磁波観測だけでは得られない高エネルギー（非熱的）宇宙の情報がもたらされる．

宇宙線中には，1次宇宙線と呼ばれる加速された粒子そのものと，2次宇宙線と呼ばれる1次宇宙線が星間物質（おもに水素）と衝突して生成される成分がある*13．1次宇宙線からは加速源や加速機構の情報が得られ，2次宇宙線からは星間空間での伝播機構の知識がもたらされる．したがって観測された宇宙線がどちらの成分であるかということも重要である．たとえば，反陽子や陽電子のような反物質が加速源に存在したのか，2次的に生成されたものかを決めることは，反物質の起源の解明にとって不可欠な課題である．表3.1（146ページ）に宇宙線各成分の観測で得られる情報についてまとめた．

宇宙線が加速源で生成されて銀河系内を伝播した後，地球に届くまでの過程はいくつかの伝播モデルによって研究されている．もっとも単純なものがリーキーボックスモデル（Leaky Box Model）である．定常状態を考え，粒子は閉じ込め領域の中では対流はなく自由運動をしており，一定の割合で閉じ込め領域から漏れ出すとする．粒子密度は次の式で記述される．この方程式を粒子 i に関する連立方程式として解くことによって，2次宇宙線の存在量や加速源における1次宇宙線の量を，観測データから求めることが可能である．しかし，観測データの欠如や，星間物質との相互作用における情報不足などにより，正確な結果が得ら

*12 1マイクロガウス $= 10^{-10}$ テスラ．

*13 宇宙空間でできる成分を1次宇宙線，それらが地球の大気中でつくる成分を2次宇宙線と呼ぶ場合もある．

表 3.1 宇宙線諸成分と関連する物理過程.

成分	関連するおもな物理過程
陽子，原子核	加速源，加速機構，銀河内伝播過程
電子	加速源，加速過程，銀河内拡散過程，ダークマター
反陽子	銀河内伝播過程，始原ブラックホール，ダークマター
陽電子	銀河内伝播過程，加速機構，ダークマター
同位体元素	宇宙線の寿命，元素合成機構
超重核	元素合成機構，初期加速過程，銀河内伝播過程

れているわけではない.

$$\frac{N_i(E)}{\tau_{\rm esc}(E)} = Q_i(E) - \left(\frac{\beta c\rho}{\lambda_i} + \frac{1}{\gamma\tau_i}\right) N_i(E) + \frac{\beta c\rho}{m}\sum_{k\geqq i}\sigma_{i,k}N_k(E) - \frac{\partial}{\partial E}\{b_i(E)N_i(E)\}.$$

ここで，$N_i(E)$ は i という種類の粒子のエネルギー E における密度を表し，$\tau_{\rm esc}(E)$ は磁場による閉じ込め領域における宇宙線の平均滞在時間を表す．右辺の第1項 Q_i は発生率を，第2項は相互作用と崩壊で減少する効果を，第3項は他の粒子 k が相互作用して粒子 i が生成される割合を，第4項[*14]は星間空間でおこる加速または減速の効果を，それぞれ表している．各記号の意味は，βc は粒子の速度，ρ は閉じ込め領域の星間ガス密度，λ_i は衝突の平均自由行程，$\gamma\tau_i$ はローレンツ因子 γ だけ延びた崩壊寿命，$\sigma_{i,k}$ は粒子 k が破砕反応により粒子 i を作る断面積，m は宇宙線が衝突する星間ガス（大部分は水素）の質量で，b_i は加速または減速の割合である.

飛翔体による宇宙線観測は，最近の観測技術の飛躍的向上にともない，研究対象が反物質やダークマターの探索といった素粒子と宇宙をつなぐ領域へも急速に拡大している．本章では発展のめざましい飛翔体観測の結果と検出技術の現状についてまとめる.

[*14] オリジナルのリーキーボックスモデルにはこの項はない.

3.2.2 飛翔体観測における宇宙線検出器

宇宙線の粒子種別はきわめて多岐にわたり，粒子種ごとにフラックスが大きく異なるだけでなく，高エネルギー側でのスペクトルはエネルギーのベキ乗則で減少する．したがって，それらのエネルギースペクトルを測定するための検出器には，各成分のフラックスに応じた幾何学的因子（面積 × 立体角: $S\Omega$）を有することとエネルギー測定が可能なことが前提条件となり，その上に十分な粒子識別機能を備えている必要がある．エネルギー測定には，マグネットスペクトロメータを用いて磁場中での粒子の飛跡から運動量を求める方法と，カロリメータを用いて入射粒子を検出器内で相互作用させ，直接エネルギーを測定する方法の 2 種類がある．マグネットスペクトロメータでは位置測定の精度が運動量決定精度を決める．粒子識別装置としては，電荷検出器，飛行速度検出器，チェレンコフ検出器，遷移放射検出器等，目的に応じてさまざまな検出器が開発されている．また，撮像型のカロリメータもシャワー形状の違いを利用して強力な粒子識別性能を持つ．粒子と反粒子を識別するという意味ではマグネットスペクトロメータも重要な粒子識別能力を有することになる．

1990 年代に入ってからの電子回路技術や検出器性能における急速な進歩に呼応して，粒子線の観測技術は飛躍的に発展している．飛翔体観測に使用される主な検出器について解説する．

飛跡検出器

フラックスは面積・立体角で規格化された値であり，観測結果からフラックスを導出するためには，検出器がそれぞれの立体角に対してどれだけの有効面積を有しているかを求め，立体角に対して積分して検出器の幾何学的因子を得る必要がある．このためには入射粒子の位置や方向を何らかの精度で測定することが必須で，飛跡検出器が必要となる．飛跡検出器としては，希ガス中の飛跡をワイヤーで読み出す方式とシリコンストリップを用いる方式が開発されている．前者は，気球観測用の BESS（Balloon-borne Experiment with a Superconducting Spectrometer）で採用されており JET チェンバーと呼ばれている．後者は，ガス検出器の使用が不利な宇宙観測である，AMS-02（Alpha Magnetic Spectrometer）や PAMELA（Payload for Antimatter Matter Exploration and Light-nuclei Astrophysics）

で採用されている．ACE 衛星に搭載されている CRIS（Cosmic Ray Isotope Spectrometer）に見られるシンチファイバー[*15] を用いた飛跡検出器への利用もあり，BETS（Balloon-borne Electron Telescope with Scintillating fibers）や CALET（CALorimeteric ELectron Telescope）でも採用されている．

マグネット・スペクトロメータ

運動量 p（eV c^{-1}）を持つ電荷量 Ze の荷電粒子が磁場 B（テスラ）の磁場中を運動すると粒子の進行方向と磁場の方向に垂直な平面内では，その面内での運動量 $p_\perp$ に対して，$p_\perp = 3 \times 10^4\, ZB\rho$ で与えられる曲率半径 ρ（m）の円軌道を描く．したがって，荷電粒子の軌跡の測定により運動量が得られる．マグネット・スペクトロメータはこの原理を用い，磁場中の荷電粒子の軌跡を測定することにより運動量を決める装置である．測定可能な上限に対応する運動量（正確には観測誤差が 100%になる運動量）を MDM（Maximum Detectable Momentum）と呼び，装置の大きさ 1 m 程度，位置分解能 10 μm，磁場の強さ 1 テスラの超伝導磁石では，ほぼ 1 TeV の値になる．MDM よりかなり低いエネルギー領域（1 TeV 以下）の観測では，きわめて高い分解能（数%以下）が実現される．マグネット・スペクトロメータによる運動量測定の原理を図 3.2 に示す．代表的な装置例としては，BESS，CAPRICE（Cosmic AntiParticle Ring Imaging Cherenkov Experiment），HEAT（High Energy Antimatter Telescope），2006 年に打ち上げられた PAMELA 衛星と 2011 年に国際宇宙ステーションに搭載された AMS-02 があげられる．これらはいずれも飛跡検出器を備えており，さらに以下に概説する粒子識別装置の追加により，反粒子の検出を同時に行うことを目的としている．

カロリメータ

カロリメータでは，電磁シャワーの測定によってエネルギーを決めている．電磁シャワーの様子は吸収層となる物質の種類によって大きく異なるため，飛翔体観測では観測の目的に応じて最適化が図られている．大別して，サンプリング型と全吸収型に分けられる．前者は，電磁成分に変換されたエネルギーを吸収層

[*15] 細いシンチレーションカウンターをファイバー状に束ねたもの．ファイバーは粒子を検知して光を発生するとともに，その光を光検出器まで導く光ファイバーの役割をはたす．

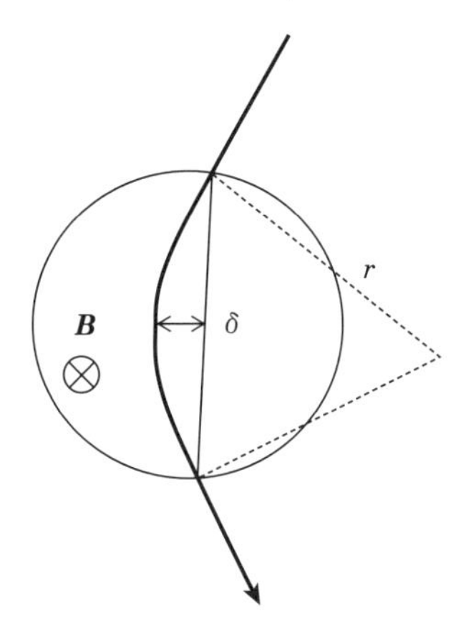

図 3.2 マグネット・スペクトロメータによる運動量測定の原理．r は粒子の曲率半径，δ は直線運動からの粒子の位置のずれを表す．

の間に挿入したシンチレータにより“サンプル”して各層でのエネルギー付与（energy deposit）を測定するのに対して，後者は，無機シンチレータのみで全エネルギーを吸収する．

電磁シャワーでは，電子成分のエネルギーが 1 放射長（X_0）の距離における電離損失*16（臨界エネルギー: ε）と同じになると増殖がとまり，シャワー最大発達点での粒子数は E_0/ε にほぼ比例する．エネルギー（E_0）が高くなって，吸収層やシンチレータの厚みが不十分になると，粒子の一部が漏れ出すためエネルギーの測定精度は悪くなる．そのために，少なくともシャワー最大発達点の深さまで測定できる必要がある．このため，エネルギーが高くなるほど単位面積あたりの吸収層の重量が増加する．原理的にはエネルギー測定の上限値はないが，飛翔体に搭載できる装置重量の限界によって制限される．宇宙線のフラックスはエネルギーのベキ乗で減少するため，年単位の長期間観測を行うにしても，10^{15} eV 領域まで測定するには，1 トンを越える大重量の測定器が必要となる．

陽子，原子核（ハドロン）成分では，核相互作用で生じる電磁成分のエネルギーを測定するので，1 回の衝突だけの測定では相互作用点の深さの“ゆらぎ”が大きいために，精度よくエネルギーを決めることはできない．衝突を多数回繰り

*16 荷電粒子が物質中で電離・励起により失うエネルギー．

返して入射粒子のエネルギーのかなりの部分が電磁成分に変換されるほどの厚い吸収層を用いるか，ゆらぎの効果を統計的に取り扱うことによってエネルギースペクトルを求める必要がある．どのような物質を吸収層あるいはシンチレータとして用いるかは，相互作用の断面積を大きく，質量を小さくするように最適化する．制動放射や電子–陽電子対生成の断面積は標的となる物質の Z^2 に比例するので，密度（ほぼ Z に比例）の大きな物質ほど，電磁シャワーの発達効率（単位質量あたり）が高い．このため，単に電磁シャワーを測定するためなら鉛やタングステン等 Z の大きな物質がよい．一方，ハドロン相互作用の断面積は $Z^{2/3}$ にほぼ比例するため，単位質量あたりの効率が高くなる Z の小さな物質を標的層としたカロリメータが採用されている．

現在，このような原理に基づく装置として，NASA の南極周回気球実験のために，CREAM（Cosmic-Ray Energetics And Mass），ATIC（Advanced Thin Ionization Calorimeter）と呼ばれる重量が 1 トンを越える大型観測装置が開発され 2000 年代はじめから観測が実施されている．CREAM はタングステンを吸収層として用いたサンプリング型のカロリメータであり，ATIC は BGO と呼ばれる無機シンチレータを用いた全吸収型のカロリメータである．両者はいずれもハドロンの検出効率をあげるために炭素を標的層として用いている．図 3.3 に装置例として，ATIC の側面から見た模式図と陽子イベントのシミュレーションを示す．

カロリメータの一種としてエマルションチェンバー（ECC）と呼ばれる原子核乾板，X 線フィルムなどの感光材料を鉛板の間に挿入した観測装置が 1950 年代に日本で考案され，現在でも軽量で大面積が実現できる観測装置として利用されている．この装置の特徴は，きわめて優れた位置分解能（$\sim 1\,\mu$m）により，電磁シャワーの発達をその中心部分（数 $100\,\mu$m）でのみ測定することによって，シャワー中の高エネルギー粒子だけを観測することである．ECC では，シャワーが比較的浅い位置で最大発達点に達するので，同じエネルギー精度であれば通常のカロリメータに比べて軽量になり，装置も薄いため視野の立体角も大きくとれるという利点がある．このような理由により，最も高いエネルギー領域（$\sim 10^{15}$ eV）までの観測は，ECC を用いた JACEE（Japanese American Cooperative Emulsion Experiment），RUNJOB（RUssia Nippon JOint Balloon experiment）というそれぞれ日米，日露の共同観測によって実現された．

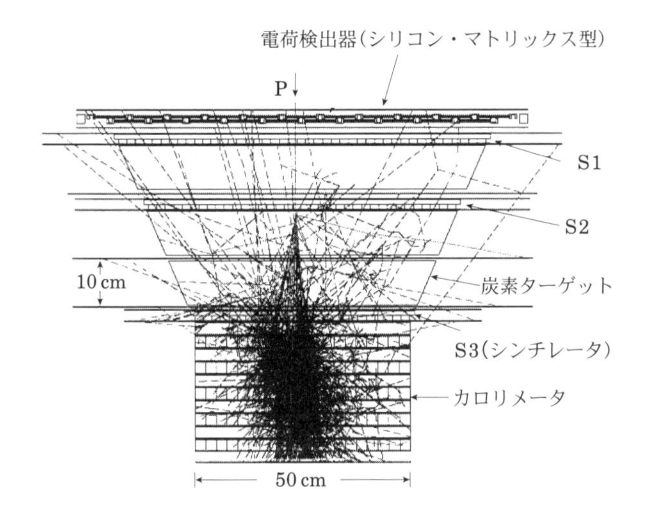

図 **3.3** 陽子，原子核成分の観測に用いられる装置（ATIC）の側面図と高エネルギー陽子が入射した場合の荷電粒子の飛跡のシミュレーション結果．3 層のトリガー用プラスチックシンチレータ（S1,S2,S3）と BGO のブロックを積層したカロリメータと，陽子，原子核の相互作用を発生する炭素ターゲットから構成される．最上部には，電荷測定のためのシリコン検出器が設置されている（米国ルイジアナ州立大学 J.P. Wefel 氏提供）．

飛行速度検出器（TOF）

荷電粒子が 2 個のカウンターを通過する際の飛行時間（time of flight）を測定することで，同一の運動量を持つ質量の異なる粒子の速度差を利用して粒子識別を行うことができる．測定された時間差を δt，カウンター間の距離を L，粒子の運動量を P，質量，速度を m_1, m_2 及び β_1, β_2 とすると（ただし，粒子の速度 v，光速 c に対して $\beta = v/c$），$P^2 \gg m^2c^4$ の範囲では

$$\delta t \sim (m_1^2 - m_2^2)Lc/2P^2.$$

と表すことができる．一般的に時間差測定の精度は運動量によらずほぼ一定なため，時間差が運動量の 2 乗に逆比例することから，高エネルギー側（数 GeV/c 以上）での飛行速度測定による粒子識別は非常に困難となる．時刻測定のためのカウンターには安価に高い時間分解能を出すことができるプラスチックシンチレータの使用が一般的である．たとえば BESS 実験では 70 ps の時間分解能

(σ_t) を実現しており，$L \sim 1.8\,\mathrm{m}$ を考慮すると，運動量 $3\,\mathrm{GeV/c}$ における陽子・μ 中間子がおよそ $4\sigma_t$ で分離できることがわかる．測定器に下側から入射する粒子も飛行時間測定により完全に取り除くことができる．このようなアルベド粒子[*17]は，マグネットスペクトロメータでは同じ運動量を持った反粒子に見えることから確実に除去できることが必要である．

チェレンコフ検出器

荷電粒子の速度 βc が，屈折率 n の透明な媒質中での光速（c/n）を超えると，チェレンコフ放射が発生する．衝撃波と同じ原理で，チェレンコフ放射の波面は荷電粒子の通過線上から発生する球面波の包絡面として形成されるため，チェレンコ波の伝播方向は，

$$\cos\theta_{\mathrm{c}} = \frac{1}{\beta n}.$$

として与えられる．θ_{c} は粒子の進行方向に対するチェレンコフ光の放射角度である．チェレンコフ光は $\beta > 1/n$ が満たされるときのみ放出されるので，チェレンコフ光の有無を利用した閾値型の粒子識別が可能となる．さらに，リング・イメージング・チェレンコフ・カウンター（RICH）では，薄い放射体で発生したチェレンコフ光を，チェレンコフ角 θ_{c} の違いを測定するのに適切な距離を取った平面でチェレンコフ光の生成する円錐の断面をイメージングし，チェレンコフ角を再構成する．これにより，β が 0.1%の精度で測定できる．閾値型にせよ RICH にせよ，高精度な速度測定ができる範囲は放射体の屈折率によって決定される．チェレンコフ検出器は放射体を適切に選択することが肝要である．BESS 実験には放射体としてエアロゲル（$n = 1.02, 1.03$）を使用した閾値型のカウンターが，AMS-02 ではエアロゲル（$n = 1.05$）とフッ化ナトリウム（$n = 1.33$）を放射体として使用した RICH が搭載されており，飛行速度測定器の限界を超えて，入射粒子の質量の高精度分離を可能としている．

遷移放射検出器（TRD）

誘電率の異なる二つの媒質の境界面を高速の荷電粒子が通過すると，相対論的効果により荷電粒子に付随する横方向に伸びた電磁場が，境界面で連続性を保つ

[*17] 大気中での一次宇宙線の相互作用によって生成された二次宇宙線が上向きに散乱されたもの．

ために，その差が光として放出される．この現象は遷移放射と呼ばれ，放射される光は大部分が X 線領域である．放出される全エネルギー $I_{\rm tr}$ は以下の式で与えられる．

$$I_{\rm tr} = \alpha z^2 \gamma \hbar\omega_{\rm p}/3.$$

ここで，$\alpha = 1/137$ は微細構造定数，$\hbar\omega_{\rm p}$ はプラズマエネルギーであり近似的に

$$\hbar\omega_{\rm p}/3 = \sqrt{\rho\,({\rm g/cm^3})\langle Z/A\rangle} \times 28.8 \quad [{\rm eV}],$$

と表される．$I_{\rm tr}$ は荷電粒子のローレンツ因子（γ）に比例し，また，あるエネルギー以上の光子数は $(\log\gamma)^2$ に比例して増える．この原理を応用して γ を求めることが可能で，粒子の質量，電荷がわかれば，粒子のエネルギーを決めることができる．この検出器は，エネルギー測定が可能な範囲が制限されるが，軽量であるため大面積化が可能で，TRACER（Transition Radiation Array for Cosmic Energetic Radiation）と呼ばれる面積が $4\,{\rm m}^2$ の観測装置が実現されている．TRACER では，γ を 10^4 の桁まで測定することが可能で，$8 \leqq Z \leqq 26$ の原子核成分について，核子あたり 100 GeV から 10 TeV の領域までエネルギースペクトルが測定されている．TeV 以下のエネルギーでは，TRD とは独立なエネルギーや運動量の測定と組み合わせることで，発光量の違いを利用した電子・陽子識別を行うこともできる．

電荷検出器

原子核の種類を決めるための電荷量の決定は，電離損失の測定を利用して効果的に行うことができる．荷電粒子の平均電離損失は以下のベーテの式によって記述される．

$$\left\langle -\frac{dE}{dx}\right\rangle = Kz^2\frac{Z}{A}\frac{1}{\beta^2}\left[\frac{1}{2}\ln\frac{2m_{\rm e}c^2\beta^2\gamma^2 W_{\rm max}}{I^2} - \beta^2 - \frac{\delta(\beta\gamma)}{2}\right].$$

ここで，Z, A はそれぞれ検出器となる物質の原子番号と原子量*18を，z は荷電粒子の電荷を素電荷で割った値，m_e は電子の質量を表す．また，I は物質の平均励起エネルギーを，$W_{\rm max}$ は一回の衝突における最大のエネルギー遷移

*18 正確にはモル質量（${\rm g\,mol^{-1}}$）．

を，$\delta(\beta\gamma)$ は密度効果による補正を示す．定数 K（$\mathrm{MeV\,mol^{-1}\,cm^2}$）は，$K = 4\pi N_\mathrm{A} r_\mathrm{e}^2 m_\mathrm{e} c^2$ と与えられる．N_A はアボガドロ数，r_e は古典電子半径である．電離損失は電荷量の2乗に比例するため，それぞれの電荷をピークとして識別することができる．また，電離損失は荷電粒子の $\beta\gamma$ に依存する．低エネルギー側では β^{-2} に比例し，$\beta\gamma \sim 4$ 付近で極小に到達しそれより高いエネルギーでは $\ln\gamma$ の項が効いて対数的に増加する．電荷の測定は，プラスチックシンチレータやシリコンストリップを用いて，電離損失をシンチレーション光や電子・正孔対として検出することで可能となる．薄い検出器で電離損失を測定した場合，対数的なエネルギー増加はそれほど顕著には見られず，各電荷に対して広いエネルギー領域でほぼ一定のピークが得られる．電荷検出器として，BESS や CALET ではシンチレータが採用されているが，AMS-02 ではシリコンストリップや RICH が用いられている．飛跡検出器や飛行時間測定器が電荷測定器の役割を兼ねることが多い．

3.2.3　宇宙線諸成分とその観測

陽子と原子核成分

宇宙線の主成分である陽子・原子核成分は，低エネルギー領域（$\sim 1\,\mathrm{GeV}$）における成分比の観測から，宇宙組成比（cosmic abundance）から顕著にずれることがわかっている．そのおもな違いは，星の元素合成でつくられ加速される1次成分に加えて，それらと星間物質の相互作用によって生成される2次的な成分が存在することである．すなわち星の元素合成での生成量がきわめて少ない Li, Be，B や sub–Fe と呼ばれる Ti–Mn などが存在する．これらの存在量は，宇宙線が伝播する間に通過する物質量に依存し，宇宙線の寿命や伝播の研究において重要な手がかりを与える．宇宙線の組成比から宇宙線源の候補として，超新星（Type Ia, II）[*19]と星間物質（ISM），ウォルフ・ライエ星[*20]などが挙げられている．

これらの宇宙線の加速機構はまだ十分に解明されてはいないが，エネルギース

[*19] Ia 型超新星は白色矮星に質量が降着して臨界質量に達すると突然核暴走をおこす型．II 型超新星は重い星の中心部に臨界量以上の鉄がたまると，それが突然の重力崩壊するものである．

[*20] 強い星風によって水素の外層を吹き飛ばされ，高温の内部が露出した大質量星．

ペクトルがベキ乗則に従うことから，フェルミの統計加速モデルが有力である．このモデルは，荷電粒子が磁場との散乱を繰り返すことによって統計的に加速するものである．現在では超新星爆発で形成される衝撃波による統計的加速が有力視されている．いずれの場合も，加速は荷電粒子の電荷（Z）に比例し，Z の大きな重原子核ほど加速効率がよい．衝撃波加速モデルによる加速エネルギーの上限は，$E_{\max} = 100 \times Z$ TeV（TeV $= 10^{12}$ eV）とされている．

このように，宇宙線の加速効率は電荷（Z）に依存するが，加速後の銀河伝播過程の様子も Z に依存する．その一つは，先に述べた星間物質との相互作用であり，もう一つは磁場による“閉じ込め”である．前者はほぼ $A^{2/3}$（A: 質量数 $\sim 2Z$）に比例して衝突断面積（相互作用の確率）が増大するので，重原子核ほど短い距離で相互作用を起こしてより軽い原子核に転換される確率が大きい．後者では，同じ磁場で曲げられる大きさ（ラーモア半径）は Z に反比例するので，軽い原子核ほどラーモア半径が大きくなり，磁場内への閉じ込めができなくなり，“漏れ出し（Leak）”の効果が大きくなる．さらに，これらはエネルギーにも依存するので，加速と伝播の様子を解明するには，原子核成分ごとに高精度なエネルギースペクトルの観測が必要となる．これまでの観測結果を図 3.4（156 ページ）に示す．まだ観測の精度は不十分ながら，結果はおおよそ次のようにまとめられる．

- 観測される各成分のエネルギースペクトルは，Z の増大とともにエネルギースペクトルのベキ（γ）が小さくなる傾向がある．これは，Z が増大するほど星間物質との相互作用の断面積が増大し，磁場からの“漏れ出し”の以前に相互作用が起こるためと考えられる．この効果を考慮して，陽子から鉄までのスペクトルのベキをリーキーボックスモデルで総合的に説明するためには，加速源でのエネルギースペクトルは $E^{-2.3\pm0.1}$ となる．これは衝撃波加速モデルからの予測値と矛盾しない．
- 全粒子エネルギースペクトルには，3×10^{15} eV あたりに折れ曲がり（ニー）があることが，飛翔体及び地上観測の結果からわかっている（第 3.1.4 節参照）．この折れ曲がりは，衝撃波加速の加速限界によるものと予測される．この場合には，重原子核ほど加速限界エネルギーが高いので，エネルギーがニー領域に近づくにつれて重原子核成分の存在比が大きくなることが期待される．

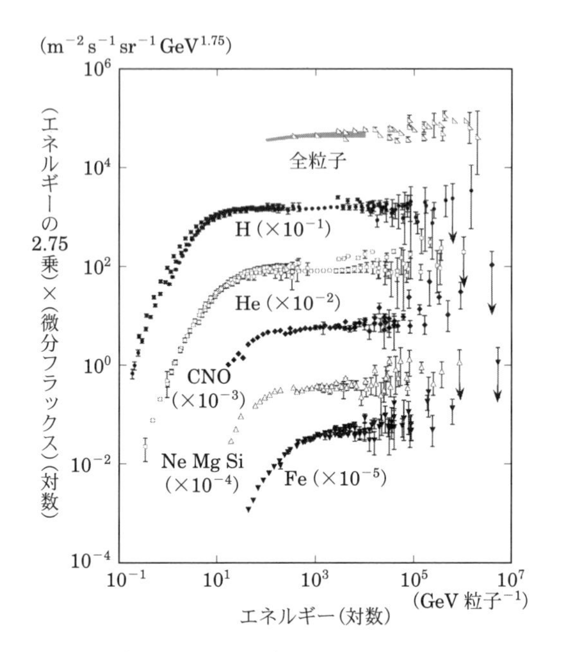

図 3.4 飛翔体観測で得られた各成分ごとのエネルギースペクトル（$E^{2.75}$ をかけて表示）. 観測される各成分のエネルギースペクトルは, Z の増大とともにエネルギースペクトルのベキ（γ）が小さくなる傾向がある. 全粒子エネルギースペクトルには, 3×10^{15} eV （3×10^{6} GeV）あたりに knee（ニー）と呼ばれる折れ曲がりがある.

• 図 3.5 に示すような, 原子核成分中に含まれる 2 次成分と 1 次成分の比, （B/C など）のエネルギー依存性から, 宇宙線が通過する星間物質の量を推定できる. この比がエネルギーの増大とともに減少する様子から, リーキーボックスモデルによると宇宙線の銀河内滞在時間（銀河磁場から“漏れ出す”までの時間）は, 2 GeV から数十 GeV の範囲で, エネルギーとともにほぼ $E^{-0.5\pm0.1}$ の関係で減少することがわかる.

電子成分

宇宙線中の電子は, 磁場によるシンクロトロン放射や光子との逆コンプトン散乱により電磁波を放出するため, 電波や X 線, ガンマ線の観測から加速源が超新星残骸やパルサーにあることがわかっている. しかし, その加速機構や加速上

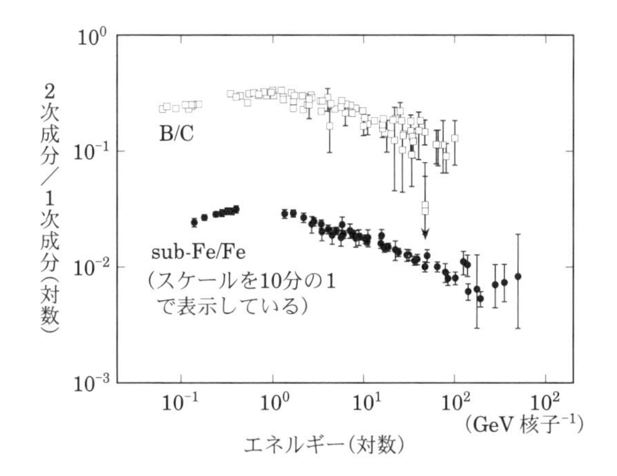

図 3.5 2 次成分と 1 次成分の比．B/C（□）と sub–Fe/Fe（●）のエネルギー依存性の観測結果．Sub–Fe（Sc（スカンジウム），Ti（チタン），V（バナジウム））は Fe（鉄）の破砕反応でつくられ，B（ホウ素）は C（炭素）の破砕反応でつくられる．すなわち，Fe や C は宇宙線 1 次成分で Sc, Ti, V や B は 2 次成分である．

限エネルギーなどについては未解明な部分が多い．高エネルギー電子が，これらの電磁的過程で単位時間当たりにエネルギーを損失する割合は，いずれもエネルギーの 2 乗に比例（$dE/dt = -bE^2$）する．このため，電子の寿命はエネルギーに反比例して短くなり，現時点で観測されるエネルギーが E 以上の電子は，$T = 1/bE \sim 2.5 \times 10^5$ 年$/E$（TeV）より最近になってから加速されている必要がある．係数 b の値は，磁場の強度の 2 乗平均と光子密度から決まり，その期間に電子が拡散する距離は $(DT)^{1/2}$ に比例する．ここで，D は銀河拡散係数と呼ばれる電子の拡散の大きさを表すパラメータで，$D = D_0E^{\delta}$ のようなエネルギー依存性を持っていることが知られている．この影響とエネルギー損失の効果により，観測されるエネルギースペクトルは，加速源のエネルギースペクトルに比べて傾斜（ベキ）が急になる．

これまでの電子観測の結果と上に述べた拡散モデルによる計算結果の比較を図 3.6（158 ページ）に示す．このモデル計算では，我々の銀河系内での超新星爆発の頻度は 30 年に 1 回で，各爆発で放出される電子の全エネルギーは 10^{41} J であり，$E^{-2.2}$–$E^{-2.4}$ のスペクトルを仮定している．図からわかるとおり，そのよ

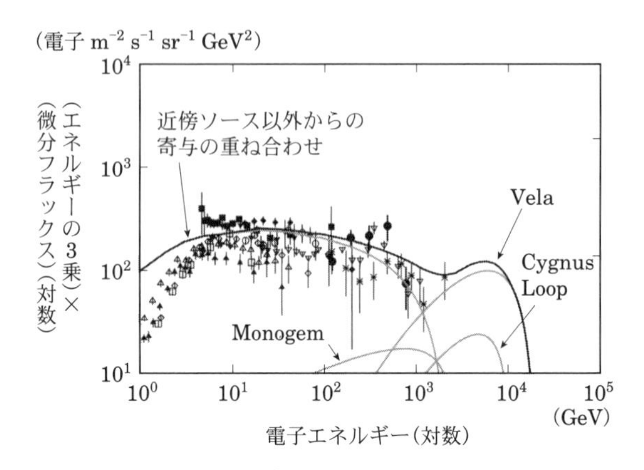

図 3.6 電子エネルギースペクトル（E^3 をかけて表示）の観測結果と拡散モデルを用いた計算結果の比較．$D_0 = 2 \times 10^{29}\,\mathrm{cm^2\,s^{-1}}$; $\delta = 0.6$（$< 600\,\mathrm{GeV}$）–0.3（$> 1\,\mathrm{TeV}$）を用いている．1 TeV（10^3 GeV）以上の領域では個々近傍ソースの直接的影響が期待される（モデル計算は，T. Kobayashi *et al.* 2001, *Advances in Space Research*, 27, 653）.

うな加速源の重ね合わせで得られるエネルギースペクトルは，1 TeV（10^3 GeV）以下の領域ではおおむね観測データと一致している．1 TeV 以上の電子は，約10万年以内に加速されたものしか生き残れないので，1 kpc 程度の距離しか伝播できない．したがって，より最近の近傍の源からしか期待できない．そのような条件に該当する超新星残骸は数個（Vela（ほ座超新星残骸），Cygnus Loop（はくちょう座ループ），Monogem（モノジェム: ふたご座と一角獣座にまたがる超新星残骸））に限られている．近傍加速源から寄与がないとすると，1 TeV 付近の電子エネルギースペクトルにカットオフが現れる．したがって，観測によって近傍加速源を同定することが可能になり，宇宙線発見以来の課題である加速機構や上限エネルギーの定量的解明ができる．

電子は 1 TeV 領域では，陽子の 0.1% 程度しか存在しない．電子の観測では，装置の大型化と陽子，原子核成分との高精度識別が不可欠である．このため，近傍加速源の検出には，大気の影響を受けない宇宙空間での衛星などによる数年にわたる長期間観測が必要であり，今後の重要な観測項目となっている．

電子をおもなバックグラウンドである陽子から選別するためには，一般的には複数の検出器を組み合わせる必要がある．マグネット・スペクトロメータで運動量の測定を行い，カロリメータを併用することにより電磁シャワーの検出とエネルギー測定を行う．陽子では，それ自身のエネルギーがすべてシャワーのエネルギーになる確率はきわめて小さいので，両者の運動量とエネルギーの比較により 100 GeV までの観測が実施できる．さらに，HEAT（148 ページ）では TRD によるローレンツ因子の測定とカロリメータにおけるエネルギー測定の併用により，きわめて高精度な電子選別が行われた．しかし，これらの方法では運動量やエネルギーの測定精度が悪くなる数 100 GeV 以上の領域は原理的に難しいだけでなく，装置が大型化するという欠点がある．

それに対して，BETS（148 ページ）は，シンチファイバーと画像増幅型 CCD のシステムを用いた，1 mm 以下の位置分解能をもつイメージングカロリメータである．そして，この宇宙線シャワーの 3 次元的発達を撮像するシステムにより，電子選別とエネルギー測定を同時に行うことに成功している．この手法によれば，比較的小型の装置での電子選別が可能である．南極周回気球（PPB; Polar Patrol Balloon）を用いた長時間観測などにより，10 GeV–1 TeV 領域での観測が行われている．しかし，この手法でも 1 TeV を越える領域の観測は難しいので，さらに大規模な装置による宇宙空間における長期間の観測が不可欠となる．

CALET は垂直方向の厚さが 30 放射長及び 1.3 相互作用長に相当する全カロリメータ検出器である．国際宇宙ステーションでの長期観測を 2015 年に開始した．図 3.7（160 ページ）に CALET 検出器の模式図と TeV 領域の電子・陽子シャワー観測例を示す．エネルギー測定は，高精細に初期シャワーを可視化するイメージングカロリメータ（IMC）と全吸収カロリメータ（TASC）によって行われる．電荷の絶対値により個々の化学組成を識別するため，電荷検出器（CHD）が測定器上端に設置されている．3 放射長の厚さを持ち，電磁シャワーに特有な滑らかな初期発達を確実に捉える IMC は，飛跡再構成に使用される．TASC では TeV 領域の電子のエネルギーを全吸収することが可能であり，電子のエネルギーを TeV 領域まで精密に測定する高いエネルギー分解能（~2%）を有する．TASC はセグメント化されており，シャワー像のイメージングにより卓越した電子・陽子選別，

特に広いエネルギー範囲で高い選別効率を確保したうえで十分な陽子除去性

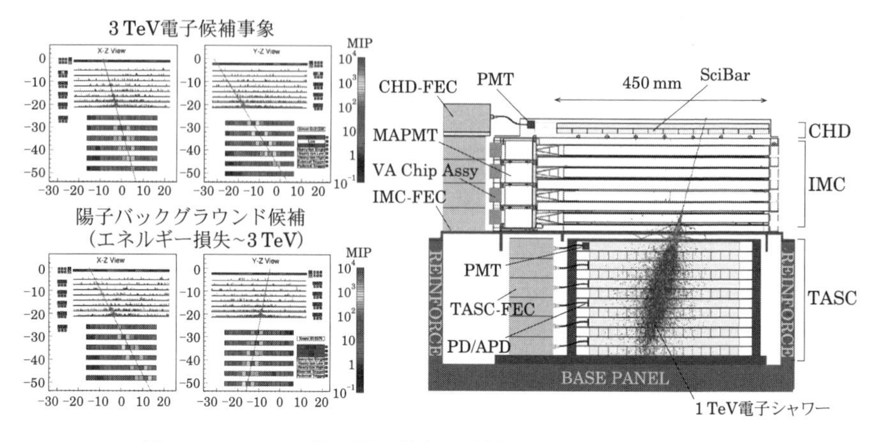

図 3.7 CALET 検出器の模式図（右）と TeV 領域の電子・陽子シャワー観測例（左，口絵 7 参照，JAXA 提供）.

能を達成することができる．図 3.7（左上）の電子候補，（左下）の陽子候補を比べると明らかなように，これにはカロリメータの厚さが鍵となっている．CALET は $\sim 45^o$ の視野を持ち，電子に対する幾何因子はエネルギーに依存せず $1040\,\mathrm{cm}^2\,\mathrm{sr}$ となっている．

反陽子と陽電子

宇宙線中の反陽子や陽電子の存在は，2 次的な成分として予測されていたが，フラックスの少なさと粒子選別の困難さから，高性能な超伝導マグネットによる観測が行われるまでは十分な観測データが存在しなかった．反陽子は，1995+1997 年に実施された BESS 気球実験によって数 100 MeV から数 GeV の領域で高い統計精度での観測が行われた（図 3.8（a）の三角点）．図 3.8 のモデル計算では，原子核成分の 2 次成分と 1 次成分の比のエネルギー依存性をよく説明するリーキーボックスモデル（145 ページ）を用いている．数 100 MeV 以上の反陽子は，陽子が星間物質と相互作用して生成する 2 次的な成分であることがわかるが，数 100 MeV 以下の低エネルギー側では，太陽活動の影響を考慮してもモデル計算を上回るフラックスが BESS により観測されている．原始ブラックホール*21蒸

*21 宇宙の誕生時に形成されたとするブラックホール．軽いブラックホールはすべて蒸発してまう．その存在や形成を裏付ける観測はない．

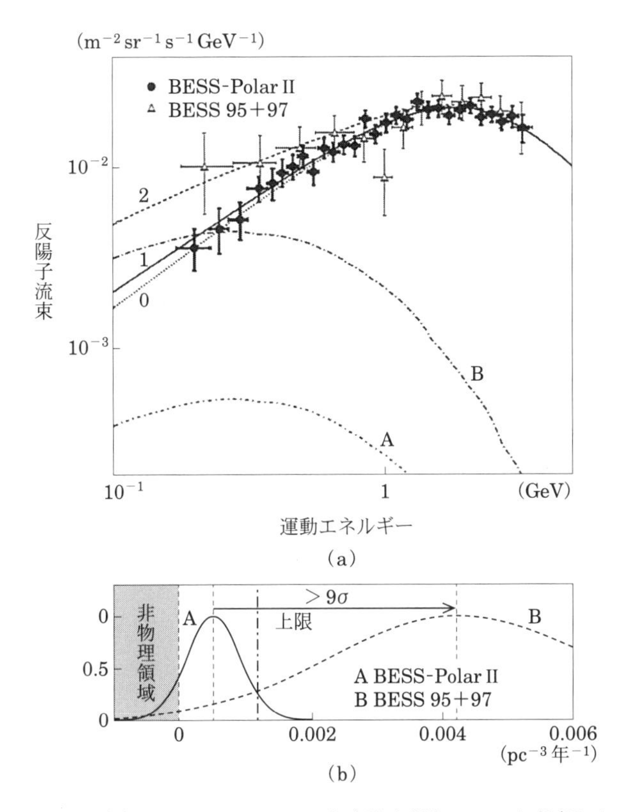

図 3.8 (a) 反陽子のフラックスと太陽変調と PBH を考慮したモデル計算の比較．点線（S）はリーキーボックスモデルによる反陽子の計算値．一点鎖線（A, B）は原始ブラックホールの蒸発による反陽子の推定値．実線（S+A）と破線（S+B）は両者の和を表す．それぞれ，BESS-Polar II（●）と BESS95+97（△）の観測値に合致するように，原始ブラックホールからの反陽子の強度が調整されている．(b) 原始ブラックホール蒸発率の確率分布を BESS-Polar II（●）と BESS95+97（△）の観測値から求めたもの（高エネルギー加速器研究機構・山本明氏提供）．

発によって生成される成分である可能性が議論されており，さらなる観測や研究が求められていた．一方，低エネルギー反陽子は太陽活動の影響を強く受けるため，11 年周期で訪れる太陽活動の極小期における観測が重要である．BESS は超電導マグネットのさらなる薄肉化等の改良を施した検出器を用い，2007–2008

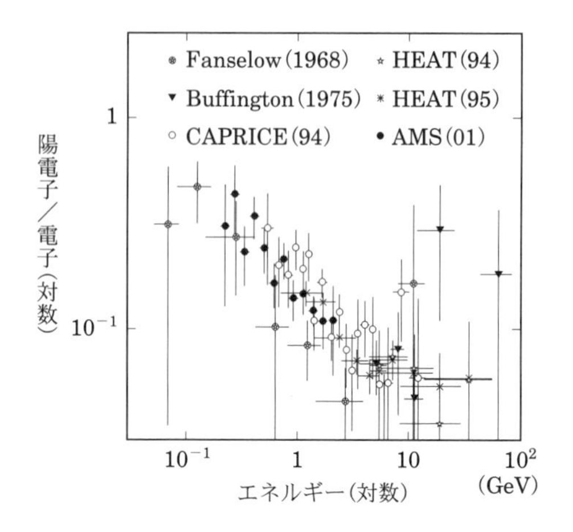

図 3.9　2000 年代初頭における，陽電子/電子比のエネルギーに対する変化の観測結果．Fanselow と Buffington はいずれもマグネット・スペクトロメータを用いた初期の気球観測の結果（イタリア・ペルージャ大学 R. Battiston 氏提供）．最新の結果については 3.2.4 参照．

年の太陽活動極小期に南極での長期飛翔実験（BESS-Polar II）を成功させた．その結果（図 3.8（a）の●）は 200 MeV の低エネルギー領域まで含めて 2 次起源反陽子流束の期待値と無矛盾であり，局所宇宙における原始ブラックホールの蒸発頻度に対して非常に厳しい制限を与えた（図 3.8（b）参照）．この結果は反陽子を生成するようなダークマターモデルに対しても強い制限を与えている．

2000 年代初頭における陽電子の観測は，反陽子と同様に超伝導マグネットの利用により HEAT，AMS-01 などで 100 MeV から数 10 GeV の領域まで行われていた．陽電子の存在量は，電子の 10％以下で陽子がバックグラウンドになるため，反陽子の観測に比較してさらに強力な粒子選別性能を必要とする．このため，図 3.9 に見られるように観測データの間には有意な差異が見られる．しかし，陽電子のフラックスや電子との比はおおむねリーキーボックスモデルで説明できる．陽電子は，陽子が星間物質と相互作用により生成する π 中間子の崩壊（$\pi^0 \to 2\gamma$, $\pi^\pm \to \mu^\pm \to e^\pm$）によって生成される．このような 2 次成分では電子と陽電子が同量だけできる．電子が陽電子に比べて多いことからも，電子は 1 次成分として加速されていることがわかる．

反陽子の選別には電荷の正負を判別するマグネット*22が不可欠であるが，電子がバックグラウンドになる．このため，エネルギーによらず電子除去を行うためには，カロリメータやTRDが必要となる．気球実験では，大気中で生成される負電荷の粒子（e^-, π^-, μ^-）との選別が必要である．低エネルギー領域（数GeV）以下では，TOF検出器やエアロジェル・チェレンコフカウンターによる速度の測定により，質量を求めることで反陽子の選別が可能である．これまで低エネルギー領域（$<$ 数GeV）での反陽子観測ではもっとも高精度な観測を行っているBESSではこの方法が採用されて，装置の大型化が図られている．しかし，このために数GeV以上の反陽子選別や陽電子の観測ができないという難点を持つ．

CAPRICE（148ページ）やHEATでは，TOF，TRD，カロリメータの併用により数10 GeV領域までの反陽子，陽電子観測が実施されているが，そのおかげで装置重量が増して立体角も小さくなる欠点があり，観測事象数が十分でない．

宇宙からの観測を目指すPAMELAやAMS-02はこれらの課題を解消した最新の検出器である．シリコンストリップを飛跡検出器として採用したマグネットスペクトロメータとなっており，電荷の正負を識別できるため反粒子を同定可能である．図3.10（164ページ）にそれぞれの検出器システムの断面図を示す．粒子識別装置としてPAMELAは飛行時間検出器（TOF）とカロリメータ，中性子検出器を，AMS-02はTOF, TRD, RICH, カロリメータを搭載している．PAMELAは，幾何学的因子$S\Omega$が21.5 $\mathrm{cm}^2\,\mathrm{sr}$の小規模な装置であるが，極軌道での観測により100 MeV程度の低エネルギー領域の観測も可能となっている．AMS-02は，総重量が約7トンの巨大な装置であり，PAMELAの10–100倍の幾何学的因子を有している（要求する飛跡長に依存）．AMS-02はあらゆる種類の宇宙線成分をTeV領域まで測定するため，冗長な粒子識別装置を擁している．これにより，シミュレーションにほとんど依存せずに装置の検出効率を求めることが可能となっている．

超重核成分と観測技術

宇宙線中には少量ながら鉄より重い超重核（$Z \geqq 30$）が存在している．超重核の観測は，元素合成のプロセスやメカニズムについて重要な情報をもたらすだ

*22 荷電粒子の軌道はマグネットの作る磁場により曲げられ，電荷の正負により曲がり方が逆になる．

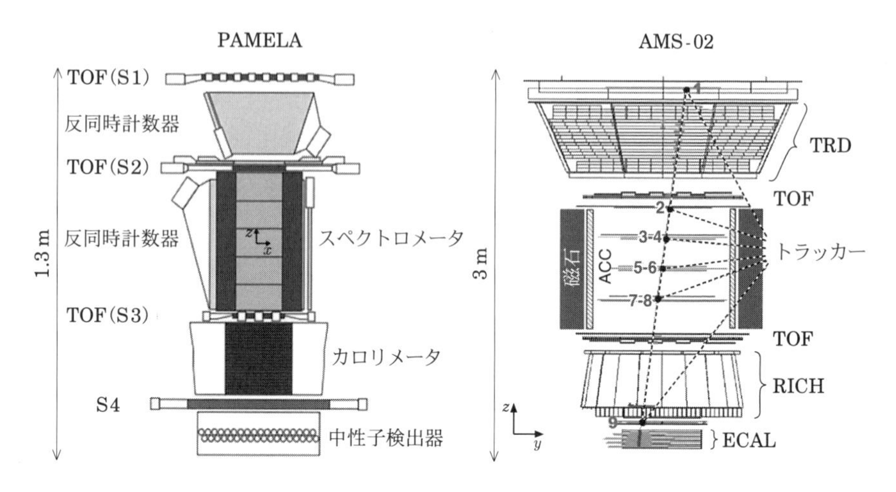

図 3.10 宇宙空間におけるマグネットスペクトロメータ：PAMELA と AMS-02. 粒子識別装置として PAMELA は飛行時間検出器（TOF）とカロリメータ，中性子検出器を，AMS-02 は TOF, TRD, RICH, カロリメータを搭載している.

けでなく，宇宙線の起源と初期加速のメカニズムを研究する上でも重要である．

超重元素の合成過程*23は吸熱反応である中性子捕獲による．この過程は，s（slow）過程と r（rapid）過程に大別され，s 過程は Si や Fe の中性子捕獲から始まり，ベータ崩壊に対して安定な超重元素が順次合成される．しかし ^{206}Pb より重い重元素は α 崩壊に対して不安定で，s 過程は ^{209}Bi より先には進めない．r 過程では，大量の中性子照射によって連続的な中性子捕獲が不安定核がベータ崩壊する前に進み，中性子過剰領域を経由して極端に中性子過剰な不安定核がきわめて短時間に合成される．したがって，s 過程では生成されない元素（アクチニド元素を含む）の多くは r 過程で作られると考えられる．r 過程の経路は，おもに原子核質量で決まり，中性子分離エネルギーがほぼ一定（2 MeV）の元素からなる．合成された元素が十分に重くなると核分裂で壊れる．超新星爆発において，r 過程により金やウランなどの超重元素が合成されるという従来のシナリオは，原始中性子星誕生時のニュートリノ加熱爆発では成り立たない．

*23『天体物理学の基礎 I（シリーズ現代の天文学 第 11 巻)』 2.2.5 節「宇宙の元素量と元素合成過程」を参照.

ニュートリノ加熱爆発では核子のニュートリノ捕獲により中性子数が減り陽子数が増えることにより α 粒子から中質量元素（原子量でおよそ 100 以下）までが生成され，中性子が使いつくされてしまう．現在では中性子星合体時の最初の 0.1 秒で潮汐破壊と連星系の角運動量により多量の中性子物質が放出され，そこで r 過程が起こるモデルが有力候補となっている．重力波天体 GW170817 の電磁波放射の観測結果からも中性子星合体が支持されている．

銀河宇宙線の組成は第 1 電離ポテンシャル（FIP; First Ionization Potential）が低い元素ほど，太陽系組成に比べ存在比が大きいことが知られている．銀河宇宙線に限らず太陽フレアに伴って放出される粒子の組成においても同様な FIP 依存性がある．このことから，宇宙線の加速が最初におこる領域の温度は太陽表面と同程度の比較的低温（$\sim 10^4$ K）であることが示唆される（FIP 説）．この場合，重原子核は一般的に低 FIP であるため加速効率が高くなっている可能性がある．一方，金属などの低 FIP 元素は高温で凝縮する難揮発性の化合物を形成する．非金属や希ガスなどの高 FIP 元素は凝縮温度が低いか，あるいはまったく凝縮しない揮発性の元素である．したがって，宇宙線の組成は，難揮発性元素が揮発性元素に比較して過剰になっているとも解釈できる．揮発性説では，まず，難揮発性化合物を吸着したダスト・グレインが星間空間に放出される．光電離したダストが超新星爆発の衝撃波によって加速され，ダストに吸着していた難揮発性元素がイオンではじき出されて高速プラズマとなる．この高速プラズマが衝撃波で宇宙線エネルギーまで加速されると考える．宇宙線の初期加速がいずれの説によるかの決着をつけるには，超重元素のなかに例外的に存在する低 FIP かつ揮発性の元素（Ga, Rb, Cs など）と，その逆の高 FIP かつ難揮発性の元素（W, Re, Os など）を高精度で測定する必要がある．

超重核の観測では，特にフラックスが少ないために，$Z \geqq 30$ の領域でも $0.2e$ 程度の電荷分解能をもつ大面積の検出器による長期間の観測が不可欠である．これまでの観測でもっとも成果を挙げているのは，固体飛跡検出器である．この検出器では，荷電粒子の通過によって内部に残された潜在飛跡を化学エッチング*24で処理して飛跡を検出する．そして，飛跡の形状から入射粒子のエネルギーおよび電荷，質量を決定する．代表的な観測例としては，CR-39 と呼ばれ

*24 化学薬品により固体表面を腐食する技術．

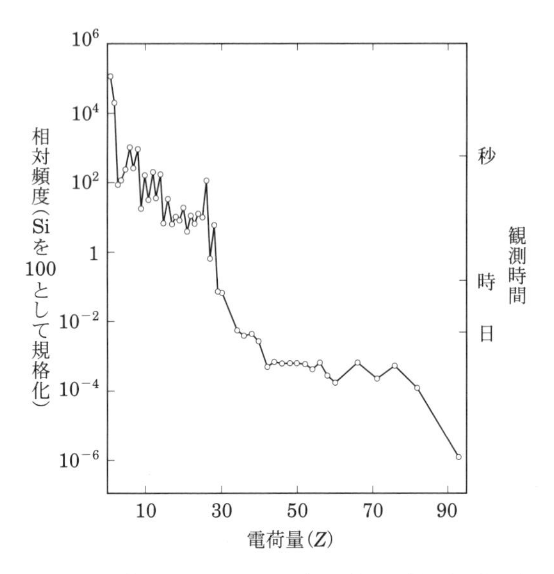

図 3.11 Si の値を 100 とした場合の重原子核の相対頻度に関する測定結果．右軸は $1\,\mathrm{m}^2\,\mathrm{sr}$ の大きさをもつ観測装置を用いた場合に 1 個観測するのに必要な時間．

るプラスチックを用いた国内での気球観測実験や，BP-1 ガラス固体飛跡検出器（$1.2\,\mathrm{m}^2$）を 4.2 年間にわたりミール宇宙ステーションに搭載した Trek 実験による観測，$10\,\mathrm{m}^2$ のレクサン固体飛跡検出器を NASA の衛星に約 69 か月間搭載した UHECRE（Ultra Heavy Cosmic Ray Experiment）による観測（$150\,\mathrm{m}^2\,\mathrm{sr}$ 年）がある．UHECRE は，$1.5\,\mathrm{GeV}\,(核子)^{-1}$ 以上のエネルギー領域のテルビウム核（$Z=65$）からアクチニド系列元素までの核電荷組成を観測した．そして，Trek 実験は $0.9\,\mathrm{GeV}\,(核子)^{-1}$ 以上のエネルギー領域で，イッテルビウム核（$Z=70$）から鉛・白金族までの核電荷組成を $0.34e$ 程度の核電荷分解能で観測した．このほかには，電離箱とチェレンコフカウンターで構成された検出器をもちいた衛星実験（HEAO-3-FS-C3）があり，$30 \leqq Z \leqq 60$ の領域で図 3.11 のような電荷分布が得られている．

同位体元素と観測技術

放射性同位元素の観測では，各元素の存在比から宇宙線の銀河系内での滞在寿命を直接求めることが可能である．また宇宙線が生成されてから加速されるまでの時間は，鉄族のなかでK電子捕獲によって崩壊する半減期の異なる，^{59}Ni, ^{81}Krなどの強度を測定することによって推定できる．これに対して，安定な同位元素では，同位体比によってそれらが生成された天体や生成反応などの起源についての情報が得られる．Ne, Mg, Siの同位体比の観測からは，Neを除いてほぼ宇宙組成比に近い値であり，宇宙線の発生源が太陽系と似ていることが示唆されている．したがって，超新星起源だけではなく，爆発時の衝撃波で近傍の星間ガスも加速されていると考えられている．Neに見られる太陽系成分からのずれ（^{22}Neの過剰）から，起源がウォルフ・ライエ星であるという説もあるが，特殊な元素だけが選択的に加速されるとする説もありまだ未解決な問題である．これらの解決のためには，エネルギー依存性を含む今後の観測の進展が不可欠である．

超重核成分の中には，半減期が140.5億年の^{232}Thや，44.86億年の^{238}Uのように，宇宙年齢と同程度の寿命を持つ同位元素があり，これらは崩壊によって鉛族になる．したがって，これらの相対存在量を観測することにより，宇宙線の起源物質の年齢について重要な情報が得られるだけでなく，宇宙や銀河の化学進化の解明に貴重なデータとなる．

同位体の観測では，電荷と質量を同時に知る必要があるが，全エネルギーを知ることができれば電荷ごとに同位体の分離が可能である．このため，半導体検出器やチェレンコフカウンターを用いて，装置内で粒子を止めることにより全エネルギーを知る方法が用いられてきた．

しかし，この方法では飛程の長い高エネルギー粒子は測定できないため，観測領域は1 GeV以下に限られる．最近では，粒子の飛跡を正確に検出する位置分解能のよい技術が開発され，同位体の分離性能は非常に向上している．先に挙げたCRISのシンチファイバー検出器がその実例である．高エネルギー領域での観測では，マグネット・スペクトロメータとTOF検出器を用いて，前者で運動量を後者で速度を測ることにより直接に質量を求める技術が進展している．反物質の観測とあわせて優れた観測が実施されている．この方法によればZの領域は限られるが，TOFの限界（$\sim$10 GeV）まで測定が可能である．図3.12（168ページ）と図3.13に，ヘリウム同位体とベリリウム同位体の各々について，観測結果と理論計算の比較を示す．

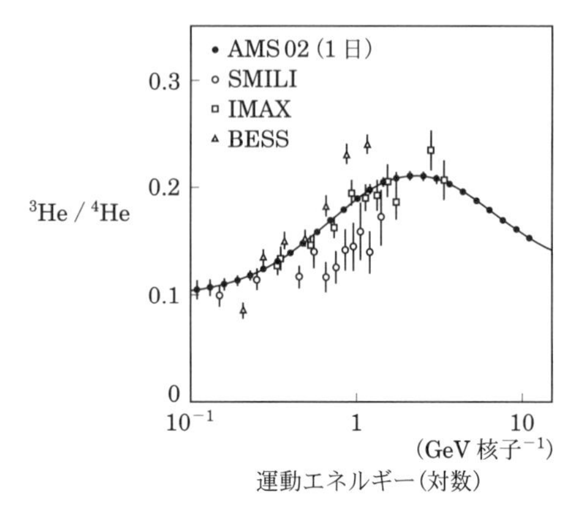

図 3.12　ヘリウム同位体比（^{3}He/^{4}He）の観測結果と理論的予測．実線は理論的予測値を示す．AMS-02 は 1 日の観測で得られると期待される観測精度を示す．SMILI，IMAX，BESS は観測データである（J. Casaus『第 28 回宇宙線国際会議プロシーディングス』，Vol.4, 2149）．

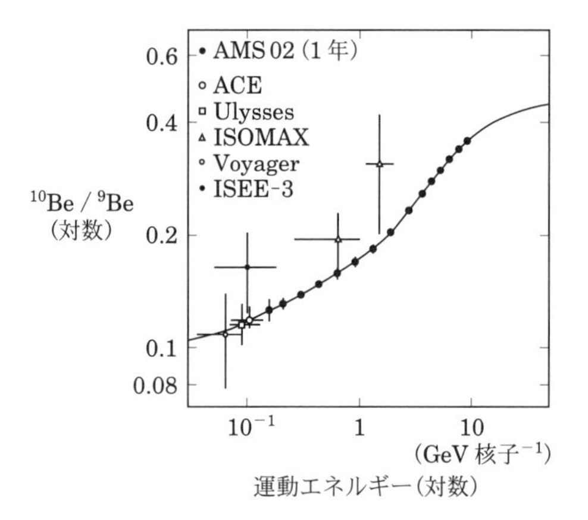

図 3.13　ベリリウム同位体比（^{10}Be/^{9}Be）の観測結果と理論的予測．実線は理論的予測値．AMS-02 は 1 年の観測で得られると期待される観測精度を示す．他は観測データである（J. Casaus『第 28 回宇宙線国際会議プロシーディングス』，Vol.4, 2149）．

3.2.4 宇宙空間における宇宙線観測

宇宙線の直接観測において，2000 年代の後半から 2010 年代は宇宙空間における観測が本格化する重要な時期となった．これまでの飛翔体観測とは比べ物にならない高精度の観測成果が得られたことにより，標準モデルによる宇宙線の生成・伝播過程の定量的理解が進むとともに，「陽電子異常」と「陽子・ヘリウムスペクトルの硬化」をはじめとする，標準モデルの枠組では説明できない，新たな加速源や伝播機構を必要とする事象も明らかになってきている．

国際宇宙ステーション（ISS）は宇宙線観測のための最適な手段として初期のころから観測提案が行われていた．その中で，AMS-02 は 2011 年に最後のスペースシャトルで打上げられ，いち早く観測を開始したのに対し，日本が主導する CALorimeteric ELectron Telescope（CALET）も 2015 年から ISS において定常観測を行っている．2017 年には気球実験 CREAM の宇宙ステーション版となる ISS-CREAM もその仲間入りを果した．ISS は宇宙線直接観測の一大拠点となっている．本節では，衛星だけではなく ISS を含めた，宇宙空間における最新の観測成果と観測装置を概説する．直接観測による宇宙線研究の新たな方向性を示すことが期待されている．

陽電子

気球実験による陽電子観測には，10 GeV 以上での統計精度が不十分ということだけではなく，残留大気の影響もあり系統的な不確定性が含まれていた．図 3.14（170 ページ）に示すように，PAMELA と AMS-02 によって，100 GeV 領域に至る高精度な陽電子比（全電子中に占める陽電子の割合）の観測が宇宙空間から行われた．標準モデルでは，陽電子は宇宙線陽子等が星間物質と相互作用して 2 次的に生成されるので，銀河磁場からの漏れ出しの効果はラーモア半径が大きい高エネルギー粒子ほど大きく，スペクトル軟化*[25]の影響を 2 重に受けることになり，エネルギーとともに陽電子比は減少することが予測される．しかし観測結果は 10 GeV 以上で明らかな増加傾向を示しており，新たな陽電子源（一次陽電子）の存在を示唆している．これが PAMELA により発見され，AMS-02

*[25] 一般にエネルギースペクトルのベキの絶対値が大きくなる方向のスペクトルの変化を「スペクトル軟化」，逆方向のスペクトルの変化を「スペクトル硬化」という．

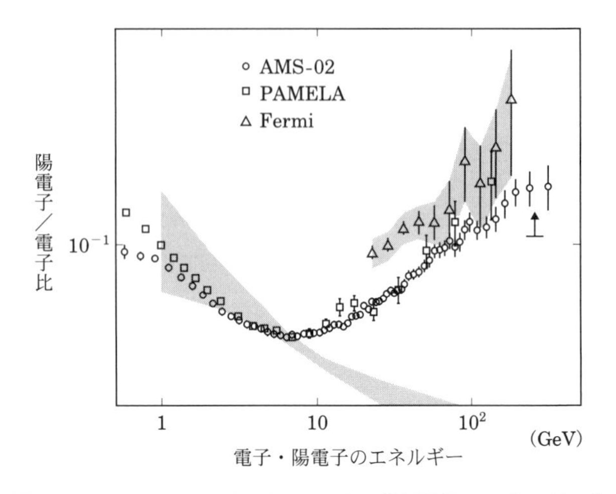

図 3.14 PAMELA，AMS-02 による陽電子比のエネルギー依存性の観測結果．同時に示された Fermi-LAT の結果は地磁気による東西効果を巧みに利用した観測結果であり，スペクトロメータによる直接観測とは大きく異なる手法に基づいている．

によって高精度で追認された「陽電子異常」である．

陽電子の起源としてダークマターの候補である WIMP（Weakly Interacting Massive Particle）が興味深い．WIMP の対消滅や崩壊で陽電子が生成される可能性がある．他にも有力な可能性として，パルサー内での電子–陽電子対生成とその加速等が考えられており，陽電子異常の起源究明は，宇宙線直接観測においてもっとも重要な研究目的の一つとなっている．

「陽電子異常」の起源探求においては，一次陽電子源の最高エネルギー領域におけるスペクトル構造を捉えることが鍵となる．候補となるパルサーやダークマターがそれぞれ特徴的なスペクトルを示すためである．しかしながら，マグネットスペクトロメータにおける反粒子識別は現状もっとも強力な AMS-02 でも 1 TeV が限界であり，明確な結論を得るのは難しい可能性が高い．一方，一次陽電子源においては電子・陽電子対が生成されているのがもっとも自然なため，全電子スペクトルにも一次陽電子起源に対応するスペクトル構造が現れると期待される．

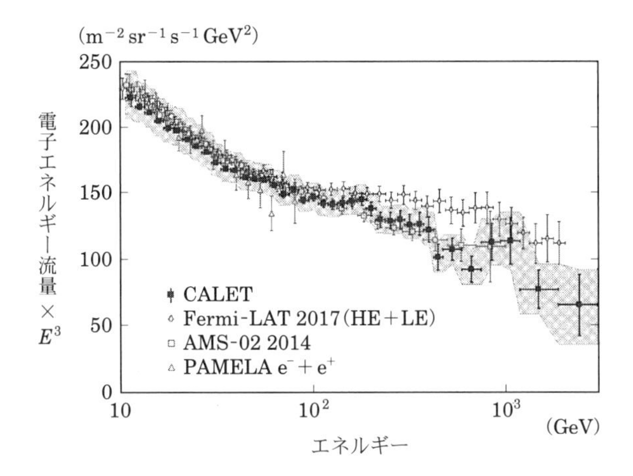

図 **3.15** PAMELA, AMS-02, Fermi-LAT, CALET による全電子エネルギースペクトルの観測結果．灰色のバンドは系統誤差と統計誤差を合わせた，CALET 観測の不定性を示している．

全電子

全電子（電子 + 陽電子）の観測においては，マグネットスペクトロメータ PAMELA による 100 GeV 領域までの結果，AMS-02 による 1 TeV までの結果に加え，ガンマ線望遠鏡 Fermi-LAT が大きな有効面積を活用して 2 TeV までの結果を発表した．厚いカロリメータに特化することで全電子観測に最適化された CALET も 3 TeV までのスペクトルを発表している（図 3.15 参照）．搭載するカロリメータの厚さは Fermi-LAT が 10 放射長，AMS-02 が 17 放射長なのに対して CALET は 30 放射長であり，TeV 領域の電子を全吸収することで，高精度にエネルギーを決定することができる．AMS-02 と CALET は相互の測定誤差の範囲で一致しており，双方の系統誤差がよく理解されていることを示唆している．

中国が主導し，CALET と同じくカロリメータに特化した検出器である DAMPE（DArk Matter Particle Explorer）衛星も 2015 年末に宇宙空間での観測を開始し，順調にデータ収集を継続している．カロリメータに特化した検出器による宇宙空間からの観測が実現したことで，TeV 領域における近傍加速源の同定や，高エネルギー電子の短い伝播距離と超新星残骸分布から予測されるカットオフの検出が現実味を帯びてきた．TeV 領域の全電子直接観測を通じて，

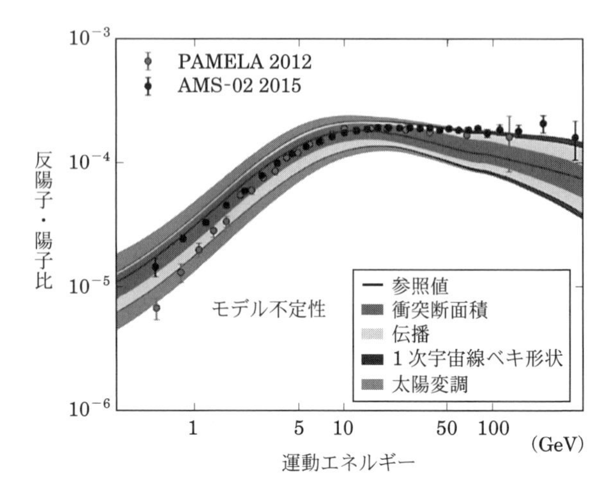

図 **3.16** PAMELA，AMS-02 による反陽子・陽子比の観測結果とモデル不定性の比較.

宇宙物理学に新たな展望を開くことが期待される.

反陽子

低エネルギー反陽子を観測可能な地域は地磁気カットオフの低い極域に限られるため，BESS-Polar II のような気球実験にも優位性がある．一方，高エネルギー側の観測では衛星観測の利点を最大限に活かすことができる．図 3.16 に PAMELA と AMS-02 による反陽子・陽子比の測定結果を示す．高エネルギー領域における反陽子の電子からの識別には，PAMELA ではカロリメータ，AMS-02 では主として TRD が使用されており（カロリメータ及び RICH（152 ページ）は補助的に使用），PAMELA では 200 GeV まで，AMS-02 では 450 GeV までの反陽子スペクトルと反陽子・陽子比が得られている.

二次起源反陽子は陽子の銀河外への漏れ出しによるスペクトル軟化の影響を受けるため，電子・陽電子比と同様，反陽子・陽子比は高エネルギー側で低下すると予測されていた．そのため，この領域における反陽子フラックスや反陽子・陽子比の過剰を探索することで，クォーク・反クォーク対に対消滅・崩壊するモードが主となるようなダークマターに対して高い感度が得られる．電子・陽電子対をはじめとするレプトンへの対消滅・崩壊に高い感度を持つ陽電子と相補的なダークマター探索となる．図 3.16 に示された AMS-02 の反陽子・陽子比は 450 GeV までほぼ平坦のように見える．ダークマターの信号が見えている可能性が議論されたが，一方で二次起源反陽子スペクトルのモデルの不定性の範囲内であるとする解釈もあり，明確な結論は得られていない．図 3.16 の実線がモデル不定性を考察する際の参照値であり，さまざまな不定性を考慮した結果となっている．精密なデータを解釈するために，より精密なモデル計算が必要となっているといえる．

陽子・原子核

宇宙線の主要成分である陽子・ヘリウムスペクトルの詳細な知見は，宇宙線の起源，加速及び伝播の理解において必須であるとともに，これらの 2 次粒子である反粒子スペクトルを予測する上でも非常に重要である．これまでの観測により，「超新星残骸で衝撃波統計加速により加速され，銀河内を拡散的に伝播して銀河外へ漏れ出す」という標準モデルによる理解が進んできたが，宇宙空間からのスペクトロメータによる観測と，高エネルギー側でのカロリメータ型検出器を用いた気球観測によりスペクトル測定の精度が向上した結果，核子あたり約 200 GeV の領域でスペクトルの硬化*26が発見された（図 3.17（174 ページ）参照）．標準モデルは加速限界まで単一ベキを予測することから，このスペクトル硬化を説明するためのさまざまなモデルが検討されている．それらのモデルでは，異なる加速源，加速機構，拡散伝播の効果やそれらの組み合わせが提唱されている．

B/C 比

もっとも重要な 2 次核 1 次核比である B/C 比についても，AMS-02 により核子当たり 1 TeV 付近まで精密な観測結果が提示された（図 3.18（174 ページ）参照）．B/C 比に関してはその重要性から，これまでの 30 年間で数々の測定がなされてきた．それらの測定は典型的には核子当たり 100 GeV において 15%以上の誤差を持っていたが，AMS-02 はその誤差を 3%まで大幅に削減しており，陽電子異常や高エネルギー側で平坦となる反陽子・陽子比，陽子・ヘリウムのスペクトル硬化を解釈する上で非常に強い制限となる．AMS-02 によって観測された B/C 比スペクトルは高エネルギー側でコルモゴロフの乱流磁場理論から予言

*26 脚注 25 を参照.

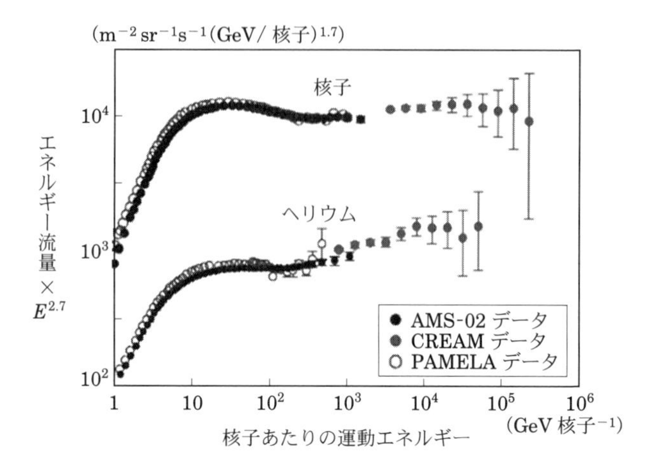

図 **3.17** PAMELA，AMS-02 と CREAM による陽子・ヘリウムエネルギースペクトルの観測結果．核子あたり約 200 GeV（2×10^{11} eV）の領域でスペクトルの硬化*27 が見られる．

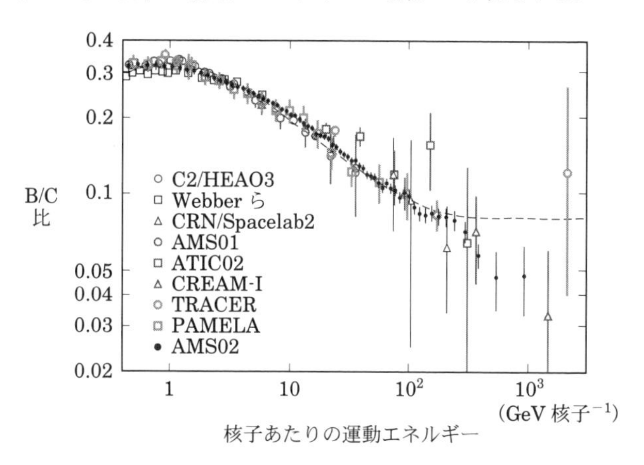

図 **3.18** AMS-02 による B/C 比の観測結果とそれまでの観測結果の比較．

される −1/3 と合致しており，陽電子過剰や反陽子比を 2 次起源のみで説明しようとするモデルをはじめ，いくつかのモデルを棄却している．

3.3 高エネルギー宇宙線

3.3.1 銀河系内宇宙線と銀河系外宇宙線

観測されている宇宙線のエネルギー範囲は実に10桁以上におよんでおり，これまでに見つかっている宇宙線の最高のエネルギーは 10^{20} eV（16ジュール）を超えている．宇宙線の起源はいまだ未解明ではあるが，地球で観測される宇宙線の起源は，エネルギーごとに異なるであろうと考えられている．

宇宙線の伝播距離

銀河系にはマイクロガウス程度の磁場（銀河磁場）が存在しており，荷電粒子である宇宙線は銀河系内を直進することはできず，磁場に巻きつきながら複雑な経路を描いて伝播する．強さ B の一様な磁場中を運動する電荷 Ze の相対論的な荷電粒子は，遠心力とローレンツ力のつり合いの式から $\gamma mv^2/R = zevB/c$ という半径 R（ラーモア半径）で円運動する[*28]．粒子は相対論的であり $v \to c$ とすれば $E = \gamma mc^2$ よりラーモア半径は

$$R = \frac{E}{ZeB} \tag{3.1}$$

$$\sim 1 \left(\frac{1}{Z}\right)\left(\frac{\mu\mathrm{G}}{\mathrm{B}}\right)\left(\frac{E}{10^{15}\,\mathrm{eV}}\right) [\mathrm{pc}] \tag{3.2}$$

の程度である．ここに登場する E/Ze という量を rigidity と呼ぶ．エネルギーが異なっても，rigidity の同じ粒子は磁場中での振る舞いは同じである．なお rigidity は厳密には運動量を用いて p/Ze で定義されるが，相対論的粒子では $E \simeq pc$ なので比例関係にある[*29]．実際には銀河磁場は一様ではないから，宇宙線はエネルギーに応じておおむねこのくらいの曲率半径の軌道で曲がりくねりな

[*27]（174ページ）スペクトルは $E^{-\gamma}$ の power law で表され，ベキ γ の値が

$$\begin{cases} \gamma \to \text{小：スペクトルの硬化} \\ \gamma \to \text{大：スペクトルの軟化} \end{cases}$$

という．この図では 200 GeV あたりから右上りになるので高エネルギー側が大きくなる．つまり硬化するとみる．

[*28] CGS 単位系を用いている．磁場は B/c の形，また電荷は $e = 4.8 \times 10^{-10}$ esu であり，かつエネルギー erg と電子ボルトの変換には 1.6×10^{-12} erg eV^{-1} を用いる．

[*29] rigidity の定義には $p/Z, pc/Ze$ などが使われることがあり，これらは次元が異なることになるが，c, e は普遍定数なので単なる「スケール」の変化と見ることができる．

がら，ランダムウォークに近い運動をしていると考えられる．ランダムウォークつまり拡散現象においては，ある一点を出発した粒子群は，時間とともに空間をガウス分布で広がっていく．したがって宇宙線の伝播距離は伝播時間 T に対して $\propto T$ ではなく $\propto \sqrt{T}$ でしか広がっていかないので，低エネルギーの宇宙線がその起源天体からあまりに長い距離を伝播することは考えにくい．銀河系の直径は約 30 kpc，厚さ数 100 pc の薄い円盤であり，また銀河間の平均的距離が Mpc のオーダーであることを考えれば，銀河磁場内でのラーモア半径が銀河円盤の厚みよりも小さいようなエネルギーの宇宙線，すなわち $E < 10^{17-18}$ eV の宇宙線の起源は，おそらく銀河系内であろう．逆に，エネルギーがこれよりも高い宇宙線の起源天体が銀河系内にあることも考えにくいことになる．宇宙線のような高エネルギーへの粒子加速では，決してパチンコやカタパルト（射出機）のように一度にエネルギーを与えてしまうことは不可能で，ある領域に閉じ込めた上で少しずつエネルギーを与えていく必要がある．したがって，銀河磁場中でのラーモア半径が銀河系の厚みを超えてしまうようなエネルギーを持った宇宙線は銀河系内には閉じ込めておけず，加速も不可能と考えられるのである．したがって，$E > 10^{17-18}$ eV の宇宙線の起源は銀河系外に求めざるを得ない．このような宇宙線は銀河系内をほぼ直進すると考えられるから，もし起源天体が銀河系内，すなわち厚さ 100 pc の薄い円盤内にあるならば，宇宙線の到来方向分布は銀河面方向（天の川）に集中すると予想されるが，観測されている宇宙線ではそのような強い異方性はない．これは超高エネルギー宇宙線の起源が銀河系外にあることを示唆している．

銀河系内宇宙線

宇宙線のエネルギースペクトルは $E^{-\gamma}$ という power-law の形をしている．エネルギー 10^9–10^{15} eV の範囲ではほぼ $E^{-2.7}$ であるが，$E_{\rm knee} = 3 \times 10^{15}$ eV あたりで $\gamma \to 3.1$ へ折れ曲がることが観測から確かめられている．「ひざ」のような形をしていることから，このエネルギースペクトルの折れ曲がりのことを knee と呼んでいる．このエネルギー領域の宇宙線の起源が銀河系内にあると考えられることは前項で述べたが，knee の原因は，銀河系内の宇宙線加速の限界に対応していると考えられている．これよりもエネルギーの高い 10^{17} eV 程度の宇宙線も銀河系内起源と考えられるが，これらは陽子ではなく，より重い原子核であると考えられており，観測結果もこれを支持している．

銀河系内宇宙線の起源

電磁波観測の場合と異なり，宇宙線は荷電粒子であり，銀河磁場，または銀河間磁場の中を伝播してきているので，地球での到来方向を逆に辿っていっても起源天体を同定することができない．これが宇宙線起源の解明のもっとも大きな障害となっているが，銀河系内の宇宙線の起源は，超新星残骸がきわめて有力と考えられている．

超新星とは，夜空に突然出現する「新星」のうち特に明るいものを指す天文学用語である．そしてその物理的実体は，ある種の星の爆発である（超新星爆発）．観測される電磁波スペクトルの特徴から超新星は I 型，II 型に大別され，観測から爆発で放出されるエネルギーは I 型（特に Ia 型）では $\sim 10^{51}\,\mathrm{erg}$，II 型ではこれよりも 1 桁程度大きいと評価されている．II 型（および一部の I 型）は，大質量の星がその一生の最後に起こす重力崩壊後の大爆発と考えられている（詳しい解説は第 7 巻『恒星』を参照）．超新星は 1 つの銀河において数 10 年に 1 回程度の頻度で起こると考えられている．したがって超新星爆発が銀河に注入している単位時間あたりのエネルギー，すなわちパワーは

$$P = \frac{10^{51}\,\mathrm{erg}}{50\,\mathrm{yr}} \sim 10^{42} \quad [\mathrm{erg\,s^{-1}}] \tag{3.3}$$

これに対し，銀河系宇宙線へのエネルギー供給として要求されるパワーは $10^{40}\,\mathrm{erg\,s^{-1}}$ と見積もられている．

超新星爆発が起こると，星を構成していた物質が星間空間に放出され，星間物質の中を広がっていく．星間空間は密度 $\rho \sim 1\,\mathrm{proton\,cm^{-3}} \sim 10^{-24}\,\mathrm{g\,cm^{-3}}$ であり，これを「掃き」ながら超新星残骸は膨張していくが，放出された質量と同程度の星間物質を掃いたところで，膨張は勢いを失い始めるであろう．このときの超新星残骸の半径 R は

$$M \sim \frac{4\pi}{3}\rho R^3 \tag{3.4}$$

$$R = \left(\frac{3M}{4\pi\rho}\right)^{1/3} = 2.5\left(\frac{10^{-24}\,\mathrm{g\,cm^{-3}}}{\rho}\right)^{1/3}\left(\frac{M}{M_\odot}\right)^{1/3} \quad [\mathrm{pc}] \tag{3.5}$$

と見積もられる．式 (3.1) で見たような，磁場中での宇宙線の閉じ込めは，銀河系のスケールだけでなく，宇宙線の加速現場でのスケールでも成り立っている

はずである．マイクロガウスの磁場中では，陽子であれば 10^{15} eV でラーモア半径が 1 pc の桁になる．超新星残骸で（宇宙線を閉じ込めつつ）加速するモデルでは，到達可能な最高のエネルギーもおおざっぱにはこの程度と考えられる．さらに加速するためにはより強い磁場などを要請する必要がある．ただし宇宙線が陽子ではなく電荷 $Z > 1$ をもつ原子核である場合は，同じ天体における加速であっても到達可能なエネルギーは Z 倍になる．したがって磁場で閉じ込めて加速するという宇宙線起源のモデルでは，エネルギーが上がるにつれて重い原子核が増えることが予想されるが，観測はこれを支持しているようである．

ただし宇宙線事象として，その起源が特定の超新星残骸であると同定されたものはいまだ1つも存在しない．宇宙線は銀河磁場中で曲げられてしまうことがその原因であるが，1990年代以降に発展したガンマ線天文学は，銀河系内宇宙線の起源の手がかりを得るべくデータを提供してきている．宇宙線が加速されると，そこに存在している物質と相互作用し，パイオン（$\pi^{\pm}, \pi^0$）を生成する．特に π^0 はただちに2個のガンマ線に崩壊して直進するため，宇宙線の起源同定に有望と考えられてきた．これまでの観測では，π^0 起源と考えられるガンマ線の観測が報告され始めており，超新星残骸が少なくとも一部の銀河系宇宙線の起源であることはほぼ疑いないと見られている．しかし，超新星残骸が 10^{15} eV にまで加速可能な天体ペバトロン（PeVatron）であることを示す観測的証拠はまだない．

3.3.2　高・超高エネルギー宇宙線

エネルギーが 10^{12} eV 程度までの宇宙線は，大気上層での気球観測，または大気圏外の宇宙ステーションなどで直接観測を行う．しかしエネルギーが高くなるにつれ宇宙線の到来頻度は急激に低くなるので，高いエネルギーの宇宙線の直接観測は現実的ではない．いっぽう，高いエネルギーの宇宙線は大気中で空気シャワー現象（3.3.3節）を起こすので，これを高山や地表レベルで観測する．さらにエネルギーが 10^{18} eV（1 EeV）を超える宇宙線は特に超高エネルギー宇宙線（ultra-high energy cosmic rays，UHECRs）と呼ばれる．そのような高いエネルギーにまで陽子や原子核などの単一粒子を加速できるメカニズムはこれまでに知られておらず，その起源は未だ謎であるが，活動銀河核（active galactic nuclei，AGN）やガンマ線バーストなど，宇宙におけるもっとも激烈な天体現象と関連しているであろうと考えられている．

高・超高エネルギー宇宙線の起源を解明するためのもっとも重要な情報は，宇宙線のエネルギースペクトル，原子核組成，そして到来方向分布の異方性の 3 つである．これら 3 つの精度よい情報を得るためには，観測事象数の蓄積が重要である．ただし超高エネルギー宇宙線では，エネルギー E 以上の宇宙線の到来頻度はほぼ E^{-2} に比例して減少する（エネルギーが 1 桁上がると到来頻度は 2 桁下がる）．たとえば，エネルギー 10^{20} eV の宇宙線の到来頻度は面積 100 km^2 あたり 100 年に 1 回程度である．したがって観測には広大な有効検出面積を有する装置と長い観測時間が必要となる．

宇宙線のエネルギーに上限はあるか？ GZK 機構

この宇宙は，温度 $T = 2.73$ K に相当する黒体放射型スペクトルを持った光子で満ちている．これは宇宙背景放射（Cosmic Microwave Background radiation, CMB）と呼ばれ，過去の宇宙は高温高密度の熱平衡状態にあったことの名残と解釈されている．その数密度は $n = 20.2T^3 \sim 400$ 個 cm^{-3} である．宇宙背景放射の光子は 10^{-3} eV 程度のごく低いエネルギーであるが，10^{20} eV の超高エネルギー宇宙線（ローレンツファクター $\Gamma = E/m_p \sim 10^{11}$）からは 100 MeV を超えるガンマ線に見える[*30]．詳細な計算によれば，宇宙線のエネルギーが $E =$ 4–6 $\times 10^{19}$ eV を超えると CMB 光子との相互作用で π 粒子生成によるエネルギー損失が起こるようになり[*31]，宇宙線は自由に宇宙を走り回ることができなくなる[*32]（図 3.19（180 ページ））．もし上記のシナリオが正しければ，観測される宇宙線では $E =$ 4–6 $\times 10^{19}$ eV 付近で急激な強度の減少が現れると期待される．これが有名な GZK 限界または GZK カットオフ（Greisen-Zatsepin-Kuzmin cut-off）の予言である．

[*30] 宇宙背景放射が 10^{-3} eV にみえる観測者の系を実験室系と考える．この系を 10^{20} eV の宇宙線が止ってみえる系（高エネルギー宇宙線の系）にローレンツ変換すると，その系では宇宙背景放射は 100 MeV を超えるガンマ線に見える．

[*31] CMB 放射はプランク分布をしているため，CMB の高エネルギー端の光子と出会えば 10^{20} eV より低いエネルギーの宇宙線であっても π 粒子生成は起こる．

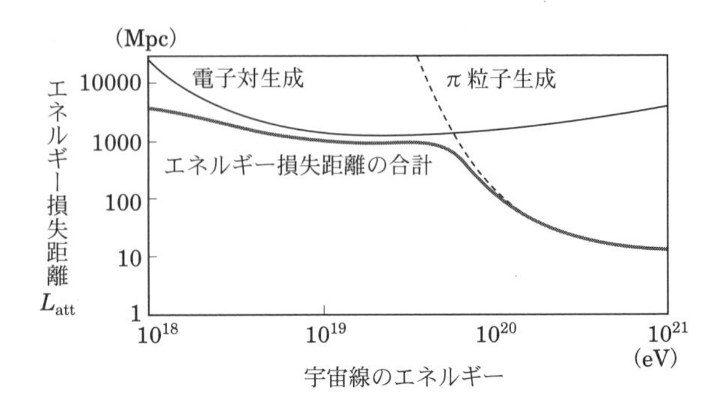

図 3.19 宇宙線（陽子）のエネルギー損失距離 $L_{\rm att} = cE/\dot{E}$. ここで $\dot{E}$ は宇宙線の単位時間あたりのエネルギー損失量で，エネルギー損失過程（電子対生成，パイオン生成）ごとに理論的に計算できる．エネルギーが $E = 4\text{–}6 \times 10^{19}\,{\rm eV}$ を超える宇宙線の場合はエネルギー損失量の大きいパイオン生成が起こって $L_{\rm att}$ が急激に小さくなり，宇宙線は長い距離を自由に走り回ることができなくなる．なお低エネルギー側で $L_{\rm att}$ が ∞ ではなく一定値に近づくのは宇宙膨張による断熱損失のためである．

3.3.3 空気シャワー現象

大気中の宇宙線の相互作用長は $\Lambda \sim 60\,{\rm g\,cm^{-2}}$ であり，大気の全厚さ $\sim 1000\,{\rm g\,cm^{-2}}$ に比べれば大変小さいため，宇宙線は大気中で原子核と必ず相互作用を起こす．するとパイオンの多重生成が起こり，生成されたパイオンはさらに次の相互作用を起こすことで，大気を通過するとともに粒子数が増大する．これを空気シャワー現象と呼ぶ．

宇宙線と大気原子核との相互作用で作られるパイオンには π^+, π^-, π^0 の3種類がある．その他にもK中間子や ρ 中間子が作られることもあるが，数としてはパイオンが一番多い．

---

*32（179ページ）$p + \gamma \longrightarrow p + \pi^0$ という反応を考えよう．実験室系での宇宙線の4元運動量を (E, P)，これと正面衝突するCMB光子の4元運動量を $(\varepsilon, -\varepsilon)$ とすると，左辺の4元運動量の大きさは $(E+\varepsilon)^2 - (P-\varepsilon)^2 \sim m_p^2 + 4E\varepsilon$ である．4元運動量の大きさはスカラーであってどの座標系で見ても同じ値を取るから，質量中心系を考えればその値が $(m_p + m_{\pi^0})^2$ であることはただちにわかる．$m_p = 938\,{\rm MeV}$, $m_{\pi^0} = 135\,{\rm MeV}$, $\varepsilon = 10^{-3}\,{\rm eV}$ を代入すると，$E \sim 6.8 \times 10^{19}{\rm eV}$ あたりからパイオン生成が起こることがわかる．宇宙線とCMB光子の遭遇する角度分布を適切に扱い，またCMB放射のプランク分布（特に高エネルギー端側の光子の寄与）なども考慮すると，もう少し低いエネルギーからパイオン生成は起こる．

$$\text{宇宙線陽子の原子核} + \text{大気の原子核} \longrightarrow \pi^{\pm} + \pi^{0} + \mathrm{K}^{\pm} + \cdots$$

静止した荷電パイオン $\pi^{\pm}$ は寿命 2.6×10^{-8} 秒でミューオン $\mu^{\pm}$ に崩壊するが，最初の相互作用で作られるパイオンはエネルギーが高くローレンツファクター $\Gamma = E_{\pi}/m_{\pi}c^2$ の分だけ寿命が延びるため，崩壊する前にさらに次の相互作用を起こす．これをハドロンカスケードと呼ぶ．やがてパイオンはエネルギーを失っていき，最終的にはミューオンに崩壊する．

$$\pi^{-} \longrightarrow \mu^{-} + \bar{\nu}_{\mu}$$

$$\pi^{+} \longrightarrow \mu^{+} + \nu_{\mu}$$

ミューオンは静止していれば寿命は 2.2×10^{-6} 秒で $\mathrm{e}^{\pm}$ に崩壊するが，静止質量は $m_{\mu}c^2 = 106\,\mathrm{MeV}$ だから，たとえば $E = 1\,\mathrm{GeV}$ のミューオンはローレンツファクター $\Gamma = E_{\mu}/m_{\mu}c^2 \sim 10$ で，寿命は 10^{-5} 秒程度にのびるので，$c \times 10^{-5}\,\mathrm{s} \sim 3\,\mathrm{km}$ ほどを走ることができる．ミューオンは電子の約 200 倍の質量を持ち，電子に比較すると制動放射が起こりにくくエネルギー損失はほぼ電離のみのゆっくりとしたものなので[*33]，多くは崩壊前に地表に到達する．

原子核相互作用で生成されたパイオンのうち，中性パイオン π^0 は寿命が 8.4×10^{-17} 秒と大変短く，エネルギーが高かったとしても実質的にはほぼ即時に崩壊して 2 個のガンマ線になる[*34]．π^0 の静止質量は $135\,\mathrm{MeV}$ で，静止した π^0 の崩壊であれば約 $70\,\mathrm{MeV}$ のガンマ線が 2 個できるが，もとの π^0 が高いエネルギーを持っていれば崩壊でできるガンマ線も高いエネルギーを持つ．物質中のガンマ線は電子対生成を起こし，さらに物質中の電子・陽電子は制動放射によってガンマ線を出す．これが繰り返され，電磁カスケードと呼ばれる，ガンマ線と電子・陽電子の大群が生成される．

$$\pi^{0} \longrightarrow \gamma + \gamma$$

$$\gamma \longrightarrow \mathrm{e}^{+} + \mathrm{e}^{-}$$

$$\mathrm{e}^{\pm} \longrightarrow \mathrm{e}^{\pm} + \gamma$$

[*33] 制動放射によるエネルギー損失は，粒子の質量の 2 乗に反比例する．

[*34] たとえば $10^{15}\,\mathrm{eV}$ という超高エネルギーの中性パイオンが作られたとしても，ローレンツファクターは $\sim 10^7$ で寿命は 10^{-9} 秒にしかならない．これはたった数 $10\,\mathrm{cm}$ 走れるだけの時間である．

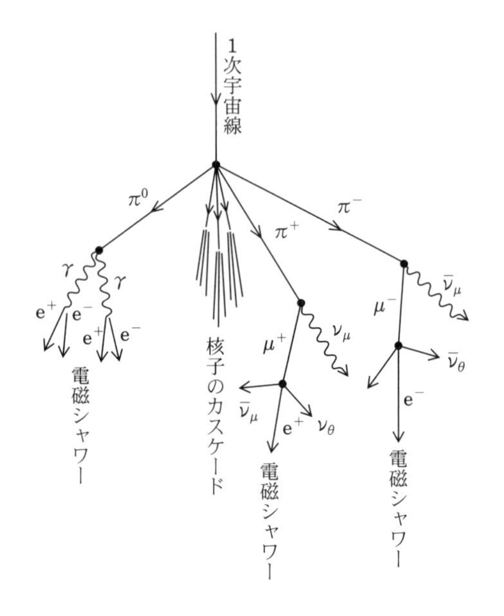

図 3.20　空気シャワーの模式図

…

空気シャワーとはハドロンカスケードと電磁カスケードの重ね合わせである（図3.20）.

空気シャワーの縦方向発達

空気シャワーが大気中を伝わっていく間，はじめ粒子数は増加していく．もっとも粒子数が多くなるときをシャワーの最大発達と呼び，そのときの粒子数は，だいたい eV で測った宇宙線の一次エネルギーを 10^9 で割ったくらいである．たとえば 10^{14} eV の宇宙線の作る空気シャワーは，最大発達においては 10^5 程度の粒子数になる．もちろんこれは空気シャワー事象ごとにばらつく．最大発達以降は粒子のエネルギーが下がりそれ以上の粒子生成が起こらなくなるために粒子数は減少していく．このように大気上層から地上付近までの伝播におけるシャワー中の粒子の増減のことを**空気シャワーの縦方向発達**と呼ぶ．粒子生成が起こらなくなるタイミングは，電子のエネルギーが下がり，制動放射によってガンマ線が作られなくなるときである．電子は電離と制動放射によってエネルギーを失うが，電離はほぼ連続過程，制動放射は不連続過程で，空気中であれば平均的に $X_0 \sim 37\,\mathrm{g\,cm^{-2}}$ を走って 1 回の制動放射が起こる．X_0 のことを**放射長**（radiation length）と呼ぶ（2.5.3 節参照）．この間も電子は電離損失によって単位厚みあたり $(dE/dX)^{\mathrm{ion}} \sim 2\,\mathrm{MeV}/(\mathrm{g\,cm^{-2}})$ のエネルギーを失うため，X_0 走る間には制動放射が起こらずとも約 80 MeV のエネルギーを電離によって失うことになる．これは，エネルギー $E_c \sim 80\,\mathrm{MeV}$ 以下の電子は実質的に制動放射を起こせないことを意味する．このエネルギー E_c を**臨界エネルギー**（critlcal energy）と呼ぶ．シャワー中の電子の平均的エネルギーが臨界エネルギー E_c を下回ると，シャワーの粒子数増大が終わって減少に転ずることになる．最大発達を迎えた後のシャワー粒子のエネルギーは臨界エネルギー以下であると考えてよい．地表レベル（大気厚さ $\sim 1000\,\mathrm{g\,cm^{-2}}$）では一次エネルギーが $10^{20}\,\mathrm{eV}$ のシャワーであってもすでに減衰段階に入っており，地表に到達する電磁成分のエネルギーは臨界エネルギー以下である．いっぽう大気上空で作られたパイオンが崩壊してできるミューオンは，電離損失のみでしかエネルギーを失わず，一般に電子よりも高いエネルギーを持って地表に到達する．

空気シャワーの縦方向発達，すなわち大気厚さ X の関数としての粒子数の履歴 $N(X)$ は，ガイサーヒラス（Gaisser-Hillas）関数と呼ばれる次の関数でよく記述できる（図 3.21（184 ページ））．

$$N(X) = N_{\max}\left(\frac{X}{X_{\max}}\right)^{\frac{X_{\max}}{\lambda}} \exp\left(-\frac{X - X_{\max}}{\lambda}\right) \tag{3.6}$$

ここで λ は空気シャワー粒子の大気中での相互作用長，また $X_{\max}$ は粒子数が最大になる（最大発達）大気厚さである．これは上空（X の小さいところ）ではねずみ算式に粒子数が増え，$X_{\max}$ を過ぎると指数関数的に減少することを表す現象論的な式であるが，観測される空気シャワーの縦方向発達もこの式でよく表せることが知られている．

ここでは大気の厚さまたは深さを測るために $[X] = [\mathrm{g\,cm^{-2}}]$ という量を用いており，放射線を扱う際には一般的なものである．これは［長さ × 質量密度］という次元を持っており，物質中を進む荷電粒子のエネルギー損失の振る舞いは，単に物質中での長さ L という量ではなく，これに密度を乗じた $X = \rho L$ という量で表しておけば，あまり物質の種類によらないという利点がある．大気中

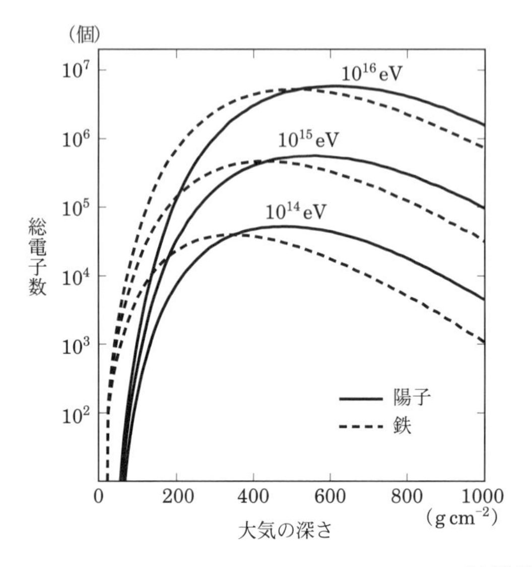

図 3.21 空気シャワーの縦方向発達．エネルギー $10^{14,15,16}$ eV の宇宙線について，1次宇宙線が陽子および鉄原子核の場合．

では密度は高度によって異なるため，大気の深さ X と高度 h とは

$$X(h) = \int_{\infty}^{h} \rho(h) dh \tag{3.7}$$

という関係がある．ここで $\rho(h)$ は高度 h における大気の質量密度である．大気の深さは「大気の頂上」に相当する $h = \infty$ をゼロとして測られ，高度を下るにしたがって増加し，地表面で最大となる．海抜 0 m での大気の鉛直方向の全深さはおよそ $1000\,\mathrm{g\,cm^{-2}}$ である*35．

空気シャワーの縦方向発達はもとの宇宙線のエネルギーにも依存する．宇宙線のエネルギーが高ければ空気シャワー中の粒子のエネルギーも高く，大気の深いところまで粒子数増大が継続するため，特に $X_{\max}$ は大きくなる．宇宙線のエ

*35 ある地点（標高）における大気の深さは，hPa で測った大気圧の値と数値的に近くなることを知っておくと便利である．大気圧 P は，その高度における面積 S の上にどれだけの質量の大気 M があるかで決まるから，$M/S \sim P/g$ である．大気が存在するのは上空 30 km 程度までであり地球の半径 6400 km に比べて小さいため，重力加速度 g はほぼ一定とみなしてよい．また g は $9.8\,\mathrm{m\,s^{-2}} \sim 10\,\mathrm{m\,s^{-2}}$ というキリのよい数字であるため，鉛直方向の大気深さについて $\mathrm{g\,cm^{-2}} \leftrightarrow$ hPa という対応関係が得られる．

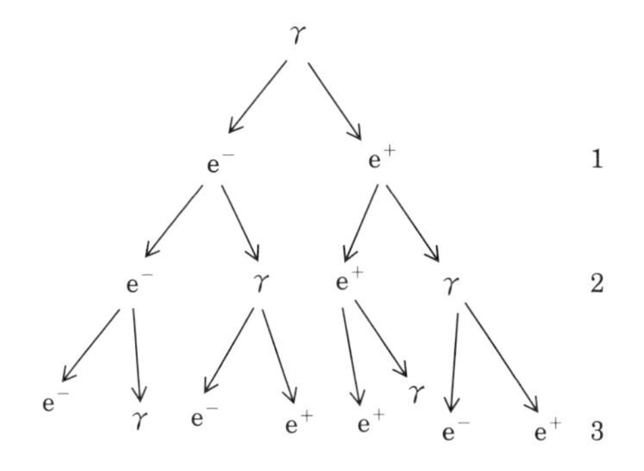

図 3.22 電磁シャワーの簡単な概念モデル

ネルギー と $X_{\max}$ の変化のしかたがどうなるかを考えよう．ここでは簡単のため，まず最初の原子核相互作用が起こった後，中性パイオンの崩壊でガンマ線ができたところからスタートして考える．電子またはガンマ線は放射長 X_0 進んで 1 回の制動放射または電子対生成を起こす（電子対生成の平均自由行程は X_0 と同程度である）．図 3.22 からわかるように，n 回のステップでは粒子数は $N \sim 2^n$ のように増える．$n_{\max}$ 回目のステップで最大発達 $N_{\max}$ になったとすれば $N_{\max} \sim 2^{n_{\max}}$，つまり $n_{\max} = \ln N_{\max}/\ln 2$ である．最大発達での粒子数 $N_{\max}$ は宇宙線の 1 次エネルギー E に比例し，$X_{\max} \sim n_{\max} X_0$ と考えられるので，$X_{\max} \propto \ln E$ のように変化する（図 3.21）．観測によると，宇宙線のエネルギーが 1 桁上がるごとに $X_{\max}$ は 50–60 g cm^{-2} ずつ大きくなる．

宇宙線原子核種による違い

宇宙線は陽子や原子核であるが，もとの宇宙線が何であったかによって，空気シャワーの縦方向発達の様子，特に $X_{\max}$ は変化する．宇宙線が陽子であった場合と質量数 A の原子核であった場合では，原子核の場合の方が大気との相互作用の断面積は大きくなる[*36]．したがって宇宙線が大気に入射したとき，最初の相互作用は重い原子核のほうが早く，つまり高い高度で起こりやすく，シャワーの発達が早く始まる．またエネルギーが同じ陽子と原子核では，核子あたりのエ

[*36] 原子核反応は近距離相互作用なので，断面積は原子核の「幾何学的断面積」と同じように振る舞い，$\sigma \propto A^{2/3}$ でスケールする．

ネルギーは原子核の場合の方が小さい (E/A). そして粗い近似では, エネルギー E の原子核 A の作る空気シャワーは, エネルギー E/A の陽子が作る空気シャワー A 個の重ね合わせと考えることができる. したがってエネルギー E の原子核 A の宇宙線の作るシャワーの X_{max} は, エネルギー E/A の陽子のシャワーの X_{max} に近くなる. これはエネルギー E の陽子が作るシャワーの X_{max} よりも小さい. この 2 つの理由により, 宇宙線原子核の作るシャワーは早く発達して減衰する. 前項の議論において $E \to E/A$ とすれば, X_{max} は $\ln A$ に比例する量ずつシフトしていく (小さくなっていく) こともわかる.

空気シャワーの横方向発達

粒子同士が相互作用するとき, 正面衝突したとしても横方向の運動量を持つ. 電子はクーロン力による多重散乱を受けるし, 結果的に空気シャワーは「棒」のようなものではなく, 粒子はディスク (円盤) 状に分布する (図 3.23). 空気シャワーの到来方向のベクトルを長く伸ばしたものを空気シャワー軸と呼び, 粒子はこれに垂直な空気シャワーディスク内に分布するわけである. 10^{15} eV の宇宙線による空気シャワーであれば, 横方向の広がりはざっと 100 m 程度である. なおシャワーディスクは完全な平面ではなく, 粒子が軸から離れるにつれて時間的に遅れをもった円錐状またはある曲率をもったものになる. さらに各地点で粒子は同時に到来するわけではなくある程度のばらつきを持って到来する. これは

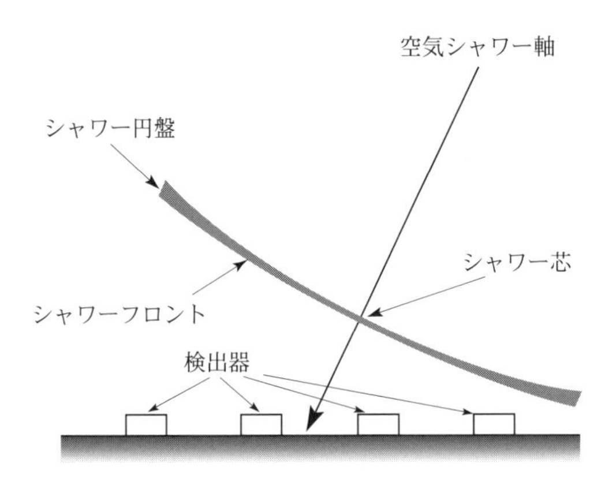

図 3.23 空気シャワーディスクの模式図

シャワーディスクが厚みを持っていると考えることができる．その厚みも一定ではなく，シャワー軸から離れるごとに厚みが増す傾向がある．ただしその厚みは横方向の広がりに比べれば小さい．

シャワーディスク内ではシャワー軸に近いほど粒子がたくさん分布し，シャワー軸から離れシャワーディスクの周辺部分へ行くほど粒子密度は小さくなる．このようにシャワー粒子が横に広がることを**空気シャワーの横方向発達**と呼ぶ．荷電粒子群の多重散乱による広がりは，シャワー軸に対する散乱角 θ のランダムウォークとして記述できるであろう．すなわち粒子が大気の厚さ X を通過したときの広がりの程度は散乱角の 2 乗平均の平方根 $\sqrt{\langle\theta^2\rangle}$ で与えられ，それは $\sqrt{X}$ に比例する．また散乱角は粒子のエネルギーに反比例すると考えられるので，$\sqrt{\langle\theta^2\rangle} = E_s/E\sqrt{X}$ と書ける．ここで $E_s = \sqrt{4\pi/\alpha}m_\mathrm{e}c^2 = 21\,\mathrm{MeV}$ である．電子のエネルギーの代表値として臨界エネルギー E_c を取り，1 放射長 X_0 だけ進んだときの横方向の広がり $r_0 = (E_s/E_c)X_0 \sim 9.4\,\mathrm{g\,cm^{-2}}$ をモリエール長と呼び，地表レベルでは約 74 m となる．

シャワー粒子の横方向分布は，空気シャワーの軸からの距離 r の関数として次の西村–鎌田–グライセン（Nishimura-Kamata-Greisen）関数（NKG 関数）でよく表される：

$$f(r;r_0,s) = C(s)\left(\frac{r}{r_0}\right)^{s-2}\left(1+\frac{r}{r_0}\right)^{s-4.5} \tag{3.8}$$

$C(s)$ は積分 $\displaystyle\int_0^\infty 2\pi x f(x)dx$ が 1 になるような規格化定数である（$x = r/r_0$）[*37]．パラメータ s はシャワーエイジと呼ばれ，発達はじめで $s = 0$，最大発達で $s = 1$ と定義される．NKG 関数 $f(r)$ を用いると，シャワー軸からの距離 r の関数としての粒子数の面積密度 $\rho(r)$ は

$$\rho(r) = \frac{N_e}{r_0^2}f(r;r_0,s) \tag{3.9}$$

で与えられる．N_e はシャワー中の全粒子数でスケールしている．

NKG 関数は横方向分布の形として s という 1 つのパラメータを持っているが，観測によると NKG 関数ではうまく表せないケースもあり，2 パラメータを

[*37] 計算すると $C(s) = \Gamma(4.5-s)/2\pi\Gamma(s)\Gamma(4.5-2s)$ となる．ここで $\Gamma(s)$ はガンマ関数．

使った以下のような式もよく用いられる．

$$f(r;r_0,s)=C(s)\left(\frac{r}{r_0}\right)^{-\alpha}\left(1+\frac{r}{r_0}\right)^{-\beta+\alpha} \tag{3.10}$$

一般に $f(r)$ は r の減少関数なので $\alpha,\beta>0$ に取る．この関数は $r\ll r_0$ では $\left(1+\frac{r}{r_0}\right)^{-\beta+\alpha}\sim 1$ であるので $f(r)\propto r^{-\alpha}$ のように振る舞い，r の大きいところでは $\left(1+\frac{r}{r_0}\right)^{-\beta+\alpha}\sim\left(\frac{r}{r_0}\right)^{-\beta+\alpha}$ なので $f(r)\propto r^{-\beta}$ のように振る舞う．

空気シャワーディスクの時間構造

図 3.23 で模式的に示されているように，空気シャワー中の粒子群は平面上または板状に分布しているものの，実際には中心から離れるにしたがって到着が遅れる曲率構造を持っている．これはシャワー軸から離れた粒子ほど長いパスを通って到来するからと解釈できる．空気シャワー観測のデータ解析においては，各検出器の粒子到着時刻を用い，まずはシャワーを平面と近似して到来方向を仮決定し，その後にシャワー面の構造を考慮しながら方向の決定を改善していくという手法がよく使われる．シャワーを平面としたときからの時間遅れをシャワー中心からの距離 r の関数として表すシャワーの時間構造を表す式として，直線近似（円錐近似）や 2 次関数による近似，またはある距離 r_0 まではほぼ定数で $r>r_0$ では r^{δ} で変化するという $\propto(1+r/r_0)^{\delta}$ という式などがよく用いられる．1990 年代に山梨県で行われていた東京大学宇宙線研究所の広域空気シャワー観測装置（AGASA; Akeno Giant Air Shower Array）では $r_0=30\,\mathrm{m}$, $\delta\sim 1.5$ という結果が得られていた[*38]．

空気シャワーのモンテカルロシミュレーション

空気シャワー中の粒子数や横方向の広がりなどは，ある程度までは（半）解析的な計算によって 概算することはできる．しかしシャワー中の粒子種ごとの数，観測高度のさまざまな点での粒子数密度など，より詳細な情報までを求めるには限界がある．空気シャワーはきわめて多数の粒子の生成や消滅をともなう複雑な

[*38] これらの数字はある観測高度においてのみ妥当な値である．異なる高度で行う実験では，観測されるシャワーの発達段階が異なり，r_0,δ も一般に異なる値となる．

現象であり，またイベントごとにシャワーの発達はゆらぎ（fluctuation）によって少しずつ異なるため，その様子を解析的に書き表すことは現実的ではない．このような場合は現象を適切にモデリングした上で，現実世界で起こっているであろうことをコンピュータ上で再現するシミュレーションの手法が有効である．特にゆらぎの効果を取り入れるために乱数を用いたコンピュータシミュレーションのことをモンテカルロシミュレーションと呼び*39，空気シャワー実験においても昔からそのためのプログラムが開発されてきた．空気シャワーシミュレーションプログラムでは，大気上空での宇宙線と大気中の原子核の最初の相互作用の起こる高度，生成されるパイオンやK粒子などの2次粒子とさらに次の相互作用による粒子生成，エネルギー損失や崩壊など，我々の持っている物理学の知識を総動員してすべてのプロセスを追跡する．相互作用の断面積や相互作用あたり生成される粒子数（多重度）などは加速器実験で得られたデータを援用する．10^{18} eV 以上の超高エネルギー宇宙線のシミュレーションの場合は，加速器では実現できない相互作用エネルギーでありそのような高エネルギーでのハドロン相互作用はいまだによくわかっていないため，低エネルギー側の加速器のデータを「外挿」した相互作用モデルを開発して使用する．

シミュレーションプログラムのユーザは，一次宇宙線の原子核種，エネルギー，到来方向と，高度などの観測者の条件をインプットとして与える．指定された高度までのシャワーの発達を追い，その高度での全粒子の位置と運動量を出力するような計算は「フルモンテカルロ」などと呼ばれることがある．指定した高度だけでなく，そこに到達するまでの各高度ごとの発達の様相を出力できるようになっているものもある．一般にフルモンテカルロの計算はコストが大きい．たとえば 10^{19-20} eV の宇宙線から発生する空気シャワーであれば最大発達における粒子数はざっと 10^{10} 個である．このような大量の粒子の生成や伝播を追うのには近年の高速のコンピュータを用いてさえ大変な計算時間を要し，またその個々の粒子の位置や運動量をすべて出力して保存するには大量のデータ容量も必要となる．

*39 研究の現場では慣習的に単に「モンテカルロ」と呼ばれることも多い．

3.3.4 空気シャワーの観測

空気シャワーアレイ

エネルギーが $E > 10^{12}$ eV であるような宇宙線は到来頻度が小さいため，大気圏外での直接観測は実質的に不可能であり，空気シャワーを観測することになる．空気シャワーは広がりを持って到来するため，検出器を大型にする必要はなく，ただし数をたくさん用意して設置しておく．空気シャワー検出を目的とした，粒子検出器を地表や高山などに多数設置したものを空気シャワーアレイと呼ぶ．空気シャワーアレイは地表に到達した粒子すべてを検出できるわけではもちろんないが，ある間隔ごとに検出器を設置してそこでの粒子数や到来時刻などを記録する．できるだけ空気シャワーの最大発達付近で観測することが望ましいことから，観測対象とする 1 次宇宙線のエネルギーに応じて，空気シャワーアレイを建設する高度と場所を適切に選定するとともに，設置する検出器の間隔も最適化する必要がある．たとえば 10^{15} eV の宇宙線のつくる空気シャワーは高山では 100 m ほどの広がりをもち，10^{20} eV の宇宙線のつくるシャワーの広がりは地表高度では数 km 程度にもなる．個々の検出器は 1–3 m^2 の大きさのものが一般的である．現在では数 10 台から 1000 台以上の検出器を用いた実験が各地で行われている．

荷電粒子測定

検出器は広い範囲に多数設置するから，用いる粒子検出器は，安価でかつ安定に稼働することが不可欠である．代表的なものは，プラスチックシンチレータと光電子増倍管を組み合わせた「シンチレーション検出器」である．厚みは数 cm，面積は $50 \times 50\,\mathrm{cm}^2$ のものがよく使われ，より広い面積が必要なときはこれを複数枚検出器内に並べる．伝統的なタイプのシンチレーション検出器の構造を図 3.24 に示す．荷電粒子がプラスチックシンチレータを通過した際に放射されるシンチレーション光の波長は 400 nm 前後であり，これを光電子増倍管で受光する．

シンチレータは NaI 結晶に代表される無機シンチレータと，プラスチックシンチレータに代表される有機シンチレータに大別される．両者を比較すると，一般に発光量は無機シンチレータの方が大きく，発光している時間は有機シンチレータの方が短い．空気シャワーアレイのためのシンチレーション検出器は高い時間

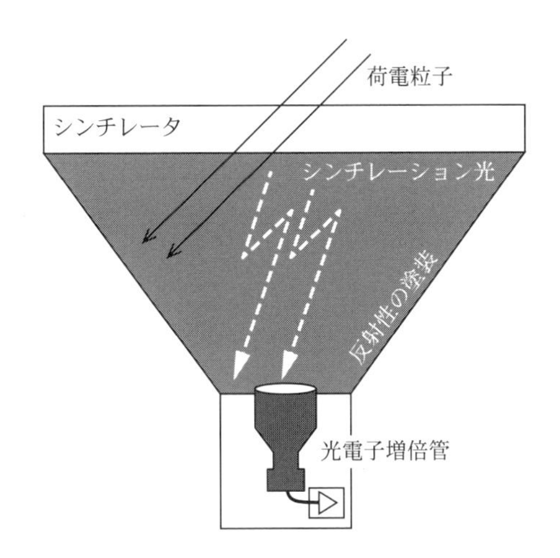

図 3.24 シンチレーション検出器の例．箱の中に密封したプラスチックシンチレータを荷電粒子が通過するときの微弱な発光を光電子増倍管でとらえる．光電子増倍管の光電面は一般に数 cm^2 とあまり大きくはなく，広い面積のシンチレータからの光を集光するため，箱は三角形とし，内部は反射性の塗料を使うのが一般的である．

決定精度（ナノ秒オーダー）を要求されるため，取り扱いの容易さもあって多くの場合プラスチックシンチレータが用いられる．材質はポリスチレンと p-ターフェニルのシンチレーション性溶質に POPOP などを加えて製作される[*40]．

光電子増倍管は超高感度・高速応答の光センサである．光電子増倍管の入射窓に光子が入ると，光電効果を起こしやすい物質でできた光電面に光子が当たり，まず電子に変換される[*41]．光電効果が起こりダイノードへ達する確率は 20–30% 程度で，これを量子効率と呼ぶ．光電面によく利用される物質としては，2 種類のアルカリ金属を使うバイアルカリ Sb-Rb-Cs，Sb-K-Cs や，可視波長域で高い量子効率をもつ GaAsP（Cs）などが知られている．光電面の直径は 2 インチから 15 インチ程度のものが一般的である．その先にはダイノードと呼

[*40] p-ターフェニルがシンチレーション物質で波長 340–370 nm の光を発する．POPOP は発生したシンチレーション光の波長を 440 nm 程度の光電子増倍管の感度のよい領域に変換する役割をもつ．

[*41] 光電効果によって出てきた電子を特に光電子と呼ぶ．光電子は光子ではなく電子である．

ばれる，電圧の印加された電極が並んでおり，第1ダイノードに導かれた光電子は数個の電子を叩き出す．これらの2次電子は第2ダイノードに導かれてまた数個ずつの電子を叩き出し，これがくり返されて最終的には10^{6-7}倍の電子群となって陽極（アノード）から出力される．ダイノードは10数段のものが多い．ダイノード1つあたりの電子放出数δは電極の材質と構造，およびダイノード間電圧Vで決まり，$\delta = aV^k$の形で表される．kは0.7–0.8のことが多い．n段のダイノードがあれば，1個の光電子あたりの最終出力電子数，すなわち光電子増倍管のゲインは$G = (aV^k)^n = AV^{kn}$と書き表される．一般に光電子増倍管はきわめて短い発光時間の光をとらえるためのものであり，優れた時間応答を持つことが要求され，立ち上がり時間（rise time）t_r，パルス幅，電子走行時間（transit time）t_t，そのばらつき（transit time spread）TTSが重要である．典型的にはt_r，パルス幅，TTSが数ns，電子走行時間 は数10nsである．

図3.24のタイプの検出器では，荷電粒子がシンチレータのどの部分を通過するかによって集光の効率が変化するため，シンチレータの収納箱はできるだけ薄く製作し，シンチレータ内に光ファイバーを敷設して光を直接光電子増倍管まで導く改良型も開発されている．またシンチレータの代わりに水タンクを使い，荷電粒子が水中で発するチェレンコフ光を光電子増倍管で集光する「水チェレンコフ検出器」もよく用いられる[*42]．

空気シャワー中の荷電粒子は正負電荷の電子とミューオンとが主成分であるが，シンチレーション検出器，水チェレンコフ検出器はそのどちらも検出できる．逆に言うと電子とミューオンの分離は一般に難しい[*43]．そこで電子とミューオンを分離してとらえるために，シンチレーション検出器または水チェレンコフ検出器の上部に遮蔽物を置き，または地下に埋設することにより，ミューオンだけが透過・検出されるようにしたミューオン検出器が併設されることもある．一般

[*42] 本章では，「チェレンコフ光を検出する」という言葉が2つの異なる意味で使われていることに注意されたい．水チェレンコフ検出器は，空気シャワー中の荷電粒子が水タンクの中で発するチェレンコフ光をとらえることによる，荷電粒子のための検出器である．これに対し，空気中の荷電粒子が大気中で発するチェレンコフ光をとらえ，空気シャワーの縦方向発達の情報を得ようという実験もある．こちらは大気中のチェレンコフ光そのものが検出対象である．

[*43] 水チェレンコフ検出器の場合は，ミューオンの方が水中での飛跡が長いため，信号の大きさから電子とミューオンの分離ができることもある．

に，同じエネルギーの宇宙線が到来して空気シャワーを発生したとき，生成されるミューオンの数は重い原子核による空気シャワーの場合の方が多くなる．このためミューオン検出器の情報は1次宇宙線の原子核種を推定するために使われるほか，高エネルギーの1次宇宙ガンマ線を検出するためにも用いられる．陽子または原子核から発生した空気シャワーはハドロンカスケードと電磁カスケードの重ね合わせであるのに対し，1次ガンマ線によって発生した空気シャワーはほぼ純粋な電磁カスケードとなり，ミューオン数は少ないからである．

空気シャワー事象のトリガー

自然界には放射線が満ちており，地表高度では面積 $1\,\mathrm{m}^2$ に1秒あたり数100個の放射線が入ってくる．地球内部起源の放射線もあるし，低エネルギーの宇宙線によって大気中で発生した空気シャワーが減衰し切ったあとのわずかな生き残りのような（地表ではシャワーとして認識できない）粒子も多い．したがって各検出器に入射する粒子のほとんどはランダムかつ独立に入射してくるバックグラウンドである．ターゲットとするエネルギーの宇宙線によって発生した空気シャワーだけを確実にとらえてデータとして記録する（トリガーをかける）ために，空気シャワー実験では「コインシデンス法」（同時計数法）を用いる．図3.23からもわかるように，空気シャワーが到来すると，空間的に離して設置された複数の検出器にほぼ同時に粒子が入射する．したがって，すべての検出器において，入射する放射線のタイミングをモニターし，あらかじめ設定しておいた時間以内に複数の検出器で粒子が検出されたときにのみ，空気シャワーが到来したと判断してデータを記録する．各検出器ごとに記録すべきデータは，粒子が入射した時刻，および粒子数などである．

コインシデンスに関与する検出器の数 N，粒子を検出したとみなせるために必要な信号の大きさ（検出粒子数），同時と判断する許容時間幅 T などの条件は，実験目的に応じて適切に設定する．各検出器には毎秒 R 個の粒子がランダム・独立に入射するとしよう．粒子入射の平均時間間隔は $1/R$ であるから，ある時間幅 T の間に N 台の検出器に粒子が偶然「同時」に入射する確率（accidental trigger probability）は $p_N = (T/R)^{N-1}$ である．たとえば，検出器ごとの1秒間の粒子検出レートが $1000\,\mathrm{s}^{-1}$，許容時間幅を $T = 1\,\mu\mathrm{s}$ とすると，2台の検出器にバックグラウンド粒子が偶然に同時入射する確率は $(1\,\mu\mathrm{s})/(1/1000\,\mathrm{s}) =$

10^{-3} であり，3 台，4 台と条件を厳しくしていけば $p_3 = 10^{-6}$，$p_4 = 10^{-9}$ とどんどん小さくなる．実際の実験では 3 台や 4 台の同時検出でトリガーをかけて行っている場合が多い*44．粒子入射レート R の検出器 $N = 4$ 台のコインシデンス条件（時間幅 T）でトリガーをかけ，空気シャワーイベント検出レートが $n = 10\ \mathrm{s}^{-1}$ となったとしよう．1 年間（$3.15 \times 10^7\,\mathrm{s}$）観測を続けて取得される全イベント数は $\sim 10^8$ であるが，偶然コインスデンスが発生してしまう確率は $p_4 = 10^{-9}$ であるから，全イベントのうち誤ってトリガーしてしまったイベントはほとんどないことになる．

検出器のトリガー効率，有効検出面積，アパーチャー（aperture），イクスポージー（exposure）

到来した空気シャワーイベントの数に対し，実際に空気シャワーアレイなどの観測装置によってトリガーできる事象数との比をトリガー効率と呼ぶ．一般にトリガー効率は宇宙線のエネルギーに依存し，十分に高いエネルギーでは 100% であろうが，低エネルギーでは低くなる．低エネルギーの宇宙線では，たまたま大気中での発達が遅く，検出器設置高度においてもまだ十分な数の粒子が生き残ってるような事象のみがトリガーされるからである．トリガー効率の評価は，コンピュータによって宇宙線の大気への入射と粒子発生，大気中の伝播を擬似的に再現する空気シャワーシミュレーションによって行うことが多い．

面積 S の宇宙線観測装置（空気シャワーアレイなど）において，あるエネルギーでのトリガー効率を $\eta(E)$ とするとき，その積 $\varepsilon(E) = \eta(E)S$ を有効検出面積（effective area）と呼ぶ．また角度 θ で観測装置に入ってくるイベントに対して，観測装置は $S\cos\theta$ の面積に見えるので，これを全視野について積分した $A(E) = \int_\Omega \varepsilon(E)\cos\theta d\Omega = \int_\Omega \eta(E)S\cos\theta d\Omega$ が，装置の「受け入れ容量」を与える量となる．この $A(E)$ をエネルギー E の宇宙線に対する観測装置の aperture と呼ぶ．検出器を設置してトリガー条件を与えると，観測できる宇宙線の最低のエネルギー（エネルギー閾値）が決まる．原理的には空気シャワー観測施設ではエネルギー閾値以上の宇宙線であればいくらでも高いエネルギーの宇宙線を検出しうるが，繰り返し述べているように宇宙線のエネルギースペクトルは

---

*44「3-fold，4-fold のコインシデンスでトリガーをかける」という表現を用いる．

power-law 型の $E^{-\gamma}$ であり，エネルギーが上がると到来頻度は急激に減少する．したがって「観測可能な最高のエネルギー」は，意味のある解析結果を得られるだけの事象数を得られるエネルギーとして決まり，検出器・観測施設の有効検出面積 S と視野の広さ Ω，観測を実施した時間 T に依存する．有効検出面積と視野の立体角の積 $S\Omega$ をその検出器の aperture と呼び[*45]，さらに観測時間 T を乗じた $S\Omega T$ はその検出器を用いて行った観測の exposure と呼ばれる[*46]．

空気シャワーの到来方向決定

空気シャワー事象のトリガーは複数台の検出器におけるコインシデンスによって行うが，実際には空気シャワーディスクの傾きによってわずかずつ各検出器への粒子入射時刻は異なっている．したがって検出器によって記録された時刻情報から，空気シャワーの到来方向を決定することができる．実際には空気シャワーディスクは厳密には平面ではないため，曲面または円錐構造を考慮に入れたデータ解析を行う必要がある．到来方向の決定精度は一般に 0.1° から数 $^\circ$ 程度である．

空気シャワー到来方向の決定精度の評価の方法は，空気シャワーシミュレーションによる方法，「検出器群スプリット」による方法などがある．前者はコンピュータで，ある到来方向から大気に入射した宇宙線という条件で擬似空気シャワーイベントを生成し，地表への粒子到来時刻を計算する．これを擬似的な観測データと解釈して到来方向を決定し，もとのシミュレートした空気シャワーの到来方向とのずれを調べる．後者は，検出器群またはデータ群を 2 つに分けて独立に解析することによって何かを評価するという，実験物理学においてはしばしば用いられる手法の応用である．ここでは粒子が入射した検出器の数 N によって到来方向の決定精度は $1/\sqrt{N}$ だけ良くなるということを利用する．各イベントについて，検出器群を空間的な偏りが出ないように $N/2$ 台ずつの 2 つのグループに分け，それぞれのグループの検出器の $N/2$ 個の時刻情報のみを使って独立

[*45] 有効検出面積が粒子入射方向に依存する場合は，方向ごとの有効検出面積を視野内で積分して計算する必要がある．

[*46] この文脈における aperture（面積 × 立体角）と exposure（面積 × 立体角 × 時間）には定着した日本語が存在しない．3.2.2 節では aperture を "幾何学的因子" と呼んでいる．カメラ用語ではそれぞれ「絞り」と「露出」に対応するが，もちろんここでの意味と同じではない．なお観測時間のみを指して exposure が使われる場合もあるが，時間が含まれた量に aperture が使われることはない．

に到来方向を決定する．得られた方向のずれの分布はある幅をもつはずであるが，それを $1/\sqrt{2}$ したものが検出器 N 台の空気シャワーアレイの到来方向決定精度である．

チベット高原に建設された「チベット ASγ 実験」は角度決定精度のよい空気シャワーアレイとして知られ，太陽系外から到来する宇宙線が月や太陽によって遮蔽されることによる「影」を観測することができている（図 3.25）．地球から見た太陽と月の視直径はどちらも $0.5°$ 程度であるが，空気シャワー観測装置の到来方向決定精度が $1°$ 程度あれば，太陽や月の方向から到来する宇宙線の数が，それ以外の方向からの宇宙線よりも有意に少ない「影」が観測できる（精度が悪ければ影はまったく見えない）．逆に，影の見え方から観測装置の到来方向決定精度を評価することもできる．

空気シャワーのエネルギー決定

エネルギー決定には各検出器で測定された粒子数データを用いるが，その具体的な方法は空気シャワーアレイの設置された高度や対象としているエネルギー，観測装置の特徴などによって実験ごとに異なる．一般に，空気シャワーの最大発達時の粒子数 $N_{\max}$ はエネルギーに比例することが知られている．したがって最大発達点において観測が行えれば，各検出器の粒子数を横方向分布関数でフィッティングし，全粒子数 $N_{\max}$ を求めることによって宇宙線のエネルギーが決められる．観測高度におけるシャワー粒子総数のことをシャワーサイズと呼ぶが，観測されたシャワーサイズは一般に $N_{\max}$ とは異なる．一般に観測にかかったときの空気シャワーはいつも最大発達にあるわけではなく，実際には減衰段階に入ったところで検出されるのが普通であり，直接測定できるのはあくまでも地表レベルでのシャワー発達のある段階での総粒子数である．このような場合にもエネルギーを決定するには，実験データと空気シャワーシミュレーションとの比較などにより，その実験ごとに手法を開発する必要がある．たとえば，空気シャワーディスク中の粒子の横方向分布を表す NKG 関数（式 (3.8)）はエイジパラメータ s を含む．つまりシャワー粒子の横方向分布は空気シャワーの発達段階によって変化する．したがって横方向分布の形より空気シャワーが発達のどの段階にあったかを推定し，地表レベルでの粒子数から最大発達での粒子数が推

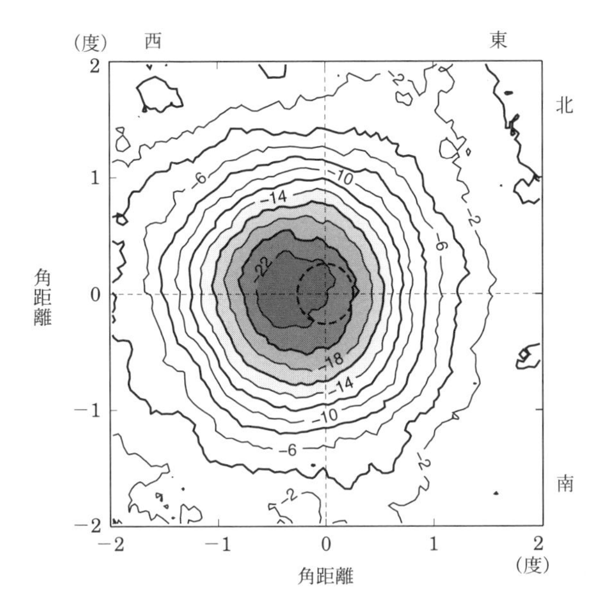

図 3.25 チベット空気シャワーアレイで観測された 3 TeV 宇宙線の「月の影」(チベット AS γ 実験グループ提供). 観測日数は 316 日. 縦軸と横軸は実際の月の位置からの角距離, 等高線は宇宙線の欠損量 (有意度 σ) を表す. 地球から見た月の視直径は約 0.5° であり, 観測された影のわずかな広がりから, この空気シャワーアレイの角度決定精度は 0.9° と評価された. 影の中心は実際の月の位置から 0.23° 西にずれており, これは地磁気の影響によってよく説明できる.

定できる. なお観測された空気シャワーイベントの天頂角 θ が異なると, 通過してきた大気の厚みが異なり大気中での発達・減衰の影響が異なるので, これも考慮した上でエネルギーに変換する必要がある. このような目的のためには空気シャワーモンテカルロシミュレーションを事前に行っておく手法が有効である. 与えられたエネルギーの空気シャワーがある天頂角で到来すると, その実験サイトの高度ではどのくらいのシャワー粒子数となって観測されるかを前もって知っておく. エネルギーが低くて減衰段階にあるシャワーと, エネルギーが高くまだ最大発達を迎えていないシャワーが同じ粒子数で観測される場合があるが, シャワーの横広がりの形で区別がつくほか, エネルギースペクトルは power-law で非常に急なので, 後者 (エネルギーの高い方) は確率的に起こりにくい.

縦方向発達と1次宇宙線原子核種の推定

宇宙線として飛来する陽子や原子核の分布，つまり宇宙線の原子核組成*47がどうなっているかという情報は，宇宙線の起源を解明する上できわめて重要である．空気シャワー現象において，1次宇宙線の原子核種の違いは，大気中でのシャワーの縦方向発達の違いとなって現れる．185ページの項で述べたように，宇宙線の質量数 A が大きいほど，空気シャワーの発生と発達は速くなり，結果として空気シャワーの最大発達点 $X_{\rm max}$ は小さく（浅く）なる．後述する「大気蛍光望遠鏡」を用れば，空気シャワーの縦方向発達を直接測定することができる．ただし同じエネルギー，同じ原子核による空気シャワーであっても，イベントごとの $X_{\rm max}$ のばらつきがあるため，$X_{\rm max}$ を決定することができても，原子核種を特定することは簡単ではない．

また空気シャワーアレイによる観測では，観測高度での粒子数情報しか得られないため，空気シャワーイベントごとに1次宇宙線の原子核種を推定することは困難である．しかし，宇宙線の平均的な原子核組成をエネルギーごとに推定する手法である「等頻度法」または「等強度法」(equi-intensity method) が宇宙線研究特有の方法として開発されており，ここではこれを紹介しよう（図3.26）．

宇宙線の到来方向分布はほぼ等方的であり，どの方向からくる宇宙線についても，エネルギースペクトルは同じである．たとえばある観測地点において，天頂方向（$\theta = 0^\circ$）から到来する宇宙線のエネルギースペクトルと，天頂角 $\theta = 45^\circ$ の方向から到来する宇宙線ばかりを集めて得たエネルギースペクトルには差がないはずである．したがって，あるエネルギー E_0 の宇宙線の到来する頻度 I_0 は，どの天頂角で見ても同じはずである．これに対し，その高度で観測される空気シャワー中の粒子総数すなわちシャワーサイズのスペクトルは，天頂角ごとに異なる．鉛直方向に測った観測点の大気厚さが X のとき，天頂角 θ の方向から到来したシャワーは $X \sec\theta > X$ というより厚い大気を通過し，より発達し，または減衰してきているからである．ある観測点において，ある同じエネルギー E_0 を持った複数の宇宙線イベントが，異なる天頂角 $\theta_0 = 0^\circ, \theta_1, \theta_2$ から到来して検出されたとしよう．このとき，観測されるシャワーサイズ N_0, N_1, N_2 は，

*47 英語では chemical composition の語が用いられ，これを直訳して「化学組成」という言葉が当てられることも多い．

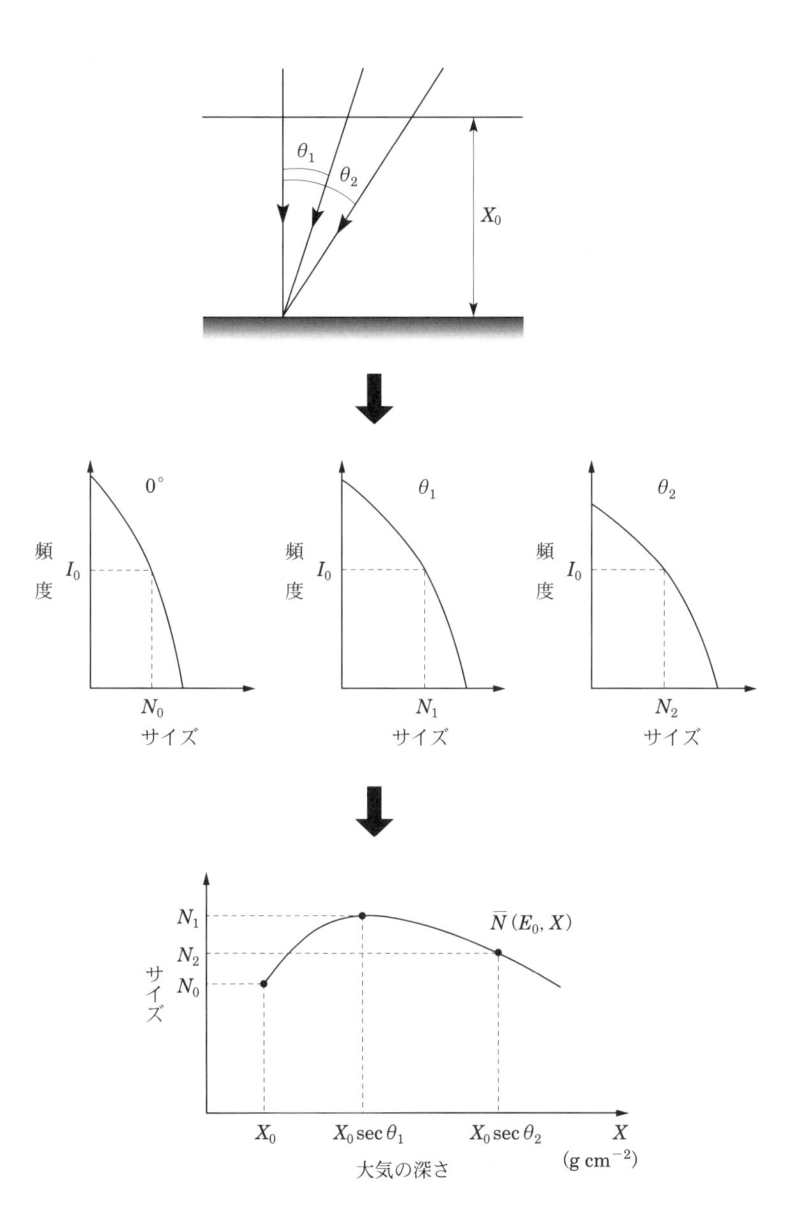

図 3.26 等頻度法による空気シャワー縦方向発達測定の原理

通過してきた大気の厚さ $X, X\sec\theta_1, X\sec\theta_2$ に対応して異なる値となる．しかし，宇宙線のエネルギースペクトルはどの方向で見ても変わらないはずだから，天頂方向から到来するシャワーサイズ N_0 の宇宙線の到来頻度，天頂角 θ_1, θ_2 の方向から到来するシャワーサイズ N_1, N_2 の宇宙線の到来頻度は，もとのエネルギーが同じであるからどれも等しく I_0 のはずである．したがって異なる天頂角 $\theta_0, \theta_1, \theta_2$ ながら同じ頻度 I_0 で到来する空気シャワーを集めれば，異なる大気厚さ $X\sec\theta_0, X\sec\theta_1, X\sec\theta_2$ を通過してきた同じエネルギー E_0 の宇宙線を集めていることになり，その頻度 I_0 の空気シャワーイベント群について，横軸に大気の厚さ $X\sec\theta$，縦軸にシャワーサイズ N をプロットすれば，これはエネルギー E_0 の宇宙線によって発生した空気シャワーの縦方向発達にほかならない．

これを，いろいろな原子核種からスタートした空気シャワーのモンテカルロシミュレーションと比較すれば，そのエネルギーにおける平均的な宇宙線の組成が推定できる．ただしこの方法によって得られるシャワーの縦方向発達の様相は，観測地点の鉛直方向大気深さ X よりも大きい領域に限られる．したがって，より広い大気深さの範囲で縦方向発達の様相を見るには，できるだけ標高の高い地点で観測を行う必要がある．たとえばチベット ASγ 実験は標高 4300 m，またボリビアのチャカルタヤ山で行われていた実験は標高 5200 m であった．

その他にも，空気シャワー発達の早い段階での情報を得て1次宇宙線の原子核種を推定する方法としては，大気上空で発生するミューオンの量を使う方法や，チェレンコフ光の波形や横方向分布を使う方法などがある．

大気蛍光望遠鏡を用いる方法

伝統的に，空気シャワー観測は空気シャワーアレイによって行われてきたが，1960 年ごろにグライセン（K. Greisen）と菅浩一によって，空気シャワー中の荷電粒子が大気中の分子を励起し，この分子の出す蛍光を検出することによって空気シャワー観測を行う手法が提唱され，1980 年代に実用化した．空気シャワーは最大で 1 km 程度の横方向の広がりを持つが，数 km 以上離れたところから見れば，明るいスポットが高速で地上に向かう発光イベントとして観測されるのである．

そこで 1° 程度の狭い視野を持たせた光電子増倍管を多数用意して「カメラ」を構成し，空気シャワーが到来したときに発せられる大気蛍光をとらえて写真を

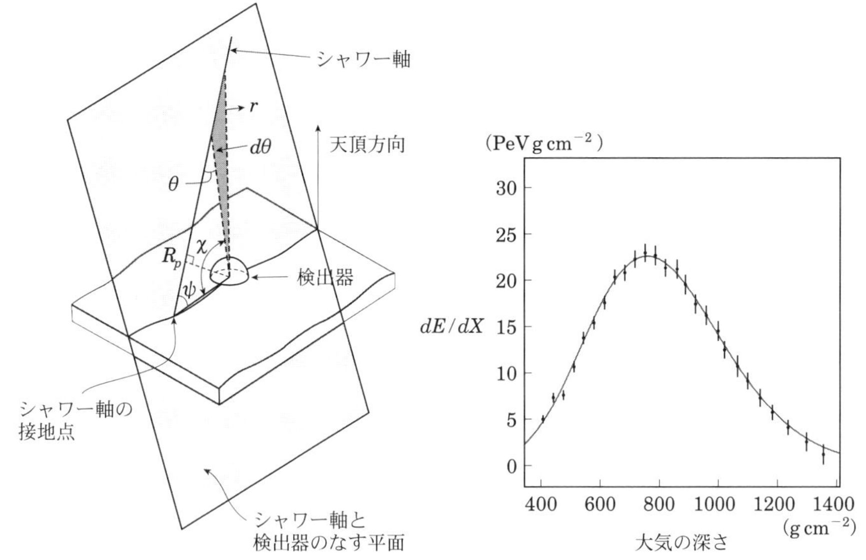

図 3.27 左：大気蛍光望遠鏡による空気シャワー検出の原理．各光電子増倍管に 1°–数° の視野を持たせ，仰角 χ で夜空へ向ける．さまざまな方向へ向けた光電子増倍管で同時検出することにより，空気シャワーの軌跡をとらえることができる．右：オージェ（Auger）実験で観測された約 10^{19} eV の宇宙線による傾いた空気シャワーの縦方向発達．横軸は宇宙線の到来方向に沿って測った大気の深さ，縦軸は各光電子増倍管で測定された大気蛍光の発光量から，そこでのシャワー中の荷電粒子のエネルギー損失に変換したもの．シャワーの最大発達点 $X_{\max}$ がはっきりわかる（Pierre Auger Observatory 提供）．

撮るように検出する．空気シャワーはカメラ上で一本の筋のような軌跡を描いてとらえられ，シャワー軸と観測者の位置によって 1 つの平面（シャワー面）が定まる（図 3.27（左））．各光電子増倍管の視野方向と光の到着時刻から，シャワー平 面内におけるシャワー軸の傾き，すなわち宇宙線の到来方向とシャワーコアの位置が決定される．発生する大気蛍光の光子数は，シャワー中の荷電粒子群の電離損失量に比例することがわかっているので，大気蛍光の明るさはシャワー中の荷電粒子数に比例すると考えてよく，多数の光電子増倍管を用いれば空気シャワーの縦方向発達が直接観測できる（図 3.27（右））．特に $X_{\max}$ を決定できるため，宇宙線の原子核種を同定できるという強みがある．

このように大気蛍光観測には，地表レベルでの情報しか得られない空気シャワーアレイでの観測に対して大きなメリットがあるが，1）多数の光電子増倍管や集光用の鏡が必要でコストがかかる，2）月がなく，雲も霧もかかっていない夜しか観測できない，というデメリットもある．空気シャワーアレイは装置のメンテナンスが完壁であれば昼夜を問わず 100% の時間が観測可能であるが，大気蛍光望遠鏡の場合は 10% 程度の観測効率（duty cycle）となる．

空気シャワー中の大気によって励起された大気分子（おもに窒素分子）は，図 3.28 のようなスペクトルで波長 300–400 nm の蛍光を発する．1 個の荷電粒子が大気中を 1 m 進むと約 4–5 個の光子が発せられる．荷電粒子が原因で発せられる光としては，1 m あたり約 45 個の光子が放射されるチェレンコフ光がこれと比較されるであろう．チェレンコフ光は荷電粒子の進行方向に約 1° の円錐状に発せられ，実質的にはシャワーの進む方向に集中（ビーミング）しているのに対し，脱励起現象である大気蛍光は等方的に放射される．チェレンコフ光観測では，おもに検出器に向かってくるイベントしか検出できないのに対し，大気蛍光法による宇宙線観測では空気シャワーを「遠くから眺める」ことができ，したがって大きな有効面積を実現できる．ただし光は等方的に広がり検出できる光子の数は少なくなるので，有効なのはエネルギーが 10^{18} eV を超えるような超高エネルギー宇宙線に限られる．

空気シャワー中の粒子（群）による単位エネルギー損失あたりの蛍光発生数を α とすると，1 個の電子が大気中を $\varDelta X$ だけ走ったときに発生する大気蛍光数は

$$\varDelta f = \alpha \left(\frac{dE}{dX} \right)^{\rm ion} \varDelta X \tag{3.11}$$

である．空気シャワーが縦方向発達し，大気厚み X において $N(X)$ 個の荷電粒子があったとすれば，すべての荷電粒子の軌跡をすべて足しあげたものは $\int N(X)dX$ で与えられる．よって発生する全大気蛍光数は

$$F = \int \alpha \left(\frac{dE}{dX} \right)^{\rm ion} N(X)dX \tag{3.12}$$

となる．宇宙線の縦方向の発達 $N(X)$ が測定できていれば，$\int (dE/dX)N(X)dX$

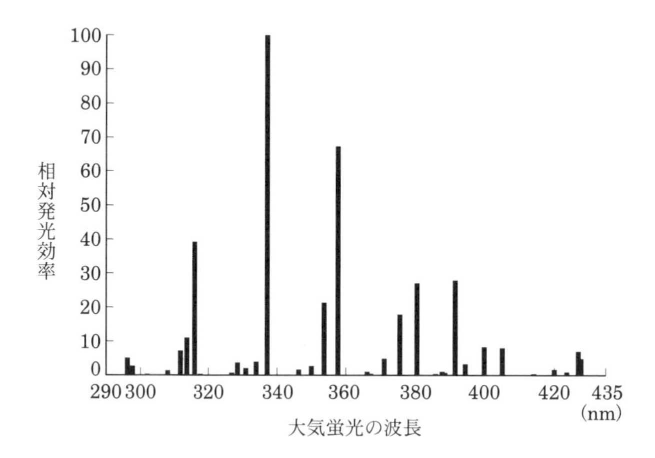

図 3.28 大気蛍光の波長スペクトル．もっとも強度の高い波長 337.1 nm での発光率を 100 としている．AIRFLY グループの測定による．

は大気中でのシャワー粒子の全エネルギー損失，つまりシャワー粒子の全エネルギー，ひいては一次宇宙線のエネルギーにほかならず，F/α で宇宙線のエネルギーが決定できることになる．ただしシャワー中のエネルギーのうち，約 10% はニュートリノなど中性で大気の発光に影響しない粒子によって担われているため，その補正は必要である．

空気シャワーアレイと大気蛍光法の比較

地表にシンチレーション検出器または水チェレンコフタンクなどを並べた空気シャワーアレイによる宇宙線の観測と，大気蛍光望遠鏡による観測の比較を確認しておこう．すでに述べたように，空気シャワーアレイではほぼ 100% の稼働率が期待できるが，月がなく天候もよい夜間しか観測の行えない大気蛍光法の稼働率はせいぜい 10% である．それでもなお大気蛍光法が重要である理由は，前述した空気シャワーの縦方向発達が観測でき $X_{\max}$ が決定できることのほかに，宇宙線のエネルギーを「正確に」求められることにある．

空気シャワーアレイの観測データから空気シャワーサイズなどを計算し，宇宙線のエネルギーに換算するには，モンテカルロシミュレーションによる空気シャワー現象のコンピュータ実験を援用する必要がある．しかし現状で我々は，超高エネルギーの宇宙線が大気に入射して大気中の原子核と相互作用を起こしたときに何が起こるのかを，完全には理解していないのである．したがって相互作用の断面積や粒子発生の多重度などはより低エネルギーの実験データを用いた外挿やハドロン相互作用のモデルによる予想に頼らざるを得ない．またそのような高エネルギーのハドロン相互作用モデルは複数提案されているが，そこからの予想は必ずしも一致していない．したがって空気シャワーアレイのデータを用いた宇宙線のエネルギー決定には，我々の空気シャワー現象の理解の不完全さに由来する不確定性が避けられない．

いっぽう大気蛍光法では，発生する大気蛍光の光子数は，シャワー中の荷電粒子のエネルギー損失量のみで決まっており，ハドロン相互作用の詳細にはよらないと考えられている．大気蛍光法は，実はカロリメータ（熱量計）の原理の応用である．物体の持っている熱量を測定するとき，その物体を水中に投下し，水の温度上昇を測定すれば，水の熱容量がわかっているので物質が水中で放出した熱量が測定できる．大気蛍光法では，大気の発光効率がわかっているので，大気中で発生した蛍光量を測定すれば，シャワー中の荷電粒子のエネルギー損失量がわかり，したがってもとの宇宙線のエネルギーが計算できる．ここではハドロン相互作用モデルに依存する空気シャワーのモンテカルロシミュレーションは必要とされないのである．大気蛍光法による宇宙線観測は，夜間の検出器運用，大気透明度の測定などいろいろな困難はありつつも，1980年代以降は連綿と実験的努力が続けられている．

大気中での光の散乱

遠方の空気シャワーから発せられた蛍光は，検出器に到達するまでに大気中を長い距離伝播する．この間に大気蛍光は幾何学的に $1/4\pi R^2$ で減衰するほか，大気分子によるレイリー散乱と，大気中のダスト・エアロゾルによるミー散乱などの影響を受ける．他にも水蒸気やオゾンによる吸収の影響も考えられる．したがって観測を行うには乾燥していて大気汚染の影響の少ない場所を選ぶ必要がある．

レイリー散乱は，分子中の電子による光の散乱で，1気圧のもとでは波長400 nmの光に対して散乱長は22 kmである．よく知られているように散乱長は波長 λ の4乗に比例し，もっとも発光の強い337.1 nmの蛍光では散乱長は

11 km になる．散乱の角度は，光子の進行方向に対して $1 + \cos^2\theta$ という前後方対称なパターンをもつ[*48]．

大きな有効検出面積を実現するには，光電子増倍管の感度を上げたり，大きな面積の集光鏡を用いることで，より遠くの空気シャワーまで観測できるようにすることが必要であるが，レイリー散乱の影響によってその限界が決まる．つまり検出器はレイリー散乱の影響が大きくならない距離，具体的には検出器まわりの 20–30 km 程度の領域を観測できるように設計する．また複数台の検出器を設置する場合も，間隔は 10–20 km にすることが望ましい．複数の検出器で視野に重なりができるように設置すれば，1 つの空気シャワーを異なる位置からとらえる「ステレオ観測」が可能となる．

大気中のダスト・エアロゾルによる散乱は，剛体球による光の散乱であるミー散乱によってモデリングされる．レイリー散乱は大気の密度や気圧など，広く公開されている気象データによってその影響はほぼ正確に推定できるのに対し，大気中のエアロゾルの存在量にはそのような一般にも利用できるデータはなく，空気シャワーの観測サイトで実験者が自ら測定する必要がある．技術的には，大気中にレーザー光を射出し，その散乱・反射光を同じ場所で測定することによって大気中の散乱体分布を推定する LIDAR 法によって可能である[*49]．また大気蛍光望遠鏡から離れた位置からレーザーを上方に射出し，側方散乱された光を検出することによって地表から高度数 km の領域でのエアロゾルの空間分布を推定する方法もある．

空気シャワーから発せられる光のうち，チェレンコフ光は放射される方向がほぼ空気シャワーの進行方向に集中しており，空気シャワーを遠くから眺める大気蛍光法ではその影響はないようにも思えるが，チェレンコフ光は大気蛍光よりも多く発せられるため，レイリー散乱・ミー散乱によってシャワー側方へと伝播し，大気蛍光とともに検出器に到達してしまうチェレンコフ光の量は無視できない．したがって直接到達する大気蛍光，散乱で失われた大気蛍光，および散乱の

[*48] 単原子分子（等方的分子）の場合．大気のように 2 原子分子（非等方的分子）の場合はわずかに異なる角度パターンになるが，空気シャワーイベントのデータ解析に影響を与えるほどの違いではない．

[*49] 電波（radio）を射出し，反射された電波を同じ場所で検出することで空間中の物体の存在を調べるレーダー法はよく知られているであろう．これをレーザー（laser）で行うのがライダー法である．

ため検出されてしまったチェレンコフ光など，異なる由来の光子成分の寄与を正しく評価したデータ解析が必須である．

大気蛍光宇宙線望遠鏡

大気蛍光法を利用した宇宙線望遠鏡は，米国コーネルに設置された装置に始まった（1965–67年）．しかしこの実験では，蛍光を集光するフレネルレンズが小さく（$\sim 0.1\,\mathrm{m}^2$），また大気が湿潤であったこともあり，超高エネルギー宇宙線の観測には成功しなかった．このアイデアを継承し超高エネルギー宇宙線の観測に成功したのは，コーネルでの実験のあと，巨大なフレネルレンズの光学装置を東京大学東京天文台の堂平観測所（埼玉県）に建設した棚橋五郎による実験（1968–69年）と，米国 ボルケーノランチ（Volcano Ranch）で空気シャワーアレイとの連動実験として，反射鏡を用いたユタ大学のグループによる実験であった（1976年）．ユタ大学グループによる実験は，この後にフライズアイ（Fly's Eye）実験と呼ばれることになる，初の本格的な宇宙線観測用大気蛍光望遠鏡へと結実した（1981–1993年）．フライズアイ実験はその後に High-Resolution Fly's Eye（HiRes）実験へとグレードアップし，1990年代の超高エネルギー宇宙線研究をリードした．さらに HiRes 実験の技術はテレスコープアレイ（Telescope Array）実験へ受け継がれ，2008年より観測が続けられている．また南米アルゼンチンに建設されたピエール・オージェ観測所（Pierre Auger Observatory）においても大気蛍光望遠鏡が運用されており，観測は2004年から行われている．

電波による観測

空気シャワーは荷電粒子の大群であり，種々の機構により電波が放射される．地磁気に電子が巻きつきながら運動する際に電波が放射されるジオシンクロトロン放射，チェレンコフ放射に似た機構であるアスカリアン効果（Askaryan effect）などが主要な機構として知られている．電波は数 10–1000 MHz の FM 帯で放射され，目的に応じたアンテナを製作して検出する．空気シャワーからの電波放射はすでに1960年代には提唱されていた．電波は昼夜を問わず観測でき，検出器（アンテナ）は大気蛍光望遠鏡などに比べれば比較的安価に製作できる．そこで超大面積・長期間の宇宙線観測の有力な手段になると期待され世界各地で実験が行われたが，ノイズの克服が困難であったこともあり，なかなか良い結果が得られていなかった．

21 世紀に入り高周波技術の向上によって電波観測の意義が見直され，再び開発競争が進んでいる．多くの電波観測実験は空気シャワーアレイとの連動で行われており，空気シャワーアレイからのトリガー信号を受け取って電波のデータを収集している．電波のデータだけを用いて解析して得られた宇宙線の到来方向は，空気シャワーアレイのデータによって得られたものとよく一致しており，また電波の強度とシャワーのエネルギーとの間にはきれいな線形性が見られているようである．ただし電波観測装置自らでのトリガー（セルフトリガー）を実現できている実験はまだ多くなく，次世代観測装置として空気シャワーアレイや大気蛍光望遠鏡にとって代わるには至っていない．

3.3.5 世界の主な空気シャワー観測施設

世界各地に多くの空気シャワー観測施設があるが，ここではおもに 2010 年代まで稼働していた，または本書執筆の 2017 年現在稼働中の特徴ある空気シャワーアレイを紹介する．観測対象とする宇宙線のエネルギー領域によって，空気シャワーアレイの設置高度や有効検出面積が異なっている．また，研究目的に応じて検出器の再配置や特殊装置の追加設置等の変更が随時行われている．

空気シャワーアレイ

BASJE（日本ボリビア空気シャワー共同実験） 南米ボリビアのアンデス山系に属するチャカルタヤ山の頂上付近に建設されたアレイ．標高は 5200 m で，大気深さ 550 g cm^{-2} であり，常設の観測所としては世界最高高度に位置する．観測所そのものは 1951 年に建設された歴史ある施設で，その後は観測対象エネルギーを変えつつ検出器配置の変更が行われながら観測が続けられてきた．2009 年からはシンチレーション検出器を $400 \times 400\,\mathrm{m}^2$ の面積に配置したアレイが稼働していたが，2015 年にいったん実験を終了した．その後はチャカルタヤ山中腹の 4800 m 地帯に 400 台の検出器からなる新アレイを建設するプロジェクト（ALPACA）が進行している．

チベット ASγ アレイ 中国ヤンパーチン高原に設置されているアレイで，日本と中国の共同実験として運営されている．標高は 4300 m で，大気深さは 606 g cm^{-2} である．1 台あたりの面積 0.5 m^2 のシンチレーション検出器約 700

図 3.29 チベット空気シャワーアレイ（写真：東京大学宇宙線研究所提供）

台が 7.5 m 間隔で設置され，10^{13}–10^{16} eV 領域の宇宙線，および高エネルギーのガンマ線観測が行われている（図 3.29）．アレイ中心部には空気シャワー中のハドロン成分を測定する検出器が設置されているほか，地下の水チェレンコフ型ミューオン検出器も稼働している．

HAWC メキシコの標高 4100 m に建設された大規模の水タンクアレイで，エネルギー 10^{11}–10^{14} eV の宇宙線および高エネルギーガンマ線を観測対象とする．水タンクは高さ 4 m，直径 7.3 m の円筒型で，荷電粒子が水中を走るときに発せられるチェレンコフ光を 8 インチの光電子増倍管 4 本でとらえる．水タンクは総数 300 台が設置され，2015 年より観測が始まっている．

AGASA（明野超大空気シャワーアレイ） 山梨県北杜市明野の東京大学付属明野宇宙線観測所に設置されたアレイで，1995 年に観測を開始し，2005 年に終了した．有効検出面積は 100 km^2 で，当時は世界最大の空気シャワーアレイとして稼働していた．標高は 900 m，111 台のシンチレーション検出器（2.2 m^2）を約 1 km 間隔で設置するとともに，27 か所にミューオン検出器を，さらには意欲的な構造をもったハドロン検出器を備えるなど，1990 年代の超高エネルギー宇宙線研究における中心的役割を果たした．

KASCADE ドイツのカールスルーエ市に建設されたアレイで，標高は 110 m と低い．エネルギー 10^{14}–10^{17} eV の宇宙線観測を目的とし，1996 年に稼働開始した．200×200 m^2 の敷地内の 252 か所に，空気シャワー粒子の電磁成分（電子・陽電子，ガンマ線）とミューオン成分をそれぞれ検出できる装置が設置されていた．2003 年からは 37 台のシンチレーション検出器をより広い $0.5\,\mathrm{km}^2$ の範囲に設置し，$10^{18}\,\mathrm{eV}$ までの宇宙線をもカバーできることを目的とした KASCADE-Grande アレイも稼働した．他にも空気シャワー中の荷電粒子が地磁気で曲げられて発せられる電波を検出するなど，KASCADE は多くの成果を挙げたが，実験は 2013 年に終了した．一部の検出器はロシアに移設された．

IceTop 南極地下の氷中に設置されたニュートリノ検出器である IceCube（4 章参照）の上（氷表面）に建設された空気シャワーアレイ．検出器には水タンクならぬ氷タンクを用い，シャワー中の荷電粒子がタンク中で発するチェレンコフ光を光電子増倍管でとらえる．162 台の検出器が面積 $1\,\mathrm{km}^2$ の中に平均 125 m 間隔で設置されており，10^{14}–$10^{18}\,\mathrm{eV}$ の宇宙線をターゲットとして 2008 年から観測が行われている．

TAIGA 1990 年代からシベリア，バイカル湖近くのトゥンカ渓谷で行われている実験である．もとはトゥンカ実験と呼ばれており，空気シャワーからのチェレンコフ光をとらえ，knee 領域の宇宙線のエネルギースペクトルや原子核組成を測定する実験としてスタートした．その後，電波アンテナアレイ，KASCADE-Grande から移設したシンチレーション検出器アレイやイメージングチェレンコフ望遠鏡など複数種類の検出器を設置し，プロジェクト名も TAIGA（Tunka Advanced Instrument for cosmic ray physics and Gamma Astronomy）と変え面目を新たにした．

大気蛍光望遠鏡

HiRes 米国ユタ州に建設された最初の本格的大気蛍光望遠鏡であるフライズ・アイ（Fly's Eye）の後継である．より精度の高い光学系と視野角 1° のより細かなイメージングカメラを搭載した．フライズ・アイのおよそ 10 倍の有効検出面積を実現し，$10^{18}\,\mathrm{eV}$ 以上の超高エネルギー宇宙線をターゲットとして AGASA とともに 1990 年代から 2000 年代の宇宙線研究を牽引した．観測は 2006 年にいったん終了したが，HiRes の検出器はその後に同じくユタ州内に建設されたテレスコープアレイ実験に移設され，現在でも使用されている．

ハイブリッド型検出器

2000年代以降，空気シャワーアレイと大気蛍光望遠鏡を同じサイトに設置した「ハイブリッド型」の観測施設が稼働している．これによって，同じ空気シャワーイベントを異なる種類の検出器で同時に観測することができるようになった．また検出器のエレクトロニクスが大幅に進歩しており，従来の検出器では光電子増倍管の出力を積分し，単に検出器に入射した粒子数に比例する出力を得ていたのに対し，40–100 MHz の ADC でサンプリングし，光電子増倍管からの信号を波形として記録できるようになっていることが特徴的である．

ピエール・オージェ観測所　アルゼンチンメンドーサ郡に建設された，有効検出面積 3000 km^2 の世界最大の空気シャワー観測施設である．南緯 35°，平均標高は 1400 m で，1.5 km 間隔で 1600 台の水チェレンコフタンクと，4 か所に建設された 24 台の大気蛍光望遠鏡から構成される．水タンクは底面積 10 m^2，高さ 1.2 m で，9 インチの光電子増倍管 3 本が内部に取り付けられている．大気蛍光望遠鏡は，3.5 m の集光用球面鏡と，22 × 20 に光電子増倍管を並べた「カメラ」で構成される．光電子増倍管 1 本には約 1.5° の視野を持たせ，地表検出器の上空を仰角 30° で見渡し，大気蛍光を検出して空気シャワーの縦方向発達を「撮像する」．10^{18} eV 以上の超高エネルギー宇宙線をターゲットとして 2004 年に観測を開始した．

図 3.30　左：テレスコープアレイの地表検出器．波長変換ファイバを埋め込んだ面積 3 m^2 のシンチレータと光電子増倍管の組み合わせによってシャワー中の荷電粒子を検出する．太陽電池パネルで自家発電し，無線通信でデータを送信する．1.2 km, 2.4 km 向こうの検出器も見えている．右：テレスコープアレイの大気蛍光望遠鏡ステーション（口絵 8 参照）．

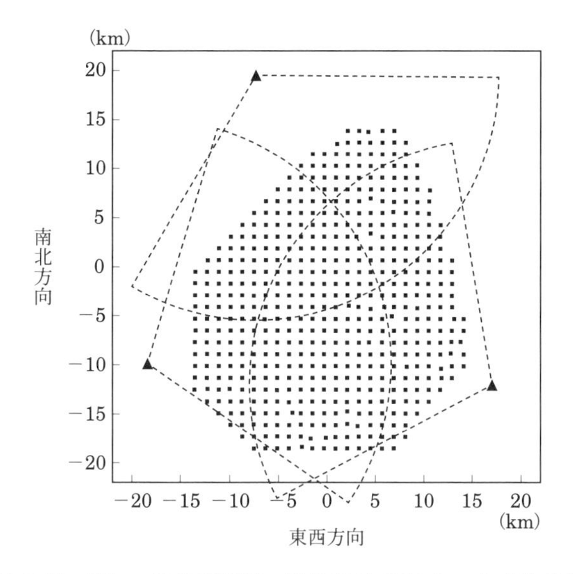

図 3.31 TA の検出器配置．四角印は 507 台の地表検出器（SD）を，3 か所の三角印は FD（大気蛍光望遠鏡）ステーションを表す．各 FD の視野は図中の方位角方向 108°（図中下の 2 ステーション）と 120°（図中上のステーションのみ）の扇形で表されている．図では FD から 25 km の範囲を見渡すとした視野で描いてあるが，実際に観測可能な範囲は宇宙線のエネルギーに依存する．

その後，より狭い間隔で地表検出器を並べた“infill アレイ”や，より高い仰角で大気蛍光をとらえる望遠鏡を増設することにより，10^{17} eV 付近の宇宙線も観測が可能となっている．また 2017 年の時点では，各水チェレンコフタンクの上にシンチレータを置き，空気シャワー粒子の識別能力を高める“オージェ・プライム（AugerPrime）”と呼ばれるアップグレードが進行中である．

テレスコープアレイ（TA） 米国ユタ州に建設された，有効検出面積 700 km^2 のハイブリッド型宇宙線観測施設で，北半球では最大である．北緯 39°，標高は Auger と同じく 1400 m で，地表検出器としては面積 3 m^2 のシンチレーション検出器が 1.2 km 間隔で 507 台設置されている（図 3.30，3.31）．各検出器は厚さ 1.2 cm のシンチレータ上下 2 層構成で，各層シンチレータには波長変換ファイバが敷かれており，荷電粒子のシンチレータ入射位置による信号の大きさのばらつきを小さくするとともに，集光されて各層用の光電子増倍管で検出される．また3か所に合計38台の大気蛍光望遠鏡が設置されている．うち1か所の14台はHiRes実験の大気蛍光望遠鏡の再利用である．残る2か所に12台ずつ設置されたのは新たに製作されたもので，$6.8\,\mathrm{m}^2$ の球面鏡と 16×16 の光電子増倍管カメラからなる．TAで特筆すべきは，大気蛍光望遠鏡の前方 $100\,\mathrm{m}$ の位置に設置された，電子ビームを大気中上方に射出できる線形加速器（Electron Light Source, ELS）の存在である．大気蛍光検出による宇宙線観測では大気の発光効率が重要であり，HiResやAugerでは前もって実験室で測定された大気の発光効率を用いてデータ解析を行うが，TAではエネルギーのわかった空気シャワーを検出器の目の前で人工的に作り出し，そのときに発生する大気蛍光量を測定することで，大気蛍光の発光効率の測定とエネルギー校正とをその場で同時に行うことが可能となっている．TAは日米共同実験としてスタートし，現在ではロシア，韓国，ベルギーも加えた国際共同実験として運営されている．

また2017年の時点では，有効検出面積をこれまでの4倍（Augerと同程度）に広げる“TA×4”，そして高密度地表検出器アレイと高仰角望遠鏡を増設することによる低エネルギー側拡張“TALE”が建設中である．

3.3.6 高・超高エネルギー宇宙線の観測的研究の現状

エネルギースペクトル

図3.32にこれまでのおもな空気シャワー実験で得られた高エネルギー宇宙線のエネルギースペクトルを示す．縦軸は宇宙線のエネルギーごとの強度 F（次元は[/面積/時間/立体角/エネルギー]）に $E^{2.6}$ を乗じている．エネルギーが $E = E_{\mathrm{k}} \sim 10^{15.5}\,\mathrm{eV}$ 以下では $E^{2.6}F(E)$ がほぼフラット（$\propto E^0$）になっており，この領域では宇宙線のスペクトルが $E^{-2.6}$ の「ベキ」型，つまりpower-lawになっていることがわかる[*50]．$E > E_{\mathrm{k}}\,\mathrm{eV}$ ではエネルギースペクトルが $E^{-2.6} \to E^{-3.1}$ へと傾きが急になっており，この形状変化（強度変化）は人間の脚にたとえてエネルギースペクトルのknee（ひざ）と呼ばれる（138ページ参照）．$E =$

[*50] power-law型のエネルギースペクトル $F \propto E^{-\gamma}$ では，γ に近い正の数 β を用い E^{β} を乗じてから図示することが多い．power-lawはエネルギーとともに急激に強度が減少するため，$E^{-\gamma}$ をそのまま図示すると非常に急峻なグラフになってしまう．$E^{\beta}F(E) \propto E^{\beta-\gamma} \sim E^0$ として図示しておくと，ベキ γ の細かい変化が見やすくなる．

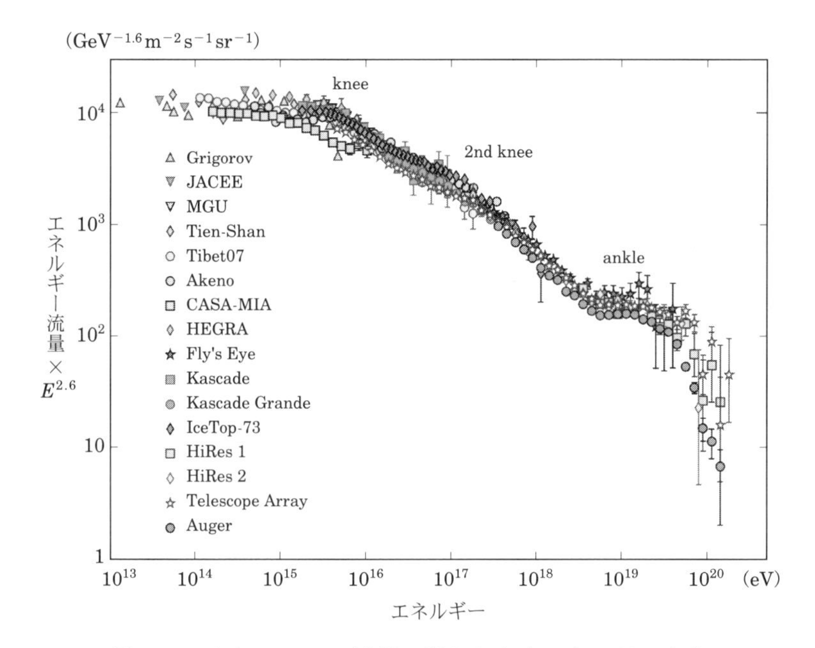

図 3.32 空気シャワー観測で得られた高エネルギー宇宙線のエネルギースペクトル．出典：Particle Data Group http://pdg.lbl.gov/2017/reviews/ .

$E_\mathrm{a} \sim 10^{18.7}$ eV 付近では再び傾きが $E^{-2.6}$ 程度に緩やかになっており，こちらは ankle（くるぶし）と呼ばれている．また 2000 年代以降のデータの蓄積により，$E = E_2 \sim 10^{17}$ eV 付近での傾きの変化も観測的に確立し，second knee という呼称が定着した．なお図 3.32 は一次宇宙線の原子核種がなんであるかを区別せずにエネルギー決定した “all-particle spectrum” であることを注意しておく．空気シャワー実験においては原子核種の判別は一般に難しく，原子核種ごとのスペクトルは，チベットグループなどが陽子スペクトルやヘリウムスペクトルを得ることに成功しているのみである．KASCADE では 5 つの質量グループごとにエネルギースペクトルを発表しているが，その分離の精度には議論も多い．

スペクトルの **knee**

宇宙線のエネルギースペクトルにおける knee は，$E_\mathrm{k} = 10^{15.5}$ eV 付近の非常に狭いエネルギー範囲においてベキが $E^{-2.6} \to E^{-3.1}$ と変化する著しい特徴である．これは宇宙線の加速や伝播についての手がかりを与えるものと考えられ，その起源が考察されてきた．可能性は少なくとも3つある．

まずはじめは，実はエネルギースペクトル自体は変化していないが，宇宙線が大気に突入してできる空気シャワーの生成において，粒子相互作用が $E = E_{\mathrm{k}}$ を境に変化するため，空気シャワー観測から推定されるエネルギー決定にずれが生じ，結果としてそれがエネルギースペクトルの変化として見えてしまっているという考え方である．現在では加速器のエネルギーが上がり*51，このエネルギー付近での粒子相互作用には低エネルギー領域からの著しい変化はないとみられており，この可能性は小さくなった．

第2の可能性は銀河系からの宇宙線の漏れ出しである．銀河系内には μG オーダーの磁場が存在している．磁場はほぼ銀河系の「腕」に沿っていると考えられているが，細かいスケールでの乱れも存在し，宇宙線はその銀河磁場に巻きつきながら複雑な軌道で伝播しているため，自由な運動はできず銀河系内に閉じ込められている．ただしエネルギーが高くなれば直進性も増すので，高いエネルギーの宇宙線ほど銀河系から逃げ出しやすく，そのために高エネルギーの宇宙線は観測される数が減少するという考え方がある．式 (3.1) で見たように，μG の銀河磁場中での宇宙線陽子の軌道曲率半径は 1 pc 程度であり，これに対して銀河ディスクの厚みは ~ 100 pc であるため，これは銀河系の半径 ~ 15 kpc に比べれば薄いものの，E_{k} の宇宙線はまだ銀河系内にとどまっていられると考えるのが自然であろう．また knee の急激な折れ曲りは，銀河系からの宇宙線の漏れ出しでは説明が困難と考えられており，現在ではこの説もやや劣勢である．なお銀河ディスクの厚みは 10^{17} eV の陽子の銀河磁場中での曲率半径程度であるので，second knee は銀河系からの漏れ出しが起源であるという主張は存在する．

現在有力と考えられているのは，銀河系内の宇宙線の起源天体における，宇宙線加速の限界のエネルギーが見えているという説である．176 ページの項で議論

*51 2018 年時点の加速器で実現可能なエネルギーは CERN に建設された LHC（The Large Hadron Collider）の $\sqrt{s} = 7 + 7\,\mathrm{TeV}$ であり，これは $E_{\mathrm{k}} = 10^{15.5}\,\mathrm{eV}$ よりも小さく見えるが，空気シャワー反応におけるエネルギーを加速器のエネルギーと比較するには質量中心系のエネルギーを使う必要がある．大気原子核を質量 Am_{p}（$A \sim 14.5$, m_{p} は陽子質量）の静止したターゲットと考えると，E_{k} の宇宙線との相互作用における質量中心系のエネルギーは $\sqrt{s} \sim \sqrt{2Am_{\mathrm{p}}E_{\mathrm{k}}} \sim 10^{13}\,\mathrm{eV}$ であり，加速器のエネルギーはすでにこれを超えている．

したように，超新星残骸などでの宇宙線加速は，簡単なモデル計算（磁場の強さ，加速領域のサイズ，加速の起こっている時間）からは 10^{15} eV 程度までは可能と考えられるため，E_k はその限界エネルギーであると解釈するのである．また second knee との関係も興味深い．knee と second knee とのエネルギー距離 E_2/E_k は約 30 である．いっぽう宇宙線中の重い原子核としては，天体での元素合成の終着点である鉄原子核（$Z = 26$）が主成分と考えられる．磁場中に閉じ込めた上で宇宙線が加速されるというモデルでは，式（3.1）からわかるように加速限界エネルギーは原子番号 Z（電荷の大きさ）に比例する．したがって起源天体での陽子と鉄原子核の加速エネルギーは 26 倍異なると考えられ，それぞれ E_k を陽子の，E_2 を鉄原子核の加速限界と考えればつじつまが合うようにも思われる．しかしたとえば KASCADE のデータはこのシナリオを支持しているものの，チベット実験その他のグループのデータにおいて knee ではすでに重い原子核が主成分になっているという結果もある．また超新星残骸などからのガンマ線観測では，宇宙線陽子のエネルギーが E_k に達しているとは考えにくい結果を報告しており，knee と second knee の起源はコンセンサスを得られていない．

超高エネルギー宇宙線のカットオフ

179 ページの項で述べたように，この宇宙は宇宙背景放射の光子（エネルギー $\sim 10^{-3}$ eV）で満たされており，10^{20} eV 付近の宇宙線からはこれが 100 MeV を超えるガンマ線に見えるため，パイオン生成が起こって宇宙線がエネルギーを失い，結果的にエネルギースペクトルに折れ曲り（カットオフ）ができると予想されてきた（GZK 機構）．その観測的検証には広大な検出面積と長い観測時間が必要であったが，図 3.32 からわかるように，2000 年代以降の 3 つの実験（HiRes，Auger 実験，TA 実験）の結果では $E_c = 10^{19.8}$ eV 付近に明確な折れ曲りが見えており，カットオフの存在そのものにはもはや疑いの余地がない．しかしカットオフができるメカニズムについては，次項で述べるように宇宙線の原子核組成がなんであるかの議論と切り離すことができず，観測されているカットオフが GZK 機構によるものであるかどうかは決着がついていない．HiRes，TA の結果は宇宙線が陽子であると考えたときのカットオフのエネルギーと折れ曲がりの形状には矛盾がないが，Auger の結果ではカットオフの位置は陽子の場合の予測よりも低いエネルギーであり，またカットオフの形状も GZK 機構での説明は難しいとみられている．

宇宙線の原子核組成

176ページの項で議論したように，現在の標準的な銀河系内宇宙線の加速モデルでは宇宙線は磁場に閉じ込められて加速されるため，原子番号 Z が大きいほど閉じ込められやすく，したがって加速されやすく限界エネルギーも高くなると考えられる．したがって，エネルギーが高くなるほど重い原子核成分が増えると期待される．knee 領域の観測では多くの実験結果がこれを支持している．ただしエネルギーとともに重い原子核が増えるという傾向は同じながらも，どのエネルギーではどの原子核種が優勢であるかという結果にはばらつきが大きい．

一方，10^{18} eV 以上の超高エネルギーの宇宙線は銀河系外起源と考えられ，軽い原子核が主成分であると予想されてきたことは本章のはじめに述べた通りである．ここでは超高エネルギー宇宙線の原子核種推定の観測について述べよう．それには183ページの項で述べた空気シャワーの最大発達深さ X_{max} を用いる．大気蛍光望遠鏡による観測ではこれが直接測定できる．X_{max} はエネルギーとともに増大し（エネルギーが高い宇宙線による空気シャワーほど大気の深くまで到達できる），また同じエネルギーでは重い原子核によるシャワーの方が小さくなる（核子ごとのエネルギーが小さく，相互作用の断面積が大きいため）．図 3.33 に，Auger 実験で得られた X_{max} のエネルギーごとの平均値を示す．10^{18} eV 付近では陽子が主成分であるが，10^{19} eV 以上では重い原子核が増える傾向があるように見えている．Auger 実験では 2007 年ごろから X_{max} の結果を報告し始めたが，これは世界中で驚きをもって迎えられた．宇宙線の起源として，銀河系外で十分な量の重い原子核を加速・供給するような天体が求められることになるが，いまだこれを説明するモデルは構築できていない．TA の結果では少なくとも 10^{19} eV までは陽子が主成分であるが，さらに高いエネルギーではまだ観測事象数が十分ではない．また近年（2018 年執筆）では，高エネルギー宇宙ニュートリノの観測量から超高エネルギー宇宙線が陽子であるべきか重い原子核であるべきかが議論されはじめており，ニュートリノデータからは重い原子核説が支持されており，謎は深まっている．

到来方向の異方性

宇宙磁場で軌道が曲げられてしまう宇宙線は，イベントごとに地球への到来方向から起源天体の位置を同定することはほぼ不可能である．したがって空気シャ

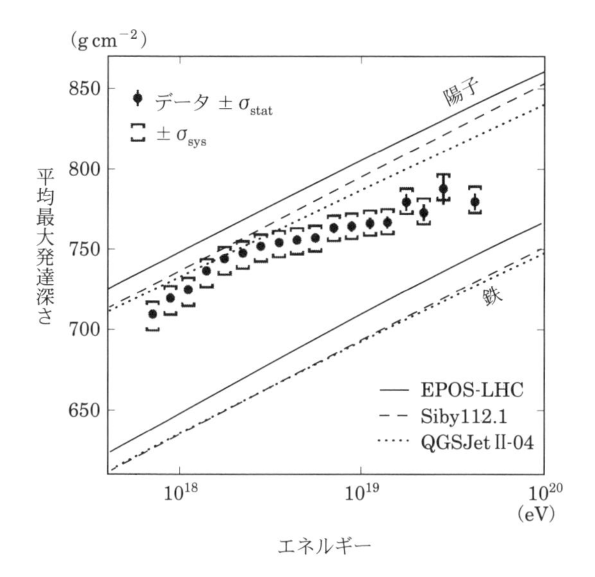

図 3.33 Auger 実験で得られた空気シャワー最大発達深さ X_{max}（エネルギーごとの平均値）．直線は宇宙線がすべて陽子，または鉄原子核であった場合の予測である．このエネルギー領域では，空気シャワーにおける粒子相互作用はまだよくわかっていないため，異なるモデルによる予測が線種の違いとして示してある．

ワー実験においては，多数の宇宙線イベントを収集し，その分布の偏り，すなわち異方性を探すことになる．ただし超高エネルギーにおいては直進性が高まるため，宇宙線の到来方向と天体分布がある程度の相関をもって観測されると期待される．以下では宇宙線の異方性探索でよく用いられる手法である調和解析と，超高エネルギー宇宙線の異方性探索の現状の 2 つについて述べる．

調和解析

宇宙線の到来方向は 2 つの角度で表される．まず観測値に固定した座標系における天頂角 θ と東西南北を表す方位角 ϕ が決定される．(θ, ϕ) とイベントの観測時刻から，宇宙での方向を表す座標系として赤経と赤緯 (α, δ) を用いた赤道座標などへ変換される．赤道座標は地軸を基準とした宇宙での「経度」を表す赤経 α と，地球の赤道面からの角度を表す赤緯 δ を用いて宇宙での方向を表す座標系

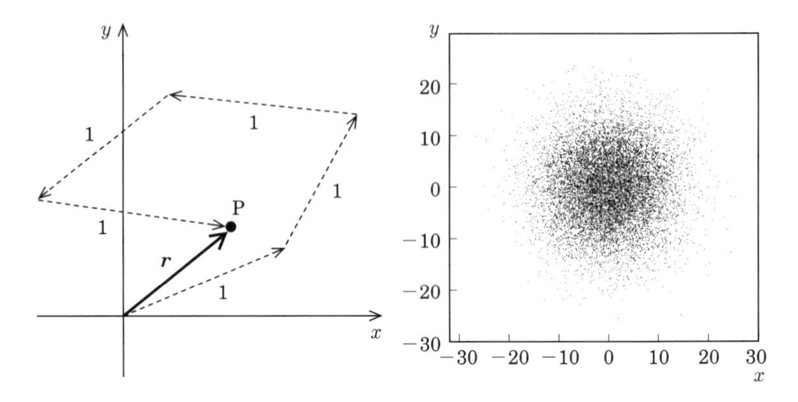

図 3.34 2 次元ランダムウォーク．左：平面上の長さ 1 のベクトルをつなげたもの（この図では $N = 5$）．終着点 P の原点からの距離を r とする．右：$N = 100$ のときの終着点 P（ベクトルを 100 本つなげたときの終着点）の分布．途中経路（左図の点線に相当）は描いていない．

である．調和解析とは，方位角 ϕ や赤経 α などの「方位角的座標」のみを用い，その分布に偏りがないかを探索する手法である．ここでは宇宙線の到来方向において赤緯を無視し，赤道面に射影して赤経のみを考え，異方性がないか調べよう．

2 次元平面上に横たわる，ランダムな方向を向いた長さ 1 のベクトル N 個を数珠つなぎにすることを考える（図 3.34（左））．N 個つないだときの終着点を P とし，P の原点からの距離を r としよう．図 3.34（右）は，$N = 100$ のときの終着点 P の分布である．終着点 P は原点の周りに等方的に分布してその平均値はゼロであるが，ある幅を持って分布する．終着点 P の原点からの距離 r の分布は，2 次元ガウス分布（レイリー分布）で表される（図 3.35）：

$$p(r;\sigma) = \frac{r}{\sigma^2} \exp\left(-\frac{r^2}{2\sigma^2}\right) \tag{3.13}$$

ここで $\sigma \equiv \sqrt{N/2}$ である．$p(r)dr$ は，N 回のランダムウォークの後，その終着点 P が原点からの距離 $r \sim r + dr$ にある確率を与える．また N 回のランダムウォークの後，距離 r よりも遠くにいる確率は

$$P(>r) = \int_r^\infty p(r')dr' = \exp\left(-\frac{r^2}{2\sigma^2}\right) = \exp\left(-\frac{r^2}{N}\right) \tag{3.14}$$

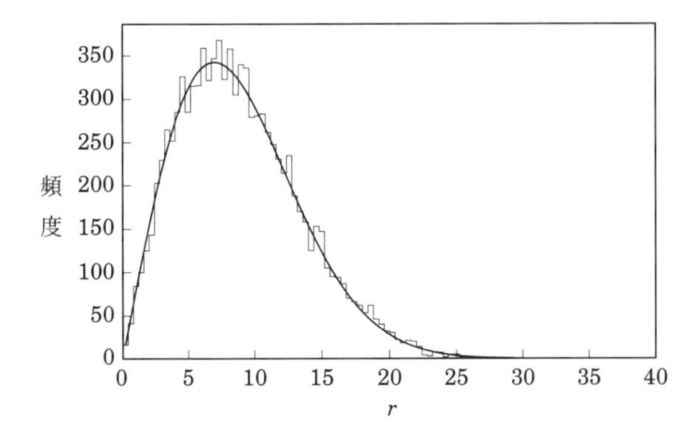

図 3.35 $N = 100$ のランダムウォークを 10000 回繰り返したときの r（終着点の原点からの距離）の分布．実線は $\sigma = \sqrt{N/2}$ のレイリー分布（2 次元ガウス分布）である．

で与えられる．

2 次元周期的な異方性の解析には伝統的に調和解析という手法が用いられる．周期的な変数の例としては，シャワーの方位角 ϕ，到来時刻を恒星時で表した Θ，シャワーの赤経 α などが考えられる．もし空気シャワーアレイの aperture（194 ページ）が不均一であれば ϕ が非一様に，日ごとの観測時間にばらつきがあれば Θ が非一様に，また宇宙線の到来方向が等方でなければ α が非一様になることが予想される．そしてそれらに周期性があるならば，その解析には調和解析が有効である．宇宙線イベントに対し，一様性/非一様性を調べたい方位角的な角度変数を Φ と書こう．もし宇宙線の到来方向または到来時刻が一様ならば，その方位角的変数 Φ を 2 次元的に足していってもその終着点 P の原点からの距離 r はあまり原点から遠くならないが，非一様ならばどこか遠い場所へ行ってしまうだろう．N 個のシャワーイベントに対し，以下の量を定義する：

$$a \equiv \sum_i \cos \Phi_i \tag{3.15}$$

$$b \equiv \sum_i \sin \Phi_i \tag{3.16}$$

$$\rho \equiv \frac{2}{N}\sqrt{a^2 + b^2} = \frac{2r}{N} \tag{3.17}$$

$$\varphi \equiv \tan^{-1} \frac{b}{a} \tag{3.18}$$

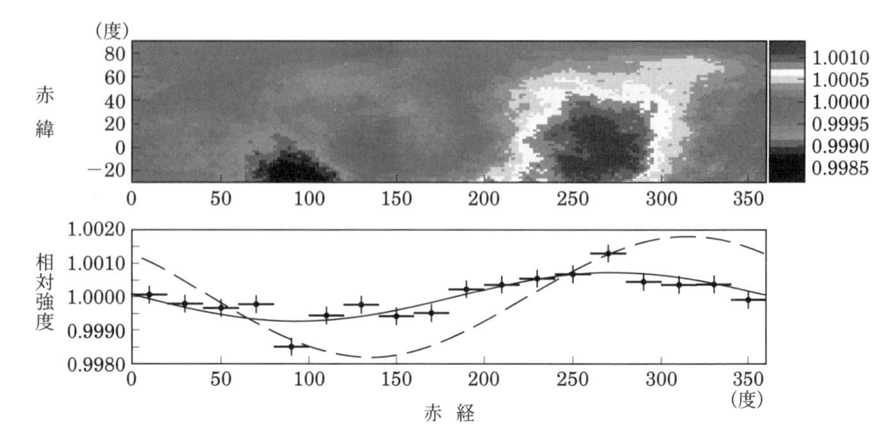

図 3.36　チベット空気シャワーアレイで観測された宇宙線到来方向の赤経分布．観測所は北緯 30° に位置し，宇宙線到来方向の天頂角 $\theta < 60°$ を選別することで赤緯 −30°–90° の領域をカバーしている．上段は方向ごとの宇宙線の相対強度，下段は相対強度を赤経 α の関数としてプロットしたもの．実線は 1 次の調和解析によるフィッティングで，振幅は $\rho = 7.3 \times 10^{-4}$，極大の位相は $\alpha = 273.6°$ に見える（M. Amenomori *et al.* 2017, *Astrophys. J.*, 836, 153）.

このとき，式（3.17）の ρ が，N 個の全イベントについてその方位角的変数 Φ を 2 次元上でベクトル的にをつないでいったときの終着点 P の原点からの距離（を $N/2$ でスケールしたもの）に相当し，φ はその点 P が原点からどの方向にあるかを表す．ρ, φ をそれぞれ「1 次のハーモニクスの振幅と位相」と呼ぶ．振幅 ρ が大きいか小さいかは，等方的な場合にそれがどのくらい起こりにくいかと比べて判断する．宇宙線イベントが完全に等方（またはイベント到来時刻が一様）の場合でも，ある程度大きな ρ が得られることはありうるが，そのような ρ またはそれよりも大きな ρ が得られる確率は式（3.14）で与えられ，

$$P(>\rho) = P(>r) = \exp\left(-\frac{r^2}{N}\right) = \exp\left(-\frac{\rho^2 N}{4}\right), \tag{3.19}$$

したがって調和解析の結果は ρ, φ と $P(>\rho)$ で提示する．$\Phi = 0$–$360°$ の間での m 周期の sin 関数的変化を調べたければ，式（3.15）（3.16）の和を $\cos m\Phi, \sin m\Phi$ について取ればよい．

宇宙線の異方性解析は伝統的に地軸基準の座標（方位角，恒星時，赤経）を用

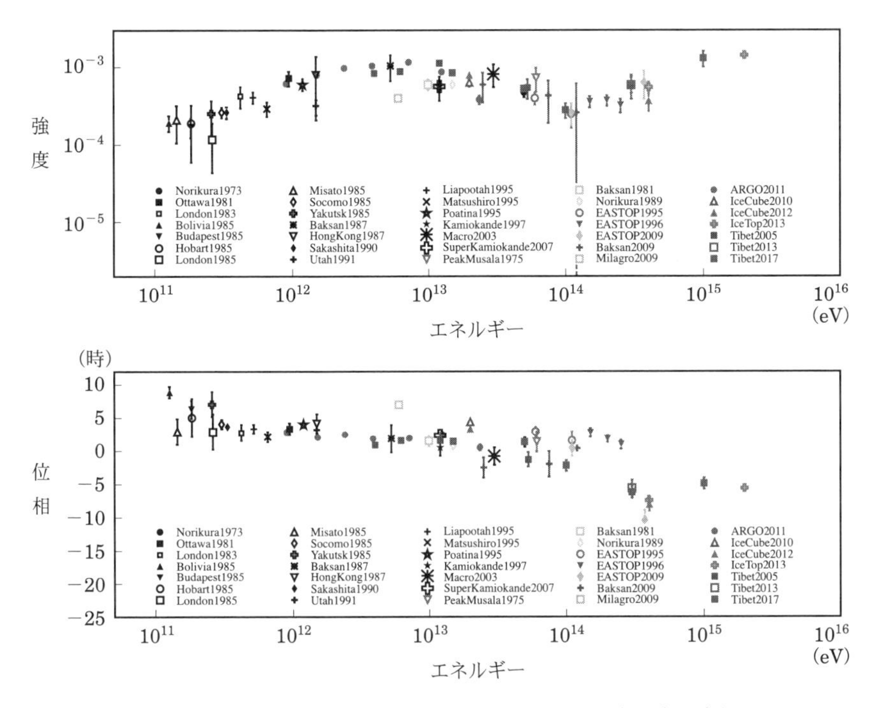

図 3.37 さまざまな観測で得られた宇宙線到来方向分布の赤経に対する 1 次の調和解析結果（M. Amenomori *et al.* 2017, *Astrophys. J.*, 836, 153）.

いて行われてきたが，単にこれは簡便であるからという理由にすぎない．調和解析は，地軸ではなく任意の軸の周りにとった方位角的座標に対して行ってもよい．

これまでの観測では，knee 以下のエネルギーにおける宇宙線の異方性振幅は $\rho = 0.1\%$ 以下である．例としてチベット空気シャワーアレイで観測された宇宙線の相対強度分布を図 3.36 に示す．宇宙線強度の異方性の振幅は $\rho = 7.3 \times 10^{-4}$，極大の位相は $\alpha = 273.6°$ にある．またさまざまな観測で得られた宇宙線到来方向分布の赤経に対する 1 次の調和解析結果を図 3.37 に示す．振幅が最大となる位相（赤経）は実験ごとにほぼそろっているように見える（図 3.37 の下段参照）．またエネルギーとともに振幅が増大する傾向が見られる．銀河系内宇宙線もエネルギーとともに直進性が増すことを反映している可能性はあるが，宇宙線の起源天体や伝播のメカニズムの観点からこの結果をうまく説明する理論モデルはまだ存在しない．

超高エネルギー宇宙線の異方性

すでに述べたように，超高エネルギー宇宙線の起源が銀河系外であることはほぼ疑いない．したがってそのような宇宙線は銀河間空間を長い時間かけて伝播してきていると考えられる．銀河間空間の磁場の大きさはまだよくわかっていないが，nG（ナノガウス，10^{-9} G）のオーダーと考えられる．10^{19} eV の宇宙線の nG 磁場におけるラーモア半径は 10 Mpc 程度であり，これは銀河間の平均距離 Mpc よりは大きく，したがって宇宙線はある程度の直進性をもったまま地球に到達していると考えられる．ただしこの計算は宇宙線が陽子と仮定した場合の数字であり，宇宙線が原子番号 Z の原子核であれば磁場による曲がりの角度も Z 倍となり，起源天体同定は難しくなる．

超高エネルギー宇宙線の到来方向分布はおおむね一様であるが，わずかな異方性を探し出そうという試みは以前から行われてきた．そして小さいながらも異方性が見られたという報告は，実は一度や二度ではない．たとえば 1990 年代に行われた AGASA 実験では，エネルギー 10^{18} eV 以上の宇宙線において，銀河中心方向からの到来頻度が，他の方向からの頻度に比べてわずかに多いと報告された．また 2007 年には，Auger 実験で観測された $E > 6 \times 10^{19}$ eV の宇宙線の到来方向分布は，距離 100 Mpc 以内の活動銀河核（AGN）の分布と相関があり，特にケンタウルス座 A（Centaurus A）という電波銀河の方向に集中が見られるという報告がなされて「超高エネルギー宇宙線の起源解明か」と一大センセーションとなった．しかしこれらの結果は，現在では研究者の支持を得られていない．前者は，同時期に北米で行われていた HiRes 実験や，その後継である TA では再現されなかった．また後者は，Auger 実験自身の観測事象数を増やしての再解析によって否定されてしまった．このように，超高エネルギー宇宙線の異方性探索は観測事象数と再現性との戦いであり，長い時間の観測だけでなく，異なる実験どうしの協力によって同じ宇宙領域を観測して再現性を調べたり，相補的な領域において宇宙線到来方向分布の「連続性」が見られるかを調べたりすることがきわめて重要である．

2018 時点で稼働している超高エネルギー宇宙線観測実験は Auger（アルゼ

ンチン）と TA（米国）の 2 つであるが，それぞれ興味深い結果を報告している．Auger はある向きの軸を取ると，8×10^{19} eV の宇宙線において強度異方性の振幅が 6.5% に達する（有意度 5σ）という結果を発表している．TA は 5.4×10^{19} eV 以上の宇宙線が約 20° 程度の広がりをもって集中した“ホット・スポット”の存在を主張している（有意度 3.4σ）．TA のホット・スポット領域は Auger の視野外であり，独立した検証はできないが，両観測所では視野の重複する領域もあり（赤緯 $-15° < \delta < 25°$），両実験はデータを提供し合い合同で解析を行うなど，協力して宇宙線の起源探索を行うようになっている．

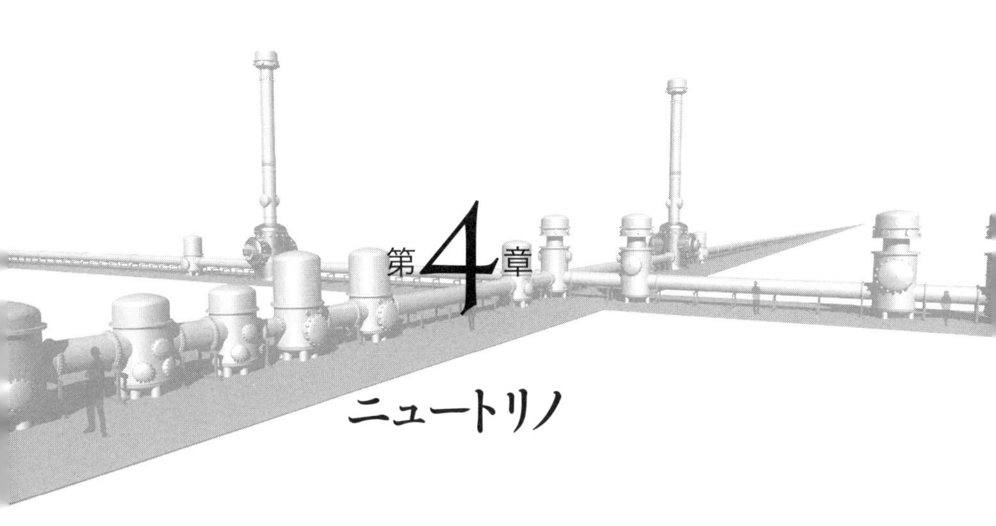

第4章 ニュートリノ

4.1　はじめに

20世紀後半，宇宙観測はいろいろな波長の電磁波に拡大し，我々の宇宙像は大きく進歩した．それとともに，素粒子物理学も発展し，ニュートリノに関する理解が深まった．そして，ニュートリノを用いて天体観測を行う時代が到来したのである．本章では，天体ニュートリノ観測のための測定器を記述し，それらを用いた観測から得られた科学的成果について紹介する．

ここでニュートリノに関する基礎的な知識をまとめておこう．ニュートリノは3種類あり，電子ニュートリノ（ν_{e}），ミューニュートリノ（ν_μ），タウニュートリノ（ν_τ）と呼ばれている．

自然界には，陽子や中性子を原子核内にとどめる強い力，電磁力，原子核のベータ崩壊などをつかさどる弱い力，さらに重力の4力がある．このうち，素粒子の相互作用では無視できる重力を除けばニュートリノは弱い力のみで相互作用する特別な粒子である．そのため，ニュートリノと物質との相互作用の断面積はきわめて小さい．たとえばニュートリノと静止している核子（陽子及び中性子）との相互作用の断面積（σ）はニュートリノのエネルギー（E_ν）が約1 GeVから1 TeV程度の範囲で，$\sigma = 1 \times 10^{-38} \times E_\nu$（GeV）cm^2 程度である．その値は，1 GeVのニュートリノが地球の反対側から中心を通って飛来するまでに相互作用をする確率が約 10^{-4} にしかならないほどに小さい．1 GeV より十分エネルギーの低い太陽ニュートリノや超新星ニュートリノの場合，相互作用の断面積はさらに小さくなる．

ニュートリノと核子との相互作用には，

(1)　核子と相互作用してニュートリノはそのままで飛び去り，観測可能な終状態として核子，または核子と中間子群の状態になる中性カレント相互作用，

(2)　ある種のニュートリノ（$\nu_{\mathrm{e}}, \nu_\mu$ または ν_τ）と核子が相互作用して対応する荷電レプトン，すなわち電子（e），ミューオン（μ），またはタウ（τ），が生成され，もとの核子とは別な核子，あるいは核子と中間子群の終状態になる荷電カレント相互作用，

がある．

ニュートリノは電気的に中性であるため，宇宙空間の磁場で進行方向が曲がることはない．さらにニュートリノの質量はきわめて小さいため，ニュートリノはほぼ光速度で飛来する．すなわち飛来したニュートリノのエネルギーを測定すればニュートリノが生成された場所の温度や生成メカニズムの情報が得られ，飛来方向を測定すれば天空のどこから来たかがわかり，観測した時間情報からニュートリノが生成された場所での時間情報が得られる．

相互作用断面積が非常に小さいことは，ニュートリノが天体観測としてユニークな手段になることを意味する．たとえば星の中心部で生成されるニュートリノのほとんどは星の物質と相互作用せずにそのまま星の外に飛び出て来る．すなわち電磁波では取得不可能な星の中心部の情報が直接得られる．

一方，測定装置内の物質と相互作用をする確率も小さいことから，必然的にきわめて大きな測定装置が必要になる．以下に個々の宇宙ニュートリノ観測について記述する．

4.2　太陽ニュートリノ

太陽のエネルギー源は，高温高密度の中心部で 4 個の水素原子核から 1 個のヘリウム原子核が生成される核融合反応であり，1 個のヘリウムあたり約 27 MeV のエネルギーが解放される．太陽ニュートリノの観測の目的の一つは，太陽の中

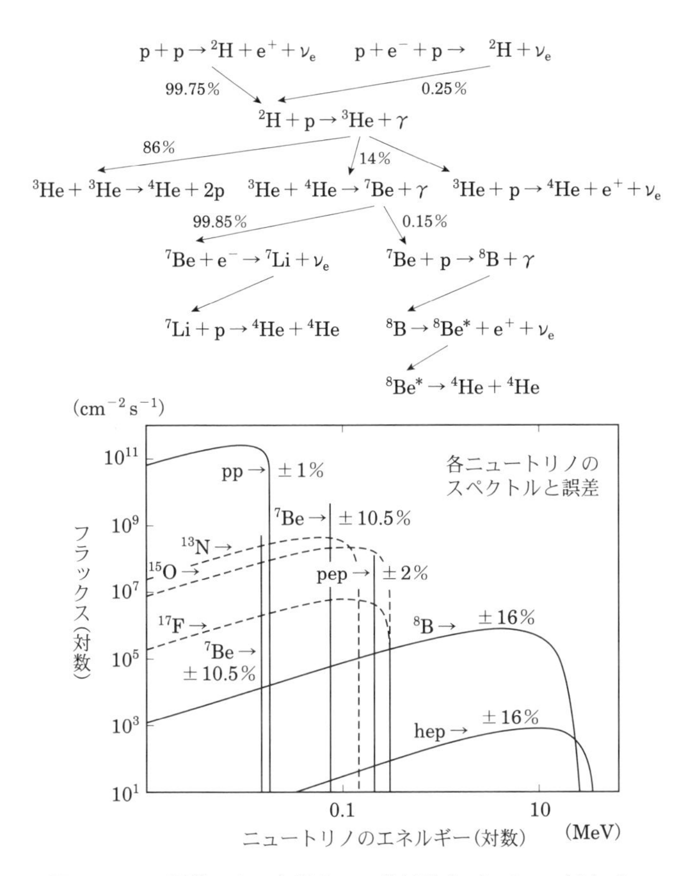

図 4.1 pp 過程による太陽中での熱核融合プロセス（上）と，標準太陽モデルによって計算された太陽ニュートリノのスペクトル（下）(Bahcall & Pinsonneault 2004, *Phys. Rev. Lett.* 92, 121301 をもとに描いた図)．なお，太陽中で生成されるニュートリノはすべて電子ニュートリノである．

心部でおこっている核融合の様子，そのエネルギー生成の情報をニュートリノを使って直接得ようとするものである．

太陽ニュートリノの生成過程は大きく分けて 2 種類あり，それぞれ pp 過程，CNO 過程と呼ばれている．pp 過程は陽子（p）2 個が核融合して重陽子（${}^2H$）が生成され，それに引き続くいろいろな反応で最終的にヘリウム（${}^4He$）が生成されるプロセスである．図 4.1（上）にそのプロセスの全体像を記した．一方，

表 4.1　現在までに行われた主な太陽ニュートリノ実験．なお，国名は装置が設置された国を示す．

実験名	国	方法	エネルギー閾値	観測期間
Homestake	アメリカ	放射化学	814 keV	1968–2001
Kamiokande	日本	水チェレンコフ	7 MeV	1987–1996
SAGE	ロシア	放射化学	233 keV	1990–
Gallex（後に GNO）	イタリア	放射化学	233 keV	1990–2003
Super-Kamiokande	日本	水チェレンコフ	5 MeV	1996–
SNO	カナダ	水チェレンコフ（重水）	5 MeV	1999–2006
カムランド	日本	液体シンチレータ	0.5 MeV	2002–
Borexino	イタリア	液体シンチレータ	0.19 MeV	2007–

太陽中に存在する炭素（C），窒素（N），酸素（O）の原子核が触媒となって陽子 4 個からヘリウム 1 個ができるプロセスもあり，これを CNO 過程という．ただし我々の太陽の場合には，この過程による全太陽ニュートリノ流量への寄与は小さい．

図 4.1（下）に計算された太陽ニュートリノの流量を示した．2 個の陽子が核融合する際に最初に生成されるニュートリノは pp ニュートリノといわれている．図からわかるように，その流量は全太陽ニュートリノ流量中でもっとも大きいが，そのエネルギーは約 420 keV 以下と小さい．一方，それ以外にも種々の反応過程でニュートリノが生成され，最大で約 19 MeV，あるいは現在の測定装置で観測可能なニュートリノに限れば 14 MeV までのニュートリノが生成されている．この最大エネルギー 14 MeV のニュートリノは太陽中で生成された不安定な ^{8}B の崩壊の際に生成されるので ^{8}B ニュートリノと呼ばれている．

また pp ニュートリノと ^{8}B ニュートリノとの中間的エネルギーの 862 keV に単一エネルギーを持ったニュートリノが生成されており，その流量も大きい．このニュートリノは太陽中で ^{7}Be が電子を捕獲して ^{7}Li とニュートリノになる反応で生成されるので，^{7}Be ニュートリノと呼ばれている．なお，これらの過程で生成されるニュートリノは全て電子ニュートリノ（μ_{e}）である．このように太陽ニュートリノを観測し，そのエネルギーなどを調べれば太陽中心部での核融合の様子がわかる．表 4.1 に現在（2018 年）までに行われた太陽ニュートリノ実験

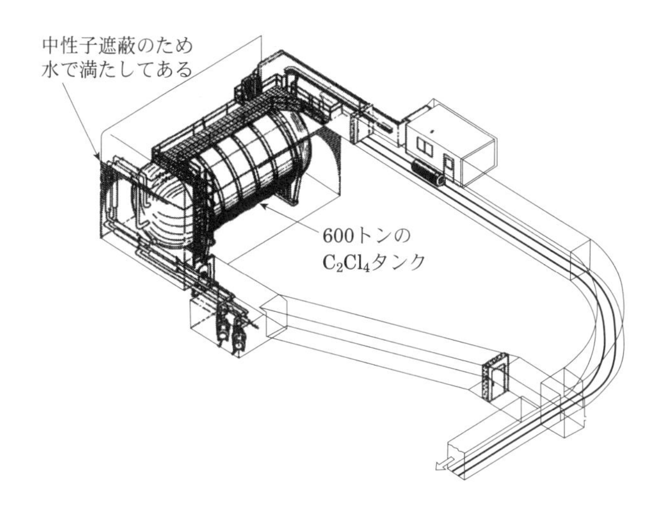

図 4.2 ホームステイク鉱山内に設置された ^{37}Cl をもちいた太陽ニュートリノ実験装置の全体図．図中左上にあるのが 600 トンの C_2Cl_4 のタンクである（Cleveland *et al.* 1998, *Astrophys. J.*, 496, 505）．

をまとめた．以下で太陽ニュートリノ実験について記述する．

4.2.1 ホームステイク太陽ニュートリノ実験

最初に太陽ニュートリノの観測に成功した実験は，1964 年にアメリカで提案された．それは宇宙線の影響をさけるためホームステイク（Homestake）鉱山の地下深くでの観測である．図 4.2 にこの装置の全体図を示した．約 600 トンの C_2Cl_4 がもちいられ，以下に示すニュートリノ相互作用をもちいて太陽ニュートリノの流量を観測した．

$$\nu_e + {}^{37}\mathrm{Cl} \longrightarrow e^- + {}^{37}\,\mathrm{Ar}. \tag{4.1}$$

この相互作用の閾値は 814 keV である[*1]．そのため，この実験では太陽ニュート

[*1] 何らかの理由で太陽ニュートリノの種類が電子ニュートリノからミューニュートリノやタウニュートリノになってしまうと，これらのニュートリノは荷電カレント相互作用で対応するレプトンを生成するのに必要なエネルギーを持っていないので，式（4.1）に対応する相互作用はおこらない．

リノのうち，おもに ^{7}Be ニュートリノと ^{8}B ニュートリノが観測された．この観測装置を用いた太陽ニュートリノの観測方法は他の天体観測の方法や多くのニュートリノ実験の方法とも違うので，それをここで紹介する．

標準太陽理論*2から予言された太陽ニュートリノの流量に基づいて 600 トンの装置内での上記の反応数を計算すると，おおよそ 1 日あたり 1.5 である．ニュートリノの高い透過性は太陽中心の情報をそのまま地球まで運んでくれるが，一方でニュートリノは測定器もほとんど透過してしまうので，ニュートリノの観測数もわずかである．通常のニュートリノ実験では電子ニュートリノが物質と相互作用した結果放出される電子を放射線測定器で観測するのであるが，式（4.1）の場合は放出される電子のエネルギーが低いため別の観測方法が取られた．

すなわち，電子ニュートリノと ^{37}Cl の相互作用の結果生成されたアルゴン原子（^{37}Ar）を集め，それの個数を数えるのである．600 トンの測定器を数か月程度放置しておくと，電子ニュートリノと ^{37}Cl の相互作用の結果生成された ^{37}Ar が測定器内部に蓄積される．その後測定器内部にヘリウムガスを流し，蓄積された数十個のアルゴン原子，をヘリウムガス中に移し，それを測定器外の放射線測定器の一種である小さな比例計数管に集める．^{37}Ar は 35 日の半減期で電子捕獲*3により塩素に戻る．その際放出される X 線を観測することにより，生成された ^{37}Ar 原子の個数を測定する．こうして式（4.1）の反応数を計測する．

図 4.3 にホームステイクの実験結果を測定ごとに示した．この実験によってはじめて太陽ニュートリノが観測され，その功績により，デイビス（R. Davis Jr.）は 2002 年ノーベル物理学賞を受賞した．一方，観測されたアルゴンの生成頻度は 1 日あたり約 0.5 であり，これは標準太陽理論の予言の 3 分の 1 程度であった．これが「太陽ニュートリノ問題」と呼ばれた．

4.2.2 ガリウムをもちいた太陽ニュートリノ実験

上記の実験は初めて太陽ニュートリノを観測したという点で重要であるが，太陽の核融合反応を議論する際，もっとも主要な核融合反応で生成される pp ニュートリノをとらえていない．そのため太陽の核融合の全体像を知るには情

*2 太陽が誕生してから現在までの進化を計算し，現在の太陽を記述する理論モデル．

*3 原子核中の陽子が原子中の電子を捕獲して中性子に変わる反応．

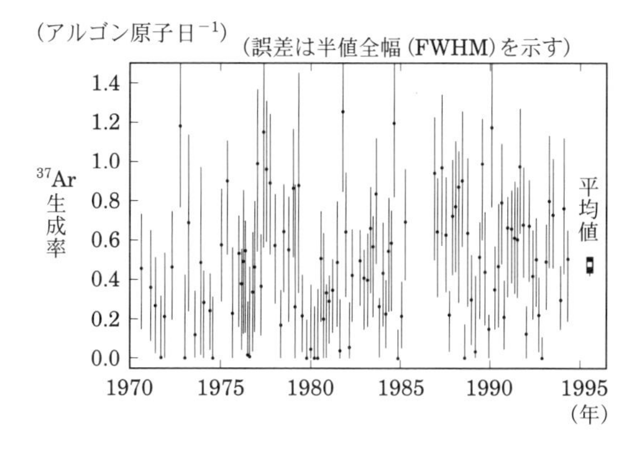

図 **4.3** ホームステイク実験で観測された太陽ニュートリノ強度の年次変化 (Cleveland *et al.* 1998, *Astrophys. J.*, 496, 505).

報不足である．また太陽理論から計算されるニュートリノの強度の誤差もppニュートリノのそれと比べると大きく，ホームステイクの実験で太陽ニュートリノの観測値が小さいのは太陽理論が大きく間違っているのではないかとも疑われた．太陽の核融合反応の最初の段階のppニュートリノの流量の理論的な不確定性は1%程度なので，この疑問はppニュートリノを観測できれば解決できる．

それにはどんな方法があるのだろうか．式 (4.1) で示したようにホームステイクの実験では^{37}Clと電子ニュートリノとの相互作用が用いられた．そして相互作用をおこすことができる最低のエネルギー（閾値という）は^{37}Clと^{37}Arのエネルギーレベルの差に電子の静止質量の効果を加えたものであった．すなわち，相互作用の閾値が塩素の場合より小さい原子核を用いればよいことがわかる．この例がガリウムである．^{71}Gaは太陽ニュートリノと

$$\nu_e + {}^{71}\mathrm{Ga} \longrightarrow \mathrm{e}^- + {}^{71}\mathrm{Ge}. \tag{4.2}$$

の相互作用をし，その閾値は233 keVである．そのためppニュートリノが観測にかかる．このことは最初にクズミン（V.A. Kuzmin）によって指摘された．太陽理論に基づく計算によると，上記式 (4.2) の反応中，約54%はppニュートリノとガリウムの相互作用である．

1990年頃から式 (4.2) の反応をもちいた二つの太陽ニュートリノ実験が始っ

た．一つはイタリアのグランサッソ（Gran Sasso）研究所で行われたギャレックス（Gallex）実験（後にGNOという実験になった）であり，もう一つはロシアのバクサン（Baksan）観測所で行われているセイジ（SAGE）実験である．ガリウムをもちいると数十トン程度の測定器で塩素をもちいた600トン測定器と同程度の頻度でのニュートリノ観測が実現できる．そのためギャレックスとGNO実験では30トン，そしてセイジ実験では60トンのガリウムがもちいられた．

これらの実験方法は塩素の実験と同様で，測定器中で生成された^{71}Ge原子の個数を測定する．観測値はギャレックスとGNO実験の合計で太陽理論の$53 \pm 4^{+5}_{-4}\%$ [*4]の太陽ニュートリノ強度であった．同様にセイジ実験の観測値は太陽理論の$54 \pm 5^{+5}_{-4}\%$で両実験の結果はよく一致した．

これらの実験により太陽の核融合のもっとも基本的なプロセスであるpp過程によるニュートリノが観測されたが，これらの実験でも観測された太陽ニュートリノ反応頻度は理論値よりあきらかに小さかった．

4.2.3 水チェレンコフをもちいた太陽ニュートリノ実験

今まで述べてきた実験はニュートリノと原子核の相互作用の結果生成された別な原子核（原子）の個数を数えてニュートリノ相互作用事象数を計数するものであった．これらとはまったく別な方法で太陽ニュートリノの観測にはじめて成功したのが，カミオカンデ（Kamiokande）である．

カミオカンデは小柴昌俊（2002年ノーベル物理学賞受賞）の発案のもと，素粒子の大統一理論[*5]で予言された陽子の崩壊を観測するために建設された総重量4500トンの測定器である．陽子崩壊の詳細を調べるために開発された直径50 cmの巨大な光電子増倍管の性能が高く，10 MeV程度の電子でも観測可能であろうということが1983年に実験を開始後すぐに判明した．そこで1983年秋の小柴の提案によって，カミオカンデ装置は改造され太陽ニュートリノ観測を目指すことになった．

カミオカンデでは外部からのガンマ線などのバックグラウンドを十分遮蔽する

[*4] 本章では以後，測定値の最初の誤差は統計誤差，2番目のものは系統誤差を示す．なお，系統誤差とは，測定器などが完全に理解されていないことに由来する誤差など，統計誤差以外の実験誤差のこと．

[*5] 素粒子間に働く強い力，電磁力，そして弱い力を統一する理論．

ため中心部分の 680 トンの水中（H_2O）でおこった太陽ニュートリノの相互作用を観測した．その反応は電子とニュートリノとの散乱，すなわち

$$\nu_{\mathrm{x}} + \mathrm{e}^- \longrightarrow \nu_{\mathrm{x}} + \mathrm{e}^-. \tag{4.3}$$

である．ここで ν_{x} は $\nu_{\mathrm{e}}, \nu_\mu$ または ν_τ である．散乱断面積はほぼニュートリノのエネルギーに比例する．^{8}B 太陽ニュートリノに典型的な 10 MeV のエネルギーを取れば，

$$\sigma = 8.96 \times 10^{-44} \left(\frac{E_\nu}{10\,\mathrm{MeV}}\right) [\mathrm{cm}^2]\ (\nu_{\mathrm{e}} + \mathrm{e} \longrightarrow \nu_{\mathrm{e}} + \mathrm{e}) \tag{4.4}$$

$$\sigma = 1.57 \times 10^{-44} \left(\frac{E_\nu}{10\,\mathrm{MeV}}\right) [\mathrm{cm}^2]\ (\nu_{\mu,\ \tau} + \mathrm{e} \longrightarrow \nu_{\mu,\ \tau} + \mathrm{e}) \tag{4.5}$$

である．したがって電子ニュートリノと電子の散乱断面積はミューニュートリノまたはタウニュートリノと電子とのそれより 6 倍程度大きい．つまり電子とニュートリノとの散乱の実験では，電子ニュートリノ以外も断面積は小さいながら観測にかかる．

塩素やガリウムをもちいた実験では，ニュートリノ相互作用の結果生成された Ar や Ge の原子の個数を測定して太陽ニュートリノの流量を測定した．一方，水をもちいた実験では図 4.4（234 ページ）に示したようにニュートリノ相互作用の結果生成された電子などが水中を走る際に放射するチェレンコフ光を測定する．チェレンコフ光とは物質中を荷電粒子がその物質中での光速度より早く進む場合に放出される光である．この放射は方向性を持ち，

$$\cos\theta = \frac{1}{n\beta} \tag{4.6}$$

の関係で表される方向にのみ放射される．ここで，θ は荷電粒子の進行方向とチェレンコフ光の進行方向のなす角，n は物質の屈折率，β は粒子の速度を真空中の光速度で割った量である．たとえば水中ををほぼ $\beta = 1$ で粒子が走ったとすると，水の屈折率はおおよそ 1.33 なので，θ は約 42 度である[*6]．

チェレンコフ放射の光子数は少なく，ほぼ光速で走る単位電荷を持った粒子（電子など）は水中 1 cm あたりで 300 から 600 nm の波長範囲で光子を 340 程

[*6] 大気中でも同様の条件を満たせばチェレンコフ光が放射される．ただし大気の屈折率はほとんど 1 なので，チェレンコフ光は超前方（約 1.2 度）にでる．

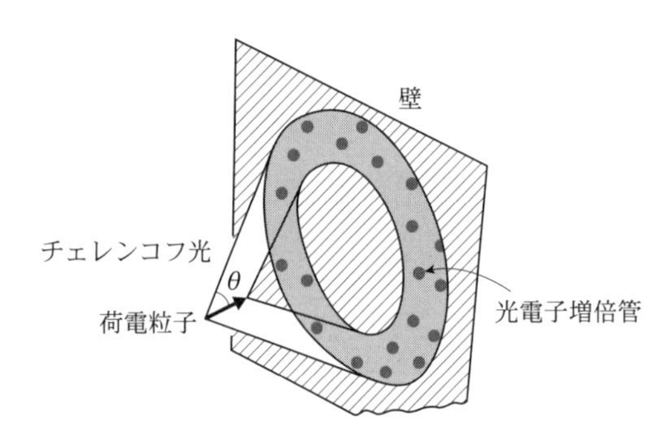

図 4.4 水チェレンコフ検出器の原理．ニュートリノが検出器に入射して，そこで検出器中の物質（この場合は水）と相互作用し荷電粒子が放出される．荷電粒子が物質中をその物質中の光速度より早く走るときにチェレンコフ光が放射される．チェレンコフ光は方向性を持ち，粒子の進行方向に対して，$\cos\theta = (n\beta)^{-1}$ で表される方向に放出される．ここで，θ は粒子の進行方向とチェレンコフ光の進行方向のなす角，また n は物質中での屈折率，β は荷電粒子の光速度に対する相対速度を表す．

度しか放射しない．たとえば 10 MeV の電子は水中を 5 cm も走らずに止ってしまうので，これを観測するには約 1500 光子をいかに効率良く観測できるかが鍵である．典型的な光電子増倍管の量子効率[*7]はもっとも感度の良い波長でも約 20%であり，光の水中での減衰やその他の効果を考えると，光電面が装置の壁をカバーする面積の割合を X%として，実質的に MeV あたり $0.15 \times$ X（光電子信号）程度である．すなわち，10 MeV の電子について，もし 20%が光電面で覆われた測定器ならば 30 個ほどの光電子信号となる．これはほぼ測定限界に近い信号量である．カミオカンデでは実際，全測定器の表面積に対する光電面の割合は 20% であった．

塩素やガリウムをもちいた実験ではニュートリノの飛来方向は分からず，エネルギーも閾値以上ということしか分からない．しかし水チェレンコフ方法では，電子の静止質量（$511\,\mathrm{keV}/c^2$）が ^{8}B ニュートリノのエネルギー（約 10 MeV）に比べて小さいので，電子は入射ニュートリノとほぼ同じ方向に散乱される．すなわちニュートリノの到来方向が測定できる．

[*7] 1 個の光子が入射したときに光電効果によって電子が放出される確率．

ニュートリノで散乱された電子の運動エネルギーは飛来したニュートリノのエネルギーとゼロエネルギーの間でほぼ均一に分布するので，多くのニュートリノ–電子散乱事象を調べると，ニュートリノのエネルギー分布を調べることが可能になる．このようにニュートリノと電子の散乱をもちいた観測は天体観測に不可欠な情報を得ることができる．

カミオカンデにおける最初の太陽ニュートリノの観測結果は1989年に発表された．電子のエネルギーで9.3 MeV以上の太陽ニュートリノ事象が観測されたが，その太陽ニュートリノの流量は理論予言の半分程度というものであった．カミオカンデの結果も太陽ニュートリノ問題を提起したのである．

その後も，カミオカンデは改良を加えながら太陽ニュートリノの観測を続けていった．カミオカンデの1989年の論文でまとめられたデータでは，太陽ニュートリノの観測数はおおよそ1週間で1例程度であった．このような低い観測頻度ではエネルギースペクトルなどの詳細な研究は実質的に不可能である．

太陽ニュートリノの詳細研究を本格的に開始したのはカミオカンデの後継測定器スーパーカミオカンデ（Super-Kamiokande，しばしばSuper-Kと略す）である．図4.5（236ページ）にスーパーカミオカンデを示す．スーパーカミオカンデでは太陽ニュートリノの精密研究をめざして装置の基本パラメータが決定された．まず，カミオカンデでは装置の大きさ，つまり有効体積が十分でなかったためにニュートリノの観測数が限られていた．そこで装置の全体積を50000トンとし，その結果太陽ニュートリノ観測のための装置の有効体積は22500トンとなった．また光電面が覆う割合が大きいほど低エネルギーの太陽ニュートリノの観測が可能になり，エネルギースペクトルの情報が得られるため，スーパーカミオカンデではカミオカンデの2倍の40%の割合で測定器の表面が光電面で覆われた．使われた光電子増倍管の個数は約11000本であった．これらの基本パラメータを採用することによって，スーパーカミオカンデでは電子の最低検出エネルギー5 MeVで1日あたり約15例の太陽ニュートリノを観測した．これはカミオカンデの最初の太陽ニュートリノ観測頻度の約100倍である（その後，最低検出エネルギーはさらに引き下げられた）．図4.6（237ページ）にカミオカンデで最初に観測された太陽ニュートリノのデータとスーパーカミオカンデで1996年から2001年の間に観測された太陽ニュートリノのデータを示した．10

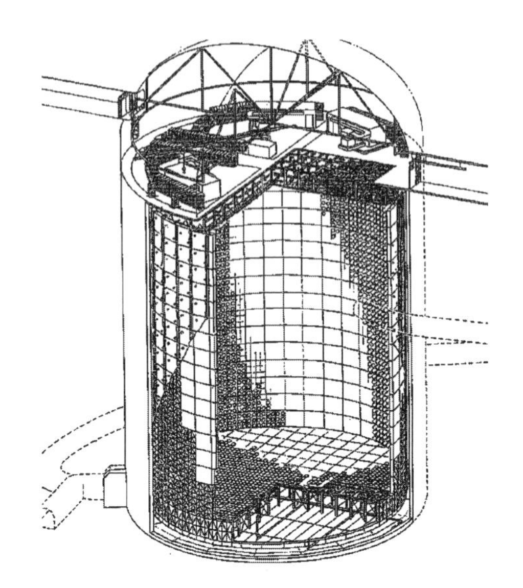

図 4.5 スーパーカミオカンデ測定器概念図．総重量 50000 トンの純水をもちいた水チェレンコフ検出器である．装置は 2 層構造になっておりそれぞれ内部検出器，外部検出器と呼ばれている．内部検出器内でおこったニュートリノ相互作用の結果放出された荷電粒子が放射するチェレンコフ光を壁面に設置した光電子増倍管で検出する．内部検出器だけで約 11000 本の光電子増倍管がもちいられている．それぞれの光電子増倍管から光量と光の到達時刻の情報が記録され，それらの情報をもちいてデータ解析が行われる（口絵 10 参照，スーパーカミオカンデ共同実験提供）．

数年で大きな進歩があったことがよくわかる．

どの実験でも太陽ニュートリノの観測数は少ない．さらに太陽ニュートリノのエネルギー領域は典型的な自然放射能のエネルギー領域と同程度なので，自然放射能の除去は非常に重要になる．たとえばスーパーカミオカンデでは，純水製造装置が常時循環運転され，水中のウラン，トリウム，ラジウム，ラドンなどの放射性元素の除去に努めている．さらに水面に接する空気からラドンが水中に溶け込むのを防ぐために，ラドンなどを除去した純空気をつねに供給している．これらの自然放射能除去に関する特別な工夫があってはじめて太陽ニュートリノの観測が可能になった．

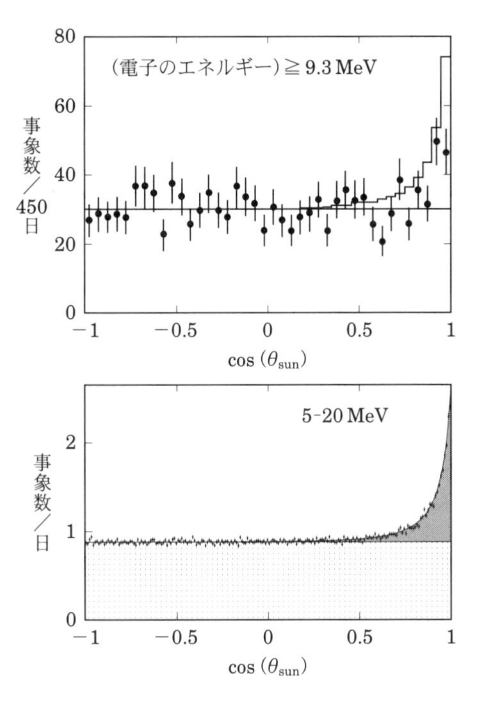

図 4.6　カミオカンデで 1989 年に初めて観測された太陽ニュートリノ信号（上）と，スーパーカミオカンデで観測された太陽ニュートリノ信号（下）．カミオカンデの観測の閾値は 9.3 MeV，スーパーカミオカンデのそれは 5 MeV である．図中平らな成分がバックグラウンドで，$\cos\theta_{\rm sun} = 1$ のピークが太陽ニュートリノ信号である（Hirata *et al.* 1989, *Phys. Rev. Lett.*, 63, 16; Hosaka *et al.* 2006, *Phys. Rev. D*, 73, 112001）．

4.2.4　重水をもちいた太陽ニュートリノ実験

2002 年頃までに，太陽ニュートリノの問題はニュートリノ振動で解決した（4.4.1 節）．太陽ニュートリノ問題の解決に至るためにきわめて重要であった実験がカナダの SNO と呼ばれるチェレンコフ光を検出する装置である．

SNO 実験では重水（D_2O），すなわち水分子中の水素の原子核（H）を 2 個とも重水素原子核（D）で置き換えた水が用いられた．ニュートリノと重水素原子核との相互作用を観測するのである．

$$\nu_\mathrm{e} + \mathrm{D} \longrightarrow \mathrm{e}^- + \mathrm{p} + \mathrm{p} \quad (\mathrm{CC}), \tag{4.7}$$

$$\nu_\mathrm{x} + \mathrm{D} \longrightarrow \nu_\mathrm{x} + \mathrm{p} + \mathrm{n} \quad (\mathrm{NC}). \tag{4.8}$$

ここで，ν_x は ν_e, ν_μ または ν_τ であり，CC は荷電カレント相互作用，NC は中性カレント相互作用である．SNO 実験では，式 (4.7) の相互作用を測定することで ^{8}B 太陽ニュートリノの電子ニュートリノの流量を測定し，式 (4.8) の相互作用を測定することで ^{8}B 太陽ニュートリノの全ニュートリノの流量を測定することができる．すでに述べたとおり，太陽中の核融合反応で生成されるニュートリノは電子ニュートリノのみだから，電子ニュートリノの流量が全ニュートリノの流量より有意に小さければ，電子ニュートリノが太陽中心で生成されてから地球上の測定器に飛来するまでの間に別な種類のニュートリノになった，つまりニュートリノ振動の証拠となる．

式 (4.8) の終状態の粒子はどれも電荷を持たないか，あるいは粒子の速度が遅くチェレンコフ光を放出しない．そこで SNO 実験では式 (4.8) の相互作用によって生成された中性子を以下の 3 方法で観測してきた．それらは，

$$\mathrm{n} + \mathrm{D} \longrightarrow {}^3\mathrm{H} + \gamma(6.25\,\mathrm{MeV}) \tag{4.9}$$

$$\mathrm{n} +^{35}\mathrm{Cl} \longrightarrow {}^{36}\mathrm{Cl} + \gamma'\mathrm{s}\,(\Sigma(E_\gamma) = 8.6\,\mathrm{MeV}) \tag{4.10}$$

$$\mathrm{n} +^3\mathrm{He} \longrightarrow \mathrm{p} +^3\mathrm{H} \tag{4.11}$$

である．ここで，γ と $\gamma'\mathrm{s}$ はそれぞれ単一のガンマ線と複数のガンマ線を表す．いずれの反応でも生成された中性子はまず重水中で熱中性子になるまでエネルギーを失い，その後上記の反応によって吸収される．式 (4.9) の方法では重水中の重水素 (D) に中性子が吸収されたときに放出される 6.25 MeV のガンマ線によりコンプトン散乱された水中の電子が放射するチェレンコフ光を観測する．式 (4.10) の方法では，1000 トンの重水中に 2 トンの塩 (NaCl) を加え，中性子が塩素に吸収される際に放出される合計 8.6 MeV の複数のガンマ線を式 (4.9) と同じ原理により観測する．なお塩素が熱中性子を吸収する断面積は重水素のそれよりはるかに大きいので，わずか 2 トンの塩を入れただけでも，式 (4.9) の反応の寄与は無視できるほどになる．

SNO 測定器では検出できる電子の最低エネルギーは 5 MeV だから，6.25 MeV

のガンマ線の検出は，最低エネルギーに近いところでの検出である．塩を加えた場合にはガンマ線の全エネルギーが 8.6 MeV となり最低エネルギーをかなり上回る．これらの効果によって，中性子，すなわち太陽ニュートリノの中性カレント相互作用（4.8）の検出効率は，式（4.9）の方法の場合が 14%, 式（4.10）の方法の場合が 40%であった．

式（4.11）の方法は，SNO 実験の最終段階で使われ，重水中に ^{3}He を満たした比例計数管を多数設置し，太陽ニュートリノ相互作用で生成された中性子を測定した．これらの方法によって全太陽ニュートリノの流量（4.8）が測定され，結果はお互い矛盾のないものであった．

ここでは 2002 年に公表され，ニュートリノ振動として広く認められた SNO 実験の結果をまとめる．まず荷電カレント相互作用（4.7）より求めた電子ニュートリノの流量（$\phi_{\rm CC}$）は，

$$\phi_{\rm CC} = 1.76^{+0.06+0.09}_{-0.05-0.09} \times 10^6 \quad [\rm cm^{-2}s^{-1}] \tag{4.12}$$

であった．式（4.9）の中性子検出方法をもちいて，中性カレント相互作用（4.8）より求めた全ニュートリノの流量（$\phi_{\rm NC}$）は，

$$\phi_{\rm NC} = 5.09^{+0.44+0.46}_{-0.43-0.43} \times 10^6 \quad [\rm cm^{-2}s^{-1}] \tag{4.13}$$

であった．観測された全ニュートリノの流量は太陽理論の予言と誤差の範囲内で一致，つまり太陽理論の正しさが示された．一方この二つの観測値が違っていることから，ミューニュートリノとタウニュートリノ成分が存在すると仮定すると，その存在量は $3.41 \pm 0.45^{+0.48}_{-0.45} \times 10^6$ ($\rm cm^{-2}s^{-1}$) となり，となる．つまり，地球に到達した太陽ニュートリノ中にはミューニュートリノとタウニュートリノ成分がある，すなわちニュートリノ振動の証拠が得られた．

スーパーカミオカンデの測定は，式（4.3）で示したニュートリノと水中の電子との散乱である．観測された太陽ニュートリノ事象のすべてが電子ニュートリノと電子の散乱であると仮定して流量を求めると，

$$\phi_{\rm ES} = 2.32 \pm 0.03^{+0.08}_{-0.07} \times 10^6 \quad [\rm cm^{-2}s^{-1}] \tag{4.14}$$

である．ここで，ES は弾性散乱（Elastic Scattering）を示す．明らかにこの流量値は，式（4.12）より大きく，式（4.13）より小さい．ニュートリノと電子の

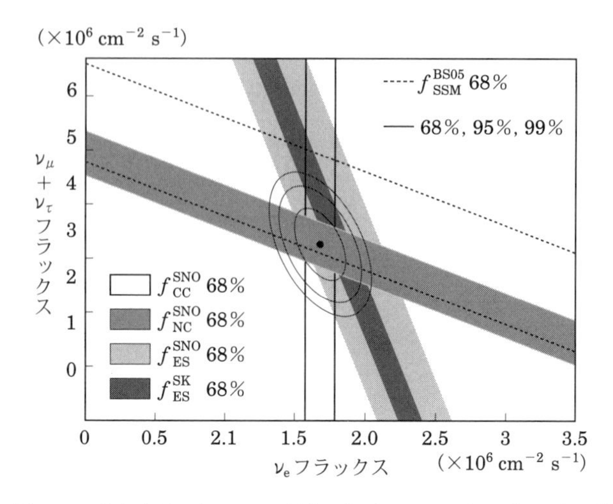

図 4.7 重水を用いたSNO実験の荷電カレント相互作用（CC）と中性カレント相互作用（NC）の測定結果より導かれた太陽ニュートリノの電子ニュートリノ流量とミューニュートリノとタウニュートリノ流量の合計に関する制限が示してある．また，スーパーカミオカンデおよびSNO実験におけるニュートリノ–電子散乱（ES）の測定から得られた制限も示した．ここで，$f_{\rm CC}^{\rm SNO}$，$f_{\rm NC}^{\rm SNO}$，$f_{\rm ES}^{\rm SNO}$，$f_{\rm ES}^{\rm SK}$ はそれぞれ，SNO実験のCC, NC, ES測定，スーパーカミオカンデ実験のES測定のから得られる制限を示す．また，$f_{\rm SSM}^{\rm BS05}$ は標準太陽理論で計算された ^{8}B流量の値を電子，ミュー，タウニュートリノの合計の流量に関する制限とし，電子ニュートリノと他のニュートリノの相対的な流量の割合は問わないとした場合に得られる制限を示す．すべてのデータが基本的に1点で交わり，地球上で観測されるニュートリノに太陽中の核融合では生成され得ないミューニュートリノまたはタウニュートリノ成分が存在していることがわかる．なお，3本の楕円はこれらのデータをフィットして得られる電子ニュートリノと他のニュートリノの流量の制限を68, 95, 99%の有意性で示したものである（Aharmim *et al.* 2005, *Phys. Rev. C*, 72, 055502 中の図より色などを変更して掲載）．

散乱では，おもに電子ニュートリノと電子との散乱が観測されるが，それとともに散乱断面積は6分の1程度と低いながら，ミューニュートリノやタウニュートリノとの散乱も寄与する．したがって，地球に飛来する太陽ニュートリノ流量中に電子ニュートリノ成分以外があればこれらのデータは説明可能である．定量的に検定するため図 4.7 はこれらの測定で得られた電子ニュートリノの流量と電子ニュートリノ以外の流量に対する制限を示した 2 次元プロットである．SNO とスーパーカミオカンデの測定から得られる制限値がほぼ 1 点で交わる．これはそれぞれのデータに矛盾がないことを示すとともに，ミューニュートリノとタウニュートリノ成分が存在することを明確に示している．これらの観測によって太陽ニュートリノ問題がニュートリノ振動によって引き起こされていたことが解明された．

4.2.5 液体シンチレータをもちいた太陽ニュートリノ実験

上記のように太陽ニュートリノ問題はニュートリノ振動で解決したが，ほとんどの情報は全太陽ニュートリノ流量の 0.01%程度しかない ^{8}B 太陽ニュートリノの観測から得られたものである．今後の方向は ^{8}B 太陽ニュートリノより低いエネルギーのニュートリノの観測であろう．塩素やガリウムをもちいた太陽ニュートリノ実験は現在のチェレンコフ測定器より低エネルギーの太陽ニュートリノの観測ができるが，ある閾値エネルギー以上のニュートリノ相互作用をカウントするだけであるため，得られる情報量に限りがあった．今後の低エネルギー太陽ニュートリノ観測では，チェレンコフ装置のように各ニュートリノ事象ごとにエネルギーなどの情報を得ることを目指すであろう．ただし，その際 ^{8}B 太陽ニュートリノより低エネルギーの太陽ニュートリノの観測にはもはやチェレンコフ測定器は使えない．ニュートリノ相互作用の結果放出される電子のエネルギーが低すぎてチェレンコフ光を放出しないからである．

そこで考えられるのが液体シンチレータである．液体シンチレータの発光量はチェレンコフ光の 100 倍程度あり，荷電粒子の速度が媒質中の光の速度以下になっても発光するので，低エネルギー太陽ニュートリノの観測に向いている．太陽ニュートリノを観測するために式（4.3）の弾性散乱をもちいる*8．弾性散乱の結果放出された電子のエネルギー分布を測定して ^{7}Be, pep（式（4.7）の逆反応），あるいは CNO 過程の太陽ニュートリノなどを測定しようというのである．

---

*8 他に特別な原子核をもちいて荷電カレント相互作用によって放出された電子，およびそれと同期した原子核からのガンマ線などを検出する方法も試みられているが，まだ具体的実験段階ではないので，ここでは割愛する．

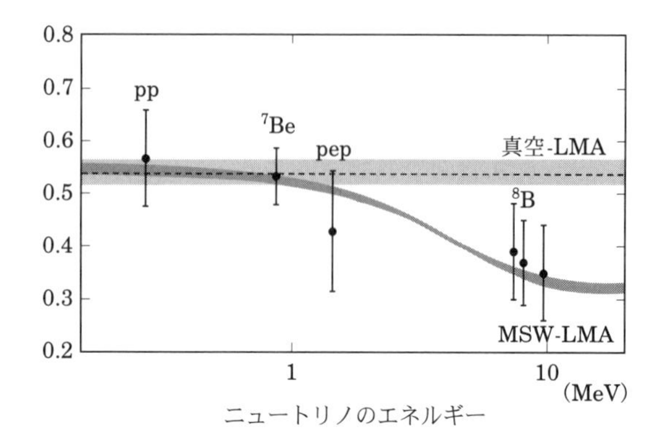

図 4.8　ボレキシーノ実験で観測された太陽ニュートリノ信号のまとめ．縦軸は観測値/標準太陽理論の予想値，横軸はニュートリノのエネルギーを示す．pp, ^{7}Be, pep, ^{8}B が観測されており，データは大混合角*9 の物質中でのニュートリノ振動の予言とよく一致している（The Borexino Collaboration, 2018, *Nature*, 562, 505）．

具体的には，ヨーロッパのグランサッソ研究所のボレキシーノ（Berexino）実験，日本ではカムランド（KamLAND）装置のシンチレータを純化して改良した実験が行われ，さらにカナダの SNO がその使命を終えた後に，重水の代わりに液体シンチレータを入れた実験が準備中である．

ここでは特にボレキシーノ実験の結果について紹介する．ボレキシーノ実験は 1990 年代の初頭にアイデアが出された実験である．太陽ニュートリノの観測のためには，放射性同位元素などに関して非常に低いレベルが要求される．そのためさまざまな試験開発を経て，2007 年に実験開始となった．まず 2008 年に ^{7}Be ニュートリノの測定結果が公表された．同様にカムランド実験でも 2015 年に ^{7}Be ニュートリノの観測の結果が発表された．引き続き，ボレキシーノ実験では ^{7}Be ニュートリノに比べてその流量が一桁以上小さい pep ニュートリノ（図 4.1 参照）の観測結果が 2012 年に，そして太陽のエネルギー生成を理解するうえでもっとも基本的な pp ニュートリノの観測結果が 2014 年に公表された．これら

*9 太陽の中心部で生成されたニュートリノが太陽の表面まで飛行する間ニュートリノ振動は太陽物質の効果を受ける．この効果は真空中での混合角とニュートリノの質量によるが，特に混合角が大きい場合には図中の曲線で示されたような電子ニュートリノの残存確率となる．

の結果をまとめると図4.8のようになる．この図では太陽ニュートリノの観測数を太陽モデルの予想値で割っている．すなわち太陽モデルより少ない観測数はニュートリノ振動の効果だと考えることができる．そして，今わかっているニュートリノ振動のパラメータでの予想値が曲線で示してあり，観測データとニュートリノ振動を考慮した予想値がよくあっている．

4.2.6 将来の太陽ニュートリノ実験

以上述べてきたように太陽ニュートリノ実験は，近年非常に大きな進歩を遂げた．しかし，これから観測すべき重要課題もあるので，そのいくつかを紹介する．

太陽物理に関しては，今までの研究で観測されたものはいわゆるpp過程で生成された太陽ニュートリノである．CNO過程と呼ばれる別メカニズムで生成される太陽ニュートリノは我々の太陽の場合にはその流量は少ないとはいうものの，恒星のエネルギー生成の全体像を理解する上では重要である．CNO過程のニュートリノの測定にはより低バックグラウンドが必要である．

太陽ニュートリノは，ニュートリノ振動を調べるための非常に大切な実験の環境を提供している．現在までに太陽ニュートリノ問題はニュートリノ振動として決着しているものの，ニュートリノ振動に及ぼす物質効果で予想されながら，確認されていないものもある．その一つは，太陽ニュートリノが地球に入射して，地球の物質効果により，夜の方が昼より電子ニュートリノ流量が数パーセント高くなると予言されているが，まだ確実な証拠は観測されていない．今後も太陽ニュートリノの観測から天体物理学と素粒子物理学に関わる重要な成果を期待したい．

4.3 超新星ニュートリノ

太陽ニュートリノ以外で現在までに観測されているMeVエネルギー領域の天体ニュートリノは超新星ニュートリノである．ここでは超新星ニュートリノ測定器について記述する．

恒星は水素の核融合反応によって輝いている．やがて水素は燃え尽き，核融合の生成物のヘリウムが中心部にたまってヘリウムのコアが生成される．ヘリウムのコアは自分の重みで収縮し，中心部分の温度と密度が上昇し，ヘリウム核の核融合がはじまる．このように，星は重力で収縮して中心部の密度と温度を上昇させることによって，それまでの核融合の生成物を新たな燃料としながら進化する．

核融合が進んで中心部に鉄のコアが生成されたあとは，もはや新たなエネルギー源となる核融合反応はおこらない．このとき星の中心部では温度が 100 億度を超えるほどの高温になる．すると鉄の原子核は大量の熱を吸って分解される．この結果中心部分では収縮されても圧力が十分高くならないので，圧縮が止らず中心部分の密度はさらに高くなる．鉄のコアの重さが太陽質量の 2 倍程度以下なら密度が原子核の密度を少し越えたあたりで収縮は止まり，中心には中性子星が生成される．これは原子核の密度を超えると陽子や中性子間に働く核力が強い斥力となるためである．収縮が一気に止るため，衝撃波が生成され，この衝撃波が星の外側の物質を宇宙空間に飛び散らせると考えられている．これが現在考えられている重力崩壊型の超新星（II 型超新星）の概略である．

鉄のコアが中性子星になるとその重力エネルギー約 10^{46} J が解放されるが，このエネルギーの約 99%はニュートリノが持ち去る．ニュートリノは重力崩壊が起こっている星の中心部で生成されるのでニュートリノの観測が重力崩壊型超新星爆発の本質をさぐる上で不可欠と考えられてきた．超新星爆発に伴って放出されるニュートリノに関しては多くの理論的研究と計算機シミュレーションがなされている．近年計算機シミュレーションが大きく進み爆発のだいたいの振る舞いが理解できるようになってきた．図 4.9 に計算されたニュートリノの輝度と平均エネルギーの時間発展の一例を示す．概略としては，ニュートリノの放出エネルギーは最初の 1 秒程度にかなり集中，その後も数十秒持続し，この間に約 10^{46} J の全エネルギーがニュートリノとして放出される．またニュートリノの平均エネルギーは 10 から 20 MeV 程度で，電子ニュートリノ，ミューニュートリノ，タウニュートリノ及びそれらの反ニュートリノがほぼ同じ輝度で放出される．

温度の高い星の中心部で生成されたこれらのニュートリノは，温度のより低い外側まで相互作用を繰り返しながらしみ出てきて，その後自由に宇宙空間に飛び出るので，断面積が大きいニュートリノほど平均エネルギーが低くなる．ミューニュートリノ，タウニュートリノ，それにそれらの反ニュートリノは 10–20 MeV 程度のエネルギーでは中性カレント相互作用（226 ページ）しかしないので，全断面積は電子ニュートリノより小さく，したがって平均温度は高くなるはずであ

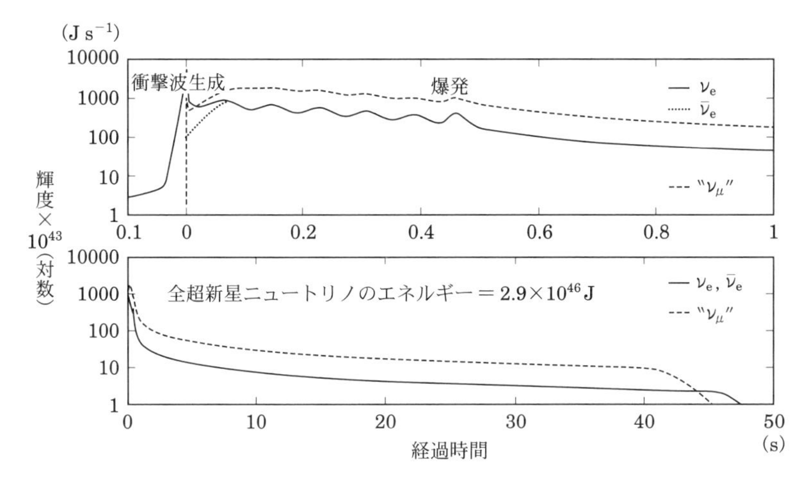

図 4.9 計算されたニュートリノの輝度と平均エネルギーの時間発展の一例．図中 "ν_μ" は $\nu_\mu + \bar{\nu}_\mu + \nu_\tau + \bar{\nu}_\tau$ を示す（Burrows, Klein, Gandhi 1992, *Phys. Rev. D*, 45, 3361 より）．

る．また，超新星爆発の最初の段階で，星の中心部で原子核が電子を捕獲して中性化がおこる．この際，電子ニュートリノが多量に生成され，このニュートリノが最初のごく短い時間大量に放出されるはずである．

以上が超新星爆発とニュートリノ放出の概略である．以下でどのような方法でこれらのニュートリノを測定するのかを説明する．

4.3.1 超新星ニュートリノの検出

超新星爆発で放出されるニュートリノの特徴は，継続時間が 10 秒程度であり，全種類のニュートリノが放出され，平均エネルギーが 10 から 20 MeV 程度であることである．したがって超新星ニュートリノ測定器はこのようなニュートリノが観測できなければならない．

超新星ニュートリノの平均エネルギーは太陽ニュートリノの高エネルギー成分（^{8}B ニュートリノ）よりエネルギーが高い．そのため太陽ニュートリノに感度がある実験は超新星ニュートリノの観測ができる場合が多い．ただし放射化学的観測実験（塩素やガリウム実験）では約 1 月程度の照射時間内の太陽ニュートリノ事象のバックグラウンドに埋もれてしまう．さらにニュートリノ事象の時間やエネルギー分布が取れない．そこで，これ以外の方法による超新星ニュートリノの観測と観測可能性について議論する．

3 種類のニュートリノとそれらの反ニュートリノのすべてがほぼ同じ流量で飛来するので，これらのニュートリノの観測には，いろいろな可能性が考えられる．多くの場合に一番測定がしやすいのが反電子ニュートリノである．10–数 10 MeV 程度のエネルギーを持った反電子ニュートリノは，原子核に束縛されていない陽子（たとえば 水 $= \mathrm{H_2O}$ であれば 2 個の水素原子核）と以下の相互作用をする．

$$\overline{\nu}_{\mathrm{e}} + \mathrm{p} \longrightarrow \mathrm{e}^{+} + \mathrm{n}. \tag{4.15}$$

この相互作用の閾値は陽子と中性子の質量差に陽電子の質量を加えた値に対応して 1.8 MeV である．また，この相互作用の断面積はいま考えているエネルギー領域ではニュートリノと原子核との相互作用断面積に比べて大きく，正確に知られている．そのため超新星反電子ニュートリノ観測は多くの情報をもたらす．どのような物質がこの観測に向いているであろうか．すでに例に出した水は 18 分の 2 の核子が原子核に束縛されていない陽子であり都合がよい．また液体シンチレータもほぼ $\mathrm{C_nH_n}$ の分子式をもつので原子核の束縛されていない陽子が核子の約 8%を占め，超新星ニュートリノの観測に必要な条件を備えている．

このようなニュートリノ事象が測定可能な測定器は 1980 年頃から世界の数か所で設置されていた．そのうちのあるものは超新星ニュートリノの観測を主目的とし，あるものは多目的の測定器の研究項目の 1 つとして観測を続けていた．表 4.2 に超新星ニュートリノが観測可能なおもな測定器についてまとめた．

1987 年 2 月に我々の銀河のとなりの大マゼラン星雲で超新星の爆発が観測された（超新星 1987A）．残念ながら北半球にいる我々は直接見ることはできなかったが，肉眼で見える超新星としては実に約 400 年ぶりとなるものであった．表 4.2 に示したとおり，その頃は 4 観測装置が超新星の観測が可能であった．この超新星爆発のニュースは即座に世界を駆けめぐり，これらの 4 実験では超新星が光で観測された時間より前にニュートリノ相互作用事象が短時間に多く観測されていないか探索が開始された．そしてカミオカンデ，引き続いて IMB，さらにはバクサン（Baksan）の各実験によって超新星ニュートリノの観測が報告された[*10]．図 4.10 に 3 実験で観測された信号をまとめた．基本的にこれらの観測された事象のほとんどは式（4.15）の相互作用であると考えて矛盾ない．また測

表 4.2 現在まで，あるいは建設中の超新星ニュートリノ観測が可能な主な観測装置．他にも観測が可能な装置はあるが，代表的なもののみ示した．国名は装置が設置されている国名，あるいは場所を示す．

実験名	国	方法	有効体積	観測期間
Baksan	ロシア	液体シンチレータ	330トン	1978–
LSD	フランス	液体シンチレータ	90トン	1984–?
Kamiokande	日本	水チェレンコフ	2140トン	1983–1996
IMB	アメリカ	水チェレンコフ	5000トン	1982–1991
LVD	イタリア	液体シンチレータ	670トン	1992–
Super-K	日本	水チェレンコフ	32000トン	1996–
SNO	カナダ	水チェレンコフ	軽水 1600トン	1999–2006
		（軽水＋重水）	重水 1000トン	
KamLAND	日本	液体シンチレータ	1000トン	2002–
Borexino	イタリア	液体シンチレータ	300トン	2007–
IceCube*11	南極	氷チェレンコフ	$\sim 10^9$トン	2011–
NOvA	アメリカ	液体シンチレータ	14000トン	2014–
DUNE	アメリカ	液体アルゴン	40000トン	～2027–
JUNO	中国	液体シンチレータ	20000トン	～2021–

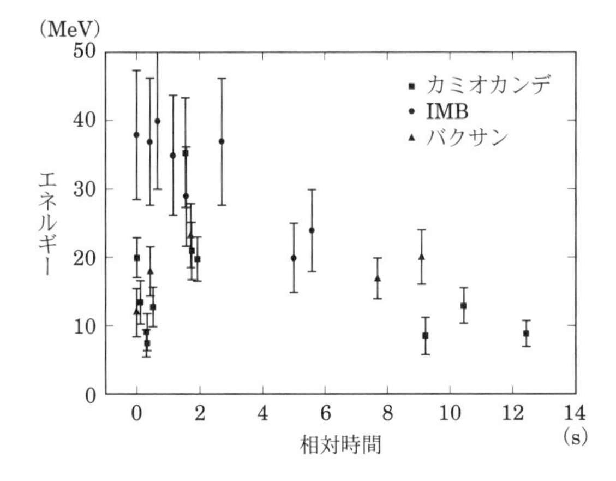

図 4.10 カミオカンデ，IMB，バクサン実験で観測された超新星ニュートリノの信号．横軸は信号が観測された時間で，縦軸は観測された陽電子のエネルギーである．時間はそれぞれの実験で最初に観測された信号の時間を 0 としてある（McDonald *et al.* 2004, *Rev. Sci. Instrum.*, 75, 293）．

定器の大きさや検出効率などを考慮するとこれらの結果は相互に矛盾ないことがわかっている．この観測によって超新星爆発の際にニュートリノが持ち去る全エネルギーが重力崩壊の理論が予言するとおり約 10^{46} J であること，超新星爆発の際のニュートリノ放出の持続時間が約10秒であること，ニュートリノの平均エネルギーが10から20 MeV程度であることなど，重力崩壊による超新星爆発の理論が基本的に正しいことが判明した．

4.3.2 将来の超新星ニュートリノ観測

超新星1987Aからのニュートリノの観測は，重力崩壊による超新星爆発の理論が基本的に正しいことを示したが，観測されたニュートリノ事象の総数は約20にとどまり，超新星爆発の細かいことを議論するにはデータ不足である．さらに超新星爆発をより良く理解するためには，ニュートリノの観測数の飛躍的増加と，反電子ニュートリノ以外のニュートリノの観測が望まれる．

現在，10000トンを超える測定器として，水チェレンコフ測定器スーパーカミオカンデ，液体シンチレーター測定器JUNO，液体アルゴン測定器DUNEが稼働中，あるいは建設中である．もし銀河中心付近，すなわち10 kpcの距離で超新星爆発でおこった場合，これらの側的では，それぞれ7000, 6000, 3000事象の観測が予想されている．

水チェレンコフ測定器では式（4.15）の反応が主に測定されるが，ニュートリノと電子の弾性散乱（$\nu_x + e^- \to \nu_x + e^-$）も測定される．この反応では，太陽ニュートリノの場合と同様，電子がニュートリノの方向と強い相関を持って飛び出るので，超新星の方向との角度相関を持っている．このことはニュートリノと電子の弾性散乱によって，超新星爆発の天球上でのおおよその方向を決めることができ，光学望遠鏡に超新星の爆発方向を知らせることができることを意味しており，重要である．

[*10] （246ページ）このとき他の実験より約5時間早くニュートリノ信号を観測したと報告した実験があったが，他の実験，特に同様のエネルギー領域に感度があり，かつ数十倍大きいカミオカンデで対応する信号が観測されなかったので，一般には受け入れられていない．

[*11] （247ページ）IceCubeは基本的にTeVあるいはそれ以上のエネルギーのニュートリノの観測装置であるが，膨大な数の超新星ニュートリノ相互作用の結果放出されるチェレンコフ光を各々の光検出器の信号頻度の上昇としてとらえることが想定されている．

アルゴン（Ar）原子核と電子ニュートリノとの反応

$$\nu_e + {}^{40}\mathrm{Ar} \longrightarrow e^- + {}^{40}\mathrm{K}, \tag{4.16}$$

は断面積が大きく，液体アルゴン測定器をもちいた場合，電子ニュートリノがおもに観測される．一方，液体シンチレータをもちいた測定器では，式（4.15）の反応に加えて

$$\nu_\mathrm{x} + {}^{12}\mathrm{C} \longrightarrow \nu_\mathrm{x} + {}^{12}\mathrm{C}^*. \tag{4.17}$$

の反応がおこる．ここで，ν_x は全ての種類のニュートリノと反ニュートリノを表す．また $^{12}\mathrm{C}^*$ は $^{12}\mathrm{C}$ の励起状態で，15.1 MeV のガンマ線を放出して基底状態に落ちる．そのため，このガンマ線を観測することで，全ニュートリノの流量の観測が可能となる．

このように，大型の水，液体シンチレーター，液体アルゴンの検出器が運転中，あるいは準備中の現在，次の超新星爆発がおこれば，1987 年の超新星 SN1987A のニュートリノとは比べものにならないくらいの情報が得られ，超新星爆発のメカニズムの詳細が明らかになると期待されている．

4.4　宇宙線が生成するニュートリノ——大気ニュートリノ

宇宙線はおもに高エネルギーの陽子や原子核である．これらの宇宙線が大気に入射すると，大気中の原子核と衝突して複数のパイ中間子を生成する．そのうち電荷を持ったものは寿命 2.6×10^{-8} 秒で崩壊してミューニュートリノとミューオンを生成する．ミューオンは荷電パイ中間子より 100 倍近く長い寿命をもつが，大気層は約 20 km の厚みがあるので，大気中で飛行中に崩壊して電子，ミューニュートリノと電子ニュートリノを生成する．このように地球大気中で宇宙線と大気原子核の衝突の結果生成されたニュートリノを大気ニュートリノと呼んでいる．

図 4.11（250 ページ）に計算された大気ニュートリノの流量を示す．宇宙線の流量のスペクトルがおおよそ $E^{-2.7}$ であることに対応して，ニュートリノの流量もエネルギーが高くなるとともに急激に減少する．これらのニュートリノは地球大気のあらゆるところで生成されているはずである．そのため地下に設置された測定器で観測される大気ニュートリノの流量はほぼ上下対称になると予想される．

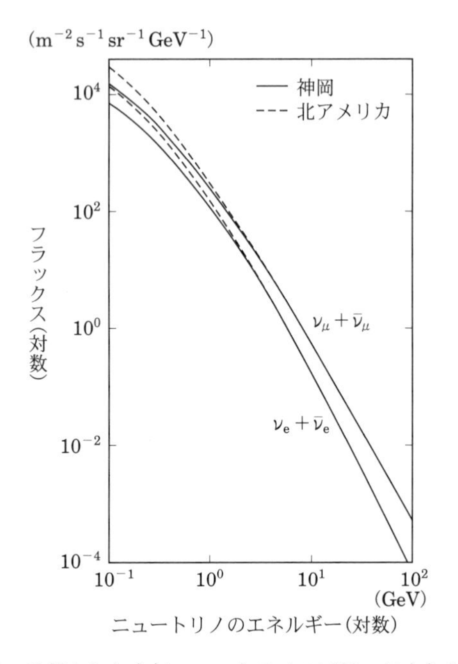

図 4.11 計算された大気ニュートリノの流量．日本と北米におけるニュートリノ流量を示している（本田守広氏提供）．

1962年に加速器でミューニュートリノが発見されるとまもなく宇宙線が生成するニュートリノを宇宙線研究の一環として観測する試みが始まった．大気ニュートリノ以外の宇宙線のバックグラウンドを避けるため，地下深くの実験が望ましい．一方，大気ニュートリノは地球さえ通り抜けるので，非常に地下深くで横向きのミューオンを観測できればそれが大気ニュートリノの存在の証拠になる．そこで三宅三郎らのグループとライネス（F. Reines）らのグループがそれぞれインドと南アフリカの鉱山の地下2000メートル以上の深さに測定器を設置して観測をおこなった．

これらの実験では大気ニュートリノが岩盤中の原子核と相互作用して生成されたミューオンを検出した．岩盤の厚みで2000メートルを越えるような地下深くでは大気中で生成された宇宙線ミューオンの流量は大きく減衰する．特に横方向から飛来する宇宙線ミューオンはおおよそ $h \times (\cos\theta_z)^{-1}$ だけ地中を長く走るのでほとんど存在しない．ここで h は垂直方向の深さ，θ_z は天頂角で垂直下向

表 4.3 現在までに行われた大気ニュートリノ実験の例．国名は装置が設置されている国名，あるいは場所を示す．

実験名	国	測定方法	有効体積	観測期間
KGF	インド		—	1965–?
CWI	南アフリカ		—	1965–?
Baksan	ロシア	シンチレータ	—	1978–
IMB	アメリカ	水チェレンコフ	3.3 キロトン	1982–1991
Kamiokande	日本	水チェレンコフ	1.0 キロトン	1983–1996
Frejus	フランス	鉄板＋飛跡検出器	0.7 キロトン	1984–1988
MACRO	イタリア		—	1988–2001
Soudan-2	アメリカ	鉄板＋飛跡検出器	0.77 キロトン	1989–2001
Super-K	日本	水チェレンコフ	22.5 キロトン	1996–
IceCube	南極	氷チェレンコフ	$\sim 10^9$ トン	2011–

きを $0°$ としている．これらの装置で横向きのミューオンを観測したのである．すなわち大気ニュートリノ起源のミューオンの検出である．表 4.3 に現在までに行われた大気ニュートリノ実験の例をあげた．

4.4.1 大気ニュートリノ観測とニュートリノ振動

素粒子間に働く 3 力を統一するとして提唱された大統一理論を検証するため，1980 年代に陽子崩壊を探す実験が世界の数か所で行われた．これらの実験は大量の物質を長時間観測し，あるときその中の陽子または中性子の一つが壊れて別な複数の粒子が生成されたのを観測しようというものである．実験は宇宙線のバックグラウンドの影響を避けるため地下深くで行われた．しかし測定器をどれだけ地下深く設置しても避けられないのが大気ニュートリノ相互作用である．そのため陽子崩壊と区別するため大気ニュートリノについて詳細に調べることが必要になった．この研究が最終的にニュートリノのごく小さな質量の発見という素粒子物理学上の大発見につながった．以下，内容が天文学から離れるが，宇宙線研究の一つと思われた研究が天文でなく素粒子研究に寄与した例として簡単に記述する．

ニュートリノにごく小さな質量があるとニュートリノ振動と呼ばれる現象が起こることが理論的に知られていた．ある種類のニュートリノ（たとえば ν_μ）が飛行中に別な種類のニュートリノ（たとえば ν_τ）に転移するのである．2 種類のニュートリノに対応する質量の固有状態を ν_2, ν_3 とし，その質量を m_2, m_3 とする．すると，ν_μ, ν_τ と ν_2, ν_3 間の関係は

$$\begin{pmatrix} \nu_\mu \\ \nu_\tau \end{pmatrix} = \begin{pmatrix} \cos\theta & \sin\theta \\ -\sin\theta & \cos\theta \end{pmatrix} \begin{pmatrix} \nu_2 \\ \nu_3 \end{pmatrix} \tag{4.18}$$

と表せる．ここで，θ はニュートリノ間の混合角である．このときニュートリノ振動の確率は，

$$\mathrm{P}(\nu_\mu \to \nu_\tau) = \sin^2 2\theta \cdot \sin^2 \left(\frac{1.27 \Delta m^2 L}{E} \right). \tag{4.19}$$

と表せる．ここで，L はニュートリノの飛行距離（km），E はニュートリノのエネルギー（GeV）である．また，Δm^2 は 2 種類のニュートリノの質量の 2 乗の差（$\Delta m^2 = |m_2^2 - m_3^2|$ (eV^2)）である．したがって，ニュートリノ振動の存在は，ニュートリノ質量の存在でもある．また，ニュートリノの飛行距離やエネルギーの関数としてニュートリノ振動が観測されれば，その情報からニュートリノの質量と混合角に関する情報が得られる．

ニュートリノ振動を研究するにはニュートリノ相互作用の結果生成された荷電レプトン，すなわち電子やミューオンを同定することが不可欠である．荷電レプトンが電子なのかミューオンなのかの弁別ができれば，飛来したニュートリノが電子ニュートリノかミューニュートリノかがわかる．その弁別はミューオンと電子の物質中での振る舞いの違いを利用しておこなわれる．

高エネルギーの電子は物質中で電磁シャワーとなり，比較的低エネルギーで少しずつ進行方向の違うたくさんの電子，陽電子を生成するのでそれらが放射するチェレンコフ光のリングはその輪郭がぼやける．一方，ミューオンは基本的に物質中ではエネルギーを少しずつ失いながらまっすぐ進むから，それが放射するチェレンコフ光のリングはくっきりと観測できる．

つまりこれらの粒子を水チェレンコフ測定器で測定すると，それぞれ図 4.12 のようになる．このようにして電子とミューオンを弁別し，電子ニュートリノとミューニュートリノ成分についてエネルギースペクトルなどの情報を得ることができる．

大気中での宇宙線と原子核との相互作用によってパイ中間子が 1 個生成され

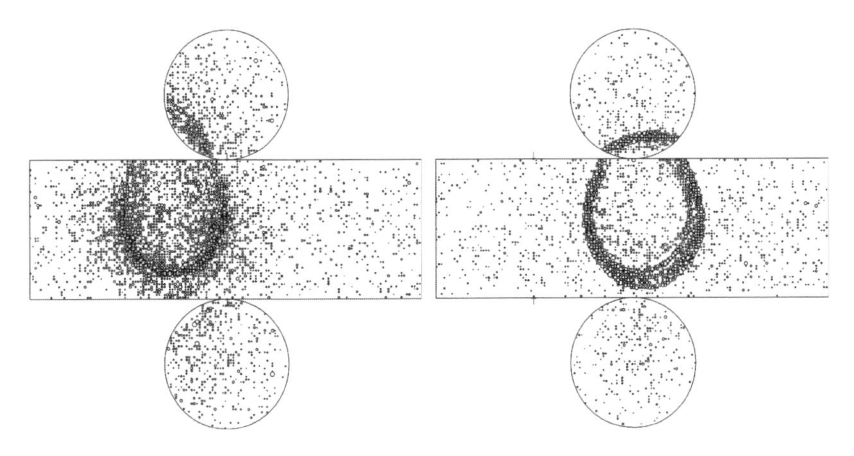

図 4.12 スーパーカミオカンデで観測された大気ニュートリノ事象の例．左が電子ニュートリノ相互作用によって電子が生成されたもの，右がミューニュートリノ相互作用によってミューオンが生成されたものと考えられる（スーパーカミオカンデ共同実験提供）．

ると最終的にミューニュートリノが 2 個，電子ニュートリノが 1 個生成されるので，大気ニュートリノ中のミューニュートリノと電子ニュートリノの数の比はおおよそ 2 対 1 と予想される．また，電子ニュートリノと物質との相互作用断面積はミューニュートリノと物質とのそれと同じである*12．したがって測定器内で観測されるミューニュートリノと電子ニュートリノ事象の数の比もおおよそ流量の比になっているはずである．ところがカミオカンデでの詳細なデータ解析からは，電子ニュートリノ相互作用で生成される電子はおおよそ予想どおりの数が観測されていたが，ミューニュートリノ相互作用で生成されるミューオンの数は予想の 60%程度しか観測されていなかった（「大気ニュートリノの異常」）．もしミューニュートリノとタウニュートリノ間のニュートリノ振動が存在し，ミューニュートリノの半分近くがタウニュートリノに転移すれば，ミューニュートリノ事象の数が少ないことが説明できる．この観測をきっかけに太陽ニュートリノ問題と並んで大気ニュートリノ異常に関して多くの議論がなされた．

---

*12 ただし約 1 GeV 以下のエネルギーでは電子とミューオンの質量が違うことによる効果が完全には無視できないので，精密な議論を行う際にはレプトンの質量の効果を考慮した相互作用断面積をもちいて議論する必要がある．

カミオカンデは測定器の有効体積が約1000トンと大気ニュートリノ測定器としては十分な大きさがなかったため，大気ニュートリノの観測頻度は数日に1度という低いものであった．そのためいろいろな分布を精度よく調べてニュートリノ振動の証拠をそろえることには統計数の制限から限界があった．このためカミオカンデより有効体積の約20倍大きいスーパーカミオカンデのデータが不可欠であった．

大気上空で生成され下向きに飛来するニュートリノは飛行距離が短いので振動の効果が観測できないが，地球の反対側で生成され地球を通過してきた大気ニュートリノには，もしニュートリノの質量の2乗の差が適当なところにあれば，ニュートリノ振動の効果が明確に観測される可能性がある．（式（4.19）参照）．

大気ニュートリノの流量はGeV領域以上ではほぼ上下対称と予想されているので，下から来るニュートリノの流量が上から来るもののそれより有意に少なければニュートリノ振動の動かぬ証拠となろう．さらに，ニュートリノ振動がミューニュートリノとタウニュートリノ間でおこっているなら，ミューニュートリノ事象には上下非対称性が観測されるが，ニュートリノ振動と無関係な電子ニュートリノ事象では観測されないはずである．図4.13にスーパーカミオカンデの2005年までの大気ニュートリノの天頂角のデータの一部を示す．実線のヒストグラムがニュートリノ振動なしの予想値であり，事象数が上下対称であるのに対し，実際のデータでは明確に上向きミューニュートリノ事象の欠損が確認できる（図4.13（右））．このような観測により1998年にニュートリノ振動が発見された．

このニュートリノ振動の発見，そして引き続いて太陽ニュートリノ問題もニュートリノ振動で解決したこと，さらに観測されたニュートリノの小さな質量は素粒子の標準理論で記述できる典型的なエネルギー領域より10桁程度もエネルギーの高い世界の自然法則に関連していると考える理論的理解によって，現在ニュートリノ振動と質量の研究が大きく進展している．

なお，次節で述べる高エネルギー宇宙ニュートリノ探索で主要なバックグラウンドは大気ニュートリノである．ニュートリノ振動の研究は，大気ニュートリノの流量に関する知識も大きく深めた．すなわち，高エネルギー宇宙ニュートリノ探索のためのバックグラウンドの理解を進めたのである．さらにニュートリノ振動は高エネルギー宇宙ニュートリノ探索にも大きな影響を及ぼしている．

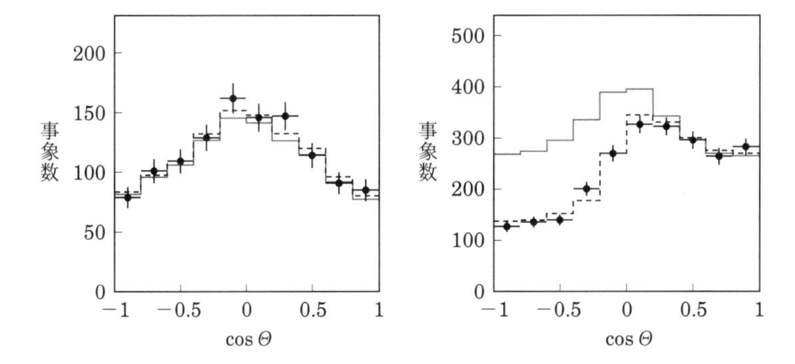

図 4.13 スーパーカミオカンデで観測された大気ニュートリノ事象の天頂角分布の例．$\cos\Theta = 1$ は下向きを示す．また，実線はニュートリノ振動なしの理論値，破線は振動ありの理論値を示す．図中左側が観測された粒子が電子事象（つまりほとんど電子ニュートリノ相互作用），右側が観測された粒子がミューオン事象（ほとんどミューニュートリノ相互作用）の分布を示す．これらの図では観測されたエネルギーが 1.33 GeV 以上のものを示した．なお，右図には測定器内でニュートリノ相互作用が起こり，そのうち 1 粒子が測定器外まで突き抜けていった高エネルギーミューニュートリノ事象を含む．約 2300 日分のデータが示してある（スーパーカミオカンデ共同実験提供）．

4.5 高エネルギー宇宙ニュートリノ

初期宇宙や銀河系外のさまざまな巨大天体，近くは超新星から太陽にいたる舞台で「素粒子反応」が起こっている．これらの反応によって生成される粒子を直接検出することで宇宙の成り立ち，天体での高エネルギー放射過程，星の生成といった物理を理解し，あわよくば素粒子物理そのものの検証にも使えるのではないか？という議論は 20 世紀後半から行われてきた．ニュートリノは，この議論の中心にあった．なぜならば，ニュートリノは存在することは分かっているし，電荷もないので磁場で曲げられることもない．そのうえ弱い相互作用にのみ反応するので，光を通さない高密度・高温の物質・放射場も貫通する．したがって通常の電磁波観測では不可能な宇宙・天体深部の情報が得られるといったメリットがすぐに思い浮かぶ．カミオカンデ実験による超新星・太陽ニュートリノの観測はまさにこの特徴を生かし，星深部のダイナミクスを直接的に明らかにして我々に新しい知見をもたらしたのであった.

カミオカンデ実験で検出された超新星ニュートリノのエネルギーは，MeV (10^6 eV) 領域にあったが，もっとはるかにエネルギーの高い領域である TeV (10^{12} eV) 以上では，さらなる可能性が拓けている．第一にこのエネルギー領域では宇宙空間自体が電磁波（光子）に対して透明ではない．高エネルギー光子は宇宙に満ちている宇宙背景光子と電子対生成過程により相互作用してしまい，長い距離を進むことができない．衝突の平均自由行程は PeV（$= 10^{15}$ eV）領域ではわずか 10 キロパーセク（約 3 万光年）程度，すなわち我々の銀河の大きさほどでしかない．つまり銀河系外の広大な領域における超高エネルギー粒子放射を直接観測することは不可能である．弱い相互作用にしか関係しないニュートリノなら背景放射光子に妨げられることなく我々の銀河系まで到達するであろう.

第二に高エネルギー領域でニュートリノを生成するためにはミューオン (μ) 崩壊によってニュートリノを生成する高エネルギーのパイ中間子が必要で，そのためにはパイ中間子を作り出す親粒子となる原子核——たとえば陽子——が高エネルギーに加速されている必要がある．すなわち，高エネルギーニュートリノの起源は高エネルギー宇宙線の起源に密接に関連している．高エネルギー宇宙線の主成分である陽子が光子と光パイオン生成過程を介して衝突する反応

$$\gamma \mathrm{p} \longrightarrow \pi^{\pm}\mathrm{X} \longrightarrow \mu^{\pm}\nu_{\mu} \longrightarrow \mathrm{e}^{\pm}\nu_{e}\nu_{\mu}. \tag{4.20}$$

は衝突断面積が共鳴構造を持ち，ある衝突エネルギーで断面積が増大することが分かっているため，本命の生成過程として考えられてきた．この場合，同様に生成される中性パイ中間子の電磁崩壊 ($\pi^0 \to 2\gamma$) で γ 線も生成されるが，γ 線は電子との逆コンプトン散乱といった電子起源の過程でも放射されるため，γ 線検出だけで宇宙線原子核の起源を探ることは容易ではない．ニュートリノ検出は宇宙線源のもっとも明確な同定につながるのである.

さらに超高エネルギー（EeV $= 10^{18}$ eV 以上）領域に目を向けると，10^{20} eV にも達する「最高エネルギー」の宇宙線起源にニュートリノ生成が深く関連することが予想されている．式 (4.20) の過程が最高エネルギー宇宙線陽子と宇宙背景放射光子との間でも生じるからである．この衝突は宇宙線陽子が背景光子に満たされた宇宙空間を伝播する際に起こるため，天体のみならず宇宙のあらゆる場所でニュートリノが生成され得るということを意味している．**GZK**

cosmogenic ν（宇宙生成ニュートリノ）と呼ばれるこのニュートリノはその存在がほぼ確実視されているのみならず，我々の宇宙はどこまで粒子を加速できるのかという根源課題を追求する手段を提供すると考えられている．またモノポールや宇宙ひもといった素粒子の大統一理論が予言する粒子の崩壊で超高エネルギー宇宙線がつくられる可能性も数多く提案され，そのどれもがニュートリノ生成を予言する．「素粒子的宇宙像」の典型的な世界が広がっているのである．

図 4.14（258 ページ）に 10^3 eV（keV）から 10^{21} eV（ZeV）にまで及ぶさまざまな起源のニュートリノ流量分布を示した．高エネルギー宇宙線由来のニュートリノは図中の「宇宙ニュートリノ」及び「GZK ニュートリノ」である．主要なエネルギー領域は 10^{12} eV（TeV）以上の高エネルギー領域にある．さらにその流量は，超新星ニュートリノに比して 26 桁以上も小さい．このきわめて小さい流量と高いエネルギー領域がどのような原理で決まるのか以下に要約する．

（1） ニュートリノが放出されるエネルギー領域は親粒子である宇宙線陽子のエネルギーと衝突相手である光子のエネルギーで決まる．過程（4.20）が始まるエネルギー閾値は重心系で 1.25 GeV 程度であり，陽子・光子衝突エネルギーが少なくともこの値に達している必要がある．

（2） 宇宙全体から降り注ぐ高エネルギーニュートリノの量は宇宙線陽子放射源の遠方宇宙における存在量に依存する．放射源が天体であれば，その天体の宇宙進化の度合いによって決まる．多くの場合この量は他波長における観測データから類推せざるを得ない．したがって流量計算におけるもっとも大きな不定性をもたらす．

（3） 逆に考えるともとになる親宇宙線陽子の流量と高エネルギー宇宙ニュートリノ流量を測定すれば高エネルギー宇宙線放射源の遠方宇宙における分布が推定される．図 4.14 に示した GZK ニュートリノの幅は，最高エネルギー宇宙線起源天体の宇宙進化度が高い場合と低い場合とでの差を示している． 前述したように超高エネルギー領域では背景放射光子との衝突が無視できず，光子，原子核に対して宇宙空間が不透明になることを考えると，ニュートリノ以外で宇宙遠方における放射源分布を推定することは困難である．

（4） 高エネルギー宇宙ニュートリノは宇宙論的距離を伝搬してくるため，ニュートリノ振動により完全に世代間で混合している．過程（4.20）で生成され

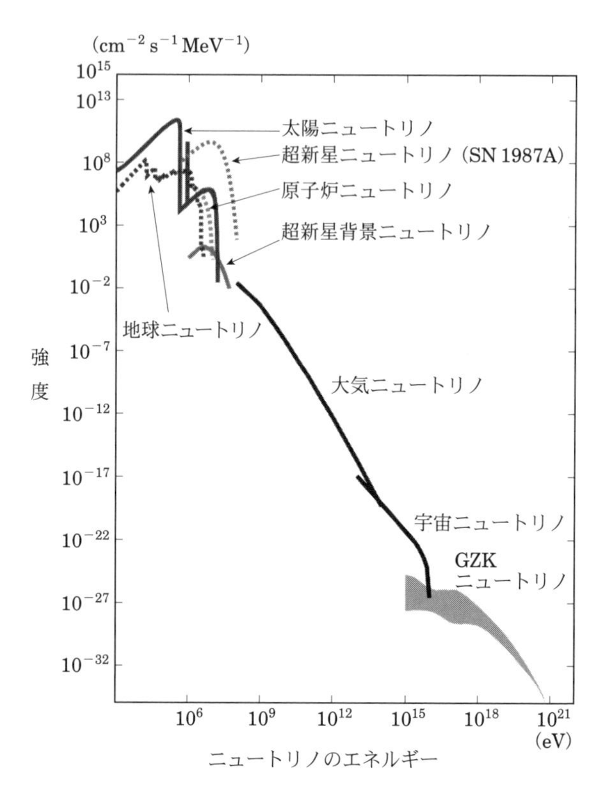

図 4.14 さまざまな起源によるニュートリノ流量．太陽ニュートリノは Bahcall & Pinsonneault 2004, *Phys. Rev. Lett.* 92, 121301 から作成，超新星背景ニュートリノは，S. Ando 2004, *Astrophysical Journal*, 607, 20 から作成，超新星ニュートリノ（SN1987A）は，4 MeV の Fermi-Dirac 分布として計算した．原子炉ニュートリノは，カムランド実験の 2011 年以前の平均的な測定値，地球ニュートリノは，KamLAND Collaboration 2005, *Nature* 436 499-503 から作成，大気ニュートリノは ν_μ のスペクトルであり，Super-Kamiokande Collaboration 2016, *Phys. Rev. D*, 94, 052001 の図を改変した．宇宙ニュートリノは，式（4.20）による生成機構をもとにした計算（Yoshida, Takami 2014 *Phys. Rev. D* 90, 123012 の図を改変），GZK ニュートリノは GZK 機構による予想曲線（Yoshida, Teshima 1993, *Prog. Theor. Phys.*, 89, 833 の図を改変）である．

るニュートリノはほぼ $\nu_\tau : \nu_\mu : \nu_e := 0 : 2 : 1$ であるが，地球に飛来するときには $\nu_\tau : \nu_\mu : \nu_e := 1 : 1 : 1$ となっている．

4.6 高エネルギーニュートリノ探索実験

高エネルギーニュートリノの観測実現には非常に大きな困難が立ちはだかってきた．図 4.14 にあるように予想される信号頻度がきわめて低いためである．高エネルギーニュートリノ存在量の精密な推定は難しいが，式（4.20）における宇宙線陽子が観測されている宇宙線の量を超えてはならないという束縛条件から，存在し得るニュートリノ量の目安を付けることができる（Waxman-Bahcall（ワックスマン–バーコール）限界と呼ばれる）．また超高エネルギーにおける **GZK** ニュートリノの量は宇宙線陽子強度と背景放射光子数密度からある程度正確に計算可能で，その推定値はいずれもエネルギー流量にして 10^{-9}–10^{-7} GeV cm^{-2} s^{-1} sr^{-1} 程度である．この量はスーパーカミオカンデ実験で観測している大気ニュートリノのもっともエネルギーの高いサブ TeV グループ（$\sim$ 100 GeV 以上）事象の約 5 桁下，数の強度にして約 9 桁弱い．ニュートリノ反応断面積が超高エネルギー領域では GeV 領域の約千倍に増えることを考慮したとしても，スーパーカミオカンデ実験におけるニュートリノ衝突標的である地下タンク内純水の 1 万倍の容量が高エネルギー宇宙ニュートリノ検出には最低限必要である．この桁違いの衝突容量を莫大な宇宙線雑音を遮蔽できる深度に設置するために，深海を利用するなど過去にさまざまな試みがあった．

大規模ニュートリノ衝突容量を高エネルギー大気ニュートリノ事象の検出という形で最初に実現したのが，南極の深氷河を衝突標的に使った AMANDA 実験である．南極氷河を衝突標的兼発光体として利用し，荷電弱相互作用 $\nu_l N \to l^\pm X$ で生成された荷電レプトン（$l^\pm$）が氷河内で生成するチェレンコフ光を検出した．高エネルギー領域では μ も崩壊せずに数十キロを走り抜け検出容積内に達する．大気 ν_μ が生成した 100 GeV から 10 TeV の μ を測定し，その到来方向とエネルギースペクトルを測定することに成功したのである．相対論的な荷電粒子は氷中 1 m あたり約 3 万個のチェレンコフ紫外光子を放射する．南極氷河の紫外光減衰長は約 100 m と長いために，氷河内にきわめてまばらに配置された光検出器モジュールにも光子が届く．加えて，氷河の短所である光散乱長の短さを補う解析方法を確立したこと，そして何より氷河は固体であるため検出器設置時に人と切削機，検出器を現場に長時間安定に設営する手段が容易であったことなどが，深海や湖などでの試みに比べてAMANDA実験が一歩先を歩むことになった原因であろう．

AMANDA実験は ニュートリノ点源探索においても，90年代に花開いたTeV領域の銀河系外γ線点源検出の感度に迫る上限値を発表し，ニュートリノ「天文学」の確立にあと一歩のところまで肉薄した．IceCube実験は，このAMANDA実験の成功を経て，スーパーカミオカンデの2万倍以上の大きさを有するニュートリノ望遠鏡として立案され，2005年より建設が始まった．高エネルギーニュートリノ宇宙物理学を実際的な観測的科学に押し上げた最初の実験である．次節でその概略を述べる．

4.6.1　アイスキューブ実験の概観

アイスキューブ（IceCube）実験は4800個の光検出器を深さ1450 mから2450 mの南極氷河に埋め込むことで総容量1 km^{3}を持たせるニュートリノ観測網である．検出器は図4.15のように氷河内に120 m間隔に縦穴を80本掘っ

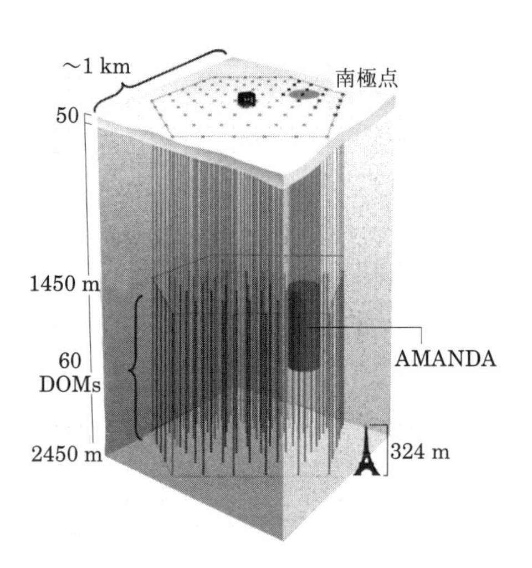

図 4.15　IceCube観測装置の全体像．南極点直下の深氷河深さ1450 mから2450 mの位置に計4800本の光検出器（DOM）を埋め込む（口絵11参照，アイスキューブ共同実験提供）．

て配置される．縦穴の中には，チェレンコフ光を検出する光検出器モジュール（DOM: Digital Optical Module）60 本をストリング状に 17 m 間隔で配置し埋め込んでいく．いわば三次元の広がりを持たせた検出器アレイと言える．2005 年から建設が始まり 2011 年に完成した．

チェレンコフ光による高エネルギーニュートリノ検出には荷電カレントニュートリノ核子相互作用

$$\nu_{\rm l} + {\rm N} \longrightarrow {\rm l} + {\rm X}, \quad {\rm l} = {\rm e}, \mu, \tau \tag{4.21}$$

から生成される荷電レプトン l から生ずるチェレンコフ光を検出する．ここで N は核子を示す．X は核子の終状態をシンボルとして示しており，パイ中間子など複数の高エネルギーハドロン粒子から成る．相互作用断面積は，高エネルギー領域（$E_\nu \geqq 10\,{\rm TeV} = 10^4\,{\rm GeV}$）でほぼ

$$\sigma_{\nu{\rm N}}^{\rm CC} = 5.5 \times 10^{-36} \left(\frac{E_\nu}{1\,{\rm GeV}}\right)^{0.363} \quad [{\rm cm}^2] \tag{4.22}$$

程度である．高エネルギー領域ではミューオン，タウ粒子の崩壊長はそれぞれ

$$\begin{aligned} L^\mu &= 6.2 \times 10^8 \left(\frac{E_\mu}{100\,{\rm TeV}}\right) \quad [{\rm m}] \\ L^\tau &= 5.1 \left(\frac{E_\tau}{100\,{\rm TeV}}\right) \quad [{\rm m}] \end{aligned} \tag{4.23}$$

であり，ミューオンはほぼ崩壊せずに地球内を伝搬してくるため，実質的にミューニュートリノに対する過程（4.21）の衝突容量が桁違いに大きい．したがってミューニュートリノに対する検出感度がもっとも高くなる．

一方で中性カレントニュートリノ核子相互作用

$$\nu_{\rm l} + {\rm N} \longrightarrow \nu_{\rm l} + {\rm X}, \quad {\rm l} = {\rm e}, \mu, \tau \tag{4.24}$$

$$\sigma_{\nu{\rm N}}^{\rm NC} = 2.3 \times 10^{-36} \left(\frac{E_\nu}{1\,{\rm GeV}}\right)^{0.363} \quad [{\rm cm}^2] \tag{4.25}$$

の場合，反跳核子 X はパイ中間子などの複数のハドロン粒子からなり，これらは氷中でハドロンカスケードを引き起こす．このカスケードが検出器埋設容量内で起こった場合はカスケードからのチェレンコフ光を観測することが可能になるため，中性カレントニュートリノ核子相互作用を通じた検出も意味のある感度を

有する．この過程はすべての種類のニュートリノに同程度に働くことから，ν_μ のみならず $\nu_{\rm e}$ や ν_τ からの寄与も大きい．

注意を要するのは TeV を越えるような高エネルギー領域ではミューオンもタウ粒子もいわゆる MIP（Minimum Ionizing Particle）ではなく，電子対生成 $\mu \to \mu{\rm e}^+{\rm e}^-$ や制動放射（Bremsstrahlung），光核反応（Photo-nuclear reaction）といった放射過程を引き起こしながら伝播してくることである．このため同じミューオン事象でもスーパーカミオカンデで観測される GeV 領域のものとは様相がかなり異なる．こうした放射過程のすべては電磁もしくはハドロンカスケードを生じさせチェレンコフ光を放射する．カスケードの総粒子数はもとの親ミューオンのエネルギーに比例するため，チェレンコフ光量がエネルギーにほぼ比例する．したがって IceCube 実験を始めとするチェレンコフ光実験においても，検出された事象のエネルギーの高低をある程度弁別することが可能である．この点はいわゆる dE/dX つまり単位長さあたりのミューオン粒子のエネルギー損失という概念から捉えなおすこともできる．この量は

$$
\begin{aligned}
-\frac{dE}{dX} &= \alpha + \beta E \\
\beta &\equiv N_{\rm A} \int dy \frac{d\sigma}{dy} y \\
y &= 1 - \frac{E_\mu^{'}}{E_\mu}
\end{aligned}
\tag{4.26}
$$

のように書き表される．βE で示される第 2 項が放射過程によるエネルギー損失の寄与であり，非弾性係数 β はアボガドロ数 $N_{\rm A}$ と微分断面積 $d\sigma/dy$ によって与えられるが，高エネルギーになると β はエネルギーによらずほぼ一定の値となる．これはいわゆるスケーリング則と呼ばれるもので反跳ミューオンのエネルギー $E_\mu^{'}$ が質量に比べて十分大きいときに成り立つ．すなわち放射過程によるエネルギー損失はミューオンのエネルギーに比例するという帰結が導かれる．この損失が α で表される電離損失（ionization loss）に卓越するエネルギー領域は

$$
E \geqq \frac{\alpha}{\beta} \simeq 500 \quad [\mathrm{GeV}] \tag{4.27}
$$

となる．

これらさまざまな相互作用を考慮すると，IceCube 型の大型チェレンコフ光

検出器で測定されうる事象の形状は以下のように類型化することができる.

トラック型 一本の線路(トラック)のように見える事象であり,荷電カレント過程(式(4.21))によって生じるミューオンが代表例である.ミューオンには電子対生成で生ずる電磁カスケードが多数付随しているがカスケードのエネルギーは比較的小さく,トラックの形状には影響を及ぼさない.

カスケード型 電子ニュートリノが荷電カレント過程(式(4.21))によって生成する電子,もしくはすべてのフレーバーのニュートリノが中性カレント過程(式(4.24))を通して生成するハドロン粒子群から生ずるカスケード事象.チェレンコフ光はきわめて狭い領域(数メートルから数十メートル)から放射され,点源のように見える.

トラック+カスケード型 荷電カレント過程(式(4.21))によって検出器埋設容量の外側で生成されたミューオン,場合によってはタウ粒子が検出器アレイ内に入射してから崩壊した場合.崩壊によって生じた電子またはハドロンからの大きなカスケードがトラックに加わる.

二つのカスケード型 別名 “double bang” と呼ばれる.タウ型ニュートリノが検出容量内で荷電カレント過程(式(4.21))を起こしタウを生成する.タウがしばらく走った後に電子またはハドロンに崩壊した場合,崩壊からのカスケードと最初の荷電カレント過程からのカスケードの二つが観測される.この形の事象頻度はきわめて稀であるが,タウニュートリノを他の種類のニュートリノから明確に弁別できる大きなメリットがある.

連続カスケード型 超高エネルギー($E \geqq 10^8$ GeV)での主要事象である.荷電カレント過程によって検出器埋設容量の外側で発生したミューオンやタウが制動放射や 光核反応による高エネルギー電磁・ハドロンカスケードをまき散らしながら検出器アレイ内に入射してくる.このエネルギーではタウ粒子も崩壊せず,ミューオンとの識別は困難である.

図 4.16(264 ページ)にミューオンの事象例を示した.エネルギーによって見かけが随分異なることがわかる.

IceCube 実験での主要なバックグラウンドは,大気 ν 及び μ である.μ は上向き事象を選択的に選び出すことでほぼ除去できるが,大気 ν についてはエネルギー測定により弁別する.大気 ν のエネルギースペクトルは急勾配($\propto E^{-3.7}$)

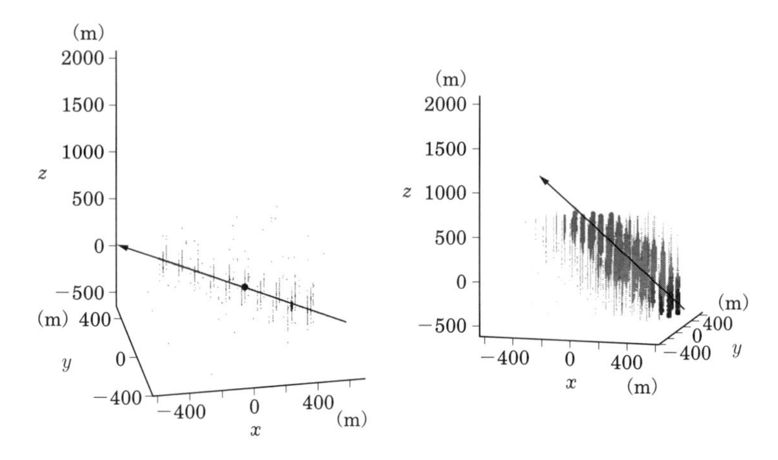

図 4.16 IceCube 実験での事象例. 3 次元上に配置された光検出器アレイの中をミューオンが横断している. 左が 100 TeV のミューオン, 右が 10^{10} GeV の超高エネルギーミューオンである. 矢印にそって縦に並んでいる丸の大きさが各検出器におけるチェレンコフ光量を示し, これらの事象は計算機シミュレーションにより生成されたもので, それぞれトラック型と連続カスケード型に属する (アイスキューブ共同実験提供).

であるのに対し, 宇宙ニュートリノのスペクトルはフラット ($\propto E^{-2}$) であると予想されており, より高エネルギー領域では宇宙ニュートリノが大気 ν 雑音に卓越してくると期待されるためである. 解析過程には, 主雑音である検出容積内を下向きに通過する大気ニュートリノ・大気ミューオンの信号を除去するための何段階ものフィルタリング作業が含まれている. 事象の形状, 上向き事象対下向き事象の仮説検定比などを組み合わせる. その後各事象のエネルギーを推定することで大気ニュートリノスペクトル ($\propto E^{-3.7}$) を越えた高エネルギー事象を拾い出す.

一方, 最高エネルギー宇宙線の起源に関わる超高エネルギー領域 ($E \geqq 10^8$GeV) のニュートリノ探索の場合は上向き事象を取り出す手法は有効ではない. 式 (4.22) からわかるように, ニュートリノ相互作用断面積はエネルギーとともに増大する. 超高エネルギー領域ではニュートリノの平均自由行程は数百キロメートル以下になり, 地球の大きさに比べて十分小さい. つまりニュートリノ

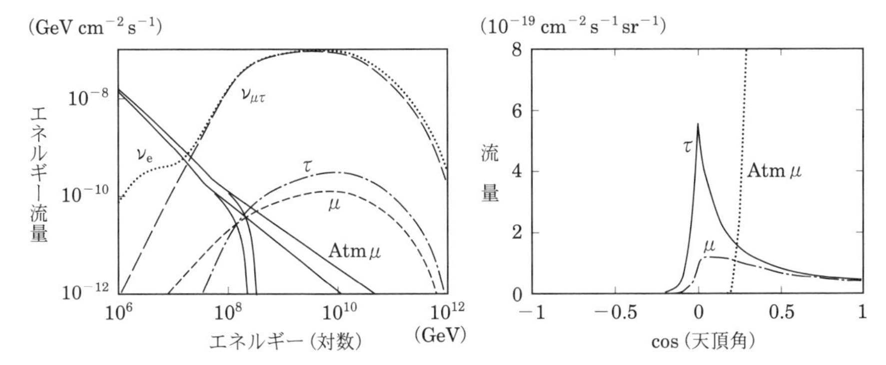

図 **4.17** 氷河深度 1400 m における GZK 宇宙ニュートリノ由来信号のエネルギースペクトル（左図）と天頂角分布（右図）．μ, τ で示された曲線は，ニュートリノが地球内を伝搬する際に過程（4.21）で生成されたミューオン，タウ粒子であり主要な検出可能事象である．ニュートリノ振動によって地球入射時に ν_e,ν_μ,ν_τ の存在比は等しいことが計算で仮定されている．2006 年の IceCube 部分データで示唆される大気ミューオン雑音の流量も合わせて示した（「Atm μ」）．大気ミューオン流量の 10^8 GeV 近辺で見られる減衰は，GZK カットオフが最高エネルギー宇宙線に存在した場合に期待される構造である (Yoshida *et al.* 2004, *Phys. Rev. D*, 69, 103004 及び Ishihara *et al.*, 2007, *ICRC* を改変)．

は地球内で必ず荷電レプトン粒子に変換されてしまう．生成されたミューオンやタウ粒子は，上述したようなさまざまな放射過程や崩壊過程を経ながら検出器アレイ内に到達する．伝播距離が長すぎるとこうした過程を介したエネルギー損失の量が大きくなり，検出器に到達する前にほとんどのエネルギーを失ってしまう．このため地球を貫通して検出器内を上向きに貫通する高エネルギー事象はない．図 4.17 に検出器アレイに飛び込む粒子のエネルギー分布と天頂角分布を示した．上向きに飛び込む粒子はなく水平方向からの信号頻度が高いことがわかる．水平方向の事象が地球内を伝播する距離は，荷電カレント相互作用による荷電レプトン粒子生成が必ず起こり，かつ放射過程によるエネルギー損失の量が大きくなりすぎない微妙なバランスの上にあるからである．これに対し，主要雑音である大気ミューオン事象は鉛直下向きであり，そのエネルギー分布もきわめてソフトである．前述したように，超高エネルギー領域ではエネルギーは総チェレンコフ光量に比例するので，水平方向からのチェレンコフ光量の大きな事象を探索すればよい．

4.6.2 IceCube 実験による観測結果

7 年余りに及ぶ装置建設を終えて 2011 年 5 月よりフル稼働を開始した IceCube 実験による最初の高エネルギー宇宙ニュートリノ検出は，超高エネルギー（Extremely-high Energy, EHE）解析によって実現した． 10^8 GeV 以上のきわめて高いエネルギー領域を主要な探索エネルギー帯とするため，4.6.1 節で述べたように水平方向からのチェレンコフ光量のきわめて大きな事象を同定するようにアルゴリズムを組上げている．EHE 解析における想定宇宙ニュートリノ信号は，GZK cosmogenic ν であるが，解析手法を最適化するにあたっては，特定の宇宙ニュートリノモデルに拘泥しすぎることを避け，どのような起源のものであれ十分に高いエネルギーの事象を確実に同定するように全体を設計したことが吉と出たのである．2010 年（IceCube 実験装置の 9 割が稼働）から 2012 年までの観測データを EHE 解析によってふるいにかけたところ，2 事象が最終サンプルに残り，そのいずれもが PeV（$= 10^6$ GeV）を超えるエネルギーを持つカスケード事象であった．大気雑音事象の予想数は，0.082 であり，系統誤差を考慮して 2.8σ の有意性でこれらの事象は大気雑音に卓越している，という結論となった．

この発見は，IceCube 実験グループに，どのような事象を探すべきかのヒントを与えることとなった．4.6.1 節で記述したように，IceCube のような大型チェレンコフ検出器では，検出器アレイ内を上向きに通過するトラック事象を探すことで大気 μ 雑音を落とすのがもっとも基本的な探索手法である．“up μ 解析” と呼ばれるこの手法では，ニュートリノから生じるミューオンを測定している（式（4.21）の $l = \mu$ の場合に相当）．しかし，大気ニュートリノのバックグラウンドは十分に落とすことができず，2012 年前後に得ていた統計量では宇宙ニュートリノ信号を同定できないでいた．しかし見つかった 2 事象は検出器アレイ容積の内側に反応点をもつカスケード型であった．大気ニュートリノは同じ宇宙線空気シャワーからの大気ミューオンを伴うため，どのような事象形状であれニュートリノ反応点が検出容積内側にある事象を探せば大気ニュートリノ雑音を効率的に落とすことができ，発見された2事象と類似したイベントをより低いエネルギー領域でも同定することができる．この予想のもとに，外側の検出器をベトー検出器として使い，検出器アレイ外側から入射する事象を排除することで宇宙ニュートリノ事象を探索する通称 HESE（High Energy Starting Event）解析が開発された．この解析により 2010 年から 2012 年の観測データから 28 例の 宇宙ニュートリノ候補が 30 TeV 以上のエネルギー領域で同定された．うち，~ 12 事象が大気 μ または ν バックグラウンドと期待され統計的有意性は 4.1σ となった．数 10 TeV 以上のエネルギー領域に高エネルギー宇宙ニュートリノが存在することが実証されたのである．up μ 解析においても，2015 年までの高統計データによって 5.6σ の有意性で宇宙ニュートリノ成分が検出されている．2014 年に公表した，3 年分のデータを使った HESE 解析では 37 イベントの宇宙ニュートリノ事象候補（うちバックグラウンド事象数期待値は ~ 15）が同定されている．図 4.18（左）（268 ページ）に，これらの事象の到来方向を天球銀河座標系に描画したものを示した．銀河平面との相関はなく，大半が銀河系外から飛来したと考えて矛盾はない．一方でイベント間の到来方向にも相関はなく，ニュートリノ点源の証拠は見つかっていない．

図 4.18（右）には，測定された宇宙ニュートリノ流量を示した．おおよそ $O(10^{-8})\,\mathrm{GeVcm^{-2}\,s^{-1}\,str^{-1}}$ というエネルギーフラックスは，親宇宙線陽子の流量をもとにした予想値（ワックスマン–バーコール限界）の上限に近い．これは，ニュートリノ放射天体の効率が良くなければならないことを意味する．効率が悪ければ，この高い宇宙ニュートリノ流量を供給するために必要な親宇宙線の量が，観測されている宇宙線フラックスを超えてしまうからである．典型的には，光学的厚み（optical delpth）にして，0.1 程度以上が起源天体に求められる．つまり，親宇宙線陽子の少なくとも 1 割が γp 衝突（式（4.20））または星間ガスとの衝突（pp 衝突）によってニュートリノを生成するということになる．このような条件を満たす有力な天体は知られていない．強い放射場を持つ FSRQ と呼ばれるブレーザー銀河のサブクラス天体からの放射，あるいは銀河団内の 多くの AGN（活動銀河核）からの陽子を磁場で閉じ込めておいて効率的なニュートリノ生成を実現させるという提案が有力であり，観測データの蓄積による将来の検証が重要である．

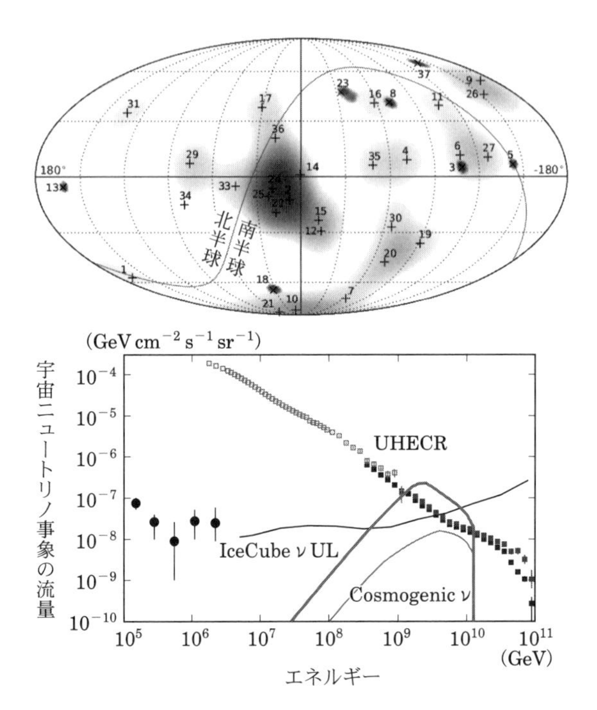

図 4.18 （上図）IceCube 実験の High-Energy Starting Event（HESE）解析で同定された宇宙ニュートリノ事象候補の到来方向分布を銀河座標系に描画した（IceCube Collaboration 2014, *Phys. Rev. Lett.* 113, 101101 を改変）．カスケード型の事象（約 15 度の角度分解能）を + で，トラック型の事象（約 1 度の角度分解能）を × で示した．これらの事象のうち，約 4 割は大気由来の雑音事象であると予想されている．背景の影が，事象が点源状に固まっているかを調べる検定統計量の値を示している．有意な点源は観測されていない．（下図）HESE 解析で得られた宇宙ニュートリノ事象の流量（IceCube Collaboration 2014, *Phys. Rev. Lett.* 113, 101101）を黒丸で，超高エネルギーニュートリノ解析（Extremely-high Energy; EHE）による流量上限値（IceCube Collaboration 2016, *Phys. Rev. Lett.* 117, 241101）を実線「IceCube ν UL」で示した．比較のため IceCube（IceTop）実験，オージェ実験，テレスコープアレイ実験による超高エネルギー宇宙線の流量測定値を四角で示した（IceCube Collaboraiton 2013, Pierre Auger Collaboration 2013, Telescope Array Collaboraiton 2013, ICRC を改変）．GZK cosmogenic ニュートリノの予想流量も最高エネルギー宇宙線天体の宇宙進化度が高輝度電波銀河程度に強い場合（太線）と星形成頻度程度に弱い場合（細線）の 2 通りの場合について描画した（「GZK cosmogenic ν」Yoshida, Ishihara 2012, *Phys. Rev. D* 85, 063002 から計算）．

PeV をはるかに上回る超高エネルギー領域では宇宙ニュートリノは発見されておらずその流量に上限値がついている．図 4.18（右）に 2016 年に公表された EHE 解析による上限値を示した．この上限値は GZK ニュートリノを始めとする超高エネルギーニュートリノ生成機構に厳しい制限を与え，最高エネルギー宇宙線起源天体の満たすべき要件を定めている．もし最高エネルギー宇宙線の大部分が陽子であるならば，最高エネルギー宇宙線流量の観測値から GZK ニュートリノの量を比較的正確に見積もることができる．IceCube 実験 EHE 解析が感度を持つ 10^7–10^8 GeV 領域では，流量は節 4.5 で述べたように天体の宇宙進化度に依存する．FSRQ や FR-II 型電波銀河など，最高エネルギー宇宙線起源天体の有力候補は強い進化度を持ち，予測される GZK ニュートリノ（256 ページ）の量は IceCube 実験による上限値を超えてしまう（図 4.18 下図の太線）．最高エネルギー宇宙線起源がなんであれ，その進化度は星形成頻度程度に弱いものでなくてはならない（図 4.18 下図の細線）．γ 線バーストも進化度は星形成頻度より進化度が強いとされ，IceCube 実験の結果はこの宇宙最大のエネルギー爆発現象が，超高エネルギー宇宙線の起源であるという仮説を支持しないのである．

では，ニュートリノ起源天体，すなわち宇宙線起源天体の同定は可能であろうか．一つの突破口としてマルチメッセンジャー観測という手法が最近導入された．IceCube 実験では HESE 解析と EHE 解析をリアルタイムに実行して，宇宙ニュートリノ事象候補を即時同定し，うち比較的角度分解能の良いものの観測情報を検出速報として世界中の天文観測所・施設に送信するシステムを立ち上げて 2016 年より稼働させた．これにより電波から γ 線にいたる多様な波長で追観測を行うことが可能になる．追観測で新天体（たとえば超新星）やフレアなどニュートリノに同期した現象が検出されれば，起源天体の同定につながる．2017 年 9 月 23 日（日本時間）に同定された EHE 事象のアラート配信による追観測でフェルミ衛星に搭載された Fermi-LAT 観測装置，および MAGIC γ 線望遠鏡が BL Lac 天体 TXS 0506+056 からの γ 線フレアを検出した．高エネルギー宇宙線起源天体の少なくとも一つがこのブレーザー銀河である強い可能性を示した結果であり，こうした観測の蓄積がきわめて重要である．

もうひとつの重要な疑問は，IceCube で発見された高エネルギー宇宙ニュートリノのエネルギースペクトルがどこまで高いエネルギー帯に伸びているかである．統計量の限界から明白な結論は出せないがEHE解析及びPeV（10^6 GeV）領域の感度に特化した解析（PEPE）の双方で6PeVのエネルギーを持つ事象が2016年の観測データから同定された．この事象はカスケード型で，少なくとも6PeVまではスペクトルが伸びていることを示唆している．6PeVという値は別の重要性も持っている．6.3PeVでは反電子ニュートリノが電子と結合する相互作用チャンネル

$$\bar{\nu_{\mathrm{e}}}\mathrm{e}^- \longrightarrow \mathrm{W}^- \longrightarrow \begin{cases} \nu_{\mathrm{l}}\mathrm{l}^- \\ \pi, \rho, \mathrm{K}, \text{ など} \end{cases} \tag{4.28}$$

がWボゾン共鳴を持ち，衝突断面積がニュートリノ核子相互作用（式(4.21)）の300倍の大きさを持つと予想されている．この事象の検出はWボゾンからの崩壊を見た可能性が高い．グラショウ共鳴と呼ばれるこのチャンネルは素粒子標準模型の枠内の反応であるが実験的な検証は実現すれば初めてのこととなる．高エネルギー宇宙ニュートリノと素粒子物理学の交差点の一例である．

4.6.3 深海ニュートリノ実験

水チェレンコフ型の検出器を深海に展開し，高エネルギーニュートリノを探索する実験もいくつか建設が進行中である．その歴史は氷河を使う方式よりもむしろ古く，1970–80年代にハワイ沖にプロトタイプ実験が走ったDUMAND実験に始まる．高水圧環境化に高電圧を必要とする検出器素子を沈めることに付随する技術的問題を克服できず，このプロジェクトは残念ながら中止されたが，21世紀に入り地中海沖で同様のコンセプトでチェレンコフ光検出器を展開する実験がいくつか開始された．その中で先頭を走るのはフランス・オランダ・イタリアなどが参画するANTARES実験で2007年からIceCube実験の10分の1程度の衝突容量を持つニュートリノ望遠鏡として稼働している．現在のところ，宇宙ニュートリノ検出には至らず，流量上限値をIceCube実験による宇宙ニュートリノ流量測定値の約2倍上につけている．

水を用いた場合の長所は，角度分解能が良いことである．紫外波長領域では，深氷河の場合，光の吸収長は120m程度，散乱長は30mであるが，深海では逆に散乱長の方が長い．つまりチェレンコフ光は散乱されずに検出器に到達することからミューオンのチェレンコフ光波面がきれいに捉えられ角度決定に有利に働

く．ANTARES 実験の角度分解能の公称値は 0.5 度以下で，IceCube 実験の 1 度以下に比べ優れている．一方で，深海の場合は紫外光吸収長が短いため，大規模な検出容量を持たせるには検出器密度を上げなければならないこと，深海プランクトンなどからの光ノイズが大きくしかも季節毎に変動するため，データ取得環境が不安定なことが問題点である．したがって，大規模容量が必要な 10^8 GeV 以上の超高エネルギー領域や，信号雑音比が重要な鍵となる TeV（$= 10^3$ GeV）以下のエネルギーには適さない．100 TeV 程度のエネルギー領域でのニュートリノ放射点源探索にもっとも強みを発揮するであろう．実際に，南天の天体に対しては，IceCube 実験よりも良い流量上限値をつけている．

4.6.4 電波放射検出実験

超高エネルギー宇宙ニュートリノを高統計で観測するためには IceCube 実験をさらに上回る有効体積を確保しなければならない．そのためには検出器素子をきわめて安価にする必要がある．いくつかの可能性の中で，相対論的荷電粒子が放射する電波を検出する方式が有望なものとみなされている．この電波放射はアスカラヤン（Askaryan）効果と呼ばれ，実はチェレンコフ光放射の電波波長帯への極限である．チェレンコフ放射の光子数はよく知られているように波長の 2 乗に反比例するため，長波長帯では光子数は大幅に減少する．しかし，位相のそろった電波がほぼ同じ位置から放射されると，波の干渉効果によって振幅が増大し結果として電波放射エネルギーが増大する．たとえば電子ニュートリノが荷電カレント相互作用で電子を生成した場合，ただちに引き起こされる電磁カスケードの大きさは氷河中で数十センチから数メートル程度であるため，100 MHz 程度の電波の波長に比べれば，ほぼ大きさの無視できる点源である．また電磁カスケードでは負の電荷が卓越している．これは原子に束縛されている電子がコンプトン散乱で多数叩き出されるためである．このためほぼ同位置から位相のそろった波が放射され，観測にかかるようになる．実際にこの効果は加速器電子ビームを鉛・氷に打ち込んだ実証実験によって確かめられ，電波放射検出によって 4.6.1 節で記述した「カスケード型」の事象を探索する実験が稼働している．先駆的実験である RICE 実験では，300 MHz–1 GHz 帯のレシーバーを AMANDA 実験の検出器とともに南極氷河中 100–300 m の浅めの深度に埋設し，2 次元電波アレイを構成した．熱雑音や他の連続的ノイズ，そして皮肉にもAMANDA実験の光電子像倍管からのノイズといったさまざまな雑音源からもたらされる波形データをコンピュータ解析で振るい落とした後の電場強度波形の中にニュートリノ由来カスケード事象の痕跡を探す．1999年から2005年まで6年間にわたる観測では信号事象は存在せず，ニュートリノ上限値のみを得ている．

この手法の現時点での問題点は，原因が特定できない電波ノイズが多いことと，チェレンコフ光実験には存在する大気ミューオン，ニュートリノ事象といった天然のキャリブレーションビームが利用できないことにある．チェレンコフ光の場合，ミューオン事象を実際に測定しニュートリノ同定能力を実証している．ところが電波実験では信号感度を独立に実証することが不可能である．アスカラヤン効果自体はビーム実験で実証されているものの，超高エネルギー宇宙ニュートリノ由来の信号候補が検出されたときに，それが不明なノイズではなく本当にニュートリノ信号であることを証明することは容易ではない．この問題を打破するために，電波事象の反応点の場所を同定し，深氷河内由来のものだけを選択する能力を持たせること（南極氷河内は電波ノイズのない「静かな」環境である），またIceCube観測網の周囲に電波レシーバーアレイを建設しIceCube事象と同時観測を行うことで，信頼度を担保するという思想のもと，ARA実験（Askaryan Radio Array）が開始された．一部が稼働を始め，EeV（10^9 GeV）領域でIceCube実験を上回る感度の観測が開始されている．

一方で，ビーム実験で電波放射は実証されているので信頼性に問題はないという考えに依って，可能な限り巨大な検出容積を持たせた実験がANITA実験である．アンテナを気球に載せて南極周回長期間フライトを行い超高エネルギーニュートリノが南極大陸上の氷河をかすめた際に電磁カスケードを生じた場合に放射される電波信号を300 MHz–1 GHz帯で探索する．2014年までに3回のフライトを実施した．バックグラウンドに卓越した有意なニュートリノ信号は検出されず，流量上限値をつけている（10^{10} GeV相当の事象一つの検出を報告しており，ニュートリノ由来イベントの特徴を備えているが，統計的には明白な結論は出せていない）．3×10^{10} GeV以上では，流量上限値はIceCube実験の結果よりも厳しい値が得られているが，宇宙線起源への知見を引き出すにはエネルギー帯がやや高すぎる結果となっている．

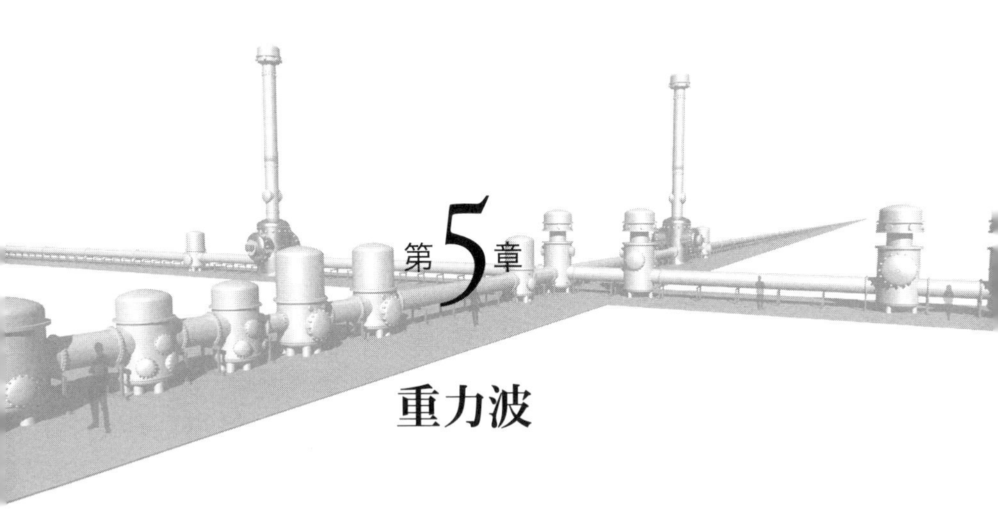

第5章 重力波

5.1 重力波とは

アインシュタインが存在を予言した重力波はそれから1世紀を経て2015年にはじめて観測に成功した．これによって人類は新たな観測手段を獲得し新しい天文学である重力波天文学や「マルチメッセンジャー天文学」が始まろうとしている．はじめに重力波の簡単な説明とその性質や特徴について解説する．

5.1.1 理論的予言

重力波の存在はアインシュタイン（A. Einstein）が一般相対性理論によって予言した．一般相対性理論は重力の効果を時空間[*1]の幾何学的な性質として記述する．たとえば地球の重力の影響をうけて地球のまわりを回る人工衛星を考えよう．アインシュタイン以前の考え方では，地球と人工衛星のあいだに重力が遠隔作用として働き，人工衛星が等速直線運動を続けようとする慣性力と重力がつりあって周回運動になると考える．それに対して一般相対性理論では，地球の質量が周辺の時空間を歪ませ，人工衛星はその歪んだ時空間のなかを慣性運動すなわち最短曲線である測地線に沿って運動する結果，周回運動になると考えるのである．物理現象の舞台としての時空間を一定不変の絶対的な枠組ではなく現象とと

[*1] すべての物理現象や状態は3次元空間と時間を合わせた4次元座標の関数で記述される．

図 5.1 一般相対性理論における物質と時空間の相互関係（藤本眞克 1992,『数理科学』, No.347, 68).

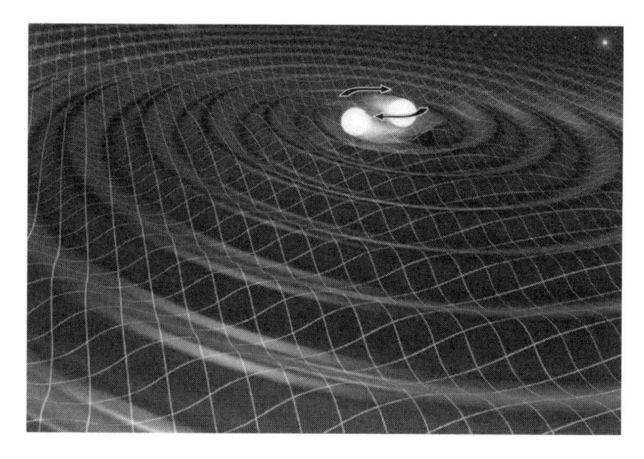

図 5.2 連星中性子星の合体直前に放射される重力波のイメージ図（加賀谷穣氏提供).

もに変化しうる物理的な対象の一部と捉えるのが一般相対性理論の考え方で，図5.1のように時空間は物質の分布によって決定され，物質の運動は時空間の形に支配される．

時空間の歪みを引き起こす物質分布が変動すると，歪みも変動する．これが波動として伝わるのが重力波である．たとえば連星の周囲の時空間は，連星の軌道運動によって時々刻々歪み方が変わる．するとちょうど水面をかき混ぜたときに波紋がひろがるように時空間の歪みが遠方に伝わっていく．図5.2にイメージを示したように，さざ波のように伝わる時空間の歪みが重力波である．

アインシュタインは一般相対性理論を完成した翌年の1916年には重力波の存在を予言した．彼は平坦な時空間*2 にわずかな歪みが加わった時空間を仮定し，歪みの効果が小さいとしてアインシュタイン方程式を線形近似することによって線形の波動方程式を導いた．そうして，その歪みが光速で伝播すること，伝播方向に垂直な面内にある独立な 2 成分の歪みだけが波動解として意味を持つことを示した．これらは重力波の基本的な性質である．さらに孤立した力学系から放射される重力波が力学系の質量 4 重極モーメントの時間変化で表されることも導いた．

ところがそれから 40 年以上にわたって重力波の存在の理論的根拠に関して混乱の時代が続いた．混乱の原因は理論の共変性と非線形性にある．一般相対性理論は一般座標変換に対しても変わらず成り立つ共変的理論として定式化されたものであるので，重力波に対しても共変的な定義が望ましい．しかし，アインシュタインの用いた線形近似は座標の取り方に依存しており重力場や重力波のエネルギーを表す表現式が共変的ではないことなどで，重力波の実在に対する疑問や矛盾する見解が現れていた．

またアインシュタイン方程式は非線形であることから重ね合わせの原理が成り立たず，重力波の成分と背景的な時空歪みの成分を曖昧さなく分離することが困難という問題もあった．ニュートン近似から出発して逐次近似を高めてアインシュタイン方程式を解くポスト・ニュートン近似によって質点の運動とそれによる重力波発生（2.5 次近似ではじめて現れる）を導いた論文のなかには，重力波発生がエネルギーを放出しない結果や逆に負のエネルギーを放出する（重力波発生によって運動エネルギーが増える）結果まで現れた．逐次近似の過程での境界条件や座標条件の取り方が曖昧なためである．

こうした重力波に関する理論上の難点を克服する試みとして，ピラニ（F.A.E. Pirani）やボンディ（H. Bondi）は 1957 年に重力波の共変的定義を発表した．リーマン曲率テンソルの不連続面が重力波の波頭だとして，重力波が物体の運動を引き起こしエネルギーの交換を行うことから，物理的な実体をもつものであることを示した．より直観的で理解しやすい定式化はアイザックソン（R.A. Isaacson）により 1968 年に発表された短波長の極限での重力波の理論である．彼は重力波の波長とその重力波が存在する時空間の背景的な曲率半径との比というパラメータを導入して，重力波の振幅（これも十分に小さいと仮定）と

---

*2（274 ページ）重力がなく特殊相対性理論が成り立つ時空間のことで，ユークリッド幾何学が成り立つ 3 次元空間と一様な時間を持つ．

あわせて二つの小さい量でアインシュタイン方程式の近似を行った．二つの小さい量が同程度の場合は，重力波自体が作る背景重力場のなかを重力波が伝わる場合に対応し，背景時空についての方程式の形から（数波長の平均操作によって），背景時空に対して共変性をもつ重力波のエネルギー・運動量テンソルを決めることができた．一方，重力波の波長と背景時空の曲率半径の比より重力波振幅が小さい場合には，他天体が作る重力場（曲がった時空間）のなかを測地線にそって短波長の重力波が伝わり，局所的には線形近似のときの重力波の性質がそのまま成り立つという物理的に自然な描像を導いた．

このように一般相対性理論が形而上学でなく実際の天体現象で重要な役割を演じることが明らかになってきた1960年代には，重力波の理論的予言も物理的な実在性をもつことが理解されてきたのであった．

5.1.2 重力波の性質

一般相対性理論で予言される重力波は光速度で伝播する横波で二つの偏波成分をもっている*3．横波であるので波の進行方向に垂直な面内で作用が働く．重力波によって伝えられる作用とは空間の潮汐的な歪みである．すなわち，平面内のある方向が一様に伸びるとそれに直交する方向は面積が保存するように一様に縮む．重力波の記述に適したTT座標系*4で空間の歪みあるいは伸縮を物理現象として記述すると次のような描像になる．

重力や重力波以外の影響を受けない二つの隔たった質点（自由質点という）はそれぞれの測地線に沿って時空間のなかを運動するが，それぞれのTT座標系での空間座標値は重力波の有無によらず一定のままである．ところが2点のあいだで光のやりとりをすると，重力波の影響で光の速度（座標値の変化でみた座標速度）が変化する．空間が縮んでいる方向では速度が大きく，伸びている方向には速度が小さいため，2点間を行き来する光の伝播時間（時間座標で測る）が変わる．

*3 一般相対性理論以外の重力理論としてテンソル–スカラー理論やテンソル–ベクトル理論などでも実験的検証に矛盾しないで生き残っている理論があり，それらが予言する重力波には伝播速度が光速度でないものや別の偏波成分や縦波の成分をもつものもある．

*4 横波で潮汐的な歪みという重力波の特徴を表現するよう座標の取り方に条件（トランスバーストレースレスゲージ）を課した座標系．

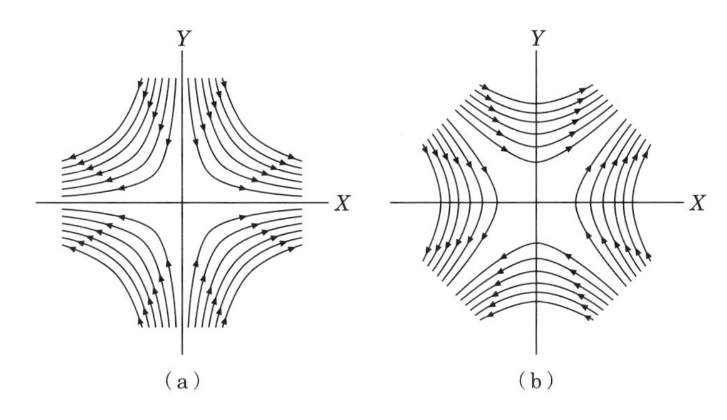

図 5.3 重力波が引き起こす力線と二つの独立な偏波成分（(a)，(b)）（平川浩正 1978,『応用物理』, 47, p.283）.

二つの質点がバネでつながれた調和振動子でも，バネによる力を除けば質点の座標は重力波の有無に関係なく同じ値に留まろうとする．しかしバネが質点に及ぼす力はバネの固有の長さが重力波によって変化することで生じる．空間が縮んでいる方向のバネの固有長は質点間の座標間隔より短くなるので質点間を縮めようとする力が働き，空間が伸びている方向ではその逆に広げようとする力が働く．図 5.3 に力線で示すように 2 次元空間内の伸縮の方向には二つの独立な直交方向があり，それらは互いに 45 度回転したものである．これが重力波の二つの偏波成分である．

光速度で伝播する横波であることや 2 成分の偏波があることなど，重力波と電磁波には類似点が多い．重力とクーロン力がどちらも古典力学では距離の 2 乗に反比例する遠隔力として理解されていたことも類似点の一つである．

また電磁波も重力波もその力の源である電荷や質量の加速度運動によって発生する点では類似している．一方で電気双極子は変化できるが質量双極子は運動量保存のために変化できないので重力波には双極放射がなく 4 重極放射が最低次であることなどの差異もある．

両者の本質的で大きな差異は電磁相互作用と重力相互作用の強さが桁違いである点にある．クーロン力と重力の強さは水素原子を構成する陽子と電子間で 39 桁も異なり，重力相互作用は圧倒的に弱い．このことが重力波と物質との作用にも当てはまり，重力波は何物にもさえぎられない抜群の透過力をもつことができるのである．これは天体観測手段としては強力な武器となる特徴であるが，一方で検出の困難さの根本的な原因でもある．さらに電磁気との比較を続けると，電荷には正負がありクーロン力も引力と斥力の両方があるのに対して，質量は正値のみで重力は常に引力であることも本質的な違いである．この理由で大量の物質が集まった天体や宇宙では累積的に働く重力が，打ち消しあって中和する傾向にある電磁気力よりも支配的な働きをする．検出できる強い重力波は大量の物質が激しく運動する天体現象から発生していると考えられる．重力波検出が天体観測と直結している理由もそのためである．

5.1.3 間接的な重力波の証拠

重力波が直接検出されるより約 35 年前に，重力波発生の間接的な証拠が得られていた．それは連星パルサーと呼ばれる天体の電波観測によるものである．連星パルサーとして最初に発見されたのは PSR B1913+16 で，ハルス（R.A. Hulse）とテーラー（J.H. Taylor）がアレシボにある 305 m の電波望遠鏡によるパルサー探査で 1974 年に見つけた．パルサーは観測される電波強度が一定の間隔でパルスのように変化する天体で，高速で自転する中性子星からの異方的な放射が地球を向いたときにパルス的に見えると考えられている．パルサーが連星の一員である連星パルサーでは，観測されるパルス間隔が軌道運動のドップラー効果や相手の星の重力場による赤方偏移などによって変化する．

PSR B1913+16 のパルス間隔（約 59 ミリ秒）は約 8 時間の周期で変化しており，変化が軌道運動（公転）によるドップラー効果だとして軌道要素を決めると，視線方向に投影した軌道長半径が太陽半径にほぼ等しく離心率が 0.6 の楕円軌道で，伴星に最も近づく近星点の離角は（発見当時で）約 180 度すなわち軌道長半径が視線と直角な向きであることが分かった．軌道速度の最大値は約 $300\,\mathrm{km\,s^{-1}}$ で地球の公転速度の 10 倍と大きく，離心率も大きいため相対論的効果の一つである近星点移動*5は 1 年間に約 4 度となり，一般相対性理論の検証の一つである水星の近日点移動の 3 万倍以上も大きい．近星点移動は一般相対性理論により連星の合計質量の関数として計算できるので，この効果を使えば連

*5 重力の非線形性と歪んだ空間の影響で連星の運動が楕円軌道からずれ，星同士がもっとも近づく近星点も軌道運動の方向に徐々に前進する．太陽のまわりを回る水星の近日点移動が説明できたことは一般相対性理論の検証の一つとして有名である．

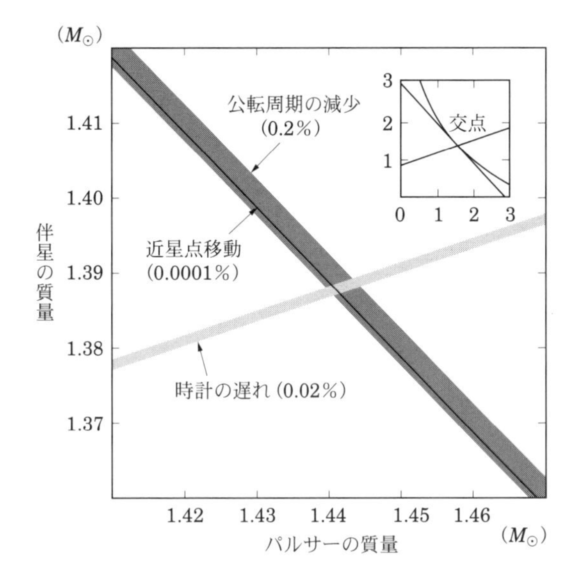

図 5.4 各相対論的効果（括弧内が観測精度で近星点移動は線の太さ以下）とパルサーおよび伴星の質量の関係．右上の小さい挿入図が広い質量範囲の図で，交点付近の拡大図である（Will 2006, *Living Reviews in Relativity*, lrr–2006–3）．

星の合計質量が観測精度で求められる．

別の相対論的効果である重力場中の時計のおくれ（重力赤方偏移）や運動する時計のおくれ（2 次ドップラー効果）もパルス間隔の変動をもたらす．パルサーが発射する時計のように規則正しいパルスの時系列が軌道運動や伴星の重力場（どちらも楕円軌道のため大きく変動する）の影響をうけておよそ 4 ミリ秒の振幅で変動するのが観測された．この効果には伴星の質量がおもに効くが合計質量もゆるやかに関係しているため，近星点移動の関係式と連立して解くことによりパルサーと伴星の質量がどちらも太陽質量の約 1.4 倍と決定された．図 5.4 はその関係式を図示したものである．この連星パルサーは連星中性子星と推定されている．

もう一つの重要な相対論的効果として，重力波放出による反作用で連星軌道が収縮して公転周期が短くなることが予想される．実際，テーラーらは連星パルサーの発見から 5 年後の 1979 年には公転周期の減少が一般相対性理論での重力

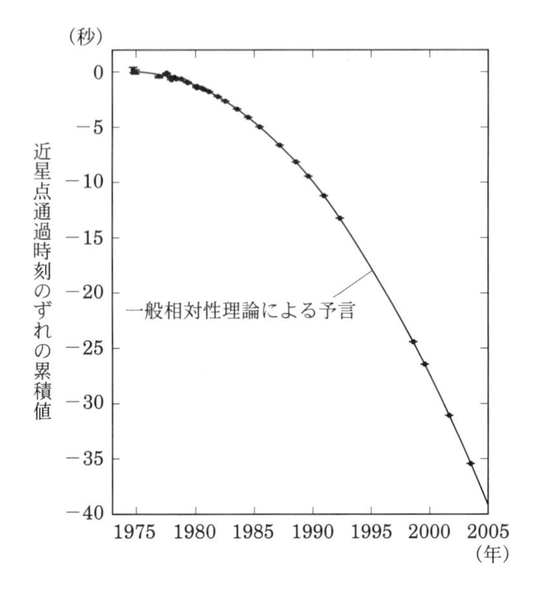

図 5.5 重力波放出による公転周期の減少．近星点を通過する時刻は公転周期を積算した時間なので，公転周期が変化しない場合に比べて観測期間の 2 次式でずれていく（Will 2006, *Living Reviews in Relativity*, lrr–2006–3）．

波放出による効果と一致することを示した．先に述べた方法で決定された連星の軌道要素や質量を用いると，重力波放出とその反作用による公転周期の減少率が一般相対性理論の公式を用いて計算できる．その値と観測から決められた公転周期の減少率を比較して一致を確認したのである．その後も連星パルサーの電波観測は図 5.5 に示すように 30 年以上にわたって継続的に行われ，一致の度合いも高まり現在では 0.2% の不確かさで一致することが確認されている．

公転周期を減少させるほかの要因として潮汐摩擦や別の天体の重力加速，重力以外の作用なども検討されたが，それらの可能性は観測期間の拡大とともに排除された．また銀河系の差動回転によるパルサーと太陽系のあいだの相対加速運動が観測値に与える影響も考慮されて一致が良くなってきた．一般相対性理論が正しいとして決定された星の質量を用いて，同じ理論によって予言された重力波の存在（厳密には反作用の影響を通してみた重力波放出の間接的証拠）を検証していることで完全な証明とするには論理的に疑問が残るかも知れない．しかしながら図 5.4 のように重力波による反作用の効果も含めてそれぞれの相対論的効果が測定精度の範囲で一致する星の質量を示していることは，一般相対性理論に矛盾がないことの証明にはなっている．

この連星パルサーは重力波を放出しながら徐々に伴星に近づき，およそ 3 億年後には衝突し合体することが予想される．その最後の数分間には地上の重力波検出器で検出可能な強い重力波を発生することが期待されるため，類似の連星中性子星の衝突・合体は有望な重力波源と考えられている．

5.2 重力波源

5.2.1 重力波の発生

重力波は時空間に歪みを与える物体の移動や質量分布の変動によって発生する．発生した重力波の振幅は波長より十分に遠い距離では，発生源の質量分布に関する 4 重極モーメントの時間についての 2 階微分で表される．その 4 重極公式は線形近似が成り立つ光速度に比べて十分に遅い運動をする自己重力が無視できる発生源について求められたものであるが，自己重力系[*6]であっても遅い運動の場合には類似の公式が成り立つことが分かっている．ただし，強い自己重力のもとで速い運動をしている場合に発生する強い重力波は，この公式では扱えず非線形なアインシュタイン方程式を解く必要がある．

4 重極公式によって重力波振幅のおよその大きさを見てみよう．重力波源の質量を M，サイズを L，内部運動の速度を v とすると，質量の 4 重極モーメントのおよその大きさは ML^2 で評価できる．また，系に特徴的な時間スケールは L/v になるので，時間微分を L/v の割り算で置き換えると，4 重極モーメントの時間についての 2 階微分は $ML^2/(L/v)^2 = Mv^2$ となり，重力波の振幅 h のおよその大きさは，

$$h \sim \frac{2}{r}\frac{G}{c^4}Mv^2 = \frac{1}{r}\frac{2GM}{c^2}\left(\frac{v}{c}\right)^2 \tag{5.1}$$

で評価される．$2GM/c^2$ は発生源の重力半径といい，重力波振幅の上限値は発生源の重力半径と重力波源からの距離の比で評価できることが分かる．

[*6] 考えている系内の運動や質量分布の変化が内部の重力相互作用で支配されている系のこと．

重力波発生に有効な質量が太陽質量（重力半径は 3 km）で距離が 10 kpc の場合にこの上限値は 10^{-17} となり，$v/c = 0.3$ なら 10^{-18} である．おとめ座銀河団までの距離の場合はこれより 3 桁小さい 10^{-21} が重力波振幅の期待値になる．重力波の周波数は v/L であるので重力波源によってさまざまな値になるが，上の例の 10 kpc で 10^{-18} の場合には L の下限として重力半径をとると 30 kHz が上限値になる．実際には重力赤方偏移の影響によってさらに低い周波数になる．

こうした 4 重極公式によるおおよその大きさ評価からも，強い重力波源は大きな質量が光速度に近い急激な運動をする場合に発生することが分かる．以下では特に地上の重力波検出器の検出対象として有望と考えられている重力波源について説明し，その他の重力波源についてはごく簡単に触れるだけにとどめる．

5.2.2 高密度天体の連星

5.1.3 節で述べたように相対論的効果が効くほどに近い距離で互いのまわりを回る中性子星の連星が存在しており，このような天体は強力な重力波源になりえる．連星パルサー PSR B1913+16 の場合には重力波の放出によって連星間の距離が徐々に縮まっており，約 3 億年後には衝突して合体することが予想される．連星は近づくにつれて強い重力の下で短周期の公転運動を行うため，発生する重力波の振幅と周波数は徐々に大きくなっていく．現在発生している重力波は周波数が約 70 μHz*7で地上に到達したときの振幅は 7×10^{-23} であるが，衝突の 1 年前には周波数が 0.2 Hz となっており，3 分前には周波数が 20 Hz で振幅は 2×10^{-19} までに増加している．その後はさらに周波数と振幅が急上昇する．その様子が小鳥のさえずりに似ていることからチャープ波形やチャープ信号と呼ばれる．

衝突前後の数ミリ秒間の重力波の波形は図 5.6 のようなものになる．ここでは三つの異なる波形のふるまいが観測される．はじめの波形はチャープ波形で二つの星が独立なものとみなせる段階のものである．次は潮汐力が効いて星が溶け出し流体として合体する過程に対応しており，時間および 3 次元空間の 4 次元時空のなかでアインシュタイン方程式を数値的に解く必要がある領域である．最後は合体によってブラックホールが形成されるときに励起されたブラックホールの

*7 4 重極モーメントの変化なので公転周期の半分の周期で変化する．

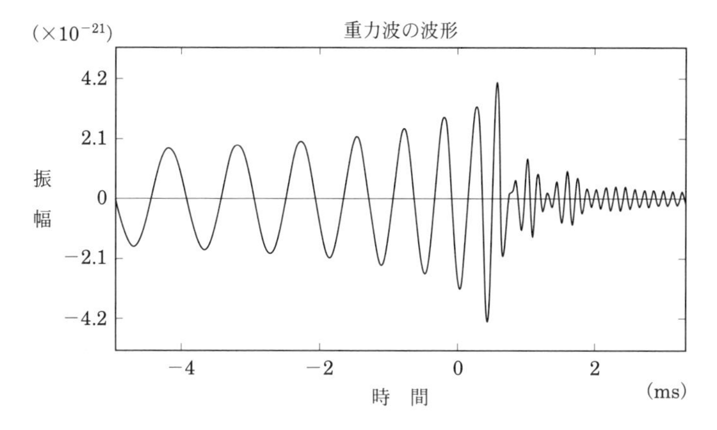

図 5.6 連星中性子星の合体前後の重力波の波形（中村卓史ほか『重力波をとらえる』，京都大学学術出版会，1998，p.151）．

準固有振動*8が重力波を放出しながら減衰していく段階である．

発生する重力波の波形を正確に予想するためには一般相対性理論の枠内で重力波もふくめた力学系の問題を精度良く解くことが必要である．波形の正確な予測ができれば，重力波検出器からの出力に対して予測波形をテンプレートとした最適フィルターの方法が適用できて，雑音のなかから重力波信号を良い S/N で取り出すことができる．発生する重力波の波形には潮汐効果に影響する中性子星内部の超高密度物質の状態方程式の情報や軌道変化に影響を与える星のスピンについての情報，形成されるブラックホールの質量と角運動量など物理的に重要なパラメータの情報が含まれており，これらを精度良く推定できる可能性がある．

4 重極公式から予測される重力波の波形からでも，周波数の変化の仕方からチャープ質量とよばれる二つの星の質量を組み合わせた質量の次元をもつパラメータが求まり，重力波の 2 偏波の振幅の比から視線方向に対する連星軌道面の傾きが決定される．これらのパラメータを代入した重力波の振幅は重力波源までの距離だけが未知パラメータであるため，実際に観測される振幅との比較から距離が求まる．この方法はこれまで使われてきた距離決定法とは異なる独立な方法として天文学的にも重要である．

*8 ブラックホール時空に摂動を加えた場合に，ブラックホールを特徴付ける質量や各運動量に応じた共鳴振動数と減衰率で減衰振動すること．

連星中性子星は，ブラックホール連星が重力波で発見されるまでは，存在が確実で精度良い波形予測ができる点でもっとも有望な重力波源と考えられていた．さらには合体の際に物質の放出にともなって電磁波やニュートリノなどが放射されるため，多手段による多面的な観測が可能な重力波源として期待されている．連星中性子星が衝突・合体する頻度の評価は，銀河系内でこれまでに連星パルサーとして発見された（球状星団内の一つをのぞいた）3天体（PSR B1913+16, PSR B1534+12, PSR J0737−3039）を用いて行われ，我々の銀河系で1万年に0.1–10回程度の割合[*9]で発生すると推定されている．100 Mpc以内には我々の銀河系と同じような大きい銀河がおよそ4万個あるので，KAGRAやAdvanced LIGOの目標感度では1年間に0.4–40回程度の重力波検出が期待される．

ブラックホールの連星やブラックホールと中性子星との連星が合体するときにも大きな重力波が放出される．重力波の波形は定性的には連星中性子星の場合と類似しており，徐々に接近するときのチャープ波形，衝突して融合するときの短時間で激しく変化する波形，および形成されたブラックホールの準固有振動の減衰波形で構成される．連星中性子星の合体で発生する重力波との違いは，チャープ質量が大きいため同じ周波数で比べたときの周波数変化率が大きく短時間で合体することである．さらに同じ距離で比べると重力波振幅が大きいことから，連星中性子星よりも遠方の合体現象が検出できる．

5.2.3 超新星爆発

大質量星の最期，重力崩壊型超新星爆発（4.3節）は古くから検出の対象となる強い重力波源の候補に挙げられてきた．大質量星の重力崩壊によって中心部の密度が原子核の密度を超えると，原子核同士の融合で巨大な原子核のような星が生まれる．その中では陽子が電子と結合して中性子に変わったほうが安定なため，原始中性子星のコアが形成される．すると中性子の縮退圧が効いて重力崩壊が止まり，中性子星表面で衝撃波が発生する．衝撃波が星の表面まで達すると超新星爆発として観測されるが，衝撃波が減衰せずに表面まで到達できる物理機構や条件についてまだ完全には理解されていないが，ニュートリノ加熱とともに不

[*9] 大きな不定性は，暗くて観測されないパルサーの割合を推定するモデルによるばらつきと同じモデル内での推計にともなう統計誤差を加えたもの．

安定性によって形成される非対称性が重要であると考えられている.

超新星爆発からの重力波でもっとも強いものは，原始中性子星の形成によるコアのはねかえり（バウンス）時に発生すると考えられている．軸対称な運動の場合には 4 重極公式による推定と数値相対論でシミュレートした結果はほぼ等しい重力波の振幅が得られており，20 Mpc の距離にある超新星爆発に対して振幅がおよそ 10^{-23} で周波数が 1 kHz 前後である．非軸対称な場合についての数値シミュレーションはコンピュータの計算能力の増大によって最近になって可能となり，2005 年に柴田大らが示した計算結果によると，大きな差動回転でコアが高速回転する場合には非軸対称不安定性が発生してコアの形が楕円体になり（バーモード不安定性），軸対称の場合より 1 桁大きい振幅の重力波発生が予想される.

重力崩壊型の超新星爆発は一つの銀河内で 100 年に 1 回程度は発生すると予想されるため約 20 Mpc の距離にあるおとめ座銀河団までの範囲では年に 1 回程度の発生が見込まれる．しかしながら検出の観点からは予想される重力波の周波数が 1 kHz 程度と高く振幅はたかだか 10^{-22} と小さいため，KAGRA や Advanced LIGO によっても数年の観測で確実に検出できるとはいえない．重力波の波形予測が困難なことと短時間のパルス的な波形であるため，連星中性子星の場合に用いた最適フィルターによる積分効果が期待できず，検出器の雑音レベルで検出感度が制限されていることも困難さの理由である．さらに高感度を実現する第 3 世代の検出器の開発が望まれる．もちろんもっと近距離で発生した場合には検出可能であり，検出されればまだ完全には理解されていない超新星爆発の物理機構に対する貴重な情報が得られ，これまでに提案されているさまざまな物理機構のモデルに制限が付けられることが期待される.

5.2.4 その他の重力波発生源

X 線連星中の高密度天体や超新星爆発で形成される生まれたての中性子星には非常に高速で回転するものもあると考えられる．一般に回転対称な自転星からは重力波は発生しないが，超新星爆発でも述べたバーモード不安定性によって非軸対称の形状が現れると重力波が発生する．重力波の放射によって回転エネルギーが失われると徐々に回転対称に戻って重力波放射が止まるが，連星の場合に降着円盤からの角運動量の流入があればつりあったところで連続的な重力波が放射される可能性もある．

初期宇宙からの重力波は，他の手段では間接的にしか分からない宇宙の初期情報を直接もたらすものとして興味深いが，理論的な不定性も大きい．もっとも初期のものは重力波の黒体放射である．これは重力波にとっての晴れ上がり（宇宙年齢が 10^{-43} s）に観測される熱平衡状態の重力波であり，その後のインフレーションがなければ現在は 0.9 K の黒体放射スペクトルで観測されるが，インフレーションによって薄められるため観測可能なレベルには存在しない．次に発生するのはインフレーションの時期（10^{-36} s）で，真空ゆらぎによって発生と消滅をくりかえす重力子（重力波を量子化したもの）が急激な宇宙膨張のために離れてしまって対消滅できないで残されたものである．この重力波は非常に幅広い周波数帯でエネルギー密度が一定値をもつ．

その後に起こる強い力が分岐する大統一理論（GUT）での相転移（真空状態の変化）や電磁気力と弱い力が分岐する電弱統一理論や量子色力学（QCD）での各相転移でも重力波が発生する可能性が指摘されている．これらの相転移では転移前の相と転移後の相が混在し，その境界で真空エネルギーのギャップがあるため，境界の形の変化や合体などでエネルギー密度の分布が変動して重力波が発生するのである．境界の形は1次元的な紐状や2次元の泡状のものなどがあって，GUT 相転移にともなう宇宙紐の振動で発生する重力波はインフレーション起源の重力波より大きい可能性もある．

このような初期宇宙起源の重力波（宇宙背景重力波）を検出するためには検出装置の高感度化だけでなく，個々には分解できない多数の天体起源の重力波が雑音として問題になる．これらは銀河系内外に多数ある白色矮星の連星が出す重力波や宇宙スケールに広がって分布するブラックホールや中性子星の連星および超新星からの重力波などである．こうした重力波雑音の影響を避けて宇宙初期の重力波を検出するには，5.3.4 節で紹介するようにそれらの影響が少ない観測周波数帯域（窓）を選ぶことが重要である．銀河の中心に存在すると考えられる巨大ブラックホールの形成やそこへの天体の落下などで発生する重力波も，発生頻度は不確定であるがスペースからの重力波検出の対象である．

5.3 重力波望遠鏡

5.3.1 重力波検出事始

重力波を予言したアインシュタインでさえも重力波による影響はきわめて小さくそれが観測にかかるような天体現象はないだろうと考えていた．重力波の検出を真剣に考えた最初の人物はウェーバー（J. Weber）である．彼は1950年代に成功したメーザー*10開発の開拓者の一人で，重力波も共鳴現象を使うことで検出効率を高めることができるのではないかと考えた．そうして開発された重力波検出器が円柱形の弾性体を用いる共振型検出器である．重力波の通過によって弾性体の共鳴振動が励起される（励振という）．それを弾性体に貼り付けたピエゾ素子で電気信号に変えて記録するものであった．励振は重力波以外の原因によっても起こる．地面振動や音響などの外来振動，周辺の電磁環境や宇宙線との相互作用，弾性体内部のストレス開放や熱運動，信号検出回路の電気雑音などである．ウェーバーは2台の装置を約1000 km離れた地点に置き，同時に励振が生じた事象だけを取り出した．こうすることでランダムに発生する励振や局所的な原因による励振を共通の原因による励振から区別しようとしたのである．そのようにしてウェーバーが観測した同時励振事象の数は，個別の装置が偶然に同時刻に励振される期待値よりもはるかに多かった．

さらにこれら同時に観測された事象を発生時刻で分類したところ，図5.7（288ページ）のように装置の重力波に対する指向性が銀河中心方向に向いているときに事象の頻度が有意に大きいことも分かった．恒星時による分布で見えたこの特徴が太陽時では見えなかったことからも，励振の原因が太陽系周辺の現象によるものではないことが示唆され，銀河系内で中心部に集中する点源からの重力波によるものとするウェーバーの主張が説得力を持つことになった．

1969年のウェーバーの発表により世界各地の物理学者たちが重力波の検出を真剣に考えるようになり，また追試の必要性が認識された．それから数年間のうちに，世界で10をこえる研究グループがウェーバーの追試実験に着手した．しかしながら明らかにウェーバーよりも高感度と考えられる装置もふくめてどのグ

*10 誘導放射による「マイクロ波」のコヒーレントな増幅のこと．「光」のレーザーに先立って開発された．

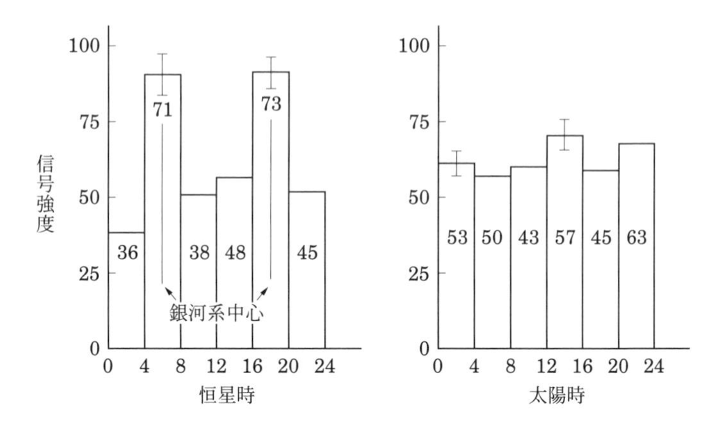

図 5.7 ウェーバーが観測した事象の恒星時と太陽時での分布.
柱の中の数字は事象の数（平川浩正 1973,『日本物理学会誌』, 28, p.13）.

ループもウェーバーの結果を再現できず，1970 年代半ばまでにはウェーバーの観測した事象が天体からの重力波によるものではない，との見解が大勢になった.

否定的な結果ではあったが，この間に重力波検出器の感度を支配する雑音源などが考察され，重力波の検出方法に関する体系的な理解が進んだ.

5.3.2 レーザー干渉計型重力波検出器

重力波検出のためにウェーバーによって最初に開発された検出器は弾性体の共鳴振動を利用する共振型であったが，ほぼ同時期の 1960 年代前半にはレーザー干渉計を用いるアイディアが提案されていた．レーザー干渉計を用いた重力波検出器について本格的に検討したのはウェーバーの発表に刺激されたワイス（R. Weiss）であった．今日では重力波検出器としてほとんどこのタイプが採用されている.

検出原理とマイケルソン干渉計

5.1.2 節で説明したように隔たった二つの自由質点間で光を往復させると，重力波の影響で往復時間が変わる．いま一方の質点から連続的に単一周波数 f の

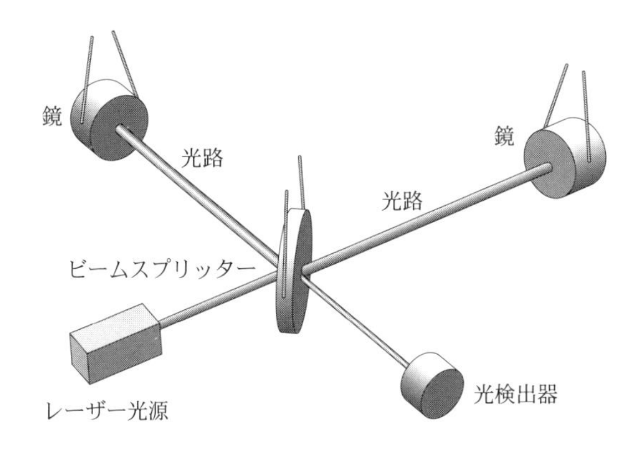

図 5.8 マイケルソン干渉計の基本構成.

光の波*[11]が発射されているとして，往復して戻ってきた光とその瞬間に発射しようとしている光との間の位相差を見ることにする．戻ってきた光の位相はそれが発射されたときの位相を保存しているのに対し，往復時間 t だけ後に発射しようとしている光の位相は $2\pi ft$ だけ進んでいるので，往復時間の変化（Δt）による位相差の変化は $2\pi f\Delta t$ になる．

マイケルソン干渉計は干渉をもちいて光の位相変化を高精度で計測する装置である．図 5.8 のようにマイケルソン干渉計では，レーザー光源から照射された光がビームスプリッターで直交する 2 方向に分けられ，それぞれの先に置かれた鏡で反射されて再びビームスプリッターに戻り干渉する．二つの光の位相差によって干渉した光の振幅が変わるため，干渉光の強度（波の振幅の 2 乗に比例）の変化を測れば位相差が計測できる．干渉計の真上あるいは真下からやってきた重力波が 2 方向と一致した偏波をもっていると，一方を往復した光と他方の光で位相が逆に変化するため，2 倍の位相変化を測ることができる．その一方で，入射するレーザー光の強度や周波数の変動は共通雑音として差し引かれて軽減される．このことが重力波検出にマイケルソン干渉計が採用されるおもな理由である．

重力波の周期がレーザー光の往復時間に比べて十分に長い場合，位相変化は重力波の振幅およびビームスプリッターと鏡の距離（腕の長さという）に比例して

*[11] TT 座標系に静止している点では固有時と座標時は一致しており，重力波の影響は受けないので，周波数は一定である．

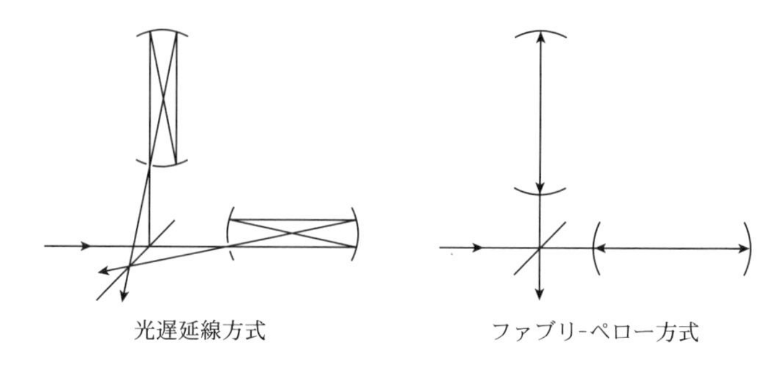

図 5.9 干渉計の腕の長さを実効的に伸ばす二つの方法.

大きくなる．検出しようとする重力波の振幅は非常に小さいので，位相変化を大きくして測定しやすくするために腕の長さはできるだけ大きくとりたい．腕の長さをどんどん伸ばしていくか，重力波の周期が短くなると，レーザー光が往復する間に重力波による空間の伸縮が反転するため，位相変化の打ち消しあいが起こる．

腕の長さが重力波の波長の 1/2 に等しければ，完全に打ち消しあいが起こり重力波の効果は 0 になる．最も位相変化が大きいのは腕の長さが重力波の波長の 1/4 の場合である．たとえば 1 kHz の重力波は波長が 300 km なので，腕の長さが 75 km のとき位相変化が最大になる．この長さの腕を持つマイケルソン干渉計を地上で作るのは困難なので，短い腕で光の経路を伸ばす方法が考案された．図 5.9 のような光遅延線を用いる方法とファブリ–ペロー共振器を用いる方法である．

光遅延線（ディレイライン）方式

光遅延線は 2 枚の球面鏡を向かい合わせた構成で，鏡の一か所に光線を通すための穴が開いている．2 枚の鏡の間隔を球面鏡の曲率半径にほとんど等しくなるように置くと，穴から入射した光線は鏡のあいだを何往復かしたのちに，再び穴の位置に戻って出て行くようにできる．この方式は光路を多数回折りたたんだだけで光学的にはマイケルソン干渉計と同等のシンプルなものであるが，鏡面上のスポットが重ならないためには大きな口径の鏡が必要なことや穴の縁での散乱光による非線形の雑音混入[*12]などの不利益もある．ドイツのマックス・プランク研究所の腕の長さが 30 m のプロトタイプ，我が国の宇宙航空研究所（その後，宇宙科学研究所）の 10 m やそれに次ぐ 100 m ではこの方式が使われた．レーザー干渉計の感度はあとで述べるようにさまざまな雑音源で支配されている．1980 年代なかばにマックス・プランクのプロトタイプ干渉計は，おもな雑音源を同定し対処することで原理的な雑音，ショット雑音，で決まる感度を実現し，レーザー干渉計が重力波検出の有望な技術であることを示した．その後の大型レーザー干渉計型重力波検出器の建設計画につながる功績であった．

ファブリ–ペロー方式

ファブリ–ペロー共振器も 2 枚の鏡を向かい合わせて使う点は光遅延線と共通であるが，光の入出力は有限の透過率を持つ鏡を光が透過することで行われる．共振器内部に入った光は 2 枚の鏡の反射面のあいだを同一の経路で何回も往復し干渉しあう．干渉は波の重ね合わせなので，位相がそろった波は振幅が足し算で大きくなり内部の光パワーが増加する．これが光共振で，位相がそろう条件（共振条件）は光の往復経路長が波長の半整数倍のときである．共振条件を満たす光の周波数は一定間隔で無数にあり，とくに隣接する周波数の間隔は光が 1 往復する時間の逆数で自由スペクトル領域（Free Spectral Range; FSR）ν_{FSR} とよばれる．共振は実効的な往復回数が多いほど鋭くなり[*13]，共振の半値幅 $\Delta\nu$ は 2 枚の鏡の反射率（振幅反射率を r_1, r_2 とする）だけで決まるパラメータ，フィネス[*14] $\mathcal{F}$，

$$\mathcal{F} = \frac{\pi\sqrt{r_1 r_2}}{1 - r_1 r_2} \tag{5.2}$$

を用いて $\Delta\nu = \nu_{\mathrm{FSR}}/\mathcal{F}$ と表される．実効的な折り返し回数（1 往復で 2 回と数える）は $2\mathcal{F}/\pi$ で与えられ，光は共振器内部に平均で片道の伝播時間の $2\mathcal{F}/\pi$ 倍長く滞在して重力波の作用を受ける．そのため，共振器からの反射光の位相変

[*12] 光遅延線から出ようとした光線の一部が散乱のために再入射して本来の光路長の多数倍の光線が混ざり，鏡の低周波振動による位相変化が高周波成分に変換され信号周波数帯に雑音として混入する．

[*13] 周波数が共振条件に近く 1 回の往復ではわずかな位相差しか生じない光も，多数回の往復で位相が大きくずれた光が存在するため，重ね合わせで打ち消しあいが起こる．

[*14] 光の多重干渉を用いた共振器で共振の鋭さを表す指標．

化も（低周波の重力波では）$2\mathcal{F}/\pi$ 倍されたものになる．そのため干渉計の腕をファブリ–ペロー共振器で置き換えれば，実効的には長い腕に相当する位相変化を得ることができる．

この方式は光遅延線方式に比べて口径の小さい鏡でよいため真空パイプや真空排気系などの経費も少なくて済む利点がある．低損失で高反射率の鏡の製作や共振状態に保つための鏡の位置や姿勢の制御などで光遅延線の場合よりも高い技術が必要なことから 1990 年代前半までは両方式の得失についての論争が行われた．ファブリ–ペロー方式のプロトタイプ干渉計により次々と技術的問題が解決されたこともあって，現在では大型のレーザー干渉計ではほとんどがファブリ–ペロー方式を採用している．また前にのべた重力波による位相変化が打ち消しあう効果については，腕の長さが 75 km のマイケルソン干渉計や腕の長さが 3 km で 50 回折り返しの光遅延線方式では 2 kHz の整数倍の周波数をもつ重力波に対して位相変化（応答）が 0 になり感度がなくなる．それに対して同等の干渉計である基線長 3 km で $2\mathcal{F}/\pi = 50$ のファブリ–ペロー方式なら応答が 0 になる重力波の周波数は 50 kHz の整数倍（腕の長さが 3 km のマイケルソン干渉計に相当する）だけである．そのため図 5.10 のように光遅延線方式に比べてファブリ–

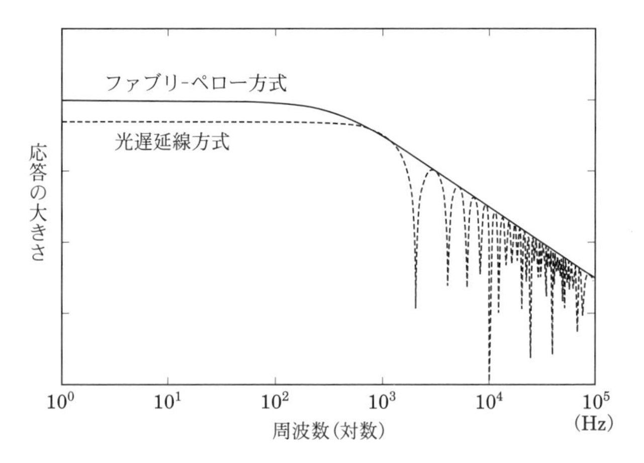

図 5.10　2 方式の周波数応答関数の比較．両方式とも 1 kHz の重力波で最大の位相変化が得られる実効的な光路長になっている（中村卓史ほか『重力波をとらえる』，京都大学学術出版会，1998, p.204）．

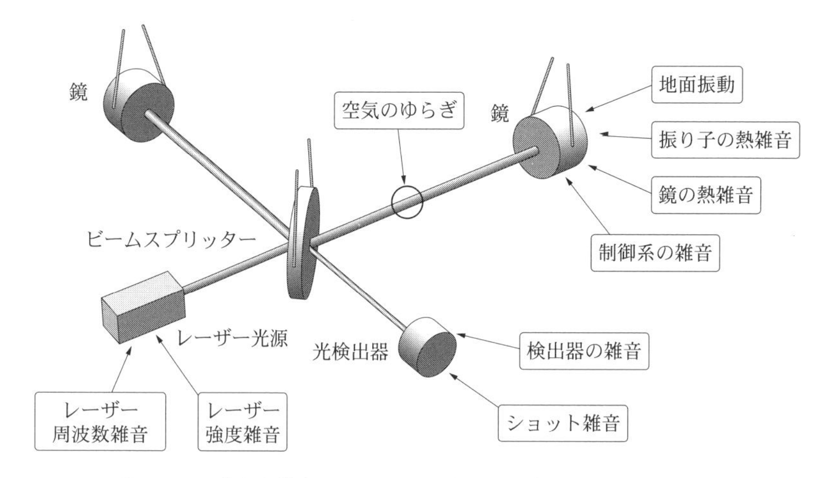

図 5.11 重力波検出用レーザー干渉計で考慮すべきさまざまな雑音源．レーザー光線の光路を変化させるものと，干渉による位相検出の精度を悪化させるものがある．

ペロー方式の方が重力波に対してなめらかな周波数特性をもつ応答関数になる．

ここで例示した腕の長さの実効値 75 km は周波数が 1 kHz の重力波に対して位相変化が最大になるように決めたものだが，その場合でも位相変化の大きさは振幅が 10^{-21} の重力波に対して 10^{-9} ラジアン程度（可視から近赤外の光で）ときわめて小さい．

感度を支配する雑音とその対策

このように小さい位相変動を計測しようとするときに問題になるレーザー干渉計の雑音源には図 5.11 に示すようにさまざまなものがある．

重力波検出の原理で説明した二つの隔たった質点に相当するのは，この場合にはビームスプリッターとそれぞれの腕の先にある鏡であるが，これらがそれぞれの場所で局所慣性系に対して静止している状態が理想的である．現実にはどの鏡も地面振動や音響の影響で絶えず振動しており，また鏡自体の弾性振動や支持機構としての振り子運動がもつ熱雑音によっても位置（厳密には光の反射や透過の基準点）が揺らいでいる．これらの位置変動が検出すべき重力波信号の周波数帯域で十分小さくなるように，防振と熱雑音の抑制を行う必要がある．はじめにその二つの雑音について説明し，次に計測系の雑音を支配する光の量子雑音につい

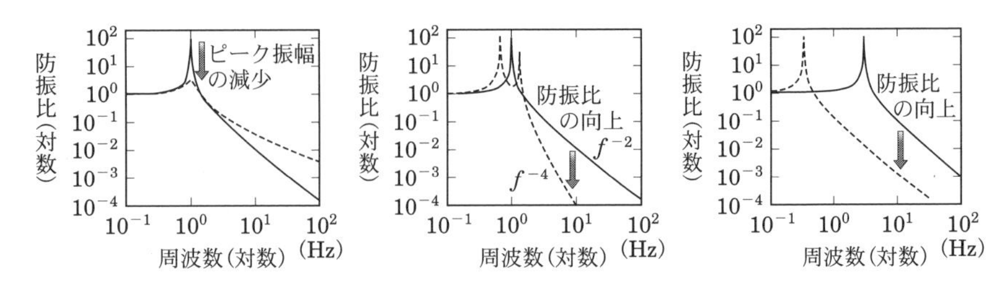

図 5.12　損失付加（左）や多段化（中央）と共振周波数の低減（右）による防振効果の変化．損失付加では共振周波数は不変だが共振が鈍くなりピーク振幅が減少，高周波側で防振比が悪化する．共振周波数の低減と多段化によって高周波側の防振効果が大きくなるが，鋭い共振の影響は残る．

て述べ，他の雑音源については最後に簡単にふれる．

防振には振り子やバネが使われるが，これらの性能を特徴づける量は共振周波数と損失の大きさである．図5.12に示すように共振周波数より十分高い信号周波数帯での防振効果は共振周波数が小さいほど，また損失が少ないほど，大きい．

しかしながら損失が少ない系は共振周波数での揺れが大きく，また何らかの原因で揺れが励起されると減衰するまでの時間が長いため，干渉計の運転（干渉状態を保つこと）が困難になる．そこで干渉計の安定動作のためには共振周波数付近での振動減衰が必要であり，損失を付加する方法やフィードバック制御による減衰法などが使われる．

共振周波数は振り子の長さの平方根に反比例し，25 cmで約1 Hzである．鉛直方向に吊ったバネについても振り子の長さのかわりにつりあいのときのバネの伸びを用いれば同じ関係が成り立つ．防振効果を高めるために共振周波数を0.1 Hzに下げようとすると，振り子の長さやバネの伸びを100倍の25 mにしなければならず非現実的である．この難点を克服する方法として倒立振り子や幾何学的反バネ・フィルターが提案され使われている．

倒立振り子は図5.13のように下面を弾性体で固定された棒状のロッドで，その傾きに対して弾性体がバネとして働き復元力を与えるが，一方で重力は傾いたロッドに対してさらに倒れる方向に働き反バネ力を及ぼす．この両者の力がほぼ等しくなるように重心の位置などを調整して合計の復元力を小さくすれば，低い共振周波数が得られる．

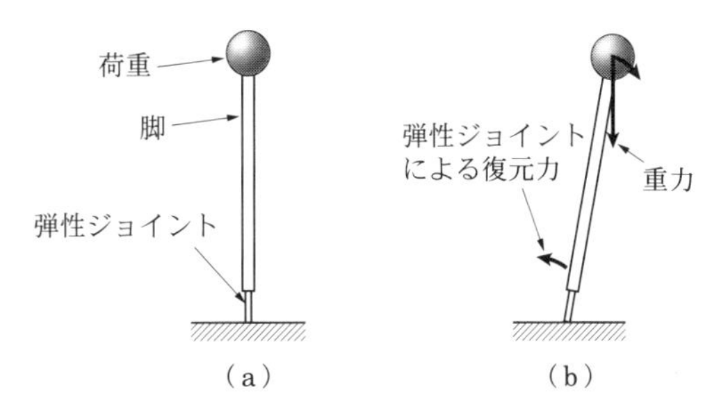

図 5.13 倒立振り子の動作原理．重力は傾きを増す方向に働き，弾性ジョイントによる復元力を弱めるため，振り子の周期が長くなる（『TAMA プロジェクト研究報告書』，2002, p.177）．

幾何学的反バネ・フィルターは平らな板バネを図 5.14 のように大きく変形させ，弾性体の復元力の鉛直成分が荷重とつりあう一方で，対向させた板バネ同士が水平方向に押し付け合って水平方向の運動を拘束する構造になっている．鉛直方向の変位は押し付け力に鉛直成分を発生させ，変位を増幅する反バネ力として働くため，板バネ自体の復元力の大部分が相殺され，低い共振周波数が得られる

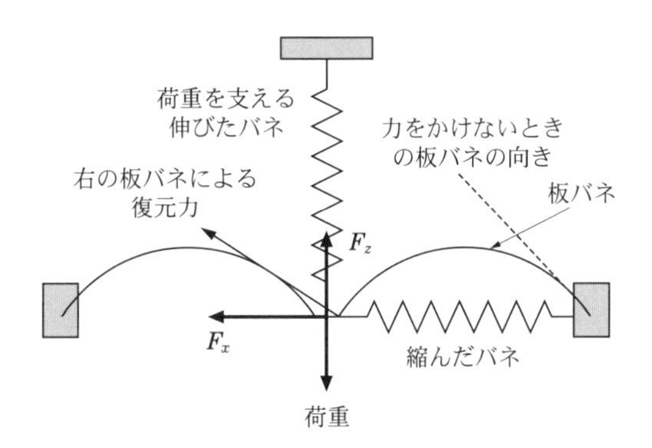

図 5.14 幾何学的反バネ・フィルターの動作原理の説明図．平らな板バネを大きく変形した状態で用いる．板バネの復元力の鉛直成分 F_z が荷重とつりあい，水平成分 F_x は対向する板バネと押し付け合う．1 枚の板バネの先端に働く力は平衡状態で水平方向に圧縮されたバネと鉛直方向に荷重とつりあうように伸びたバネの合力と考えることができる．互いに圧縮し合うバネは平衡位置からの鉛直方向のずれを増すように反バネ力として働く（『TAMA プロジェクト研究報告書』，2002, p.179）．

のである．このように微妙な打ち消しあいによって低い共振周波数をもつ装置は受動的な防振装置ではあるが，温度変化や装置の傾きなどで性能が変わったり不安定になったりするため装置を動作点に保つための能動的な制御も必要である．

実際の防振系では，信号周波数帯での防振効果を大きくするとともに共振のピークを抑えて安定な動作を実現するために，これらの要素を組み合わせた多段防振系が使われている．

熱雑音とは振動状態の熱的なゆらぎのことである．いま振動の一つのモードを調和振動子と考えると完全に孤立した理想的な調和振動子は初期状態で決まる振動を永久に続ける．しかし実際には，物体の内部摩擦や空気抵抗，支持機構など外部との接触摩擦などなんらかの損失があるため，初めの振動は徐々に減衰していく．熱力学の観点からは，注目した一つの振動モードは他の圧倒的多数の振動モードや別の自由度，周辺の空気や支持機構に含まれる膨大な数のモードから構成される熱浴に接している．損失は注目したモードのエネルギーが熱浴に流出することを意味し，他モードとの結合が強いほどエネルギー流出は大きく減衰が速い．振動エネルギーが十分大きい状態からは一方的に熱浴にエネルギーを流出して振動が減衰する．ところが注目したモードと熱浴が熱平衡にある場合にはエネルギーの流れは一方的ではなく，熱浴からモードへの流入も同レベルで存在する．そのようなエネルギーのやりとりがランダムに起こっているため，振動モードのエネルギーは平均値 kT （T は熱浴やモードの温度，k はボルツマン定数）のまわりで，kT の大きさで揺らいでいる．そのゆらぎのタイムスケールは減衰のタイムスケールと同じである．これが熱雑音と呼ばれる振動のゆらぎである．

レーザー干渉計では，信号周波数帯に入り込んでくる共振周波数から離れた周波数帯（オフ・レゾナンス）での振動のゆらぎが問題になる．

鏡の弾性体としての振動モードの共振は一般に信号周波数より高いところに多数あり，鏡を支持している振り子の共振周波数は信号周波数より低い[*15]ためである．このようなオフ・レゾナンスの熱振動スペクトルがどのような周波数依存性をもっているかは振動エネルギー損失のメカニズムに依存する．1990 年代に大型レーザー干渉計の設計と建設が進められていたときには，実験的に熱振動スペク

[*15] 振り子を構成する弦自体にもヴァイオリンモードと呼ばれる弦の振動が存在し，その定在波に対応する共振周波数のなかには信号周波数帯に入るものもある．

トルを測定できないため[16]，損失メカニズムとして二つのモデルを仮定していた．速度に比例した摩擦力による粘性減衰モデルと，バネによる復元力に一定の位相遅れ（損失角）がある構造減衰モデルである．前者の場合，共振周波数より低い周波数帯ではゆらぎの振幅は周波数によらず一定で，高い方は周波数の 2 乗に反比例する．共振より高い周波数で熱雑音の寄与が大きくなる傾向のため振り子の熱雑音が問題になる．一方後者の場合には，共振より低い帯域では周波数の平方根に反比例し，高いところでは周波数の 2.5 乗に反比例する．共振より低い周波数で熱雑音が増える傾向のため鏡の弾性振動の熱雑音が問題になりやすい．

その後の研究で鏡の熱雑音に効くのは後者および熱弾性減衰によるものと考えられている．熱弾性減衰とは，弾性振動にともなう各部分の膨張と収縮に際して物質の熱弾性係数による温度の高低が発生し熱伝導係数に応じた熱流が生じることで振動エネルギーが失われる損失メカニズムである．

ここまでの議論は振動をモード展開して単一モードごとの共振周波数と減衰時間を用いてスペクトル推定を行い，鏡にレーザー光線が当たる領域の振動に寄与する熱雑音は各モードで独立として，それら足し合わせていた．ところがモード展開による推定法は振動エネルギーの損失が弾性体内部で非一様に起こる場合には正しくない可能性がある．非一様な損失過程のために各モードの熱ゆらぎの間に相関が生じることがあるからである．たとえばレーザー干渉計で用いる鏡では円柱状基板の光が当たる面に反射のための誘電体多層膜がコーティングされており，反対側の面には鏡の位置や角度を微調整するために細い棒磁石が貼り付けられている場合がある．基板の内部損失はほぼ一様だとしても，多層膜や磁石貼り付けによる損失は局在している．

このような非一様な損失からの熱雑音の研究は 2000 年頃から理論と実験両面で行われ，図 5.15（298 ページ）に示すように 反射膜コーティングの損失による熱雑音はモード展開で推定した場合より大きく深刻な問題であること，一方磁石貼り付けによる熱雑音はモード展開の推定より小さいことが分かってきた．また鏡の弾性振動についてオフ・レゾナンスの熱振動スペクトルを直接測定し損失メカニズムと比較する実験的研究も 2000 年代になって実現した．これらの熱雑音の研究には日本の重力波研究グループも大いに寄与している．

---

[16] 共振を含む熱振動自体の測定ですら高感度の計測技術が必要である．

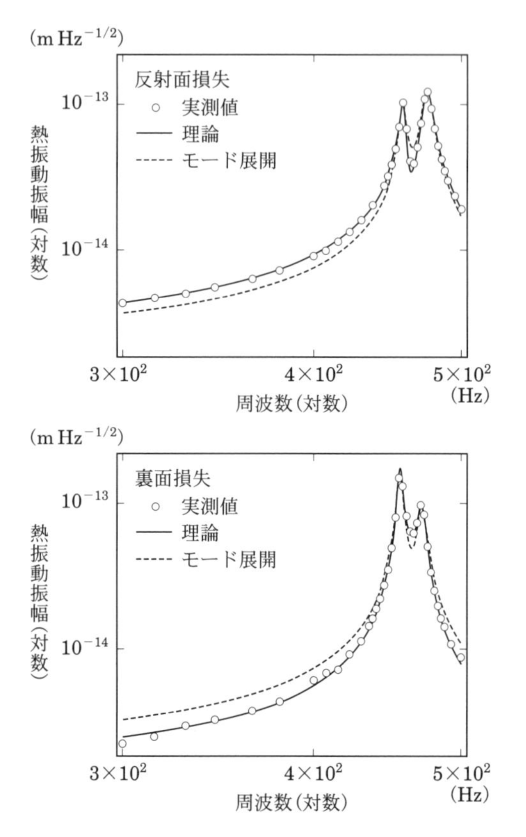

図 5.15 光が当たる面の熱振動スペクトル．反射面の損失による影響（上）と裏面の損失の影響（下）に違いがある．破線はモード展開による推定値で，実線が理論値，丸い点が実測値である（『TAMA プロジェクト研究報告書』，2002, p.203）．

一般的にはレーザー光線のビーム径を太くすれば，高次モードの振動は空間的に平均化されるため，熱雑音の影響を小さくできる．共振器を構成する鏡の反射面に特別な形状をもたせて共振モードのビーム径を太くするアイデアも出されている．

熱雑音を下げる特効薬は温度を下げることである．温度を 1/100 にすればそれだけで熱ゆらぎの振幅は 1/10 になる．さらに低温化で内部損失も小さくなる傾向にあるため，低温化による熱雑音抑制の効果は大きい．

量子雑音 二つのレーザー光線の位相差を干渉光の強度変化として測定する場合に，位相差の決定精度は光が光量子（光子）であることに起因したショット雑音*17で決まる．古典的には単一周波数の正弦波で表される理想的なレーザー光（コヒーレント光）も量子力学的には位相と強度（光子数）が揺らいでおり，両者のゆらぎの積が1である不確定性関係の最小値をもつ状態（最小不確定状態）である．コヒーレント光の光子数はポアソン分布に従うため，光子数のゆらぎは平均光子数の平方根に等しいので，位相のゆらぎはその逆数で与えられる．前に例示した1 kHz，振幅 10^{-21} の重力波による位相変化（10^{-9} ラジアン）を測定するためには位相ゆらぎがそれ以下，すなわち計測する光子数が 10^{18} 個以上あることが必要である．これをたとえば1ミリ秒の計測時間で満たすためには波長が $1\,\mu$m で 1 kW 以上の光パワーが要求される．これだけのパワーのレーザー光源を作るのは原理的には不可能でないにしても技術的には非常に困難なので，光のリサイクリング技術が開発された．

干渉計で位相変化を干渉光の強度変化として測定する場合，強度変化が位相変化にもっとも敏感なのは強度が0の付近，すなわち打ち消しあいで干渉光が0のときである．この状態はダークフリンジ条件と呼ばれ，ほとんどの重力波検出用レーザー干渉計はこの状態近くに保つように制御されている．その場合干渉計（すなわちビームスプリッター）に照射されたレーザー光は，内部での散乱や吸収および両端の鏡からの透過分（いずれも少ないように設計される）を除いて入射側に戻ってくる．つまりダークフリンジ条件を満たすように制御されている干渉計は全体として1枚の鏡のように振る舞う．このように戻ってきた光を捨てずに再利用するのがリサイクリング技術である．

そのためには光源と干渉計の間に鏡を挿入して，戻ってきた光と入射光の位相をそろえて打ち返すようにすれば良い．これは干渉計を1枚の鏡に見立てて挿入した鏡との間でファブリ–ペロー共振器を構成して，共振器内部で多重に折り返される光同士を強めあうことと等価である．リサイクリングによる光パワー増幅の割合（リサイクリング利得）は干渉計に入射した光が戻ってくる割合（干渉計としての反射率）で制限されているが，高い鏡面精度（光の波長の1/5000以

*17 光子や電子の数は離散的なために計測した粒子数はポアソン分布に従って時間的にゆらぎ，そのゆらぎが計数雑音となる．

下）と低い損失（吸収と散乱で 50 ppm 以下）をもつ鏡によって大型レーザー干渉計でも数十倍以上の利得は得られている．

鏡で反射される光に強度ゆらぎがあると，鏡に与える放射圧もゆらぎ，鏡に変位を生じる．この放射圧雑音は鏡の質量に反比例し光子数ゆらぎに比例するため，光パワーが大きくなると無視できなくなる．この効果が光パワーの平方根に比例し，ショット雑音による計測誤差は前に述べたように光パワーの平方根に逆比例するため，両者を加えた測定誤差はある光パワーのときに最小値をもつ．これは標準量子限界とよばれるもので，量子力学の不確定性関係を破ることなしにこの限界を超える測定（量子非破壊測定）が干渉計で可能かどうかが長く論争されてきた[*18]．この論争が決着したのは 2000 年代のはじめのことである．干渉計による重力波の測定では 2 枚の鏡の相対変位だけが観測すべき量でそれぞれの位置を直接観測する必要はないこと，ファブリ–ペロー共振器の中では放射圧による鏡の変位が光の位相に影響を及ぼし位相変化による共振からのずれは放射圧にも変化をもたらすために光の位相と強度のゆらぎに相関が生じることなどが示され，干渉計で量子非破壊測定が可能なことが分かっている．

ショット雑音で感度が制限されるレーザー干渉計は第 1 世代干渉計（TAMA300, GEO600, LIGO と VIRGO）として設計・計画・建設され 2000 年代に観測運転が行われたが，重力波発生源に関するいくつかの有用な制限を与えることはできたものの重力波の検出には至らなかった．

標準量子限界の近くまで到達あるいは少し超える感度をもつものは第 2 世代干渉計（KAGRA, Advanced LIGO や Advanced VIRGO）と呼ばれ，2000 年代後半から改良や建設がおこなわれている．2015 年 9 月から目標感度への改良の中間点で実施された重力波探査観測によって Advanced LIGO が人類初の重力波の検出に成功し，ブラックホール連星の合体を初めて観測したことは重力波天文学の開始として特記すべき出来事である．

その他の雑音源　レーザー光源の周波数雑音や強度雑音は干渉計の二つの腕が完全に同等であれば効果が打ち消しあうためダークフリンジ条件を満たす出力

[*18] 共振型検出器に関しては，測定される物理量（振動状態を表す複素平面内で，振幅か位相，あるいは X か Y のいずれか）と測定法を巧妙に選ぶことにより測定の反作用がその物理量を乱さない方法で量子非破壊測定が実現できることが 1980 年代はじめに示されている．

信号には現れないはずである．実際の干渉計ではアンバランスによってこれらの雑音が影響するため，できるだけバランスの良い干渉計を作る努力とともに光源部での雑音低減が行われる．

レーザーの周波数を安定化するために基準となる光共振器にはモードクリーナー*19とよばれるものと，干渉計本体の 2 本の腕にあるファブリ–ペロー共振器が使われる．2 本の腕共振器からの光の位相差には重力波信号が含まれているが，光源の周波数と共振器の共振周波数とのずれに対しては同相の誤差信号を示すため，同相成分を用いて光源の周波数安定化が行われる．十分防振された周波数帯ではもっとも基線の長い腕の*20共振器がもっとも優れた周波数安定化の基準と考えられるためである．低い周波数帯はレーザーの周波数を基準にして共振器の共振周波数を一致するよう追随させる方が良い．モードクリーナーは安定化の役割分担で両者の仲介に使われるとともにレーザー光線に含まれる高次モードの光を取り除くことで波面を整形し，光線の角度ゆれ（ビームジッター）を抑える役目をもつ．

強度の安定化は適当なところで一部の光強度をモニターして，それが一定になるようにレーザー発振光の強度を変えるか光路中に入れた強度変調素子（電気光学素子や音響光学素子）で強度を制御して行う．

レーザー光線が通る経路は真空中に置かれているが，残留気体の分子運動によって気体の密度が揺らぐと屈折率が揺らいで光の伝播速度が影響を受け，位相変化の測定に雑音源として効く．また波面が歪むため干渉効率の低下も引き起こす．残留気体の影響を評価する理論モデルと数式が概ね正しい結果を与えることが，実験的には TAMA300 や LIGO の高感度干渉計の真空度を低真空度の中で変化させて測定することによって確かめられている．それによると，10^{-6} Pa 以下の高真空度であれば残留気体の影響は第 2 世代干渉計の要求感度に効かない．

鏡の熱レンズ効果とは高強度のレーザー光線によって鏡が不均一に熱せられると鏡の変形や屈折率の変化によってレンズのように波面を変化させる現象である．この効果によって光線中に不要な高次モードが生成されるため干渉効率が低

*19 光共振器の共振モードに一致した光だけを通すフィルターで，特定の周波数と空間モードを持つきれいな光だけが出力される．

*20 共振条件の下では共振周波数の相対変化量と基線長の相対変化量が比例するため，鏡の変位が等しければ長い基線ほど周波数の基準として優れている．

下し感度低下の原因になることがLIGOで確認された．その対策としてLIGOでは，測定された熱レンズ効果を補正するようなパターンで鏡面を加熱する炭酸ガスレーザーを使った熱補償システムを採用している．

レーザー干渉計にはファブリ–ペロー共振器を共振状態に保持したりダークフリンジ条件を満たすなど動作状態を保つために必要な制御が多数施されている．このような制御ループの数は50以上にものぼる．これらの制御で使われるセンサーやアクチュエータ*21および制御回路の雑音が，非線形な機構によって感度を悪化させる雑音源になっていることがある．重力波検出に必要な測定量が非常に小さいため，通常は無視されがちな微小量と別の微小量が非線形機構のために結びついて雑音として現れる．実際の検出器で目標感度を達成するためには，このような未知の雑音発現機構を一つ一つ潰していく作業が必要である．

シグナルリサイクリングとRSE

第一世代の大型干渉計では，腕をファブリ–ペロー共振器で置き換えたマイケルソン干渉計の入射側に鏡を入れて光パワーを再利用（リサイクル）するパワーリサイクルドファブリ–ペローマイケルソン干渉計（PRFPMI）が標準的な構成になっていた．第二世代の干渉計ではそれに加えて出力側にも鏡を挿入している．干渉計はダークフリンジ条件を満たすように制御されているため，信号出力側に出てくる光は重力波によって位相変調を受けた側帯波成分*22だけである．この成分を折り返して重ね合わせることで増幅するのでシグナルリサイクリング（SR）と呼ばれ，通常は光パワーのリサイクリング（パワーリサイクリングPR）とあわせて使われるためデュアルリサイクルドファブリ–ペローマイケルソン干渉計（DRFPMI）と呼んでいる．

一方，共鳴側帯波抽出法（レゾナント・サイドバンド・エクストラクションRSE）では出力側に挿入される鏡は側帯波成分を積極的に抜き出す働きをする．腕共振器での光の実効的な滞在時間が長くなると，それより周期の短い重力波による位相変調は打ち消しあうことを前に述べたが，RSEでは出力側の鏡と腕共振器とで構成される結合共振器の側帯波に対するフィネスを下げることによっ

---

*21 力を加えて鏡の位置や方向を微調整するための素子や機構のこと．

*22 単一周波数の波の位相や振幅に変調が加わると，もとの周波数から変調周波数の整数倍だけ離れた周波数を持つ側帯波成分が現れる．

て，打ち消される前に位相変調成分を取り出すことができる．この場合には腕共振器のフィネスは打ち消しあいを気にせずに大きくすることが可能で，重力波により生成される側帯波成分を大きくすることができる．RSE を採用する場合でも通常は PR とあわせて使われるので，DRFPMI と鏡の構成は同じで出力側の鏡の位置だけが異なる．

DRFPMI と RSE で同じ感度を得ようとした場合，DRFPMI では腕共振器のフィネスには信号の打ち消しあいを避けるための制限があるため腕共振器内の光パワーを同じにするためにはリサイクリング部の光パワーを大きく取る必要がある．これに対して RSE では腕共振器のフィネスを大きくすることでリサイクリング部の光パワーを下げても腕共振器内の光パワーを同じにできる．リサイクリング部のパワーを上げるとビームスプリッターでの光強度が大きくなって熱レンズ効果の影響を受けやすくなり干渉効率の低下につながる．ビームスプリッターは光が何回も透過と反射をする光学素子であるため，熱レンズ効果が深刻になる可能性が高い．RSE 法はこれを回避する手段として考え出された．

RSE はまた特定の周波数で標準量子限界を超える手段としても用いられる．出力側の鏡をもとの位置から少しずらす[*23]と，干渉計に戻る側帯波成分の位相が回るために位相変調以外に振幅変調の成分が生じて共振器内の光パワーがその変調周波数で変化する．すると鏡に働く放射圧がその周波数で変わり，あたかも鏡にバネが付けられているようにふるまう．これは光バネとよばれる現象である．光バネは重力波で生じた位相変化を増加する効果があり，特定の周波数ではバネがない鏡に対する標準量子限界を超えた小さい重力波信号も検出可能にする．

世界のレーザー干渉計型検出器

重力波検出用の大型レーザー干渉計の建設は 1990 年代に始まり，2000 年代には我が国の TAMA300 をはじめ米国の LIGO，英独の GEO600 や仏伊の VIRGO があいついで運転を開始して重力波探査の観測運転を行ったが，いずれも重力波の検出には至らなかった．これらの観測運転に併行して 2000 年代後半からは，さらなる高感度化を目指して検出器の改造や新設が始まっている．

[*23] 鏡が側帯波を反射するとき入射波と同相または逆相となる共振または反共振の位置からずらして反射波の位相をずらすこと．デチューニングという．

Advanced LIGO，Advanced VIRGO や KAGRA，LIGO-India である．これらについて簡単に紹介する．

LIGO 米国の西海岸（ワシントン州）に腕の長さが 4 km と 2 km の干渉計を，3000 km はなれた南東海岸（ルイジアナ州）に 4 km の干渉計を建設して，いずれも PRFPMI 方式で運転をおこなった（第 8 巻 4.5.2 節）．2002 年夏に初観測を実施したが，その後の感度向上で設計時の目標感度を実現し，4 km の干渉計 2 台は 15 Mpc の距離にある連星中性子星の合体を S/N が 8 で検出しうる感度*24を得た．2005 年 11 月から 2007 年 11 月まで実施された観測で 3 台の干渉計の同時観測データが 1 年分得られた．そのデータ解析からは有意な重力波の信号は得られなかったが，宇宙背景重力波に対するエネルギー密度の上限値とかパルサーからの重力波の上限値に対応する中性子星の扁平度に対する制限などに対して従来よりも良い有意義な結果が得られた．2009 年 7 月から 2010 年 10 月にさらに 40 Mpc の距離の連星中性子星の合体が検出可能な感度にまで改良した観測運転をおこなった後，Advanced LIGO に向けた大幅な改造に着手した．

Advanced LIGO LIGO の感度をさらに 1 桁上げる Advanced LIGO 計画は 2008 年から開始された．この計画では入射レーザー光のパワーを 8 W から 125 W に増強し，鏡や防振装置の交換と PRFPMI から DRFPMI への干渉計方式の変更など全面的な改修・改良を 2 台の 4 km 干渉計に対しておこなった．2 km 干渉計の設備は LIGO の 3 台目の 4 km 干渉計として海外に移設することになり，LIGO-India としてインドに移設して建設されることが 2016 年に決定された．Advanced LIGO への改修は 2010 年秋の LIGO（区別して initial LIGO と呼ばれる）運転終了後から本格的に始まったが，LIGO での経験によって干渉計に対する理解が進んだこともあり 5 年たらずで干渉計の運転再開に漕ぎ着けることができた．Advanced LIGO の目標感度に至る中間点として LIGO の最終感度をおよそ 3 倍上回ったところで 2015 年 9 月に観測運転を開始した直後に，ブラックホール連星からの重力波を観測するという偉業を成し遂げたのである．図 5.16 は初観測時の 2 台の検出器の雑音を重力波の振幅に換算したスペクトル密度で表したものである．

---

*24 重力波の偏波と装置の指向性を考慮して全天平均したときの距離で感度を評価している．

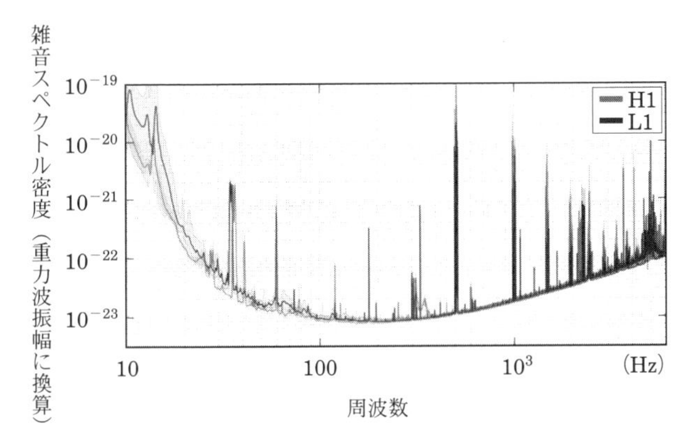

図 **5.16** Advanced LIGO 検出器（2 台）の感度．重力波の初観測で 2 台はほとんど同じ雑音スペクトルを持ち，この曲線より上の信号に対して検出可能な感度を持っていた．

GEO600 ドイツのハノーバー近郊に設置された 1200 m の腕を折り返して 600 m の真空パイプ内に収めた形のマイケルソン干渉計で DR 方式*25を採用している．1995 年に建設が開始され 2002 年に LIGO との同時観測を行った．LIGO と VIRGO が高感度化のために改修中の 2010 年代前半には唯一稼働する検出器として，GEO600 でも検出可能な強い重力波の発生に備えた観測運転をおこなった．この研究グループは LIGO Scientific Collaboration（LSC）に参加しており，おもに LIGO の高感度化に向けての先進技術の開発を分担してきている．特にスクイーズ光の導入を大型干渉計としては初めておこない，ショット雑音の低減による kHz 帯での高感度化を達成した状態での観測運転を実施している．

VIRGO イタリアのピサ郊外に腕の長さが 3 km の PRFPMI 方式の干渉計 1 台が建設され，2007 年から観測を開始した．観測開始時の感度は LIGO と同様に連星中性子星合体までの距離で表して約 8 Mpc であった．1 回目の観測運転の時期は LIGO が 2 年間の観測運転を実施していた最後の数か月に重なっており，両者は共同でデータ解析をおこなった．2009 年後半からの観測運転では感度を約 20 Mpc の連星中性子星合体までに改良して LIGO と同時期の運転と

*25 PR と SR をあわせて使う方式（デュアルリサイクリング）．

共同のデータ解析をおこない，2011年からはAdvanced VIRGOへの改良に進んだ．感度を上げるために多くの部品の改良と交換をおこなったが，なかでも鏡の質量を増やすこと，腕の光共振器のフィネスを上げること，コーティングの損失による熱雑音の影響を抑えるために鏡に当たるレーザー光の口径を増やすことで感度を向上させた．Advanced VIRGOとして運転を再開した直後の2017年8月にVIRGOとしては初となる連星ブラックホール合体からの重力波の検出に成功した．LIGOの2台の検出器が重力波を捕えたのとほぼ同時刻に重力波の信号が検出できたのである．3台の検出器により同一の重力波を観測できたことで，LIGOの2台だけでは1000平方度以上あった重力波源の方向の不確かさが60平方度にまで縮小し，重力波源までの距離の誤差も半減することができた．さらにその3日後にAdvanced LIGOが連星中性子星の合体で放出された重力波を初めて捕えたときには，3日前とほぼ同じ感度で運転していたAdvanced VIRGOでは検出されなかったことで重力波源の方向が絞り込まれた[*26]．ほぼ同時期に同じ方向でガンマ線バーストが観測され，その後X線や光，電波による観測にも成功して「マルチメッセンジャー天文学」（「多面的天文学」）の幕開けとなったが，Advanced VIRGOは3台目の重力波検出器として重力波源の位置決定に大きな役割を果たした．

VIRGOの特徴は，低周波帯で高感度を得るために倒立振り子と幾何学的反バネ・フィルターを組み合わせた高さ10 m以上の低周波防振装置を採用していることである．この装置を一部改良してコンパクトにしたものはTAMA300でも使われ，KAGRAの常温部の防振系としても使われている．

TAMA300 東京都三鷹市にある国立天文台キャンパス内に腕の長さ300 mのPRFPMI方式の干渉計TAMA300が建設され，1999年に大型レーザー干渉計の先頭をきって観測を開始した．この干渉計は我が国の重力波研究者が一体となって建設・運転したもので，本格的な重力波検出をめざす次期計画のための干渉計技術の開発と有用性の実証が主目的であり，銀河系近傍での重力波探査が可能な性能を得ることも目標であった．2001年と2003年には2か月間で1000時間以上の安定で高感度な観測に成功し，レーザー干渉計が重力波検出装置として

[*26] LIGOの2台で決められた天空の領域をVIRGOではその指向性のために検出できなかったという条件によって狭めることができた．

図 **5.17** KAGRA の地下トンネルと真空ダクト．3 km の真空ダクトの中をレーザー光線が通る（口絵 12 参照，東京大学宇宙線研究所提供）．

有用であることを実証した．特に 2003 年から 2004 年にかけて 2 度の LIGO との長期間の同時観測を実施して国際観測体制の推進にも貢献した．達成した感度は 70 kpc 離れた連星中性子星の合体が S/N = 10 で検出できるレベルであった．その後は低周波防振装置の導入や各種雑音対策をおこない，その経験は KAGRA に引き継がれた．

KAGRA 岐阜県飛騨市神岡にある神岡鉱山のトンネル内に設置された 3 km の腕の長さを持つ干渉計で PR 鏡を持った RSE 方式での運転が計画されている．デチューニングによる狭帯域高感度化で特定の周波数帯で標準量子限界を超えた運転も可能な設計になっている．ほかの検出装置にはない KAGRA の特徴は，地面振動や温度変化が少ない地下トンネル中に設置されていることと，熱雑音を低減するために 23 kg のサファイア鏡を 20 K に冷却することである．地下トンネルと鏡の冷却という先進技術は，さらなる高感度化を目指す次世代の地上レーザー干渉計では必須の技術と考えられており，KAGRA は目標感度では Advanced LIGO や Advanced VIRGO とほぼ同じであるが技術的には次世代の計画につながる先駆的な挑戦としても期待されている（図 5.17）．

KAGRA は 2016 年春に簡略化した光学系をもった 3 km 干渉計として常温での試験運転をおこなった後に低温干渉計としての運転を準備中である．2019 年 4 月に感度向上後の観測運転を再開した Advanced LIGO や Advanced VIRGO との重力波共同観測に参入できるように運転開始に向けた最終調整中である（2019 年夏時点）．重力波観測網に 4 台目が加わることで重力波の偏波成分の分離精度が高まり，重力波源の方向を精度良く決定できるようになる．連星の合体の場合には，それにより距離の決定精度も高まることが期待される．

5.3.3 スペース干渉計

地上の検出装置では 10 Hz 以下の周波数で重力波を検出するのは困難である．その理由は防振の技術的な困難さだけでなく，地面や地球内部の物質の変動が重力勾配の変動を引き起こし鏡の間隔を変化させようとするためである．この効果は重力波による効果と区別できない．一方，天体現象に伴って発生する重力波の周波数は 10 Hz 以下のものが多いことが予想される．低周波の重力波を検出するためには宇宙空間に検出装置を展開する必要があり，スペースでのレーザー干渉計計画が構想されている．ここでは LISA（レーザー干渉計スペースアンテナ）と DECIGO（デジヘルツ重力波天文台）の各計画について簡単に説明する．

LISA は図 5.18 のように地球の公転軌道上で角度にして 20 度遅れた位置のまわりに三つの宇宙飛行物体（スペースクラフト）を配置して，それぞれの間での光の伝播時間の計測によって重力波を検出する計画である．各クラフトは 1 辺が

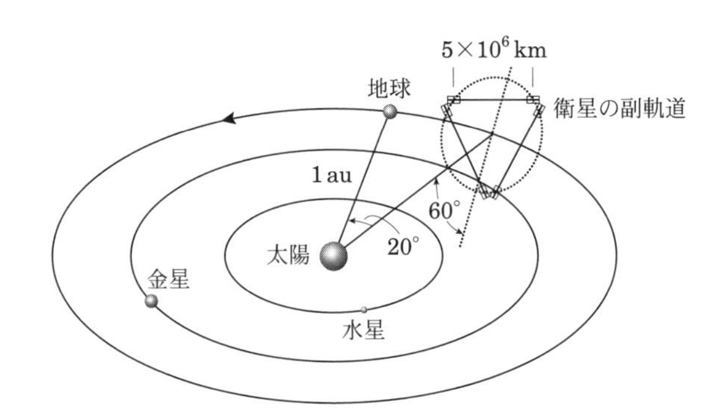

図 5.18 LISA の軌道予想図（中村卓史ほか『重力波をとらえる』，京都大学学術出版会，1998，p.367）．

500 万 km[27]の正三角形の頂点に位置し，その面と公転軌道面がつねに 60 度傾くような軌道上を重力以外の力を受けずに運動するよう，ドラッグフリー[28]の状態に制御される．重力波に対する感度は，高い周波数側は光の往復時間より短い位相変化の打ち消しあいによって悪化するため周波数に比例して悪化し，低い周波数側はドラッグフリーの精度（加速度）で決まるため周波数の -2 乗に比例する．中間部分は光の伝播時間変化を計測するときのショット雑音で決まり周波数によらない．感度を支配するドラッグフリーで $10^{-15}\,\mathrm{m\,s^{-2}\,Hz^{-1/2}}$ という非常に小さい加速度を達成することが必要である．この精度を地上で検証するのは困難なため，宇宙空間でドラッグフリーを検証するための衛星 LPF が 2015 年に打ち上げられ 2017 年には要求を十分クリアする精度が達成された．LISA が実現すれば，銀河系内にある高密度星の近接連星系からの重力波を S/N が 1000 以上で検出できると期待されている．

DECIGO は地上の検出器と LISA との間の周波数帯の重力波を狙って日本のグループにより構想された計画である．銀河系内に多数存在する白色矮星の連星が重力波を出しながら合体するとき，重力波の多くは個別の現象として分離して検出できず重力波の雑音になって，LISA の感度帯域に入り込んでしまう．白色矮星の半径は中性子星やブラックホールと比較して大きいため，比較的低い典型的な周波数（数 10 mHz）より高い周波数では重力波の存在する割合がきわめて小さくなる．重力波雑音の少ないその窓（周波数帯）で感度をもつような重力波検出器では 5.2.2 節で示したように合体の 1 年前の連星中性子星からの重力波が検出でき，地上の検出器への予告警報を出して観測網で待ち構えることも可能になる．さらに初期宇宙起源の重力波の検出でも有利である．

基本設計は図 5.19（310 ページ）のような構成で，腕の長さが 1000 km のファブリ–ペロー共振器をもつ干渉計をスペースに設置するもので，鏡は 1 m の大きさが必要であり，波長が $0.532\,\mu\mathrm{m}$ で 10 W のレーザー光を用いる計画になっている．DECIGO の実現は 2030 年代以降になることが予想されるため，中間

[27] 2034 年打ち上げ予定の ESA（欧州宇宙機関）のミッションでは 250 万 km になっているが，基本的な構成に変化はない．

[28] 重力だけで運動している場合には加速度をまったく感じない「無重力」の状態にあるが，宇宙空間でも太陽風や放射圧などが抗力（ドラッグ）として働き，加速度が発生する．これらを打ち消してあたかも重力だけが働くような状態に保持する技術やその状態のこと．

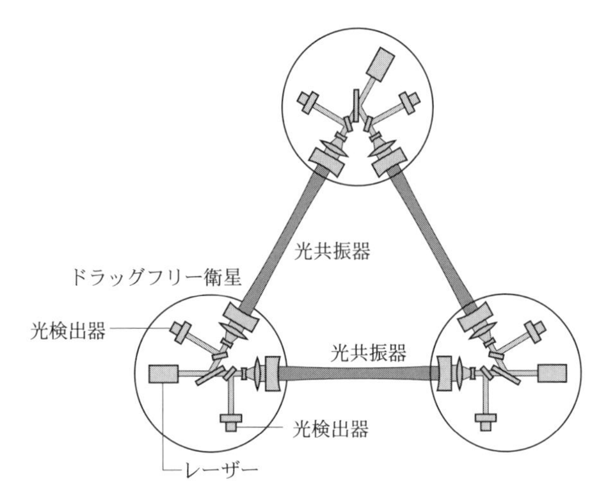

図 **5.19**　DECIGO の構成図．各衛星間は 1000 km 離れており，直径 1 m の鏡を向かい合わせてファブリ–ペロー共振器を構成し，重力波による位相変化を検出する（DECIGO ワーキンググループ提供）．

ステップとして 2020 年代の打ち上げを目指す B-DECIGO が提案されている．腕の長さは 100 km で鏡の大きさが 30 cm で 1 W のレーザー光源を用いるなど DECIGO を小型化しているが，中性子星や中間質量ブラックホールの連星からの合体前重力波の観測では多数のイベント検出が期待でき，LISA や DECIGO で雑音となる多数の連星系からの重力波雑音に対する理解を深めるためにも有効であると考えられている．

5.4　重力波天文学

アインシュタインが重力波の存在を予言してから 1 世紀後の 2015 年 9 月に人類は重力波の初観測に成功した．それからの 2 年間に観測された重力波の現象はブラックホール同士の連星の合体が 5 件[*29]と中性子星同士の連星の合体が 1 件あり，今後も現象数の増加やほかの現象からの重力波観測も期待される．重力波を観測手段とする「重力波天文学」や重力波とほかの観測手段を総合して多面

[*29] 統計的有意さが少し不足する 1 件は含まない．

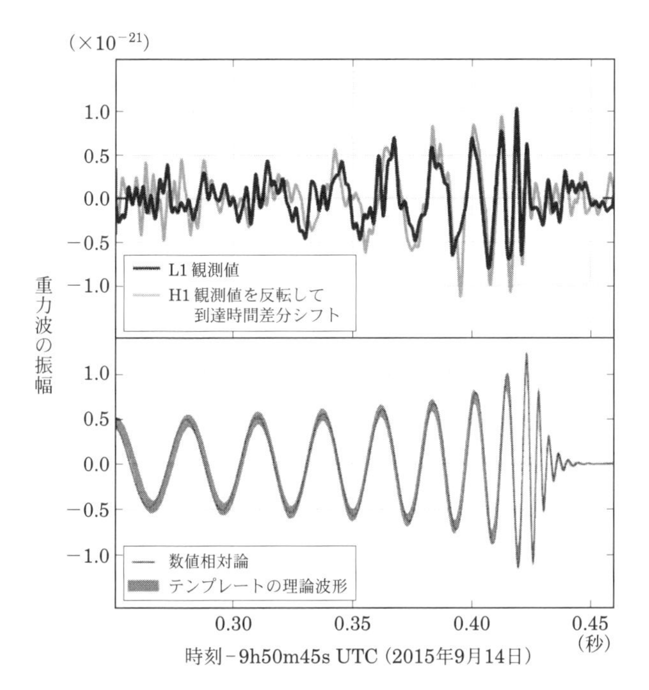

図 5.20 重力波天体 GW150914 の波形.（上）LIGO の検出器 2 台（L1 と H1）のうち H1 の波形を反転して到達時間差分シフトして比較したものと（下）数値相対論および使用したテンプレートの理論波形（LIGO 提供の図を改変）.

的に天体現象を理解しようとする「マルチメッセンジャー天文学」はまだ始まったばかりだが，これから急速に発展する可能性を秘めている．ここでは，これまでに観測された重力波現象とそこから得られた情報について簡単に紹介する．

5.4.1 重力波の初観測：ブラックホール連星の合体

人類が最初に捉えた重力波信号は図 5.20 に示すような波形をもった重力波天体で観測された年月日を付けて GW150914 と名付けられた．その波形は連星が急激に接近し合体するときに発生する重力波に典型的な形をしていた．観測された重力波信号の周波数はおよそ 0.2 秒のあいだに約 35 Hz[*30]から約 150 Hz に増

[*30] Advanced LIGO の検出感度はおよそ 30 Hz 以下で雑音が急激に大きくなるため，この周波数以上で信号が検出可能であった．

加しており，そのあいだに重力波の振幅も増加し最大で 10^{-21} に達した．それに続く約 250 Hz の減衰振動は合体で生じたブラックホールの準固有振動に対応すると考えられる．周波数と周波数変化率から求めたチャープ質量が太陽質量の 30 倍であることから連星の合計質量は太陽質量の 70 倍以上となり，2 天体ともにブラックホールであることを示唆している*31．重力波の理論的予想波形群*32の中から統計的手法でもっとも良く観測波形と一致するものを選ぶことによって，重力波源の物理的な諸量が推定された．それによると，検出器側でのチャープ質量が太陽質量の 30 倍，合計質量は太陽質量の 71 倍で質量比は 0.82，さらに光度距離は 410 Mpc となってこれは宇宙膨張による赤方変位が 0.09 に相当するので，重力波源側でのブラックホールの質量はそれぞれ太陽質量の 36 倍と 29 倍，合体後に形成されたブラックホールは太陽質量の 62 倍でスピンが 0.67 のカー・ブラックホールである．重力波源側で合体現象の前後に生じた太陽質量 3 倍分の差は重力波として放出されたエネルギーを質量換算したものである．

この重力波は 3000 km はなれた 2 台の LIGO 検出器で観測された．2 台で約 7 ms の信号到達時間差があったこととそれぞれの検出器の偏波指向性を考慮しても重力波源の方向は天球上でおよそ 600 平方度の範囲まで絞りこまれただけであった．この状況が改善されたのは Advanced VIRGO が 3 台目の検出器として観測に参加した直後の 2017 年 8 月に，VIRGO では初めての LIGO としては 5 番目となる重力波天体 GW170814 を観測したときである（図 5.21）．このときに LIGO の 2 台のみで絞られた天球上の範囲が 1160 平方度だったのに対して VIRGO まで加えた場合には重力波天体の位置の範囲は 60 平方度と大きく絞り込むことができた．この重力波源もブラックホール連星の合体であって電磁波による追跡観測では対応するような天体現象は観測されなかったが，重力波の初観測に成功する前から重力波源の電磁波追跡観測をおこなう国際的な体制が準備されており，追跡観測を効率よく実施するためにも探査範囲を狭めることは非常

*31 一方の天体が中性子星である場合に同じチャープ質量をもつためには相手の天体の質量は太陽の 1000 倍必要でその半径は大きく，150 Hz よりずっと低い周波数で合体に至る．

*32 アインシュタイン方程式を数値的に解くことにより得られた重力波形の数値解を有効一体形式（Effective One Body Formalism）と呼ばれる解析的な手法を用いて異なるパラメータ（各天体の質量とスピンなど）に対する波形群に拡張したもので，接近から合体そして減衰振動までを一連の波形として扱うことができる．

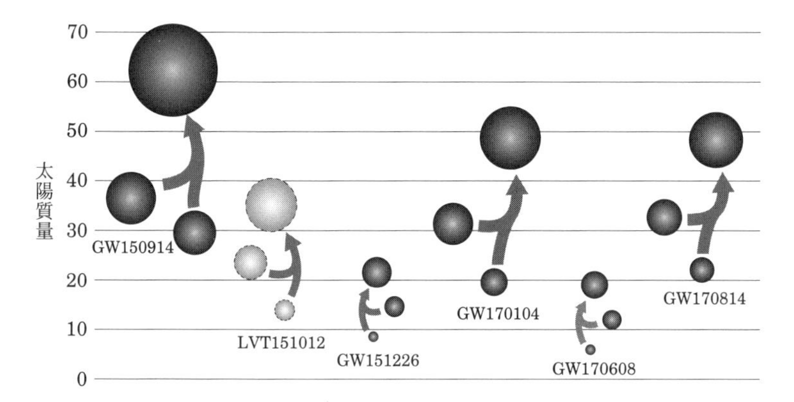

図 **5.21** この時点で重力波により観測されたブラックホールの質量．合体前と合体後の質量が示してある．統計的有意さが不足している LVT151012 も含まれている．

に重要であると考えられている．この追跡観測網は次に述べる連星中性子星からの重力波の初検出でさっそく威力を発揮することになった．

5.4.2 連星中性子星の合体と「マルチメッセンジャー天文学」

先に述べた GW170814 の観測から 3 日後の 2017 年 8 月 17 日に LIGO の 2 台の検出器は連星中性子星が合体するときに放出される重力波をはじめて観測した．これまで観測されたブラックホール連星からの重力波では観測周波数帯に入ってから合体までの継続時間は長いものでも 2 秒足らずであったが，観測された重力波信号の継続時間は約 100 秒と長く典型的な連星中性子星の合体であった．中性子星の自転が小さいと仮定すると，それぞれの星は太陽の 1.36–1.60 倍と 1.17–1.36 倍の質量を持ち，軌道傾斜角は 32 度以下で光度距離は約 40 Mpc と推定された．VIRGO の検出器も GW170814 を検出した 3 日前とほぼ同じ感度で観測していたが，信号はほとんど見えなかった．これは重力波源の方向が VIRGO の視野（指向性）の外にあることを示しており，LIGO の 2 台で決まる天球上の範囲にこの条件を加えることで 28 平方度にまで絞り込むことができた．同じころガンマ線バーストを探査中のフェルミ衛星とインテグラル衛星らはショートガンマ線バースト GRB170817A を検出しており，重力波信号で最後の合体に対応する時刻の約 1.7 秒後にはじまり継続時間が 2 秒間の典型的なショー

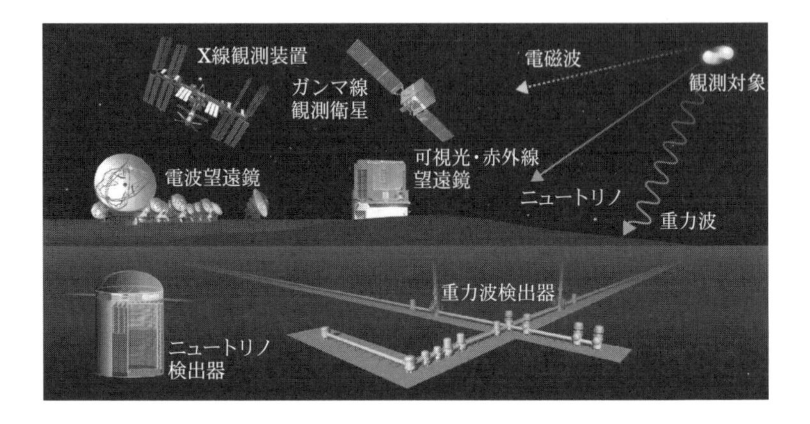

図 5.22 マルチメッセンジャー天文観測のイメージ図.

トガンマ線バーストであった．天球上の位置の推定範囲が重力波検出器3台で決められた範囲と重なっており，同一天体の可能性が高まった．その直後から世界中でおよそ70の観測グループから成る電磁波追跡観測網が動き出し，重力波発生から11時間後には光学観測により突発天体が発見された．この天体は40 Mpcの距離にある系外銀河NGC4993に付随していると考えられ，可視光では数日で暗くなって検出できなくなったが近赤外線では半月以上にわたって検出された．また9日後にはX線で，16日後に電波でも観測された．ニュートリノの検出はなかったが，重力波観測に続き多波長に及ぶ電磁波観測が行われたことは連星中性子星の合体とそれに伴う諸現象の物理過程を多面的かつ総合的に理解する新しい天文学，マルチメッセンジャー天文学のはじまりと考えられる．

このように重力波の初観測からわずか2年足らずのうちに重力波天文学は天文学の一角を担うようになったが，まだ観測手段として性能を高める必要がある．連星中性子星合体の重力波観測に限っても，今後KAGRAをはじめとする複数の検出器の参入によって重力波天体の位置決定精度が上がることに併行して，重力波の偏波の分離精度を向上して軌道情報の精密化や距離の決定精度を高めることは非常に重要である．たとえば多数の連星中性子星合体での重力波が観測されて光度距離が精密に決められ，それらの電磁波対応天体が同定されて赤方変位が測定できれば，距離はしごに依存しないハッブル定数の決定が可能になる．

電磁波の発生が伴う可能性が大きい重力波天体にはブラックホールと中性子星

から成る連星も考えられるが,「マルチメッセンジャー天文学」の対象として検出が待望されるのが重力崩壊型超新星爆発であろう.超新星爆発の重力波観測とニュートリノや電磁波観測から爆発メカニズムや超新星の中心部の動的なふるまいについての情報が得られることが期待される.特に重力波の偏波を分離して得られるそれぞれの波形は重要な情報を持つため,4 台目の検出器として KAGRA が加わることの意味は大きい.

参考文献

小山勝二著『X 線で探る宇宙』，培風館，1992

小山勝二，舞原俊憲，中村卓史，柴田一成著『見えないもので宇宙を観る——宇宙と物質の神秘に迫る（1）』，京都大学学術出版会，2006

北本俊二著『X 線でさぐるブラックホール——X 線天文学入門』，裳華房，1998

小田 稔，西村 純，桜井邦朋編『宇宙線物理学』，朝倉書店，1983

桜井邦朋編『高エネルギー宇宙物理学——宇宙の高エネルギー現象を探る』，朝倉書店，1990

高原文郎著『天体高エネルギー現象』，岩波講座 物理の世界 地球と宇宙の物理 4，岩波書店，2002

木舟 正著『宇宙高エネルギー粒子の物理学——宇宙線・ガンマ線天文学』，新物理学シリーズ 34，培風館，2004

S. Hayakawa, *Cosmic Ray Physics*, Wiley Interscience, 1969

小田 稔著『宇宙線（改訂版）』，物理学選書 5，裳華房，1972

T.K. Gaisser, *Cosmic Rays and Particle Physics*, Cambridge University Press, 1990; 小早川恵三訳『素粒子と宇宙物理』，丸善，1997

西村 純編『宇宙放射線』，実験物理学講座 25，共立出版，1986

三浦 功，菅 浩一，俣野恒夫著『放射線計測学』，物理学選書 7，裳華房，1960

J.N. Bahcall, *Neutrino Astrophysics*, Cambridge University Press, 1989.

T.K. Gaisser, R. Engel, E. Resconi, *Cosmic Rays and Particle Physics*, Cambridge University Press, 2016

V.S. Berezinskii *et al*, *Astrophysics of Cosmic Rays*, North-Holland, 1990

M.S. Longair, *High Energy Astrophysics*, Cambridge University Press, 2011

T. Stanev, *High Energy Cosmic Rays*, Springer-Verlag, 2004, 2nd ed., 2010

J. Nishimura, *Handbuch der Physik,* vol. XLVI/2, 1960

C. グルーペン著，小早川恵三訳『宇宙素粒子物理学』，シュプリンガー・ジャパン，2009

小玉英雄，井岡邦仁，郡 和範著『宇宙物理学』，共立出版，2014

中村卓史，三尾典克，大橋正健編著『重力波をとらえる——存在の証明から検出へ』，京都大学学術出版会，1998

G. Knoll, *Radiation Detection and Measurement*, John Wiley & Sons Inc., 1999, 4th ed., 2010

W.R. Leo, *Techniques for Nuclear and Particle Physics Experiments: A How-to Approach*, Springer-Verlag, 1992

Peter K.F. Grieder, *Extensive Air Showers*, Springer-Verlag, 2010

川村静児著『重力波物理の最前線』，基本法則から読み解く物理学最前線 17 巻，共立出版，2018

柴田大，久徳浩太郎著『重力波の源』，朝倉書店，2018

安東正樹著『重力波とはなにか「時空のさざなみ」が拓く新たな宇宙論』，講談社（ブルーバックス），2016

索引

か

さ

な

は

17巻編集者　井上　一　宇宙科学研究所名誉教授（責任者）
小山　勝二　京都大学名誉教授
高橋　忠幸　東京大学カブリ数物連携宇宙研究機構
水本　好彦　国立天文台名誉教授

執　筆　者　浅岡　陽一　早稲田大学理工学術院（3 章）
垣本　史雄　神奈川大学工学部（3 章）
梶田　隆章　東京大学宇宙線研究所（4 章）
小山　勝二　京都大学名誉教授（1 章）
高橋　忠幸　東京大学カブリ数物連携宇宙研究機構（2 章）
常定　芳基　大阪市立大学大学院理学研究科（3 章）
手嶋　政廣　東京大学宇宙線研究所（3 章）
鳥居　祥二　早稲田大学理工学術院（3 章）
藤本　眞克　国立天文台名誉教授（5 章）
満田　和久　宇宙科学研究所（1 章）
村木　綏　名古屋大学名誉教授（3 章）
森　正樹　立命館大学理工学部（2 章）
吉田　滋　千葉大学大学院理学研究科（4 章）

宇宙の観測III——高エネルギー天文学［第2版］
シリーズ現代の天文学　第17巻

発行日　2008年10月20日　第1版第1刷発行
　　　　2019年10月20日　第2版第1刷発行

編　者　井上 一・小山勝二・高橋忠幸・水本好彦
発行所　株式会社 日本評論社
　　　　170-8474 東京都豊島区南大塚3-12-4
　　　　電話　03-3987-8621(販売)　03-3987-8599(編集)
印　刷　三美印刷株式会社
製　本　牧製本印刷株式会社
装　幀　妹尾浩也

ISBN978-4-535-60767-5